近代物理实验

主编　郑建洲

科学出版社

北　京

内 容 简 介

本书是根据教育部高等院校物理学与天文学教学指导委员会通过的"高等理科物理学专业（四年制）近代物理实验课程教学基本要求"编写的．全书共 9 章，包括绪论、误差理论与数据处理基础知识、原子物理、激光技术与近代光学、微波实验、磁共振技术、真空技术、光纤通信技术、微弱信号检测技术及显微观测技术．

本书具有如下特点：一是把传授知识与培养能力相融合，科学教育与人文教育相融合；二是把近代物理实验实物仪器和虚拟仿真相结合开展教学，这种基于虚拟现实的实训是提高教育质量的一个有效方法和途径；三是创造性地提出并实施了渗透式双语教学模式，给出相应的物理实验各级题目对应的英文表述和关键词，不间断地进行英语专业词汇的渗透，使之成为课堂教学的一部分．

本书可作为普通理工科大学物理专业或相关专业近代物理实验课程的教材，也可作为从事实验教学的教师和工程技术人员的参考用书．

图书在版编目（CIP）数据

近代物理实验 / 郑建洲主编. —北京：科学出版社，2016.7
ISBN 978-7-03-049275-3

Ⅰ．①近⋯　Ⅱ．①郑⋯　Ⅲ．①物理学－实验－高等学校－教材
Ⅳ．①O41-33

中国版本图书馆 CIP 数据核字（2016）第 146544 号

责任编辑：窦京涛　王　刚 / 责任校对：邹慧卿
责任印制：徐晓晨 / 封面设计：迷底书装

科 学 出 版 社 出版
北京东黄城根北街 16 号
邮政编码：100717
http://www.sciencep.com

北京九州迅驰传媒文化有限公司 印刷
科学出版社发行　各地新华书店经销
*

2016 年 7 月第　一　版　　　开本：787×1092　1/16
2024 年 1 月第三次印刷　　　印张：19 1/4
字数：440 000

定价：49.00 元
（如有印装质量问题，我社负责调换）

前　　言

当今世界处于信息时代，科学技术迅猛发展、日新月异，高新技术层出不穷，而近代物理学是技术的基础. 没有 20 世纪以来以相对论和量子力学作为理论基础的近代物理学的巨大发展，就没有今天的微型计算机、激光和光通信、核能、纳米科学和技术等各种各样的高新技术.

近代物理实验是继大学物理实验后为物理学及相关专业高年级学生开设的一门承前启后的重要基础实验课程，所涉及的物理知识面很广，具有较强的综合性和技术性.

近代物理实验的内容，反映现代科学技术发展的巨大成就和进步，而这一点恰恰是物理学的优势. 理论的基础是实验. 量子论的建立与黑体辐射、光电效应、固体比热相关. 为什么在 19 世纪与 20 世纪之交发生这场物理学的革命？为什么量子的概念从热辐射这一特殊领域首先产生？重要原因就是当时的实验已达到相当的水平，能够反映微观世界的特性，如光谱学、电磁波、真空低温和电磁测量等技术发展使人们能够进行热辐射、光电效应、低温下固体比热等方面的实验研究，从而得到一系列经典物理学无法解释的新结果. 又如电磁学的发展，麦克斯韦的电磁场理论建立在库仑、安培、奥斯特、法拉第等大量实验研究的基础上. 光速的不断精确测定，使爱因斯坦思考“追光”，从而诞生狭义相对论. 电磁现象的大量实验，使人们发现电磁感应的不对称性. 人们对以太的长期探索，肯定了绝对坐标系不存在……实验对理论太重要了，也许不仅在物理学上.

选择著名实验，介绍其设计思想、实验结果和历史沿革，培养学生的科学素养. 有时这些介绍给学生的印象远超过实验本身和一般知识性的内容. 如密立根证实了爱因斯坦的光电效应方程正确无误，并且应用光电效应直接计算出普朗克常量，这个实验的意义是什么？他解决了什么技术关键？里德伯常量至今还在测，只是由于激光光谱学的发展，这个常量越测越精. 一代物理宗师叶企孙曾对普朗克常量进行了反复测量，得到了 20 世纪 20 年代最精确的普朗克常量数据，给物理学深入研究原子结构、粒子、反物质等微观结构提供了更加精确的能量子自然单位.

在近代物理实验课程的建设中以坚持传授知识与培养学生实践能力和创新能力相结合，坚持近代物理实验虚拟和实物仪器相结合，坚持渗透式的双语教学原则，建立了近代物理实验课程立体化、信息化的体系，包括近代物理实验教学资源库的建立，近代物理实验虚拟仿真实验教学系统的建设，开放性网络教学平台的建设，明显地提高了教学质量，取得了一定的成绩. 大连民族大学近代物理实验教材是学校的校本特色教材，大学物理实验中心取得了辽宁省示范中心和辽宁省首批虚拟仿真实验示范中心. 本教材的编写，是我们多年来教学改革成果的总结.

本教材具有以下几点主要编写特点.

（1）本教材做到传授知识与培养创新能力相融合、物理思想教育与科学素养教育相融合. 该课程精选其首先完成者获得诺贝尔物理学奖的著名实验和在近代物理实验技术中广泛应用的典型实验为教学内容，通过这些代表人类顶尖智慧的创新范例，培养学生的科学创新意识，让他们了解科学家如何继承前人，如何发现问题，如何巧妙构思，如何改进提高技术，如何创新. 这些实验不仅使学生直观生动地学习在近代物理学发展中起重要作用的实验, 领会大师们的物理思想和实验设计思想, 进一步巩固理解已经学的理论知识, 掌握近代物理的基本原理、科学仪器的使用和典型的现代实验技术, 而且可以掌握科学实验中一些不可缺少的现代实验技术, 了解近代实验技术在许多科学研究领域与工程实践中的广泛应用. 通过这些实验的训练, 还有助于开阔学生的视野, 培养学生的创新意识和科学研究能力以及严谨认真的科学精神. 在教材中阐述基本实验内容时, 如遇到物理学史上的重要人物和重大事件, 向学生作简要介绍, 目的是使学生对于相关物理实验的背景资料有更进一步的了解, 以激发同学们学习的动力和兴趣.

（2）近代物理实验实物仪器和虚拟仿真相结合开展教学. 虚拟仿真实验教学是高等教育信息化建设的重要内容, 是实验教学示范中心建设的内涵延伸. 虚拟仿真实验教学综合应用虚拟现实、多媒体、人机交互、数据库以及网络通信等技术, 通过构建逼真的实验操作环境和实验对象, 使学生在开放、自主、交互的虚拟环境中开展高效、安全且经济的实验. 这种基于虚拟现实的实训过程具有形象生动、可操作性强、高效和安全等特点, 大大增强了学生自主学习的热情, 是提高教育质量的一个有效方法和途径.

在辽宁省首批大学物理虚拟仿真实验教学中心建设立项的基础上, 加大近代物理仿真虚拟实验建设力度, 开发真实实验不具备或难以完成的教学功能. 在涉及高危或极端环境, 不可及或不可逆的操作, 高成本、高消耗、大型或综合训练等情况时, 提供可靠、安全和经济的实验项目, 如 γ 能谱实验、电子自旋共振实验等.

（3）进行渗透式双语教学. 针对绝大部分本科生目前不适应英文原版教材教学, 而未来就业发展和终生教育又要求他们具有一定双语能力的实际问题, 提出并实施了渗透式双语教学模式, 给出相应的物理实验的各级题目的英文对应表述和关键词, 使学生都能在符合自己水平的双语模式中受益, 实现了学生专业英文语汇附带习得. 将渗透式双语教学贯穿于教材始终, 不间断地进行英语专业词汇的渗透, 使之成为课堂教学的一部分, 对每节课所渗透的专业语汇数量而言是分散式的; 对不增加学时也不影响学科进度而言是高效式的; 对学生习得方法而言是沐浴式的. 既能丰富学生的专业词汇, 又能增强学生的注意力, 也能加深学生对物理知识的理解记忆, 可达到教与学质量的双重提高.

本书精选了原子物理学和原子光谱学、激光与现代光学、微波技术、磁共振技术、真空技术、光纤通信技术、光电子技术和显微检测技术等领域的 40 个近代物理实验真实实验和虚拟实验. 在这些实验中, 有些是在近代物理学发展中起过重要作用的著名实验, 甚至有的其首先完成者获得了诺贝尔物理学奖, 它们能使学生了解前人的物理思想和探索过程, 并从中受到很大启发.

本书的每一个实验都详细介绍了实验目的、实验原理、实验仪器、实验内容及注意事项, 以便学生清楚地了解该实验的物理思想, 能自己拟出实验步骤, 独立进行实验. 但是由于近代物理实验和普通物理实验相比有一定的难度, 内容也涉及比较多, 一个实验需要学生在实验室内工作 4~8 小时, 所以同学在做实验之前, 一定要认真预习, 查阅资料, 做到实验之前心中有数, 以便顺利地完成实验, 收到预期效果.

实验教学工作是一项群体性的工作, 从实验室的建设, 教材的编写, 以及实验内容的改进、改革都凝聚着参编老师们的心血. 在本书的编写过程中, 得到大连民族大学的特色教材

（近代物理实验立体化可视教材建设）项目的资助. 大连民族大学物理与材料工程学院近代物理实验室的老师和相关专业老师共同参与了本书的编写工作.

　　本书由郑建洲担任主编，刘德弟、于乃森、潘静担任副主编. 参加本书编写的人员有：郑建洲（第 1 章，第 2 章，第 4 章实验 4.1、实验 4.2、实验 4.4～实验 4.7、实验 4.10），张萍（第 3 章实验 3.1，第 8 章实验 8.1～实验 8.3），刘德弟（第 3 章实验 3.2、实验 3.3、实验 3.8），于乃森（第 3 章实验 3.11），曹晓君（第 3 章实验 3.4，第 4 章实验 4.8），关寿华（第 4 章实验 4.11，第 6 章实验 6.3），刘峰（第 5 章实验 5.1～实验 5.4），何洋洋（第 3 章实验 3.7、实验 3.10），吴云峰（第 4 章实验 4.3，第 9 章实验 9.4、实验 9.5），潘静（第 3 章实验 3.5、实验 3.6），季龙飞（第 3 章实验 3.9，第 6 章实验 6.1、实验 6.2，第 9 章实验 9.3），魏心波（第 3 章实验 3.12），刘佳宏（第 7 章实验 7.1～实验 7.3），冯志庆（第 9 章实验 9.1、实验 9.2），郭丽娇（第 4 章实验 4.9）. 全书由郑建洲统稿，张萍审稿，何洋洋负责全书英文翻译和审阅.

　　本书是集体智慧和辛勤劳动的结晶，它是一项集体事业，是物理与材料工程学院老师多年教学成果的总结，也包含着学校领导以及兄弟院校同行的关怀和支持，特别是得到科学出版社的肯定与支持，在此一并表示衷心的感谢.

　　另外，在本书编写过程中还引用了大量中外文献，我们对这些文献的作者表示由衷的敬意和感谢.

　　由于编者水平有限，书中可能存在许多不足，望读者批评指正.

编　者

2015 年 11 月

目　　录

第 1 章 绪 论

Chapter 1　Introduction

1.1　如何学好近代物理实验课

1.1　How to learn modern physics experiments

1.1.1　近代物理实验课程的目的和任务（Objective and task of modern physics experiments）

物理学是以实验为基础的科学. 物理实验在物理学发展史上占有重要的地位，例如，量子论的产生就是基于光和实物相互作用的研究. 近代物理实验不同于普通物理实验，近代物理实验是一门综合性和技术性很强的实验学科，它以物理学发展历史上最有代表性并对物理学发展起着重要作用的著名实验，以及在实验技术和实验方法上具有显著时代性的实验为教学内容，是由多个学科领域交叉综合的实验. 近代物理实验在物理学科中处于特殊的地位，它介于普通物理实验与专门化实验或科学研究性实验之间，具有承上启下的作用. 在学习中既可以使自己受到严格的实验素质训练，也可以正确认识新的物理概念的产生、形成和发展过程，启发自己的物理思想，使自己对物理现象的观察能力和分析能力得到锻炼. 学习近代物理实验中常用的研究方法和技术，是非常重要的，它将培养自己良好的实验习惯以及严谨的科学作风，使自己在运用实验方法研究物理现象和规律方面得到一定的训练，这将是本教材贯彻始终的目标. 近代物理实验的难点是对近代物理知识的理解和掌握，以及对贵重精密仪器设备操作能力的培养.

1.1.2　近代物理实验课程教学内容及特点（Teaching content and characteristics of modern physics experiments）

近代物理学是 19 世纪末 20 世纪初以来，人们为了解释用经典物理不能作出令人满意解释的许多现象而提出的物理理论. 相对论和量子论是近代物理学的两大理论支柱，而近代物理学的所有重大发现都是在一系列实验中完成的. 近代物理实验就是在近代物理发展过程中起过"关键性"作用的一些实验以及与新理论、新技术有关的一些实验.

近代物理学创建时期，众多的物理学家做出了杰出的贡献，他们既具备很深的经典物理学基础知识，又不循规蹈矩；既有严谨的科学态度，又富有探索创新的精神. 他们完成的诸多著名的实验至今仍具有深远的影响，他们建立的理论已得到广泛应用.

回顾物理学发展史，近代物理实验有如下特点：

（1）近代物理实验以量子论的建立为标志，量子力学的发展与原子物理有着密切的联系. 原子物理实验是近代物理实验课程的重要组成部分，其中的著名近代物理实验首先完成者，都荣获了诺贝尔物理学奖.

（2）近代物理实验综合性较强，它要求学生运用涉及物理学许多领域的知识和实验室技术．近代物理实验的完成，不仅需要成熟的经典物理实验方法和技术，而且需要不断创新实验方法、实验技术和实验仪器．学生在普通物理实验中使用过的仪器，如示波器、真空泵等，在本课程中还需进一步熟练和更加灵活地运用．在本课程中还将接触些比较精密的近代物理研究中常用到的测试仪器和技术，如微波测试技术、磁共振技术等．通过近代物理实验进行科学实验技能特别是正确选用和使用基本仪器设备能力的培养．

（3）近代物理实验的设计思想新颖，求异思维起到了重要作用．

（4）完成近代物理实验必须具备细致熟练的实验技能、敏锐的观察能力，以捕捉微小、瞬时、内在的物理现象和规律．

（5）实验误差与数据处理是一个重要的训练内容．实验课中学生要在普通物理实验训练的基础上，提高分析实验系统误差和随机误差的能力，用简明的方法有条理地表达数据，科学地处理数据，正确地表达实验结果．要学习对大量数据进行理论曲线拟合．

本教材选取的近代物理实验，均是在近代物理学发展中起过"关键性"作用的实验，是很著名的经典近代物理实验．通过这些实验，我们不仅要学习其中的基本实验方法和技能，而且要从辩证唯物主义的认识论和方法论的角度去分析实验的设计思想，从而提高我们发现问题和解决问题的能力．

1.1.3 怎样做好近代物理实验（How to do modern physics experiments）

1. 要以正确的态度认识近代物理实验（Correct attitude）

近代物理实验是为物理专业和相近专业学生在完成普通物理及电子学实验后开设实验课程．共 3 个学分，需 48 个学时．

在近代物理实验的题目中，许多是历史上著名的实验．成功地做出这些实验的第一个物理学家（有的实验就是以他们的名字命名的）以坚韧不拔的精神，经历了数年的努力．这些典型的实验已被重复过成千上万次，正如培养神枪手需要练习打靶一样，一个真正的物理学家正是在重复这些人所共知的实验开始训练出来的．历史事实证明，一个新的物理现象的发现往往需要物理学家从成千上万个几乎相同的物理现象中发现具有与以往不同的、差别微小然而也可能具有本质不同的性质．这种对物理现象的洞察能力是物理学家取得成功的极其可贵的素质．

近代物理实验课程的特点也是学生在教师的指导下自己动脑思考、动手操作，独立完成实验任务，这样就需要安排足够的课内和课外时间，课内外学时比为 1∶1.5．使学生有可能根据所遇到的问题，阅读资料、思考问题，有准备地与指导老师进行讨论，独立地完成每个实验．培养独立工作能力，是开设近代物理实验的重要目的之一，也是大学高年级学生应具备的能力之一．教师只是起指导作用．从每个实验的原理了解，每台仪器特性的掌握，到实验步骤确定，实验数据记录、实验结果分析等，都要求学生能独立完成．学生要认真阅读本讲义，也要查阅、研究其他文献资料，还要积极思考、不断探索，独立解决遇到的各种问题．

2. 认真做好实验前的预习工作（Preview before experiment）

一般的实验教学分为预习、实验操作和写出实验报告三个大的环节，近代物理实验也是如此．实验操作是最重要的环节，课前预习是实验操作的必要准备，撰写实验报告是实验结果的书面表达.

与普通物理实验相比，各个近代物理实验的原理和使用的仪器设备都要复杂、精密得多．而且，有些题目是二、三年级学生在理论课中没有涉及的内容，即这些实验内容在相应的理论课学习的前面，所以安排足够的时间进行实验前的预习工作非常必要，实验前一定要认真阅读有关材料，学习相应的理论知识，努力做好实验前的各种理论准备：弄明白实验题目的目标，实验的原理和物理思想，实现的方法，所用的公式，需要什么仪器，仪器及其精确度，以及关键的实验步骤等．总之，一个有科学头脑的、善于且勤于学习的学生，应将大部分时间花在实验前的准备工作上．通常，读取数据的时间往往是不需要很多的．开始，许多学生对这样的做法很不习惯并且感到费力，但经过自己的努力和老师的严格要求，是会尝到甜头的.

可见，实验前的预习是非常重要的环节，上课时教师要检查实验预习情况，评定实验预习成绩，并且没有预习的学生不能做实验.

实验预习的目的是全面认识和了解所要做的实验题目并进行相应的理论知识学习和对实验仪器进行了解．预习是为正式的实验操作做准备，所以应该做到：

（1）认真阅读实验教材、参考书并查阅相关文献，事先对实验内容作一个全面的了解．学习相应理论知识，清楚基本概念，弄懂结论．对理论学习中的难点和不懂的地方要作标记，以便教师讲解或与教师讨论时彻底搞懂；同时要着重学习了解近代物理设计的物理思想和物理方法，近代物理实验中蕴涵着丰富的物理思想和物理方法，实验中有相当一部分选题来自近代物理学发展史上起过重大作用的物理学家们的研究课题，这些题目中许多获得诺贝尔物理学奖．了解近代物理学中许多基本理论的发展过程及其在物理学发展史上的作用，以进一步了解近代物理的基本原理，学习科学实验的方法.

查阅仪器的说明书、操作规程及其他参考资料，把实验的基础知识和背景知识弄清楚，明白实验的目的、要求、原理、仪器、方法、注意事项以及需要解决的问题等.

（2）有条件的还可以和老师联系，提前到近代物理实验室，预先了解各实验仪器设备的特性与使用方法，或到物理实验中心的网站上用仿真实验软件去学习了解仪器设备的性能、操作要领等．通过预习明确"做什么、怎么做、为什么"等问题.

（3）写出预习报告．拟定出实验步骤，把要观测的实验内容写清楚，把要测量的实验数据绘成表格，一并写在预习报告上.

预习报告内容主要包括：实验名称；目的与要求；实验原理；测量内容，操作步骤，数据表（列出有关测量的计算式及条件和将要被验证的规律，其中要明确哪些物理量是直接测量量，哪些物理量是间接测量量，用什么方法和测量仪器等）；绘出电路图、光路图或设备示意图，回答预习思考题等，就成了一张操作路线图，可以指导学生有条不紊地完成实验任务，操作者按此程序去做即可，不必再参考教材或其他文件．数据表与操作步骤是密切相关的，数据表中项目栏的排列顺序，应与操作步骤的顺序合理配合，这样，可以随时将实验数据按顺序填入表中，也可以随时观察和分析数据的规律性.

3. 认真做好实验的操作环节（Experiment operation）

这一过程是让学生进入实验室进行正式的观测和操作，在这一环节中学生应该在教师的指导下主动地、自觉地、有创造性地去获取知识和实验技能,通过实验探索研究问题的方法,培养细致、踏实、一丝不苟、严肃认真和实事求是的科学态度以及勇于克服困难、坚韧不拔的工作作风.

(1)认真观察.实验是一个综合的教学过程,它是观察、分析、测量、交流、推论五个方面的综合.观察是一个感知过程,它通过看、听、触、尝、嗅等直接感知客观事物,在实验中要培养良好的观察习惯,逐步提高观察能力.事实表明,透过现象快速看到本质,准确无误地观察实验的真实情况,不是一件轻而易举的事情.有些人对一些异常现象视而不见、听而不闻,而有些人却从中获得了新的发现和发明.

(2)养成良好的测量习惯.在实验中,为了更好地进行观测,最好先观察后测量,先练习后测量,先粗测后细测,养成一个良好的测量习惯.

(3)注重基本内容,明确重点.每一个实验根据教学大纲要求都提出了需要重点掌握的内容,如基本知识、基本方法和基本技能,这些是需要重点掌握的,要始终明确实验的重点知识和重要内容.

(4)发挥学习的主观能动性和创造性.做好实验,教师的指导固然重要,但更为重要的是学生要有发现问题、研究问题的主动态度,对待实验要有信心、耐心和细心,要逐步摆脱对教师的依赖,改变过去严格按照实验教材中的步骤看一步做一步的实验方法.学生要培养自己勇于动手、勤于思考的习惯,做到善于分析思考、学会提出问题.

(5)不但追求实验结果和数据,还要学会分析实验.做实验一般需要实验数据,在很多学生的心目中有教师的所谓"标准数据",然而,不要以为实验的目的就是做出与"标准数据"一致的结果.有很多学生满足于自己的结果与"标准数据"或理论计算一致,认为这样实验就圆满成功,而当两者的差别较大时,就感到失望,认为实验一点也没有进展,就会抱怨仪器设备,甚至会拼凑数据或涂改实验数据和结果,这是很不可取的.实验中要学会分析实验,不论数据好坏,都要认真分析,查找原因.分析实验包括分析实验方法、仪器设备、人为因素、操作技能、测量次数和周围环境等因素对测量结果的影响.当自己的数据和教师或其他同学的不一致时,可能是自己错,也可能是仪器有问题,或者存在其他意外的原因,这时一定要认真检查自己的操作过程和实验记录,必要时可以重复多做几次,一定要找出问题,要有耐心,认真细致,严肃对待.

(6)养成良好的实验习惯.实验室工作的基本素质和素养是在实验的过程中逐渐培养和锻炼形成的,所以一开始进入实验室就一定要注意养成良好的实验习惯.良好的实验习惯应包括:正确使用仪器、规范的实验操作、认真观察并记录实验现象、如实完成实验报告、遵守实验室规则、注意节约药品和实验安全等.学生只有掌握了基本的实验技能、认识并了解了仪器使用方法及其用途后,才能动手操作仪器,并顺利完成任务.记录数据要准确简明,有条有理,自始至终认真对待,如实记录观测数据、简单过程和出现的一切不正常的或自己认为有意义的现象,以便写实验报告时分析讨论,数据记录最好清楚明了,还要注明单位.

(7)严格遵守实验室规则,注意安全.一旦进入实验室就一定要按照学生实验守则严格要求自己,以严肃的态度、严格的要求、严密的观测进行实验,保证实验顺利进行.如果实验室中有电、机械、化学、温度、压力、辐射等可能发生危险的仪器,一定要按照实验操作规程,不能疏忽大意,避免人身事故和损坏仪器事件的发生.

4. 认真对待实验报告（Experimental reports）

实验报告是整个实验全面的书面总结，是完成实验过程的一个必要环节，通过实验报告可以客观公正地评价自己的实验结果，使实验过程在头脑中更加清晰．因此写实验报告应该实事求是，严肃认真，不能敷衍了事，更不能伪造数据或抄袭他人的结果．实验结束后按照要求及时写出实验报告，这样做不但数据完整准确，也便于对实验进行分析与讨论．

（1）写实验报告要采用统一的实验报告纸，字体要端正，语句要简练，用语要确切，图表要按照统一要求绘制，使整个实验报告清晰明了．

（2）写实验报告一定要按照统一的格式书写，应该包括实验名称、实验目的、实验仪器、实验原理、实验步骤、数据处理与结果讨论，还要包括实验过程中涉及的计算公式、观测和记录的数据以及绘制的图表等内容．

（3）实验报告最后一定要有结果分析与讨论．这是培养学生从实验现象中观察和分析问题能力的重要方面，可以分析讨论的内容很多，比如：

① 弄清实验的原理和实验方法；掌握仪器的性能；实验目的的完成情况，如果没有完成实验目的应分析原因．

② 实验误差的分析与讨论．分析都有哪些误差来源，哪些是主要的，哪些是次要的，系统误差表现在哪里，如何减少或消除这些误差．

③ 改进实验的设想．改进实验的测量方法甚至是对仪器设备自身的改进、改造．实验教材中的实验步骤是否合理，如果不合理，提出修改意见．对实验教师的业务素质、教学能力、教学方法、教学效果等是否满意，如果不满意，应向教师提出自己的希望和要求．

④ 实验过程中发现异常现象，应正确地对待和处理，包括：实验过程中遇到了哪些困难，通过哪些途径克服了困难等．

⑤ 实验自身涉及了哪些重要的物理现象和物理理论，通过参阅哪些资料可弄清实验的来源、发展过程以及涉及的仪器设备．

⑥ 通过做实验使自己学过的哪些理论知识得到了进一步的理解和巩固，实验自身的原理和方法对自己有哪些启示，有没有具体的实用价值等．

（4）写实验报告一定要养成严肃、科学、实事求是、一丝不苟的态度，这是培养学生科研素质的重要方面，也是锻炼学生语言表达能力的方法，写实验报告就是写科技论文和技术报告的训练的必要环节．

总之，在校理工科大学生要重视实验教学的地位和作用，认真对待实验的每一个环节，养成良好的实验习惯，培养实验室工作的基本素质和素养以及扎实的实验能力和科学意识，为以后的发展奠定坚实的基础．

5. 学好开拓实验途径的虚拟仿真近代物理实验（Virtual simulation modern physics experiments）

虚拟仿真实验教学是学科专业与信息技术深度融合的产物，是实验教学示范中心建设的内涵延伸．虚拟仿真实验教学综合应用虚拟现实、多媒体、人机交互、数据库以及网络通信等技术，通过构建逼真的实验操作环境和实验对象，使学生在开放、自主、交互的虚拟环境中开展高效、安全且经济的实验．

近代物理仿真虚拟实验是通过数字设计虚拟仪器、虚拟实验环境，学生可以在此环境中自行设计开放性实验方案，拟定实验参数，操作实验仪器，模拟真实的实验过程.

为了近代实验教学改革，拓展实验领域，提供绿色、安全和经济的实验项目，教学体系层次化，教学方式多样化，我们把信息化技术引入近代物理实验教学，开展了虚拟仿真实验的建设和教学工作. 按照虚实结合、相互补充、能实不虚的原则，使仿真虚拟实验与实物实验有机结合，提高了实验教学的质量.

在虚拟仿真实验中实现了仪器的模块化，学生可自己拟定实验方案，根据实验方案选取合适仪器自主完成实验，是实现大面积学生开设设计性、开放性实验的有力工具.

开展创新性研究的前提是实验环境的丰富资源及其灵活可变性. 虚拟实验中仪器实现了模块化，丰富的设计性、研究性、开放性仿真实验教学资源，为学生开设设计性、研究性实验提供了良好的教学平台和教学环境. 教师可以在此开展创新实验内容的研究，设计创新实验内容. 学生也可以在这里开展除规定实验内容之外的个性化实验研究、创新开发研究. 在这里没有时间限制、没有空间的限制、没有元器件的限制.

网络技术的发展使虚拟仿真实验教学突破了空间和时间的限制，近代物理虚拟实验的网络远程教学管理平台是将虚拟现实、多媒体、人机交互、数据库和网络通信等技术有机结合在一起，构建起了仿真的虚拟实验环境和实验对象的网络教学平台，实现了网上远程实验教学模式和教学管理以及资源共享，也实现了网上师生间、学生间的实时交互教学.

网络教学平台主要包括：

（1）开放式虚拟仿真实验系统. 学生通过模拟操作实验仪器，模拟真实的实验过程.

（2）在线交互系统. 学生发现问题可以随时提出，并得到老师在线解答. 在线答疑交流系统便于师生之间的交流，激发学生学习的主动性，充分发挥学生的主观能动性，让学生主动参与到教学过程之中.

（3）实验报告管理系统. 学生上传或修改实验报告通过学生的实验报告管理系统实现，教师批改实验报告通过教师实验报告管理系统实现.

近代物理虚拟仿真实验在线的网络版，基于客户端软件的实验大厅，实现了高效快速进行仿真虚拟实验的操作. 包括了：①虚拟仿真实验的在线操作部分；②在线演示功能；③操作向导部分.

6. 实验室安全知识（Laboratory safety）

安全操作是到实验室来工作的全体人员必须充分重视的大问题.

1）电器

除 220V 的供电外，许多实验设备（如各种放电管、激光管、X 射线衍射仪等）均使用从 400V 到 40kV 不等的高压电源. 这些高压电源是能致命的，一定要注意实验中各种高压电器的标志. 实验前在确认断电的情况下先检查地线，接好高压线后再连接供电线（有的仪器不必另外接高压线，应先接通低压电源再开高压开关），使用完后一定要将高压降下来再断电. 作为一个常识，接高压线或高压开关，只能用一只手操作.

射频电磁波能够通过小电容器耦合. 接触高频电压器件的任何部分都是危险的. 因为人体起着接地电容的一个极板的作用. 例如，高频火花发生器约 20MHz，你的身体对地电容的作用几乎像一根电线连到水管上一样，所以要严格遵守操作规则.

需要打开仪器外壳时，一定要先拔掉电源插头！

2）防辐射

γ射线和 X 射线都能伤害人体．实验中已采取了必要的防护措施．一次实验接触和吸收的剂量是很微量的，对身体并无危害．但即使这样，也应尽量避免直接接触放射性射线．

在调整 X 射线仪时，不要让 X 射线直接照射眼睛．不用的窗口要用铅板遮盖，并加防护罩．因为高压使空气电离产生臭氧和 N_2O，实验室内要具有良好的通风条件．

激光能使人产生灼伤．小功率激光发射的激光也不能直接照射眼睛，因为人眼就像一个小透镜，它将光束聚焦在眼底，局部能量将增大许多倍，会造成伤害．

3）机械

在转动机械装置旁工作，要将头发束好．过长的头发、过宽的裤腿和飘动的衣裙都不适宜在转动机械旁工作．

4）低温

有的实验要接触液氮．直接接触液氮会使皮肤局部冻伤，但主要危险来自残存液蒸发使密闭容器爆炸，抛出玻璃碎片．所以要将容器充足液体．容器不用时，要让残存液体顺利地自然蒸发掉．

5）仪器

仪器损坏的主要原因来自学生违反操作规程，其中又以接错电源占多数，所以学生在接线路时一定要谨慎，搞清楚输入、输出电压以后再连线．对不作预习、违反操作规程、严重损坏实验设备的学生要作处理，直至取消实验资格．所以同学们要认真做好实验前的准备工作，用科学的态度和踏实的作风，完成实验任务．

第2章 误差理论与数据处理基础知识

Chapter 2 Error theory and basic knowledge of

experiment data processing

2.1 测 量 误 差

Section 2.1 Measurement error

物理学是一门实验的科学，物理规律的认识和证实都是通过观察物理现象、定量测量有关的物理量，并根据测量结果分析这些物理量之间的关系而实现的．由于各种因素的影响，测量值总是或多或少偏离真值，即存在误差．由于测量中总有误差，因此对一个物理量的测量，不仅在实验之后对实验数据处理时需要关于误差的知识，而且在实验的设计（实验方法和仪器选取等）以及在实验过程中对实验条件和环境的控制和监测都需要误差的知识，才能使得测量结果更接近真值．在近代物理实验中，通常要用到比较综合的实验技术和复杂的实验设备，需要掌握误差理论，才能理解好实验设计，有效地进行实验测量和数据处理，并对测量结果的可靠程度作出正确的评价和分析．

1. 测量误差（Measurement error）

当对某物理量进行测量时，受到测量环境、仪器以及观测量等诸多因素的影响，测量值偏离真值而存在测量误差，测量值与真值之差，称为测量误差．若测量结果为 x，真值为 a，则

$$\delta_x = x - a \Rightarrow \Delta x = x - \bar{x} \tag{2.1.1}$$

真值是在特定条件下被测量的客观实际值，是一个理想的概念．实验测量中采用约定真值，有时叫最佳估计值、约定值或参考值．例如，在仪器校验中，把高一级标准器的测量值作为低一级标准器或普通仪器的约定真值．

由于真值一般是得不到的，因此误差也无法计算．实际测量中是用多次测量的算术平均值 $\bar{x}$ 来代替真值，测量值与算术平均值之差，称为偏差，又称残差，用 Δx 表示．

式（2.1.1）定义的误差是绝对误差．在没有特别指明时，误差就用绝对误差来表示．

相对误差是绝对误差与被测量真值之比．由于真值不能确定，实际上常用约定真值来代替．相对误差是一个无单位的无名数，常用百分数表示，即

$$E = \frac{\delta}{a} \times 100\% \approx \frac{|\Delta x|}{\bar{x}} \times 100\% \tag{2.1.2}$$

2. 误差分类（Classification of error）

根据误差出现的特点不同，误差可分为系统误差、随机误差和粗大误差．

（1）系统误差（Systematic error）. 在一定条件下对同一被测物理量进行多次测量时，保持恒定或以预知方式变化的测量误差称为系统误差. 它包含有两类：一类是固定值的系统误差，其值（包括正负号）恒定；另一类是随条件变化的系统误差，其值以确定的、已知的规律随某些测量条件变化.

系统误差的来源与测量装置（标准器、仪器、附件和电源的误差）、环境（温度、湿度、气压、振动和电磁辐射等影响）、方法（理论公式的近似限制或测量方法不完善）以及测量者等方面有关. 其产生原因往往可知，一经查明就可以消除其影响. 对未能消除的系统误差，若它的符号和大小是确定的，可对测量值加以修正.

（2）随机误差（Random error）. 在一定条件下对检测物理量进行多次测量时，以不可预知的随机方式变化的测量误差称为随机误差. 这种误差值时大时小，时正时负，没有规律性，它引起被测量重复观测的变化.

随机误差来源于许多不可控因素的影响. 例如，周围环境的无规起伏，仪器性能的微小波动，观察者感官分辨本领的限制，以及一些尚未发现的因素等. 这种误差对每次测量来说没有必然的规律性，但进行多次重复测量时会呈现出统计规律性. 虽然无法消除或补偿测量结果的随机误差，但增加观测次数可使它减小，并可用统计方法估算其大小.

随机误差的特征是偶然性，随机误差服从统计规律，称为高斯（Gauss）分布，又称正态分布。若以误差值为横坐标，以误差出现的次数为纵坐标，可得到一个随机分布曲线，如图 2.1.1 所示. 随机误差具有 4 个特点：①单峰性，即小误差概率大，大误差概率小；②对称性，即正误差与负误差的机会相等；③归一性，即曲线下面积归一化后等于 1；④抵偿性，即测量次数增加，随机误差的算术平均值趋于零.

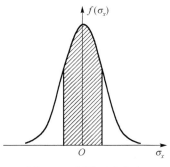

图 2.1.1　标准正态分布

在实际测量中，虽然尽可能地设法限制和消除系统误差，通过多次测量以减少随机误差，但两种误差往往还会同时存在，这时需按其对测量结果的影响分别对待：①若系统误差经技术处理后已消除，或远小于随机误差，可按纯随机误差处理；②若系统误差的影响远大于随机误差，可按纯随机误差处理；③若系统误差与随机误差的影响差别不太大，两者均不可忽略，综合两种误差.

（3）粗大误差（Gross error）. 明显超出规定条件下预期值的误差称为粗大误差，这是在实验中，某种差错使得测量值明显偏离正常测量结果的误差，如读错数，记录错数，或者环境条件忽然变化而引起测量值的错误等. 在实验数据处理中，应按一定的规则（拉伊达准则或者格鲁布斯准则）来剔除粗大误差.

（4）误差与测量结果的关系（Relationship between error and measurement result）.

为了定性地描述各测量值的重复性及测量结果与其真值的接近程度，常用精密度、正确度、准确度来描述.

1）精密度（简称精度（Precision））

精密度表示重复测量各测量值相互接近的程度，即测量值分布的密集程度，它表征随机误差对测量值的影响，精密度高表示随机误差小，测量重复性好，测量数据比较集中. 精密度反映随机误差大小的程度.

2）正确度（Correctness）

正确度表示测量值或实验所得结果与真值的接近程度，它表征系统误差对测量值的影响，正确度高表示系统误差小，测量值与真值的偏离小，接近真值的程度高．正确度反映系统误差大小的程度．

3）准确度（又称精确度（Accuracy））

准确度描述各测量值重复性及测量结果与真值的接近程度，它反映测量中的随机误差和系统误差综合大小的程度．测量准确度高，表示测量结果既精密又正确，数据集中，而且偏离真值小，测量的随机误差和系统误差都比较小．图 2.1.2 是以打靶时弹着点为例，说明这三个概念的含义．

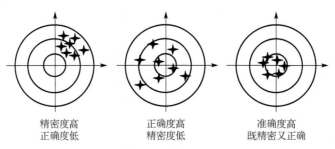

图 2.1.2　精密度、正确度、准确度的示意图

3. 不确定度（Uncertainty）

由于测量误差不可避免，真值也就无法确定，而真值不知道，也就无法确定误差的大小，因此，实验数据处理只能求出实验的最佳估计值及其不确定度．不确定度是由于误差的存在，被测量不能确定的程度；或者说，它是表征被测量真值所处量值范围的一个评定，它的大小反映了测量结果可信赖程度的高低，不确定度小的测量结果可信赖程度高．不确定度越小，测量结果与真值越靠近，测量质量越高．反之，不确定度越大，测量结果与真值越远离，测量质量越低．由此可见，不确定度与误差有区别，误差是一个理想的概念，一般不能准确知道；但不确定度反映误差存在分布范围，即随机误差分量和未定系统误差分量综合的分布范围，可由误差理论求得．

实验结果表示式

$$测量值=最佳估计值\pm不确定度$$

或

$$x = \overline{x} \pm U （单位） \tag{2.1.3}$$

或

$$x = \overline{x}\left(1 \pm \frac{U}{\overline{x}} \times 100\%\right) \tag{2.1.4}$$

实验测量中，消除了已定的系统误差后仍然存在着随机误差和未定的系统误差．

设在相同的测量条件下，重复性测量而得到一组数据．若重复性测量次数为 n 次，得到如下测量列：

$$x_1, x_2, x_3, \cdots, x_n$$

则最佳估计值或算术平均值为

$$\overline{x} = \frac{1}{n}\sum_{i=1}^{n} x_i \tag{2.1.5}$$

由于不确定度的评定要合理赋予被测量值的不确定区间，而不同的置信概率所表示的不确定区间是不同的，因此还应表明是多大概率含义的不确定度.

2.2　随机变量的概率分布
Section 2.2　Probability distribution of random variable

1. 概率分布的数字特征量（Digit character value of probability distribution）

若一个随机变量的概率函数或概率密度函数的形式已知，只要给出函数式中各个参数（称为分布参数）的数值，则随机变量的分布就完全确定. 在不同形式的分布中，常用一些有共同定义的数字特征量来表示，而最重要的特征量是随机变量的期望值和方差.

1）随机变量的期望值（Expected value of random variable）

以概率 P_i 取值 x_i 的离散型随机变量 x，它的期望值（通常以 $E(x)$ 标记）定义为

$$E(X) = \sum_{i=1}^{\infty} x_i p_i \tag{2.2.1}$$

具有概率密度函数 $p(x)$ 的连续型随机变量 x，它的期望值定义为

$$E(X) = \int_{-\infty}^{\infty} x \cdot p(x)\mathrm{d}x = \langle x \rangle \tag{2.2.2}$$

期望值的物理意义是作无穷多次重复测量时测量结果的平均值.

2）随机变量的方差（Variance of random variable）

随机变量的方差通常以 $D(x)$ 标记，定义为

$$D(x) = E\left[\left(x - \langle x \rangle\right)^2\right]$$

$$D(x) = \int_{-\infty}^{\infty} \left(x - \langle x \rangle\right)^2 \cdot p(x)\mathrm{d}x \tag{2.2.3}$$

方差的正平方根 $D(x)$ 称为随机变量的标准误差，简称为标准差. 方差或标准差用以描述随机变量围绕期望值分布的离散程度.

3）两个随机变量的协方差（Covariance of two random variables）

设两随机变量 x, y 具有联合概率密度函数 $p(x, y)$，两个随机变量的协方差定义为

$$\mathrm{Cov}(x,y) = E\left\{\left[x - \langle x \rangle\right]\left[(y - \langle y \rangle)\right]\right\}$$

$$\begin{aligned} \mathrm{Cov}(x,y) &= \int_{-\infty}^{+\infty}\int_{-\infty}^{+\infty} \left(x - \langle x \rangle\right)\left(y - \langle y \rangle\right) p(x,y)\mathrm{d}x\mathrm{d}y \\ &= \langle xy \rangle - \langle x \rangle\langle y \rangle \end{aligned} \tag{2.2.4}$$

协方差描述两随机变量的相互依赖程度. 当协方差不等于零时，则两随机变量一定不相互独立. 通常还要用相关系数来描述两个随机变量的相关程度

$$\rho(x,y) = \frac{\text{Cov}(x,y)}{\sqrt{D(x)D(y)}} \tag{2.2.5}$$

2. 数据处理中常用的概率分布（Common probability distribution in data processing）

由于随机变量受到不同因素的影响，或者物理现象本身的统计性差异，随机变量的概率分布形式多种多样．这里讨论几种常用的分布，要注意掌握其概率函数（或概率密度函数）和数字特征量．

1）二项式分布（Binomial distribution）

若随机事件 A 发生的概率为 p，不发生的概率为 $1-p$，在 N 次独立试验中事件 A 发生 k 次的概率是一个离散型随机变量，可能取值为 $0,1,2,\cdots,N$，对于这样一个随机事件，其概率分布为

$$p(k) = \frac{N!}{k!(N-k)!} p^k (1-p)^{N-k} \tag{2.2.6}$$

式中，因子 $\dfrac{N!}{k!(N-k)!}$ 表示 N 次试验中事件 A 发生 k 次，而不发生为 $N-k$ 次的各种可能组合数，刚好是二项式展开中的项，因此式（2.2.6）所表示的概率分布称为二项式分布．

二项式分布中有两个独立的参数 N 和 P，遵从二项式分布的随机变量的期望值和方差分别为

$$\langle k \rangle = \sum_{k=0}^{N} k \frac{N!}{k!(N-k)!} p^k (1-p)^{N-k} = NP \tag{2.2.7}$$

$$\begin{aligned}
\sigma^2(k) &= \langle k^2 \rangle - \langle k \rangle^2 = \langle k^2 \rangle N^2 P^2 \\
&= \sum_{k=0}^{N} k^2 \frac{N!}{k!(N-k)!} p^k (1-p)^{N-k} - N^2 P^2 \\
&= NP(1-P)
\end{aligned} \tag{2.2.8}$$

二项式分布有许多实际应用，如在产品质量检验或民意测验中，抽样试验以确定合乎其条件的结果的概率是二项式分布问题；穿过仪器的 N 个粒子被仪器探测到 k 个的概率，或 N 个放射性核经过一段时间后衰变 k 个的概率等，这些问题的随机变量 k 都服从二项式分布．

2）泊松分布（Poisson distribution）

服从泊松分布的离散型随机变量 k，其概率函数为

$$p(k;m) = \frac{m^k}{k!} e^m \quad (k = 0,1,2,\cdots) \tag{2.2.9}$$

式中，参数 $m > 0$．泊松分布随机变量 k 的期望值和方差为

$$\langle k \rangle = \sum_{k=0}^{N} k p(k;m) = m \tag{2.2.10}$$

$$\sigma^2(k) = \sum_{k=0}^{\infty} (k-m)^2 p(k;m) = m \tag{2.2.11}$$

因此，泊松分布只有一个参数，即期望值，它同时也是分布的方差．

泊松分布是二项式分布的极限情形，是无穷独立试验的总结果．在二项式分布中考虑以

下权限情形，即 $N \to \infty$，每次试验中事件 A 发生的概率 $P \to 0$，期望值 $\langle k \rangle = NP$ 趋于有限值 m，在这种极限情况下二项式分布成为泊松分布.

实验工作中，如何判断随机变量是否服从泊松分布？如果 k 是某个随机事件发生的次数，并且满足如下的条件，k 就近似地服从泊松分布：

（1）k 在一个有限的期望值 m 左右摆动，即 $\langle k \rangle = m$；

（2）k 可以看成是大量独立试验的总结果；

（3）对于每一次试验，事件发生有相同的概率.

物理实验中有不少随机变量满足上述条件，泊松分布是一个常见的分布. 例如，一块放射性物质在一长时间间隔 T 内的衰变数 k，在放射性原子核平均寿命远大于 T 的情况下，实验测得的衰变数确实是在某个平均值 m 左右摆动，满足条件（1）；把在时间间隔 T 内每一个原子是否衰变看成一次试验，放射性物质的总原子数为 $N(N \gg 1)$，则记录到的衰变数可以看成是 N 次试验的总结果，而且每个原子的衰变都是互相独立进行的，同其他原子是否衰变无关，满足条件（2）；每个原子在时间间隔 T 内的衰变概率是一定的，满足条件（3）.

在时间间隔 T 内计数器记录到的宇宙射线粒子数 k、高能荷电粒子在某固定长度 L 的路径上和云雾室中气体分子发生碰撞的次数 k，读者可以分析这些随机变量 k 满足条件（1）.

因此上面三个例子中的随机变量 k 都近似服从泊松分布. 在工农业生产和日常生活中，也有不少随机变量服从泊松分布. 例如，在一定的生产条件下每批产品的废品数、正常条件下某一地区的死亡数和婴儿出生数等，都近似服从泊松分布.

3）正态分布（Normal distribution）

正态分布又称高斯分布，是数据处理最重要的概率分布. 正态分布的概率密度函数定义为

$$f(x) = \frac{N!}{\sigma\sqrt{2\pi}} \exp\left[-\frac{1}{2}\left(\frac{x-\mu}{\sigma}\right)^2 \right] \qquad (2.2.12)$$

式中，x 是连续随机变量，μ 和 σ 是正态分布的分布参数. 遵从正态分布的随机变量 x 的期望值和方差分别为

$$\langle x \rangle = \int_{-\infty}^{\infty} x \cdot n(x, \mu, \sigma) \cdot \mathrm{d}x = \mu \qquad (2.2.13)$$

$$\sigma^2(k) = \int_{-\infty}^{\infty} (x - \mu)^2 \cdot n(x, \mu, \sigma) \cdot \mathrm{d}x = \sigma^2 \qquad (2.2.14)$$

由此可见，正态分布中的参数 μ 是期望值，参数 σ 是标准误差. 正态分布的特征由这两个参数的数值完全确定：若消除了测量的系统误差，μ 为待测物理量的真值，它决定正态分布的位置；而 σ 的大小与概率密度函数曲线的"胖""瘦"有关，即 σ 决定正态分布偏离期望值的离散程度，不同参数值的正态分布概率密度函数曲线如图 2.2.1 所示，曲线是单峰对称结构，对称轴处于概率密度极大值所在处.

期望值 $\mu = 0$ 和方差 $\sigma^2 = 1$ 的正态分布称为标准正态分布，其概率密度函数 $f(x; 0, 1)$ 和正态分布函数 $N(x; 0, 1)$ 为

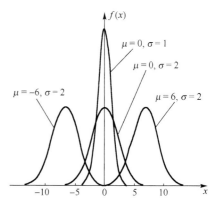

图 2.2.1　不同参数值的正态分布曲线

$$f(x;1,0) = \frac{1}{\sqrt{2\pi}} \exp\left(-\frac{1}{2}x^2\right) \tag{2.2.15}$$

$$N(x;1,0) = \frac{1}{\sqrt{2\pi}} \int_{-\infty}^{x} \exp\left(-\frac{1}{2}x^2\right) \cdot dx \tag{2.2.16}$$

对于 $\mu \neq 0$ 的正态分布，把随机变量 x 作线性变换，则随机变量 $x = \dfrac{x-\mu}{\sigma}$，随机变量遵从标准正态分布，且有

$$f(x;\mu,\sigma^2) = \frac{1}{\sigma} f(x';0,1) \tag{2.2.17}$$

$$N(x;\mu,\sigma^2) = N(x';0,1) \tag{2.2.18}$$

这样便可利用标准正态分布求概率分布. 根据概率理论可以得到以下两个重要定理.

定理 1 若 x_i（$i = 1,2,\cdots,N$）是相互独立的随机变量，随机变量 $x = \sum\limits_{i=1}^{N} x_i$，如果每一个 x_i 对总和 x 的贡献都不大，则当 $N \to \infty$ 时，x 渐近地遵从正态分布.

定理 2 若随机变量 x 有期望值 $\langle x \rangle = \mu$，方差 $\sigma^2(x) = \sigma^2$，而且 $x_i(i = 1,2,\cdots,N)$ 是随机变量 x 的 N 次独立测量值，则当 $N \to \infty$ 时，平均值 $\bar{x} = \dfrac{1}{N}\sum\limits_{i=1}^{N} x_i$ 渐近地遵从正态分布 $N(\bar{x};\mu,\sigma^2/N)$.

正态分布之所以重要的另一个原因是许多其他分布在极限条件下都渐近地遵从正态分布. 如对于泊松分布，当期望值 m 足够大时，可以证明它的分布形式趋于

$$p(k) = \frac{1}{\sqrt{2\pi m}} \exp\left[-\frac{(k-m)^2}{2m}\right] \tag{2.2.19}$$

注意到泊松分布的标准差 $\sigma = \sqrt{m}$，可以看出式（2.2.19）和正态分布的概率密度函数的形式一致，所不同的是这里 k 表示离散型变量. 实际上，当 $m \geqslant 10$ 时泊松分布已十分接近正态分布. 这说明对于某些离散型随机变量，在一定条件下也可以用正态分布来近似处理.

4）χ^2 分布及其应用（χ^2 distribution and application）

设测量值 $x_1,x_2,\cdots,x_N$ 为满足正态分布 $n(x;\mu,\sigma^2)$ 的随机样本，定义统计量

$$\chi^2 = \sum_{i=1}^{N} \frac{(x_i - \bar{x})^2}{\sigma_i^2} \tag{2.2.20}$$

来分析样本的离散程度. 这样定义的 χ^2 是随机变量，其分布遵从概率密度函数，即 χ^2 分布为

$$p(\chi^2;\nu) = \frac{1}{\sqrt{2^\nu}\,\Gamma(\nu/2)} (\chi^2)^{\frac{\nu}{2}-1} \exp(-\chi^2/2) \tag{2.2.21}$$

式中，ν 为分布参数（$\nu = N-1$，正整数），称为自由度. 随机变量 χ^2 的期望值和方差分别为

$$\langle \chi^2 \rangle = \nu, \quad \sigma^2(\chi^2) = 2\nu \tag{2.2.22}$$

图 2.2.2 中斜线部分的面积等于区间 $[0,\chi_\xi^2]$ 内的概率 ξ，即

$$\xi = \int_0^{\chi_\xi^2} p(\chi^2;\nu) d\chi^2$$

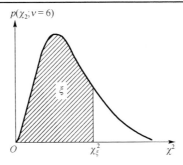

图 2.2.2　χ^2 概率密度曲线

概率 ξ 不仅与 χ_ξ^2 有关，而且与自由度 ν 有关. 对于不同 ξ 和 ν 所对应的 χ_ξ^2 可查表. 一般的 χ^2 分布表只有 $\nu \leqslant 30$ 的数值，因为 χ^2 分布在自由度 $\nu \to \infty$ 的情况下趋于正态分布. 对于 $\nu > 30$ 的数值，可利用正态分布表求得.

2.3　随机误差的统计分析

Section 2.3　Statistical analysis of random error

前面讨论了随机变量的总体分布，下面讨论随机误差的估计问题. 在实际测量中，只能得到有限个测量值，即随机样本，我们研究随机误差是以随机样本为依据的，即采用随机样本估计总体分布的参数. 在此假定系统误差已经修正，采用相同的方法和仪器在相同的条件下作重复的相互独立的一组等精度测量值，讨论等精度测量中随机误差的数字特征问题.

1. **正态分布参数的最大似然估计**（Maximum likelihood estimation of normal distribution parameters）

设某物理量 X 的 N 个等精度测量值为 $x_1, x_2, \cdots, x_N$，把它看成 N 维的随机变量，为了由样本估计总体参数，把 N 维随机变量的联合概率密度定义为样本的似然函数. 相互独立随机变量的联合概率密度等于各个随机变量概率密度的乘积. 设 x 的概率密度函数为 $p(x; \theta)$，θ 为该分布的特征参数，则联合概率密度函数

$$p(x_1, x_2, \cdots, x_N; \theta) = p(x_1,; \theta) p(x_2; \theta) \cdots p(x_N; \theta) = \prod_{i=1}^{N} p(x_i; \theta) \tag{2.3.1}$$

于是这个样本的似然函数定义为

$$L(x_1, x_2, \cdots, x_N; \theta) = \prod_{i=1}^{N} p(x_i; \theta) \tag{2.3.2}$$

最大似然法就是选择使实测数据有最大概率密度的参数值为 θ 的估计值. 若估计值 $\hat{\theta}$ 使似然函数最大，即

$$L(x_1, x_2, \cdots, x_N; \theta)\big|_{\theta = \hat{\theta}} = L_{\max} \tag{2.3.3}$$

则 $\hat{\theta}$ 称为参数的最大似然估计. 而要使似然函数最大，可通过 $L(x_1, x_2, \cdots, x_N; \theta)$ 对 θ 求极值的方法而得到，为计算方便起见，求 $L(x_1, x_2, \cdots, x_N; \theta)$ 的对数的导数，即

$$\left.\frac{\partial \ln L(x_1, x_2, \cdots, x_N; \theta)}{\partial \theta}\right|_{\theta=\hat{\theta}} = 0 \tag{2.3.4}$$

由于似然函数 $L(x_1, x_2, \cdots, x_N; \theta)$ 与它的对数 $\ln L(x_1, x_2, \cdots, x_N; \theta)$ 是同时达到最大值的，故通过求解式（2.3.4）可得到 θ 的最大似然估计值.

利用最大似然法估计正态分布的特征参数. 由正态分布的概率密度函数构建正态样本的似然函数

$$\begin{aligned}L(x_1, x_2, \cdots, x_N; \mu, \sigma^2) &= \prod_{i=1}^{N} \frac{1}{\sigma\sqrt{2\pi}} \exp\left[-\frac{1}{2}\left(\frac{x_i - \mu}{\sigma}\right)^2\right] \\ &= \left(\frac{1}{2\pi\sigma^2}\right)^{N/2} \exp\left[-\frac{1}{2\sigma^2}\sum_{i=1}^{N}(x_i - \mu)^2\right]\end{aligned} \tag{2.3.5}$$

对正态样本的似然函数的对数 $\ln L(x_1, x_2, \cdots, x_N; \mu, \sigma^2)$ 求参数 μ 和 σ^2 的偏导数

$$\left.\frac{\partial \ln L}{\partial \mu}\right| = \frac{1}{\hat{\sigma}^2}\sum_{i=1}^{N}(x_i - \hat{\mu})^2 = 0 \tag{2.3.6}$$

$$\left.\frac{\partial \ln L}{\partial \sigma^2}\right| = \frac{N}{2\hat{\sigma}^2} + \frac{1}{4\hat{\sigma}^4}\sum_{i=1}^{N}(x_i - \hat{\mu})^2 = 0 \tag{2.3.7}$$

将这两个方程联立求解得期望值和方差的最大似然估计值

$$\hat{\mu} = \frac{1}{N}\sum_{i=1}^{N}x_i = \overline{x} \tag{2.3.8}$$

$$\hat{\sigma}^2 = \frac{1}{N}\sum_{i=1}^{N}(x_i - \overline{x})^2 \tag{2.3.9}$$

标准误差估计值为

$$\hat{\sigma} = \sqrt{\frac{1}{N}\sum_{i=1}^{N}(x_i - \overline{x})^2} \tag{2.3.10}$$

最大似然估计值的结果表明：测量值的期望值由测量样本的算术平均值估计；方差由测量样本的平均偏差估计；标准误差由均方根偏差估计. 若参数 θ 的估计量 $\hat{\theta}$ 的期望值满足

$$\langle\hat{\theta}\rangle = \theta \tag{2.3.11}$$

则 $\hat{\theta}$ 称为参数 θ 的无偏估计量，否则称为有偏估计量. 下面将证明，样本的均方偏差和均方根偏差都不是无偏估计量.

2. 样本平均值期望值、方差和标准偏差（Average expectations, variance, standard deviation）

若 $x_1, x_2, \cdots, x_N$ 是实验测量量 x 的随机样本，$\overline{x}$ 的期望值和方差分别为

$$\langle\overline{x}\rangle = \left\langle\frac{1}{N}\sum_{i=1}^{N}x_i\right\rangle = \frac{1}{N}\sum_{i=1}^{N}\langle x_i\rangle = \langle x\rangle \tag{2.3.12}$$

$$\sigma^2(\overline{x}) = \sigma^2\left(\frac{1}{N}\sum_{i=1}^{N}x_i\right) = \frac{1}{N^2}\sigma^2\sum_{i=1}^{N}x_i = \frac{1}{N}\sigma^2(x) \tag{2.3.13}$$

从而求得样本平均值的标准误差为

$$\sigma(\overline{x}) = \frac{1}{\sqrt{N}}\sigma(x) \tag{2.3.14}$$

式（2.3.12）表明样本平均值的期望值就是随机变量的期望值，即 $\overline{x}$ 作为真值 μ 的估计值满足无偏估计量的条件，式（2.3.13）表明样本平均值的方差是单次测量的方差的 $1/N$；式（2.3.14）表明样本平均值的标准误差是单次测量值的标准误差的 $1/\sqrt{N}$. 也就是说，若观测值在真值左右摆动，则 N 个观测值的平均值也在真值左右摆动，它们的期望值都是 μ，但 N 次测量平均值 $\overline{x}$ 比单次测得值更靠近真值，这就是通常采用样本平均值作为被测量真值的理由.

均方偏差的期望值为

$$\left\langle \hat{\sigma}^2(x) \right\rangle = \left\langle \frac{1}{N}\sum_{i=1}^{N}(x_i - \overline{x})^2 \right\rangle = \frac{N-1}{N}\sigma^2(x) \tag{2.3.15}$$

上式表明样本均方偏差的期望值不是 $\sigma^2(x)$ 的无偏估计量. 若定义一个统计量

$$\left\langle S_x^2 \right\rangle = \left\langle \frac{1}{N-1}\sum_{i=1}^{N}(x_i - \overline{x})^2 \right\rangle \tag{2.3.16}$$

为样本方差，则它的期望值

$$\begin{aligned}
\left\langle S_x^2 \right\rangle &= \left\langle \frac{1}{N-1}\sum_{i=1}^{N}(x_i - \overline{x})^2 \right\rangle = \frac{1}{N-1}\left\langle \sum_{i=1}^{N}(x_i - \overline{x})^2 \right\rangle \\
&= \frac{N}{N-1}\frac{1}{N}\left\langle \sum_{i=1}^{N}(x_i - \overline{x})^2 \right\rangle = \frac{N}{N-1}\cdot\frac{N-1}{N}\sigma^2(x) = \sigma^2(x)
\end{aligned} \tag{2.3.17}$$

式（2.3.17）表明定义的统计量样本方差的期望值 S_x^2 等于方差 $\sigma^2(x)$，所以一般采用 S_x^2 作为标准误差的无偏估计值.

S_x^2 的平方根正位称为样本的标准偏差

$$S_x = \sqrt{\frac{1}{N-1}\sum_{i=1}^{N}(x_i - \overline{x})^2} \tag{2.3.18}$$

式（2.3.18）称为贝塞尔公式，通常把样本的标准偏差作为标准误差的估计值.

2.4 不 确 定 度

Section 2.4 Uncertainty

1. 粗大误差的判据和剔除（Criterion of gross error and reject）

由于粗大误差是测量过程中出现某些差错或者环境条件突变等不可预料的因素造成的，在实验数据处理中首先对测量数据进行分析，剔除含有粗大误差的测量值. 判别测量值中是否含有该剔除的异常值，在统计学中已经建立了多种准则.

1）拉伊达准则（Pauta criterion）

当重复测量次数较多时（如几十次以上），拉伊达准则（即 3 倍标准差准则）是一种最为简便的方法. 这种判别方法是先求出测量值 $x_1, x_2, \cdots, x_N$ 的平均值 $\overline{x}$ 和标准差 S_x，若某可疑数据 x_d 的偏差 $|\overline{x} - x_d| > 3S_s$，则 x_d 应该被剔除. 因为测量值的偏差落在 $\pm 3S_x$ 范围内的置信概率

已达 99.7%. 超出这个范围以外的概率小于 0.3%. 该异常值剔除后，再对余下的测量值数据用同样的方法检验是否还存在异常值.

2）格鲁布斯准则（Grubbs criterion）

格鲁布斯准则是以正态分布为前提的，理论上较严谨，使用也方便. 格鲁布斯准则以其判别的可靠性大而著称，其检验方法：①求测量值 $x_1, x_2, \cdots, x_N$ 的平均值 $\bar{x}$ 和标准差 S_x；②求绝对值最大的偏差 $|x_i - \bar{x}|_{\max}$；③选定某一显著性水平值 $\alpha(\alpha = 1 - \xi$，代表错判为异常的概率），通常选 $\alpha = 0.05$ 或 $\alpha = 0.01$，由表 2.4.1 可查得格鲁布斯准则的 $g(N, \alpha)$ 值；如果偏差 $|x_i - \bar{x}|_{\max} > g(N, \alpha) \cdot S_x$，则认为测量值 x_i 是含有粗大误差的数据而被剔除；含弃某一含有粗大误差的数据后，用同样的方法检查余下的实验测量值是否还有应剔除的数据.

表 2.4.1　格鲁布斯准则 $g(n, \alpha)$ 数值表

n	$\alpha = 0.01$	$\alpha = 0.05$	n	$\alpha = 0.01$	$\alpha = 0.05$	n	$\alpha = 0.01$	$\alpha = 0.05$
3	1.15	1.15	12	2.25	2.29	21	2.91	2.58
4	1.49	1.46	13	2.61	2.33	22	2.94	2.60
5	1.75	1.67	14	2.66	2.37	23	2.96	2.62
6	1.91	1.82	15	2.70	2.41	24	2.99	2.64
7	2.10	1.94	16	2.74	2.44	25	3.01	2.66
8	2.22	2.03	17	2.78	2.47	30	3.10	2.74
9	2.32	2.11	18	2.82	2.50	35	3.18	2.81
10	2.41	2.18	19	2.85	2.53	40	3.24	2.87
11	2.48	2.24	20	2.88	2.56	50	3.34	2.96

2. 不确定度的传递（Transmission of uncertainty）

间接测量的物理量，是利用直接测量的结果代入所属的函数关系式计算出来的. 设 y 为 t 个直接观察量 $x_1, x_2, \cdots, x_t$ 的函数，即

$$y = f(x_1, x_2, \cdots, x_t) \tag{2.4.1}$$

将函数在 $x_i(i = 1, 2, \cdots, t)$ 的期望值 $\langle x_i \rangle$ 附近作泰勒展开，并略去二次以下的高阶项：

$$y = f(\langle x_1 \rangle, \langle x_2 \rangle, \cdots, \langle x_t \rangle) + \sum_{i=1}^{t} \frac{\partial f}{\partial x_i} \cdot \langle x_i - \langle x_i \rangle \rangle \tag{2.4.2}$$

式中，右边第一项为 y 的期望值 $\langle y \rangle$，式（1.2.43）移项后再平方，则有

$$(y - \langle y \rangle)^2 = \left[\sum_{i=1}^{t} \frac{\partial f}{\partial x_i} \cdot \langle x_i - \langle x_i \rangle \rangle \right]^2 \tag{2.4.3}$$

式（2.4.3）左边偏差平方的期望值是 y 的方差，即 σ_y^2. 对式（2.4.3）两边求期望值可导出

$$\sigma_y^2 = \sum_{i=1}^{t} \left(\frac{\partial f}{\partial x_i} \right) \sigma_i^2 + 2 \sum_{i=1}^{t-1} \sum_{j=i+1}^{t} \left(\frac{\partial f}{\partial x_i} \right) \left(\frac{\partial f}{\partial x_j} \right) \cdot \text{Cov}(x_i, x_j) \tag{2.4.4}$$

上式称为"广义误差传递公式". 在 $x_1, x_2, \cdots, x_t$ 相互独立的情况下，协方差项为零，误差传递公式变为

$$\sigma_y^2 = \sum_{i=1}^{t} \left(\frac{\partial f}{\partial x_i} \right) \sigma_i^2 \tag{2.4.5}$$

由于前面作泰勒展开时忽略了二次以上的高次项，故上述传递公式只对线性函数才严格成立，对于非线性函数只是近似公式，适用于偏差 $(x_i - \langle x_i \rangle)$ 较小的情况.

3. 不确定度的确定（Determination of uncertainty）

合成标准不确定度（standard uncertainty synthesis）：

对于间接测量量 y 及其所依赖的直接测量量 $x_i(i=1,2,\cdots,t)$ 的函数，首先求出各个直接测量量的估计值及其标准不确定度. 假设各直接测量量之间是完全相互独立的，利用式（2.4.5）的不确定度传递公式求得合成标准不确定度 $u^2(y)$，即

$$u^2(y) = \sum_{i=1}^{t} \left(\frac{\partial f}{\partial x_i} \right) \cdot u^2(x_i) \tag{2.4.6}$$

2.5　数据处理——最小二乘法拟合
Section 2.5　Data processing——least square method

在实验测量中经常要测量两个有因数关系的物理量，根据两个量的许多组测量数据来确定它们的函数关系，这就是实验数据处理中的曲线拟合问题，这类问题通常有两种情况：一种是两个观测量之间的函数形式已知，但一些参数未知，通过数据拟合确定未知参数的最佳估计值；另一种是两个观测量之间的函数形式不知道，通过数据拟合找出它们之间的经验公式. 后一种情况常假设两个观测量之间的关系是一个待定的多项式，多项式系数就是待定的未知参数，从而可采用类似于前一种情况的处理方法.

1. 最小二乘法原理（Principle of least square method）

设 x 和 y 的函数关系由理论公式

$$y = f(x, c_1, c_2, \cdots, c_t) \tag{2.5.1}$$

给出，其中 $c_1, c_2, \cdots, c_t$ 是 t 个通过实验确定的参数. 对于每组观测数据 $(x_i, y_i)(i=1,2,\cdots,t)$，都应有对应于 xOy 平面上的一个点. 若不考虑测量误差，数据点都准确落在理论曲线上，只要将 t 组测量值代入方程，可以得到方程组

$$y_i = f(x_i, c_1, c_2, \cdots, c_t) \quad (i=1,2,\cdots,N) \tag{2.5.2}$$

求 t 个方程的联立解即得 t 个参数的数值. 显然，当 $N < t$ 时，参数不能确定. 由于实验测量值总存在误差，这些数据点不可能都准确落在理论曲线上，因此，在 $N > t$ 的情况下，式（2.5.2）成为矛盾方程组，不能直接用解方程的方法求得 t 个参数值，只能采用曲线拟合来求解. 设测量值 y_i 围绕着期望值 $y = f(x_i, c_1, c_2, \cdots, c_t)$ 摆动，其分布为正态分布，则 y_i 的概率密度为

$$p(y_i) = \frac{1}{\sqrt{2\pi}\sigma_i} \exp\left\{ -\frac{[y_i - f(x_i, c_1, c_2, \cdots, c_t)]^2}{2\sigma_i^2} \right\} \tag{2.5.3}$$

式中，σ_i 是分布的标准误差. 假设各次测量是互相独立的，测量值 $(y_1, y_2, \cdots, y_N)$ 的似然函数

$$L = \frac{1}{(\sqrt{2\pi})^N \sigma_1 \sigma_2 \cdots \sigma_N} \exp\left\{ -\frac{1}{2} \sum_{i=1}^{N} \frac{[y_i - f(x_i; C)]^2}{\sigma_i^2} \right\}$$

取似然函数 L 最大来估计参数 C(C 代表 $(c_1, c_2, \cdots, c_t)$)，应使

$$\sum_{i=1}^{N} \frac{1}{\sigma_i^2}[y_i - f(x_i; C)]^2 \Big|_{C=\hat{C}}$$

取最小值. 最大似然法与最小二乘法是一致的. 上式表明，用最小二乘法来估计参数时，要求各测量值的偏差的加权平方和为最小. 应有

$$\frac{\partial}{\partial c_k} \sum_{i=1}^{N} \frac{1}{\sigma_i^2}[y_i - f(x_i; C)]^2 \Big|_{C=\hat{C}} = 0 \quad (k = 1, 2, \cdots, t) \tag{2.5.4}$$

从而得到方程组

$$\sum_{i=1}^{N} \frac{1}{\sigma_i^2}[y_i - f(x_i; C)] \frac{\partial f(x_i; C)}{\partial c_k} \Big|_{C=\hat{C}} = 0 \quad (k = 1, 2, \cdots, t) \tag{2.5.5}$$

解方程组即得 t 个参数的估计值，从而得到拟合的曲线方程.

最后还需要对数据拟合的结果给予合理的评价. 若 y_i 服从正态分布，可引入拟合的 χ^2 量

$$\chi^2 = \sum_{i=1}^{N} \frac{1}{\sigma_i^2}\Big|[y_i - f(x_i; C)]^2 \tag{2.5.6}$$

把参数估计值 $\hat{c} = (\hat{c}_1, \hat{c}_2, \cdots, \hat{c}_t)$ 代入式（2.5.6）得到最小的 $\chi^2_{\min}$，即

$$\chi^2_{\min} = \sum_{i=1}^{N} \frac{1}{\sigma_i^2}\Big|[y_i - f(x_i; \hat{C})]^2 \tag{2.5.7}$$

$\chi^2_{\min}$ 服从自由度 $\nu = N - t$ 的分布，由此可对拟合结果作 χ^2 检验. $\chi^2_{\min}$ 的期望值为 $N-t$，如果式（2.5.6）计算出的 $\chi^2_{\min}$ 接近 $N-t$，则拟合结果可接受，如果 $\sqrt{\chi^2_{\min}} - \sqrt{N-t} > 2$，则拟合结果与测量值存在显著的矛盾.

2. 直线最小二乘法拟合（Straight-line least square method fitting）

直线拟合是曲线拟合中最基本和最常用的一种数据处理方法. 设 x 和 y 之间的函数关系满足直线方程

$$y = a_0 + a_1 x \tag{2.5.8}$$

式中，a_0, a_1 为两个待定参数. 对于等精度测量所得到的 N 组数据 $(x_i, y_i)(i = 1, 2, \cdots, N)$，下面利用最小二乘法拟合数据求解两个待定参数.

在利用最小二乘法估计参数时，要求测量值 y_i 的偏差的加权平方和为最小. 对于等精度测量值的直线拟合，要求

$$\sum_{i=1}^{N} [y_i - (a_0 + a_1 x_i)]^2 \Big|_{a=\hat{a}}$$

最小，于是有

$$\frac{\partial}{\partial a_0} \sum_{i=1}^{N} [y_i - (a_0 + a_1 x_i)]^2 \Big|_{a=\hat{a}} = -2\sum_{i=1}^{N} [y_i - (\hat{a}_0 + \hat{a}_1 x_i)] = 0$$

$$\frac{\partial}{\partial a_1} \sum_{i=1}^{N} [y_i - (a_0 + a_1 x_i)]^2 \Big|_{a=\hat{a}} = -2\sum_{i=1}^{N} x_i[y_i - (\hat{a}_0 + \hat{a}_1 x_i)] = 0$$

解方程组便可求得直线最小二乘法拟合参数 a_0, a_1 的最佳估计值 $\hat{a}_0, \hat{a}_1$，即

$$\hat{a}_0 = \frac{\sum_{i=1}^{N} x_i^2 \sum_{i=1}^{N} y_i - \sum_{i=1}^{N} x_i \sum_{i=1}^{N} x_i y_i}{N \sum_{i=1}^{N} x_i^2 - \left(\sum_{i=1}^{N} x_i\right)^2} \qquad (2.5.9)$$

$$\hat{a}_1 = \frac{N \sum_{i=1}^{N} x_i y_i - \sum_{i=1}^{N} x_i \sum_{i=1}^{N} y_i}{N \sum_{i=1}^{N} x_i^2 - \left(\sum_{i=1}^{N} x_i\right)^2} \qquad (2.5.10)$$

最后还需要对数据拟合的结果给予合理的评价．设测量值 y_i 的标准差为 S，直线拟合中量为最小，即

$$\chi^2_{\min} = \frac{1}{S^2} \sum_{i=1}^{N} [y_i - (\hat{a}_0 + \hat{a}_1 x_i)]^2 \qquad (2.5.11)$$

已知测量值服从正态分布，$\chi^2_{\min}$ 服从自由度 $\nu = N - 2$ 的 χ^2 分布，其期望值为 $N-2$，由此可得测量值 y_i 的标准偏差

$$S = \sqrt{\frac{1}{N-2} \sum_{i=1}^{N} [y_i - (\hat{a}_0 + \hat{a}_1 x_i)]^2} \qquad (2.5.12)$$

直线拟合的两个参数估计值 $\hat{a}_0, \hat{a}_1$ 是 x_i 和 y_i 的函数，因为假定 x_i 是精确的，所有测量误差只与 y_i 有关，故可以利用不确定度传递公式计算两个估计参数的标准偏差，即

$$S_{a_0} = \sqrt{\sum_{i=1}^{N} \left(\frac{\partial \hat{a}_0}{\partial y_i} S\right)^2}, \quad S_{a_1} = \sqrt{\sum_{i=1}^{N} \left(\frac{\partial \hat{a}_1}{\partial y_i} S\right)^2}$$

将直线拟合结果代入上式得到两个估计参数的标准偏差

$$S_{a_0} = S \sqrt{\frac{\sum_{i=1}^{N} (x_i)^2}{N \sum_{i=1}^{N} x_i^2 - \left(\sum_{i=1}^{N} x_i\right)^2}}, \quad S_{a_1} = S \sqrt{\frac{N}{N \sum_{i=1}^{N} x_i^2 - \left(\sum_{i=1}^{N} x_i\right)^2}}$$

测量数据作直线拟合时，还不大了解 x 和 y 之间的线性关系的密切程度，可用相关系数

$$r = \frac{\sum_{i=1}^{N} (x_i - \overline{x})(y_i - \overline{y})}{\sqrt{\sum_{i=1}^{N} (x_i - \overline{x})^2 \cdot \sum_{i=1}^{N} (y_i - \overline{y})^2}} \qquad (-1 \leqslant r \leqslant +1)$$

来判断：

若 $r > 0$，直线斜率为正→正关联；

若 $r < 0$，直线斜率为负→负关联；

若 $|r| = 1$，全部数据点都落在拟合直线上；

若 $r = 0$，x 与 y 之间完全不相关．

3. 多项式拟合（Polynomial fitting）

如果变量之间的函数关系未知，需要根据测量数据找出经验公式有效的方法.

在一般情况下，可用一个 t 阶的多项式

$$y = a_0 + a_1 x + a_2 x^2 + \cdots a_t x^t \tag{2.5.13}$$

来拟合任意的经验曲线，不同阶的多项式代表着不同类型的曲线. 利用最小二乘法原理，求多项式 (2.5.13) 中 a 参数 $(a_0 + a_1 x + a_2 x^2 + \cdots a_t x^t)$ 的最佳估计值 $\hat{a}$ 代表最佳估计值 $(\hat{a}_0, \hat{a}_1, \hat{a}_2, \cdots, \hat{a}_t)$，$\hat{a}$ 要满足拟合量 χ^2 为最小，即

$$\chi_{\min}^2 = \frac{1}{\sigma^2} \sum_{i=1}^{N} [y_i - (\hat{a}_0 + \hat{a}_1 x_i + \hat{a}_2 x_i + \cdots + \hat{a}_t x_i)]^2 \tag{2.5.14}$$

为了求 χ^2 量的极小值，分别对 $(t+1)$ 个待定参数 a 求一阶偏微商，并令其等于零，即得到 $(t+1)$ 个线性方程组成的方程组

$$\begin{cases} a_0 + a_1 \sum x_i + \cdots + a_m \sum x_i^m = \sum y_i \\ a_0 \sum x_i + a_1 \sum x_i^2 + \cdots + a_m \sum x_i^{m+1} = \sum x_i y_i \\ a_0 \sum x_i^2 + a_1 \sum x_i^3 + \cdots + a_m \sum x_i^{m+2} = \sum x_i^2 y_i \\ a_0 \sum x_i^m + a_1 \sum x_i^{m+1} + \cdots + a_m \sum x_i^{2m} = \sum x_i^m y_i \end{cases} \tag{2.5.15}$$

求方程组的联立解，即得 t 阶多项式的 $(t+1)$ 个系数的最佳估计值 $(\hat{a}_0, \hat{a}_1, \hat{a}_2, \cdots, \hat{a}_t)$. 拟合结果的标准差为

$$S = \sqrt{\frac{1}{N - t - 1} \sum_{i=1}^{N} [y_i - (\hat{a}_0 + \hat{a}_1 x_i + \hat{a}_2 x_i + \cdots + \hat{a}_t x_i)]^2} \tag{2.5.16}$$

根据不确定度传递公式可求得最佳估计参数的标准差为

$$S_{a_0} = \sqrt{\sum_{i=1}^{N} \left(\frac{\partial \hat{a}_0}{\partial y_i} S \right)^2}, \quad S_{a_1} = \sqrt{\sum_{i=1}^{N} \left(\frac{\partial \hat{a}_1}{\partial y_i} S \right)^2}, \quad \cdots, \quad S_{a_t} = \sqrt{\sum_{i=1}^{N} \left(\frac{\partial \hat{a}_t}{\partial y_i} S \right)^2} \tag{2.5.17}$$

课后作业

在"相对论效应"实验中首先利用 ^{60}Co、^{137}Cs γ 源对多道能谱分析器进行能量定标，不同能量 γ 射线在多道能谱分析器对应的道数列于表 2.5.1 中，利用最小二乘法拟合求多道能谱道数与能量的对应关系，并对数据拟合的结果给予合理的评价，计算拟合结果估计参数的标准偏差.

表 2.5.1　^{60}Co、^{137}Cs γ 射线能量与多道能谱分析器对应的道数

能量/MeV	0.184	0.661	1.17	1.33
道数/chn	40	124	208	234

参考文献

范大茵，陈永华. 2003. 概率论与数理统计. 2 版. 杭州：浙江大学出版社

林木欣，2001. 近代物理实验教程. 北京：科学出版社

张天喆，董有尔. 2004. 近代物理实验. 北京：科学出版社

第 3 章 原 子 物 理

Chapter 3   Atomiz physizs

实验 3.1   光谱分析基本知识

Experiment 3.1   Basic knowledge of spectral analysis

光是电磁辐射，人们按电磁辐射的波长把它分为射频波谱、微波波谱、光学光谱等几个部分. 所谓"光学光谱"是指从一端是远红外光谱扩展到另一端是紫外光谱的范围. 在自然界中，能发射光辐射的物体所发出的光都是含有多种波长的复色光. 可以利用棱镜或光栅把复色光分解为单色光，并且把这单色光按波长规律排列起来而成为光谱. 获得和分析光谱的实验方法称为光谱技术.

1666 年牛顿用三棱镜观察太阳光谱，揭开了光谱学的序幕. 到 19 世纪初，沃拉斯顿（Wollaston）采用狭缝分光装置获得了清晰的光谱线. 随后，夫琅禾费（Fraunhofer）设计制造分光镜，发现了太阳光谱中的吸收暗线，19 世纪 20 年代，塔尔博特（Talbot）先后研究了钠、锂、锶的谱线和铜、银、金的谱线，提出了元素特征光谱的概念. 基尔霍夫（Kirchhoff）和本生（Bunsen）改善了分光装置，并把它应用于化学分析，发现了光谱与物质组成之间的关系，确认和证实了各种物质都具有自己的特征光谱，从而建立了光谱定性分析的基础. 此后，许多分析工作者利用光谱分析，先后确认了在太阳大气中存在着钠、铁、镁、铜、锌、钡、镍等元素，鉴定了一些超铀元素. 光谱分析方法已在生产上广泛地应用于各种金属、合金及其原材料、中间产品的分析. 现代科学技术和现代生产实践的不断发展，对光谱分析提出了更高的要求，因此新的方法层出不穷. 发射光谱分析现代技术发展的关键，在很大程度上取决于激发光源的发展. 19 世纪 60 年代初期，布里奇（Brech）等第一次把激光应用于发射光谱分析，制造了激光显微光谱分析仪，促进了微区分析的迅速发展，接着，格林菲尔德（Green Field）和法赛尔（Fassel）等先后把感耦高频等离子体光源用于发射光谱分析，使发射光谱技术发生了新的变革. 在这时期，火花和弧光光源也在不断改进，使光源的可控性和稳定性都得到了提高.

光谱技术是人们认识原子、分子结构的重要手段之一，它在现代科学技术的各个领域和国民经济的许多部门获得了广泛应用.

在本实验中，主要研究发射光谱，掌握发射光谱的基本分析方法. 物质的发射光谱有三种：线状光谱、带状光谱及连续光谱，线状光谱由原子或离子被激发而发射；带状光谱由分子被激发而发射；连续光谱由炽热的固体或液体所发射.

1. 发射光谱分析的内容和特点（Content and characteristic of emission spectral analysis）

光谱分析的过程分为三步：激发、分光和检测. 第一步是利用激发光源使试样蒸发，然后解离成原子，或进一步电离成离子，最后使原子或离子得到激发、辐射；第二步是利用光谱仪器，把光源所发出的光按波长展开，获得光谱；第三步是利用检测计算系统记录光谱、测量谱线波长、强度或宽度，根据各种元素的光谱特征找出属于某一元素的谱线（灵敏线），确认试样中的元素成分，或分析试样中元素的含量.

发射光谱分析的基本特点是：

（1）元素检出限低. 光谱分析的元素检出限指的是元素被检出的最低含量. 它不仅由元素的性质决定，而且受试样性质、仪器性能和分析条件的影响. 当以弧光或火花作为光源时，大多数元素的相对检出限为 $10^{-2}\sim10^{-5}$g，绝对检出限为 $10^{-7}\sim10^{-9}$g. 对于激光显微发射光谱分析来说，大多数元素的绝对检出限为 $10^{-6}\sim10^{-12}$g，所以光谱分析所取样品很少，每次分析用量至多几十毫克，少至十分之几毫克，采用激光显微光源和微火花光源甚至仅需几微克. 而化学分析法每次试样用量则需几百毫克.

（2）快速、简便. 光谱分析所需试样一般不需要预先进行化学处理，可以直接对粉末、块状、液体等试样进行分析，并且可以同时分析出样品中的几十个元素. 光电技术和计算机技术应用于光谱分析更进一步提高了分析效率，可以在 $1\sim2$min 内给出试样中几十个元素的含量结果.

（3）资料保存方便. 光谱分析的全部数据均已记录在谱板上，谱板可以长期保存，以备检验或复查.

2. 光谱激发过程及影响谱线强度的因素（Spectrum excitation process and influence factor of spectral intensity）

光谱研究所感兴趣的：一是谱线的波长；二是谱线的强度. 波长规律反映了原子能级结构，而谱线强度是光谱定量分析的依据. 因此必须了解影响谱线强度的各种因素. 此外，谱线的自吸收现象对谱线的强度、宽度以至整个轮廓都有影响，从而给分析引进误差，因此也应对它充分注意.

（1）谱线产生的过程. 当试样在光源中蒸发为气体时，蒸气云中的原子或离子受到高速运动的粒子（主要是电子）的碰撞而激发，这些被激发的原子中的电子按照一定的规律由高能级跃迁回到低能级时就产生一定波长的光辐射. 可见，谱线的产生可分为蒸发、激发和跃迁三个过程，每个过程对谱线的强度都有影响.

（2）影响谱线强度的因素. 谱线强度指的是对于许多原子或离子的某一波长的光辐射的统计结果.

设 j 为高能级，m 为低能级，电子由 j 能级跃迁到 m 能级时，辐射的谱线强度一般可表示为

$$I_{jm} = N_j A_{jm} h\nu_{jm} \tag{3.1.1}$$

式中，N_j 是处在 j 能级的原子数；A_{jm} 是电子由 j 能级到 m 能级的跃迁几率；$h\nu_{jm}$ 为光子的能量，即 j 能级与 m 能级的能量差.

假定光源等离子体处于热平衡状态，那么各个能级的原子分布遵循统计力学中的麦克斯韦-玻尔兹曼（Maxwell-Boltzmann）定律：

$$N_j = \frac{g_j}{g_0} N_0 \mathrm{e}^{-E_j/KT} \tag{3.1.2}$$

式中，g_j、g_0 分别为能级 E_j、E_0 的统计权重；N_0 为处于基态的总原子数；K 为玻尔兹曼常量，其值为 $1.38 \times 10^{-16}\,\mathrm{erg \cdot s^{-1}}$（$1\mathrm{erg} = 10^{-7}\,\mathrm{J}$）；$T$ 为等离子体的绝对激发温度.

把 N_j 代入式（3.1.1）中得

$$I_{jm} = \frac{g_j}{g_0} A_{jm} h\nu_{jm} N_0 \mathrm{e}^{-E_j/KT} = A_{jm} h\nu_{jm} N \frac{g_i}{G} \mathrm{e}^{-E_j/KT} \tag{3.1.3}$$

式中，N 为处于各种状态的原子总数；G 为配分函数（原子所有各能级的统计权重与玻尔兹曼因子的乘积之总和）. 由此可见，在一定的实验条件下，原子谱线的强度与光源等离子体中处于各个能级的该原子总数成正比.

在光谱分析中，通常将式（3.1.3）简写为

$$I = \alpha\beta C \tag{3.1.4}$$

式中，C 为试样中某元素的含量；$\alpha = N/C$ 称为蒸发系数，其数值将决定于试样的性质；而 $\beta = A_{jm} h\nu_{jm}(g_j/G)\mathrm{e}^{-E_j/KT}$.

经过上述变换可以看出，谱线强度与试样中元素的含量有直接关系. 式（3.1.4）是试样中元素的含量较低时（谱线无自吸收时）光谱定量分析的基本关系式.

当试样中元素含量较低时（谱线无自吸收），可以从两方面考虑影响谱线强度的因素. 一方面是试样的蒸发特性，它由试样中元素的含量与该元素进入光源等离子体的原子数目决定，而进入等离子体的原子数目受到试样类型的光源温度的影响. 另一方面是谱线的激发特性，它是由光源温度、激发电势、统计权重、跃迁概率、辐射频率（或光子能量）、配分函数等因素决定，配分函数又受到统计权重和光源温度的影响. 所以，对于某一试样中的确定的谱线来说，光源温度是影响谱线强度的一个极其重要的因素.

以上讨论仅限于光线通过蒸气时无自吸收的情况. 事实上，在电弧光源中，弧焰的中心温度高，而外围的温度较低. 当原子蒸气浓度较大时，弧焰中心原子所辐射的谱线，会被外围处于基态的同类原子所吸收，这种现象称为自吸，严重的自吸称为"自蚀"，自吸和自蚀都会影响谱线强度，使之减弱.

考虑蒸发特性和自吸现象，谱线强度 I 和元素的含量 C 之间的函数关系可用如下经验公式表示：

$$I = a\mathrm{e}^{-E/KT} C^b \tag{3.1.5}$$

式中，a 和 b 是与蒸发条件、自吸有关的常数；E 为谱线的激发势能. 式（3.1.5）是光谱定量分析的依据.

3. 激发光源的选择（Option of excitation light source）

在光谱分析中，为使试样中各种元素的原子发生辐射，必须使用光源. 光源的作用首先是使物质从试样中蒸发出来，解离成原子，然后继续使原子电离并得到激发，从而发生辐射. 因此，光谱分析的光源通常被称为激发光源.

发射光谱分析对激发光源有严格的要求. 一般在选择光源时应考虑下面几个问题：

（1）待分析元素的特性. 根据被测元素的电离电势和激发电势的高低选用电源. 对于碱金属和碱土金属等易激发元素，最好采用火焰或电弧激发；对于碳、硫、磷、卤素等难激发的元素，最好采用火花激发.

（2）待分析元素的含量．对于低含量元素的分析，要有较低的绝对检出限．电弧能使大量的试样蒸发，从而增加放电间隙中试样粒子的数量，因此，除了难激发的元素外，一般采用电弧．对于高含量的元素的测定，则要求对成分变化的灵敏度要高．因此宜采用火花光源.

（3）试样的形状及性质．块状试样，既可采用电弧，也可以采用火花．对于粉末试样，采用火花光源时首先将粉末压成饼状，以避免火花形成的空气流将粉末从电极内溅出而导致严重的分析误差.

（4）定性分析还是定量分析．定性分析要求绝对检出限低，以便使微量杂质都能析出，因此一般采用直流电弧，也可以采用交流电弧或激光光源等．火花和交流电弧的重现性较好，一般用于定量分析.

从以上讨论中可以看出，选择光源要考虑一系列问题，有时这些问题甚至是相互矛盾的．例如，要降低分析的检出限，就应选用直流电弧或激光光源，但用这样的光源进行分析又降低了准确度．这就要看哪种要求最重要，然后以满足最重要的要求去考虑如何选择光源．表 3.1.1 列出了各种光源在光谱分析中的应用范围，以供参考.

表 3.1.1　光源在光谱分析中的应用范围

光源	应 用 范 围
火焰	测定碱金属和碱土金属
低压火花	测定难激发元素
高压火花	金属和合金及其他高含量分析；难激发元素的分析
直流电弧	矿物、矿石的半定量及定量的分析；纯物质的分析
交流电弧	除难激发元素外，可对所有元素进行定性及定量分析；对金属和合金的低含量定量分析；矿石的定量及半定量分析
激光光源	金属夹杂质、单矿物、生物试样分析

关键词（Key words）：

光谱（spectrum），电磁辐射（electromagnetic emission），激发（excitation），分光（light splitting）

实验 3.2　氢、氘原子光谱实验

Experiment 3.2　Hydrogen and deuterium atom spectra experiment

一、实验目的（Experimental purpose）

（1）学习使用 WGD-8A 型组合式多功能光栅光谱仪测谱的方法.
（2）测定氢原子巴耳末系前几条谱线的波长，验证巴耳末公式.
（3）测定氢同位素氘谱线位移，计算氢、氘里德伯常量，计算电子与质子的质量比，计算氢、氘的核质量比.

二、实验原理（Experimental principle）

1672 年牛顿证明了白光是由各种色光复合而成的，因而色光在性质上比白光更简单．1800

年赫歇尔发现了红外辐射，1801 年李特和沃拉斯顿发现了紫外辐射，1815 年夫琅禾费发现了太阳光谱中的锐黑线．人们随着对各种光谱现象的深入研究，逐渐加深了对物质结构的认识，从而进入了原子的世界．从这个意义上说，现代的量子力学是在光谱学的摇篮里长大的．值得一提的是，氢光谱的研究成果在原子结构理论的产生过程中起过巨大的作用．

氢原子的光谱是最简单的光谱，它有相互独立的光谱系，其中只有一个线系在可见光区，即巴耳末（Johann Balmer，瑞士的中学教师）线系，其中比较明亮的谱线有四条，如图 3.2.1 所示．

各谱线波长如下：

$$H_\alpha \sim 656.28\text{nm}$$

$$H_\beta \sim 486.13\text{nm}$$

$$H_\gamma \sim 434.05\text{nm}$$

$$H_\delta \sim 410.18\text{nm}$$

这些谱线的波长的倒数很有规律

$$\frac{1}{\lambda} = \tilde{\upsilon} = R\left(\frac{1}{2^2} - \frac{1}{n^2}\right) \quad (n = 3,4,5,\cdots)$$

$\tilde{\upsilon}$ 称为波数，R 是里德伯常量．以后又继续发现了氢的一系列线系（图 3.2.2）：

莱曼（Lyman）系　　远紫外 $\tilde{\upsilon} = R\left(\dfrac{1}{1^2} - \dfrac{1}{n^2}\right) \quad (n = 2,3,4,\cdots)$

帕邢（Paschen）系　　近红外 $\tilde{\upsilon} = R\left(\dfrac{1}{3^2} - \dfrac{1}{n^2}\right) \quad (n = 4,5,6,\cdots)$

布拉开（Brackett）系　　红外 $\tilde{\upsilon} = R\left(\dfrac{1}{4^2} - \dfrac{1}{n^2}\right) \quad (n = 5,6,7,\cdots)$

普芳德（Pfund）系　　红外 $\tilde{\upsilon} = R\left(\dfrac{1}{5^2} - \dfrac{1}{n^2}\right) \quad (n = 6,7,8,\cdots)$

这些已知的氢原子光谱，可以用一个普遍的公式表示，就是广义巴耳末公式

$$\tilde{\upsilon} = R\left(\frac{1}{m^2} - \frac{1}{n^2}\right) \quad (m,n = 1,2,3,\cdots;n > m) \tag{3.2.1}$$

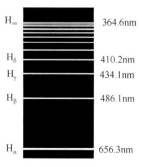

图 3.2.1　氢原子的巴尔末系

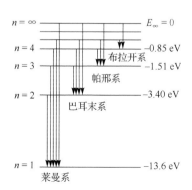

图 3.2.2　氢的几种典型线系跃迁示意图

现在，在普通的实验室里人们观察到的谱线可达到相应于 $m = 6$，$n = 7$ 的水平，在射电天文望远镜的观测中已经接收到相应于 $m = 158$，$n = 159$ 的 1651MHz 谱线.

第一个由氢光谱的规律性指示出原子内部结构的是玻尔，他提出了氢原子的量子理论，并根据这一理论，推出了广义巴耳末公式

$$\tilde{\upsilon} = R\left(\frac{1}{m^2} - \frac{1}{n^2}\right) \qquad \left(R = \frac{m_e e^4}{8\varepsilon_0^2 h^3 c}\right)$$

式中，m_e 是电子质量；e 是电子电荷；h 是普朗克常量；c 是光速；ε_0 是真空介电常量. 玻尔认为：

（1）一个原子中的电子，只能占据某些不同的量子态或轨道. 这些量子态具有不同的能量，并且最低能量的量子态是原子的正常态，或者称为基态.

（2）当一个电子从一个态一次跃迁到另一个态的时候，它能够发射或吸收辐射. 这种辐射的频率 υ 由下式给出：

$$\upsilon = \frac{\Delta E}{h}$$

式中，ΔE 是两个态之间的能量差，即 $\Delta E = E_n - E_m$；h 是普朗克常量.

这是原子发射某些特征频率的光，从而构成特征谱线的根本原因. 最初的玻尔理论是假定原子核不动的情况下讨论氢原子的，实际上电子是绕公共质心转动的，因此更精确的氢原子的里德伯常量为

$$R_H = \frac{\mu e^4}{8\varepsilon_0^2 h^3 c}$$

其中，$\mu = \dfrac{m_e M}{m_e + M}$，$\mu$ 是折合质量，m_e 是电子质量；M 是核的质量. 比较 R_H 与 R 可以得到

$$R_H = R\left(1 + \frac{m_e}{M}\right)^{-1} \tag{3.2.2}$$

对于重氢（氘）原子就应该有

$$R_D = R\left(1 + \frac{m_e}{M_D}\right)^{-1} \tag{3.2.3}$$

由于氢与氘的核质量不同，各自的里德伯常量就略有不同，由式（3.2.1）可以分析出，它们相应的谱线波长也就略有不同，这称为同位素谱线位移. 历史上确实根据这一差别证实过氢同位素氘的存在. 起初由于自然界中氢里包含氘的含量很低，谱线很弱，一时难以测得，1933年尤雷（Urey）把 3L 液态氢蒸发到不足 $1cm^3$，提高了氘的百分比含量，把这些剩下的混合物装入放电管，摄取其光谱，发现莱曼系的头四条谱线都是双线. 尤雷又测量了波长差，与理论计算结果作了比较，发现符合得很好，证实了氘的存在.

三、实验仪器（Experimental instruments）

如图 3.2.3 所示，实验仪器主要有 WGD-8A 型组合式多功能光栅光谱仪，氢-氘灯和软件处理系统.

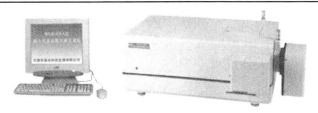

图 3.2.3 WGD-8A 型组合式多功能光栅光谱仪图片

WGD-8A 型组合式多功能光栅光谱仪是由光栅单色仪、接收元件、扫描系统、电子放大器、A/D（模/数）采集单元、计算机组成. 其光学原理图如图 3.2.4 所示：光源发出的光束进入入射狭缝 S1，S1 位于反射式准光镜 M2 的焦面上，通过 S1 射入的光束经过 M2 反射成平行光束射在平面光栅 G 上，光束经光栅 G 的衍射，入射光分解为一束束单色平行光，经物镜 M3 成像在 S2 或 S3 上.

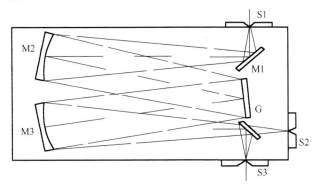

图 3.2.4 WGD-8A 型组合式多功能光栅光谱仪光学原理图

M1-反射镜；M2-准光镜；M3-物镜；G-平面衍射光栅；S1-入射狭缝；S2-光电倍增管接收；S3-CCD 接收

四、实验步骤（Experimental procedure）

（1）打开 WGD-8A 型组合式多功能光栅光谱仪和氢-氘光源的电源开关，预热 20min.

（2）选择定点扫描，调好合适的氢-氘光谱灯位置、光电倍增管电压和增益系数倍数，保证信号足够大，并且不超出显示范围，谱线能够充分分开.

（3）根据巴耳末线系的范围，扫描出整个谱线系.

（4）分段扫描找出巴耳末线系中的氢-氘谱线.

（5）利用操作软件，测量出氢-氘谱线波长，并计算同位素谱线位移.

（6）处理数据，计算实验目的中要求的各量值.

五、思考题（Exercises）

（1）氢原子光谱的巴耳末线系三条谱线的量子数 n 各为多少？

（2）对于不同的原子，是什么原因使里德伯常量发生了变化？

（3）已测得 $n=3$ 的氢谱线波长为 $\lambda_H = 656.308\text{nm}$，与此相应的能级间隔是多少？

六、注意事项（Attentions）

（1）光谱仪中的狭缝是比较精密的机械装置，实验中不得任意调节. 禁止用手触摸透镜等光学元件. 开启 WGD-8A 型组合式多功能光栅光谱仪前, 先将负高压调至最低, 然后接通电源, 慢慢地调节负高压至 500~600V. 关仪器时, 先将负高压降至最低, 再断开电源.

（2）氢-氘光源使用的是高压电源, 应特别小心. 眼睛要避免直视光源.

关键词（Key words）:

原子光谱（atomic spectrometry）, 同位素（isotope）, 氢（hydrogen）, 氘（deuterium）, 能级（energy level）, 跃迁（transition）, 基态（ground state）, 激发态（excited state）

实验 3.3 傅里叶变换光谱实验
Experiment 3.3   Fourier transform spectroscopy experiment

一、实验目的（Experimental purpose）

（1）了解傅里叶变换光谱的基本原理.

（2）学习使用傅里叶变换光谱仪测定光源的辐射光谱, 知道简单的谱线分析方法.

二、实验原理（Experimental principle）

傅里叶变换过程实际上就是调制与解调的过程, 通过调制将待测光的高频率调制成我们可以掌控接收的频率. 然后将接收到的信号送到解调器中进行分解, 得出待测光中的频率成分及各频率对应的强度值.

调制方程
$$I(x) = \int_{-\infty}^{+\infty} I(\sigma) \cos 2\pi\sigma x \, d\sigma$$

解调方程
$$I(\sigma) = \int_{-\infty}^{+\infty} I(x) \cos 2\pi\sigma x \, dx$$

调制过程: 这一步由迈克耳孙干涉仪实现, 设一单色光进入干涉仪后, 它将被分成两束进行干涉, 干涉后的光强值为 $I(x) = I_0 \cos 2\pi\sigma x$ （其中 x 为光程差, 它随动镜的移动而变化, σ 为单色光的波数值）. 如果待测光为连续光谱, 那么干涉后的光强为

$$I(x) = \int_{-\infty}^{+\infty} I(\sigma) \cos 2\pi\sigma x \, d\sigma$$

解调过程: 我们把从接收器上采集到的数据送入计算机中进行数据处理, 这一步就是解调过程. 使用的方程就是解调方程, 这个方程也是傅里叶变换光谱学中干涉图-光谱图关系的基本方程. 对于给定的波数 σ, 如果已知干涉图与光程差的关系式 $I(x)$, 就可以用解调方程计算的这波数处的光谱强度 $I(\sigma)$. 为了获得整个工作波数范围的光谱图, 只需对所希望的波段内的每一个波数反复按解调方程进行傅里叶变换运算就行了.

三、实验仪器（Experimental instruments）

XGF-1 型傅里叶变换光谱仪

（一）仪器结构（Instrument structure）

XGF-1 型傅里叶变换光谱仪的总体结构如图 3.3.1 所示．仪器的外形示意图如图 3.3.2 所示．仪器配套实验台，各分部件安装于实验台上，实验台结实平稳，满足高精度光学实验的要求．

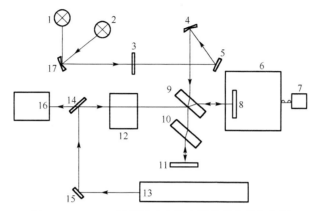

图 3.3.1　XGF-1 型傅里叶变换光谱仪的总体结构图

1-外置光源；2-内置光源（溴钨灯）；3-可变光阑；4-准直镜；5-平面反射镜；6-精密平移台；7-慢速电机；
8-动镜；9-干涉板；10-补偿板；11-定镜；12-接收器 1；13-参考光源（He-Ne 激光器）；
14-半透半反镜；15-平面反射镜；16-接收器 2；17-光源转换镜（物镜）

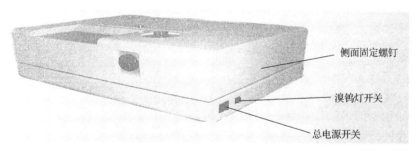

图 3.3.2　XGF-1 型傅里叶变换光谱仪外观

（1）内置光源选用溴钨灯（12V，30W），待测光过准直镜后变成平行光进入干涉仪，从干涉仪中出射后成为两束相干光，并有一定的相位差．干涉光经平面镜 12 转向后进入接收器 1．当干涉仪的动镜部分作连续移动改变光程差时，干涉图的连续变化将被接收器接收，并被记录系统以一定的数据间隔记录下来．另外在零光程附近，操作者可以通过观察窗在接收器 1 的端面上看到白光干涉的彩色斑纹．

（2）系统内置的参考光源为 He-Ne 激光器，利用其突出的单色性对其他光源的干涉图进行位移校正，有效地修正了扫描过程中由于电机速度变化造成的位移误差．

（3）在这套实验装置中留有测量外光源的功能，外置光源可以由用户自行配置，当使用外置光源时只需将光源转换镜拨至"其他光源"位置后关闭钨灯电源即可．

（4）在实际的仪器中，光源都不可能是理想的点光源，为了保证有一定的信号强度，实际上要采用具有必要尺寸的扩展光源，但光源尺寸过大会造成仪器分辨率下降、复原光谱波数偏移等问题．所以使用扩展光源要保证以下 3 点：①不明显影响仪器分辨率指标；②扩展光源尺寸必须保证光谱的波数偏移值在仪器波数精度允许范围内；③干涉纹的对比度仍能达到良好状态. 在此傅里叶变换光谱实验装置中, 具备一套光阑转换系统, 经过严格计算, 有 8 挡光阑可供选择. 在实验过程中, 根据待测光源辐射光的强度去选择合适的光阑即可.

（二）XGF-1 型傅里叶变换光谱实验装置光路调整（Light path adjustment for XGF-1 Fourier transform spectroscopy instrument）

傅里叶变换光谱对实验装置的光路系统要求十分严格, 在运行一段时间以后, 特别是在受到一些意外振动以后, 其中的某些部分可能出现磨损、松动的情况. 这样实验中可能在采集干涉图时会有一些不正常的情况出现, 如干涉图的干涉幅度过小、干涉图中有意外的条纹出现、干涉图出现不规则的能量起伏等. 可按下列方法进行调整.

在仪器受到严重振荡后仪器光路受到破坏, 按照方法一进行调整; 如果仪器运行一段时间后出现上述情况, 可按照方法二进行调整.

1. 光路调整方法一（Method one for light path adjustment）

1）调整所需工具
①十字改锥；②M4 内六方扳手；③扩束镜；④光靶.

2）准备工作
（1）确认实验装置的电源已经关闭.
（2）分别拆下实验装置左右两侧面的螺钉、外光源入口和换灯手钮后, 就可以将实验装置的上盖揭开. 除下上盖时要小心提起, 注意操作面板下有电路接头. 小心地摘下接头后, 将上盖移走. 移走上盖后, 再卸下罩在光路上的观察窗, 此时整个光路部分就呈现出来了.

3）光路调整
迈克耳孙干涉仪的调整：
第一步：先将 4 拆除移走, 将 13（参考光源）放置到原来 4 的位置, 调整激光方向使光点依次通过底板上的定位孔的垂直位置入射到定镜的中心位置, 其光路中心高 50mm, 这一步完成后激光部分固定.
第二步：调整动镜和定镜的位置, 分别让它们的反射光能够顺利进入 16.
第三步：调节干涉仪的干涉, 这一步具体操作细节可参照迈克耳孙干涉仪调整, 最终使干涉仪的出射光的干涉中心进入 16.
第四步：粗略寻找光程差零点, 按照使干涉环收缩的方向手动旋转 6 后的蜗轮. 观察干涉条纹的变化情况, 当接近光程差零点的时候干涉条纹将会变得非常粗, 并且形状变得不规则.
当完成这一步后, 暂停操作, 进行下面的操作.
主光路调整：
第一步：将激光器拆除后安装回其原来位置；将 M3 目镜部分装回 4 位置.
第二步：在仪器的外光源入口处放置, 依次调整 18（M1）、5（M2 平面反射镜）、4（M3 目镜）的位置, 使外光源的入射光依次通过各镜片的中心并最终进入 12（接收器 1）, 光路中心保持在 68mm.
第三步：保持其他已调整过的镜组位置不变, 移开外置光源. 点亮 2（溴钨灯）, 切换转镜. 调节溴钨灯的位置使溴钨灯的出射光沿已定的光路进入接收器 1, 依然保持光路中心高度为 68mm.

第四步：精确寻找光程差零点. 在完成以上步骤后，分别顺时针或逆时针旋转传动机构的蜗杆部分，当在接收器 1 的靶面上观察到彩色条纹的变化时，说明已经较为精确地寻找到光程差零点了.

第五步：调节检零片到合适位置，这个位置是，当加上电机带动精密平移台运动时，检零片从检零板的检零位置脱出后 20s 内，在接收器 1 的靶面上将会观察到彩色条纹变化. 图 3.3.3 是得到的溴钨灯的干涉图部分. 从图中可以看出，当采集开始后 15s 时，接收器 1 的靶面上出现了彩色条纹的变化，反映到计算机采集的干涉图里即为能量的起伏变化. 达到以上要求，则可认为主光路的调整结束. 以采集溴钨灯干涉图为例，我们将得到如图 3.3.3 所示的溴钨灯的干涉图部分.

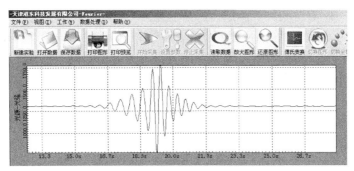

图 3.3.3　溴钨灯的干涉图

参考光路调整：

第一步：调整激光器的出射光方向，使其出射光入射到 15 的中心位置，保持光路中心 50mm.

第二步：依次调整 15、14，使参考光进入迈克耳孙干涉仪中，反射后再透过 14 进入 12 的接收中心，并始终保持光路中心高为 50mm. 光路部分调整完毕.

2. 光路调整方法二（Method two for light path adjustment）

第一步：打开实验装置的上盖后，确定精密平移台后面的检零部分处于检零状态，卸下传动皮带，打开总电源开关，将光靶放置在接收器 1 的前面，会看到光靶上有参考光源（He-Ne 激光器）产生的红色干涉斑. 缓慢转动传动部分的皮带轮，干涉斑上将会有暗条纹滑过. 这种现象说明干涉现象存在，但干涉的振幅太小. 可以缓慢地调节动镜和定镜背后的调节螺钉，直至转动皮带轮的时候光斑呈现整体的明暗变化. 这说明已经校准迈克耳孙干涉仪了.

第二步：精确寻找零光程差点，打开溴钨灯的电源开关，点亮溴钨灯，使其辐射光进入干涉仪，在会聚镜前放置光靶. 分别顺时针或逆时针缓慢转动传动部分的皮带轮，当在光靶上观察到彩色条纹的变化时，说明已经较为精确地寻到光程差零点了. 如果彩色条纹不够清晰或彩色条纹很细. 可以再次微调动镜和定镜后面的调节螺钉进行调整.

第三步：调节检零片到合适位置，这个位置是，当加砂锅内电机带动精密平移台运动时，检零片从检零板的检零位置脱出后 20s 内，在接收器 1 的靶面上将会观察到彩色条纹变化. 以采集溴钨灯干涉图为例，将得到如图 3.3.3 所示的溴钨灯的干涉图部分，从图中可以看出，当采集开始后 15s 时，接收器 1 的靶面上出现了彩色条纹的变化，反映到计算机采集的干涉图里即为能量的起伏变化. 达到以上要求，则可认为主光路的调整结束.

四、实验步骤及注意事项（Experimental procedure and attentions）

打开实验装置和待测光源的电源，预热 15min.

第一步：从"开始/程序"中运行实验装置的应用软件. 当进入系统后仪器初始化.

第二步：打开下拉菜单命令，进行采集前的参数设置工作. 在"采集时间"栏中，设置此次采集的采集时间. 采集时间的确定直接影响到最终傅里叶变换得到的光谱图，设定的采集时间越长则得到的光谱图的分辨率越高. 例如，钠光灯的钠双线波长分别为 589.0nm 和 589.6nm，由于两条谱线之间的距离只有 0.6nm，要求变换出的光谱具有优于 0.6nm 的分辨率，则我们在采集时间设置上就要大于 7min. 当然对于谱线分布情况未知的待测光源就要设定较为长一点的采集时间. 在"待测光源放大倍数"一栏中，有五个放大倍数挡，分别为×1、×2、×4、×8、×16 五挡. 可以根据待测光源的强弱选择合适的放大倍数. 同时还可以和实验装置上的光阑选择配合使用. 例如，对于辐射能量较强的光源，如果选择最小的放大倍数，采集出的干涉图能量仍然太大而溢出，就可以将实验装置的光阑直径减小一些.

第三步：单击工具栏上的"开始采集"按钮. 系统将执行采集命令，并将采集到的干涉数据在工作区中绘制成干涉图.

第四步：在采集工作完成后，系统将自行指挥扫描机构回复到"零光程差点"位置（注意，在这个过程中请不要强行退出软件或断电！），在系统执行上述操作过程中，可以进行下一步操作.

第五步：单击工具栏上的"傅氏变换"按钮，将采集到的干涉图进行变换.

第六步：扫描机构回复到"零光程差点"位置之前，工具栏上的"开始采集""参数设置"和"退出"三个按钮呈现灰度显示，这几项工作被禁止. 等待扫描机构回复以后，才可以进行下一次扫描.

五、钠灯和低压汞灯的干涉图及光谱图（Interferogram and spectrum of sodium lamp and low pressure mercury lamp, respectively）

钠灯和低压汞灯的干涉图及光谱图如图 3.3.4～图 3.3.7 所示.

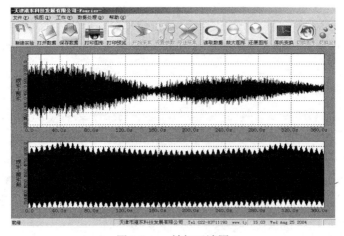

图 3.3.4　　钠灯干涉图

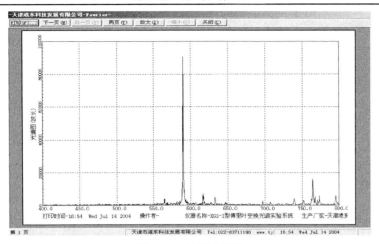

图 3.3.5　钠灯光谱图

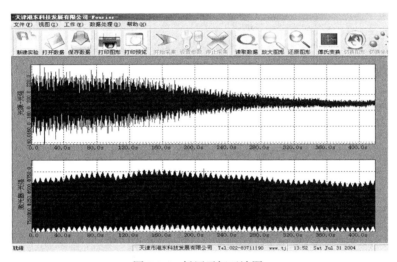

图 3.3.6　低压汞灯干涉图

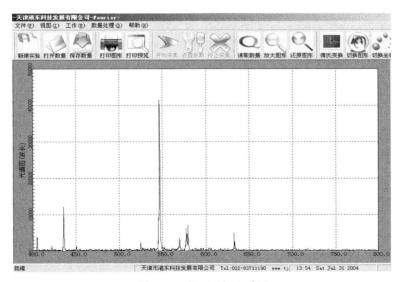

图 3.3.7　低压汞灯光谱图

关键词（Key words）：

傅里叶变换（Fourier transform），辐射光谱（radiation spectrum），干涉（interference），迈克耳孙干涉（Michelson interference）

实验 3.4　用电视显微油滴仪测电子电荷
Experiment 3.4　Electron charge determination using Millikan oil-drop apparatus

美国物理学家密立根（R. A. Millikan）从 1909 年到 1917 年所做的测量微小油滴上所带电荷的工作，即所谓油滴实验，在全世界久负盛名，堪称实验物理的典范. 他精确地测定了电子电荷的值，直接证实了电荷的不连续性，所以说，密立根油滴实验在物理学发展史上具有重要的意义. 由于这个实验的原理清晰易懂，设备和方法简单、直观而有效，所得结果富有说服力，因此它又是一个富有启发性的实验，其设计思想是值得学习的.

密立根由于测定了电子电荷和借助光电效应测量出普朗克常量等成就，荣获 1923 年诺贝尔物理学奖.

在传统的密立根油滴实验中，是在显微镜中观测油滴，时间一长，眼睛感到疲劳、酸痛. 现在采用 CCD 摄像机和监视器，对实验加以改进，制成电视显微密立根油滴仪，从监视器上观察油滴，视野宽广，图像鲜明，观测省力，克服了上述缺点.

一、实验目的（Experimental purpose）

（1）利用电视显微密立根油滴仪测量电子电荷（本实验要求采用静态（平衡）法）.

（2）了解 CCD 图像传感器的原理与应用，学习电视显微测量方法.

二、实验原理（Experimental principle）

一个质量为 m、带电量为 q 的油滴处在两块平行极板之间，在平行极板未加电压时，油滴受重力作用而加速下降. 由于空气阻力的作用，下降一段距离后，油滴将做匀速运动，速度为 u_g. 这时重力与阻力平衡（空气浮力忽略不计），如图 3.4.1 所示. 根据斯托克斯定律，黏滞阻力为

$$f_r = 6\pi a\eta u_g$$

式中，η 是空气的黏滞系数；a 是油滴的半径. 这时有

$$6\pi a\eta u_g = mg \tag{3.4.1}$$

当在平行极板上加电压 U 时，油滴处在场强为 E 的静电场中，设电场力 qE 与重力相反，如图 3.4.2 所示. 使油滴受电场力加速上升，由于空气阻力作用，上升一段距离后，油滴所受的空气阻力、重力与电场力达到平衡（空气浮力忽略不计），油滴将以匀速上升，此时速度为 u_e，则有

$$6\pi a\eta u_e = qE - mg \tag{3.4.2}$$

又因为

$$E = \frac{U}{d} \tag{3.4.3}$$

由上述式（3.4.1）～式（3.4.3）可解出

$$q = mg \frac{d}{U} \left(\frac{u_g + u_e}{u_g} \right) \tag{3.4.4}$$

为测定油滴所带电荷 q，除应测出 U、d 和速度 u_g、u_e 外，还需知油滴质量 m. 由于空气的悬浮和表面张力作用，可将油滴看成圆球，其质量为

$$m = \frac{4}{3} \pi a^3 \rho \tag{3.4.5}$$

式中，ρ 是油滴的密度.

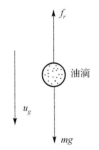
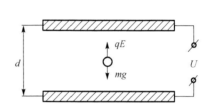

图 3.4.1　油滴在重力场中受力　　　图 3.4.2　油滴在电场中受力分析

由式（3.4.1）和式（3.4.5）得油滴的半径

$$a = \left(\frac{9\eta u_g}{2\rho g} \right)^{\frac{1}{2}} \tag{3.4.6}$$

考虑到油滴非常小，空气已不能看成连续介质，空气的黏滞系数 η 应修正为

$$\eta' = \frac{\eta}{1 + \dfrac{b}{pa}} \tag{3.4.7}$$

式中，b 为修正常数；p 为空气压强；a 为未经修正过的油滴半径，由于它在修正项中，不必计算得很精确，由式（3.4.6）计算就够了.

实验时取油滴匀速下降和匀速上升的距离相等，都设为 l，测出油滴匀速下降的时间 t_g，匀速上升的时间 t_e，则

$$u_g = \frac{l}{t_g}, \quad u_e = \frac{l}{t_e} \tag{3.4.8}$$

将式（3.4.5）～式（3.4.8）代入式（3.4.4），可得

$$q = \frac{18\pi}{\sqrt{2\rho g}} \left[\frac{\eta l}{1 + \dfrac{b}{pa}} \right]^{\frac{3}{2}} \cdot \frac{d}{U} \left(\frac{1}{t_e} + \frac{1}{t_g} \right) \left(\frac{1}{t_g} \right)^{\frac{1}{2}}$$

令

$$K = \frac{18\pi}{\sqrt{2\rho g}} \left[\frac{\eta l}{1 + \dfrac{b}{pa}} \right]^{\frac{3}{2}} \cdot d$$

得

$$q = K \left(\frac{1}{t_e} + \frac{1}{t_g} \right) \left[\frac{1}{t_g} \right]^{\frac{1}{2}} \cdot \frac{1}{U} \tag{3.4.9}$$

此式便是动态（非平衡）法测油滴电荷的公式.

下面导出静态（平衡）法测油滴电荷的公式.

调节平衡极板间的电压，使油滴不动，$u_e = 0$，即 $t_e \to \infty$，由式（3.4.9）可求得

$$q = K \left[\frac{1}{t_g} \right]^{\frac{3}{2}} \cdot \frac{1}{U}$$

或者

$$q = \frac{18\pi}{\sqrt{2\rho g}} \left[\frac{\eta l}{t \left(1 + \dfrac{b}{pa}\right)} \right]^{3/2} \cdot \frac{1}{U} \tag{3.4.10}$$

上式即为静态法测油滴电荷的公式.

为了求电子电荷 e，对实验测得的各个电荷 q_i 求最大公约数，就是基本电荷 e 的值，也就是电子电荷 e. 也可以测量同一油滴所带电荷的改变量 Δq_i（可以用紫外线或放射源照射油滴，使它所带电荷改变），这时 Δq_i 应近似为某一最小单位的整数倍，此最小单位即为基本电荷 e.

三、实验仪器（Experimental instruments）

电视显微油滴仪由油滴仪和 CCD 成像系统组成，它改变了从显微镜中观察油滴的传统方式，而用 CCD 摄像机成像，将油滴在监视器屏上显示. 视野宽广，观测省力，免除眼睛疲劳，这是油滴仪的重大改进.

油滴仪主要由油雾室、油滴盒、CCD 电视显微镜、电路箱、监视器等组成. 油雾室用有机玻璃制成，其上有喷雾口和油雾孔，该孔可以拉动铝片开关. 油滴盒如图 3.4.3 所示，中间是两个圆形平行极板，间距为 d，放在有机玻璃防风罩中. 上电极板中心有一个直径 0.4mm 的小孔，油滴经油雾孔落入小孔，进入上下电极板之间，由照明灯照明. 防风罩前装有测量显微镜. 目镜中有分划板，分划板刻度：垂直线视场 2mm，分八格，每格值 0.25mm.

照明灯安装在照明座中间位置，在照明光源和照明光路设计上也与一般油滴仪不同. 照明灯采用了带聚光红外发光二极管.

CCD 是电荷耦合器件（charge coupled device）的英文缩写，它是固体图像传感器的核心器件. 由它制成的摄像机，可把光学图像变为视频电信号，由视频电缆接到监视器上显示；或接录像机，或接计算机进行处理. 本实验使用灵敏度和分辨率甚高的黑白 CCD 摄像机，用高分辨率（800 电视线）的黑白监视器，将显微镜观察到的油滴运动图像，清晰逼真地显示在

屏幕上，以便观察和测量. 电路箱体内装有高压产生、测量显示等电路. 底座装有三只调平
手轮，面板结构如图 3.4.4 所示. 由测量显示电路产生的电子分划刻度板，在监视器的屏幕上
显示白色刻度. 在面板上有两只控制平行极板电压的三挡开关，K_1 控制上下极板电压的极性，
K_2 控制极板上电压的大小. 当 K_2 处于中间位置即"平衡"挡时，可用电势器 W 调节平衡电
压的大小. 打向"提升"挡时，自动在平衡电压的基础上增加 200～300V 的提升电压，打向
"0V"挡时，极板上电压为 0V.

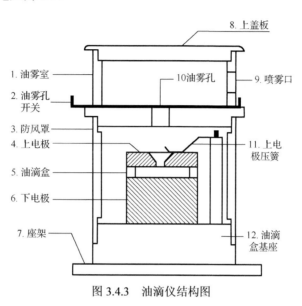

图 3.4.3　油滴仪结构图

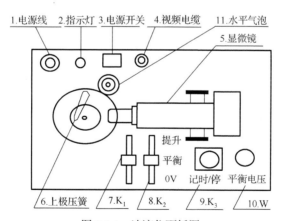

图 3.4.4　油滴仪面板图

为了提高测量精度，OM98 油滴仪将 K_2 的"平衡""0V"挡与计时器的"计时/停"联动. 在
K_2 由"平衡"打向"0V"，油滴开始匀速下落的同时开始计时，油滴下落到预定的距离时，
迅速将 K_2 由"0V"挡打向"平衡"挡，油滴停止下落的同时停止计时. 这样，在屏幕上显示
的是油滴实际的运动距离及对应的时间，提供了修正参数. 这样可提高测距、测时精度.

由于空气阻力的存在，油滴是先经一段变速运动然后进入匀速运动的. 但这变速运动时
间非常短，小于 0.01s，与计时器精度相当. 所以可以看成当油滴自静止开始运动时，油滴是
立即做匀速运动的，运动的油滴突然加上原平衡电压时，将立即静止下来.

OM98 油滴仪的计时器采用"计时/停"方式，即按一下开关，清"0"的同时立即开始计时，再按一下，停止计数，并保存数据．计时器的最小显示为 0.01s．

本实验还用到喷雾器和钟油用以喷油滴．

四、实验步骤（Experimental procedure）

（一）仪器的检查调整

（1）将面板上最右边带有 Q9 插头的电缆线接至监视器后背下部的插座上，注意要插紧，保证接触良好．监视器阻抗选择开关拨至 75Ω 处．

（2）将仪器放平稳，调整仪器底座上的三只调平手轮，使水平气泡指示水平（气泡调至居中），这时油滴盒处于水平状态．

（3）检查油滴盒或油雾室是否擦拭干净，特别注意油滴盒上电极板中央的小孔保持畅通，油雾孔应无油膜堵住．把油滴盒和油雾室的盖子盖上，油雾孔开启，检查上电极板压簧是否和上电极板接触好．

（4）打开监视器和油滴仪的电源，在监视器上显示出分划板刻度线及电压和时间值．

（5）利用喷雾器向油雾室喷油，迅速转动显微镜的调焦手轮，使显微镜聚焦，屏幕上出现清晰的油滴图像．

适当调节监视器的亮度，对比度旋钮使油滴图像最清晰，且与背景的反差适中．监视器亮度一般不要调得太亮否则油滴不清楚．如图像不稳，可调监视器的帧同步与行同步旋钮．

（二）油滴的选择与测量练习

能够选择合适的油滴和准确地操作测量油滴运动时间，是顺利做好本实验的关键．

（1）将 K_1 置"+"位置，确定电极板的极性．

（2）将 K_2 置"平衡"挡，调节 W 使板极电压为 200V 左右．对准喷雾口向油雾室喷射油雾，马上缓慢调节显微镜头前后移动，同时注意观察监视器是否有油滴落下．如无油滴下落可再喷一次，如发现油滴下落应关上油雾孔开关．

（3）选择一颗合适的油滴十分重要．大而亮的油滴必然质量大而匀速下降的时间则很短，增大了时间测量的相对误差；反之，很小的油滴因质量小，布朗运动较为明显同样造成很大的测量误差．通常选择平衡电压为 200～300V，匀速下落 1.5mm（每格 0.25mm）的时间在 8～20s，目视油滴的直径在 0.5～1mm 较适宜．选择好某一油滴后，对它进行精确的平衡电压调节．

（4）调节油滴平衡需要足够的耐心．用 K_2 将油滴移至下落的起始刻度线上，仔细地反复地调节平衡电压，经过一段时间观察油滴确实不再移动，这时油滴处于平衡状态．

（5）测量油滴下落时间．将 K_2 扳至"0V"挡，此时油滴开始下落，计时器自动复零并开始计时．测准油滴下降 6 个格（1.5mm）距离所需的时间．如发现油滴散焦，可微动调焦手轮，使之重新聚焦，跟踪油滴．

（三）正式测量

正式测量时可选用平衡测量法和动态测量法两种方法测量，本实验要求采用平衡法测量．将已调平衡的油滴用 K_2 控制移到"起点"线上，然后将 K_2 拨向"0V"，油滴开始匀速下落的同时，计时器开始计时．到"终点"时迅速将 K_2 拨向"平衡"，油滴的运动立即停止，

计时器也停止计时.（动态法是分别测出加电压时油滴上升的速度和不加电压时下落的速度,
代入相应公式, 求出 e 值.）油滴运动距离一般取 1～1.5mm. 对某颗油滴重复测量 3 次, 选
择 10～20 个油滴, 记录好平衡电压 v 和下落时间 t 的数值. 注意每次测量时都要检查和调整
平衡电压, 以减少偶然误差和油滴挥发导致的平衡电压的变化.

（四）利用计算机处理数据

实验室已编制求电子电荷 e 值的计算机程序, 同学们在计算机上利用此程序, 输入原始
数据, 即可算出 e 值及其相对误差. 该程序的使用方法见本实验附录一.

五、数据处理（Data processing）

静态法测油滴电荷的公式为式（3.4.10）, 即

$$q = \frac{18\pi}{\sqrt{2\rho g}} \left[\frac{\eta l}{t\left(1 + \frac{b}{pa}\right)} \right]^{\frac{3}{2}} \cdot \frac{1}{U}$$

式中, $a = \sqrt{\dfrac{9\eta l}{2\rho g t}}$ ；油密度 $\rho = 981\text{kg} \cdot \text{m}^{-3}$ (20℃)；重力加速度 $g = 9.80\text{m} \cdot \text{s}^{-2}$ （大连地区）；
20℃ 时空气黏滞系数 $\eta = 1.83 \times 10^{-5}\text{kg} \cdot \text{m}^{-1} \cdot \text{s}^{-1}$ ；修正常数 $b = 6.17 \times 10^{-6}\text{m} \cdot \text{cmHG}(1\text{cmHg} = 1.33322 \times 10^{3}\text{Pa})$ ；标准大气压强 $p = 76.0\text{cmHg}$ ；平行极板间距 $d = 5.00 \times 10^{-3}\text{m}$ ；下落距离 $l = 1.5\text{mm}$. 时间 t 应为测量数次时间的平均值. 实际大气压可由气压表读出.

计算出各油滴的电荷后, 求它们的最大公约数, 即基本电荷 e 值. 一般求最大公约数比较
困难, 本实验要求用作图法求 e 值. 设实验得到 m 个油滴的带电量分别为 $q_1, q_2, \cdots, q_m$, 由于
电荷的量子化特性, 应有 $q_i = n_i e$, 此为一直线方程, n 为自变量, q 为因变量, e 为斜率. 因
此 m 个油滴对应的数据在 n-q 坐标系中将在同一条过原点的直线上, 若找到满足这一关系的
直线, 就可用斜率求得 e 值, 具体做法参看本实验的附录二.

将 e 的实验值与公认值比较, 求相对误差（公认值 $e = 1.60 \times 10^{-19}\text{C}$）.

*课外选做项目：用动态测量法, 测电子电荷 e 值.

六、注意事项（Attentions）

（1）"喷雾器"内的油不可装得太满, 否则会喷出很多"油"而不是"油雾", 堵塞上电
极的落油孔. 每次实验完毕应及时揩擦上极板及油雾室内的积油.

（2）喷油时喷雾器的喷头不要深入喷油孔内, 防止大颗粒油滴堵塞落油孔.

（3）喷雾器的气囊不耐油, 实验后, 将气囊与金属件分离保管较好, 可延长使用寿命.

（4）OM98 油滴仪的电源保险丝的规格是 2A. 如需要打开机器检查, 一定要拔下电源插
头再进行.

七、思考题（Exercises）

（1）对实验结果造成影响的主要因素有哪些?

（2）如何判断油滴盒内两平行极板是否水平? 不水平对实验有何影响?

（3）用 CCD 成像系统观测油滴比直接从显微镜中观测有何优点?

关键词（Key words）:

电子（electron），电荷（charge），CCD 摄像机（CCD vidicon），监视器（monitor），重力场（gravitational field），电场（electric field），电荷耦合器件（charge coupled device，CCD）

附录一　OM98 型 CCD 微机密立根油滴仪数据处理软件使用说明

（1）选取"文件"中的"新报告"菜单命令，在弹出的对话框中输入学生姓名与学号，此时，将开始此学生的数据处理，而前一个学生的数据处理工作结束，与之相关的一切数据全部清除.

（2）选取"实验"中的"实验参数设置"菜单命令，根据具体情况设定各参数，按"确定"后设置情况将被保存到 PRESET.INI 中.

（3）选取"实验"中的"第一个油滴数据"菜单命令，在表格中用鼠标选取"电压值"或"下落时间"的相应空格，在"更新"按钮左侧的文本框内输入数据，按"更新"或回车键完成录入. 注意，任何对表格最后四列的修改都会被拒绝. 当然，并不是一定要录入 10 次测量的数据. 按"计算"按钮，表格中其他空格的值将被计算并显示，按"确定"键，第一个油滴的数据处理完毕.

（4）依次处理其他各粒油滴，同样，不需严格依 1, 2, 3, …的顺序进行，每粒油滴的各次平均值将显示在主窗口内.

（5）选取"实验"中的 "数据处理&生成报告"菜单命令，自动计算本次实验的最终结果，并显示在主窗口内，同时，实验报告也自动生成. 实验报告包含了学生姓名与学号，日期，各项数据及结果.

（6）用"文件"中的"打印"打印实验报告，而且报告每页的行数可以在"页面设置"中调整；用"打印预览"或再打开油滴数据表格观察报告，也可用"保存"将报告存盘. 保存时，以学号 RST 作为文件名，如果重复，将会弹出一个对话框要求指定文件名. 如果学生没有输入学生姓名与学号，将以 NONAME.RST 保存，并且，它是会被下一个 NONAME.RST 覆盖的.

附录二　密立根油滴实验的作图法求 e 值

设实验得到 m 个油滴的带电量分别为 $q_1, q_2, q_3, \cdots, q_m$. 由于电荷量子化特性，应有

$$q_i = n_i e$$

式中，n_i 为第 i 个油滴的带电量子数；e 为单位电荷值.

上式在数学上抽象为一直线方程. n 为自变量，q 为变量，e 为斜率，截距为 0. 因此 m 个油滴对应的数据在 n-q 直角坐标系中必然在同一条通过原点的直线上. 若能在 n-q 坐标系中找到满足这一关系的这条直线，就可以一举确定各油滴的带电量子数和 e 值.

具体方法是：在线性坐标系中，沿纵轴标出 q_i 点，并过这些点作平行于横轴的直线. 沿横轴等间隔地标出若干点，并过这些点作平行于纵轴的直线. 这样，在 n-q 坐标系中形成一张网，满足 $q_i = n_i e$ 关系的那些点必定位于网的节点上，如图 3.4.5 所示. 用一直尺，由过原

点和过距原点最近的一个节点连成的一条直线 l_0 开始，绕原点慢慢向下方扫过，直到每一条平行线上都有一个节点落在直线 l_1 上（由于 q_i 存在实验误差，实际上应为每一条平行线上都有一个节点落在或接近直线 l_1），画出这条直线，从图上可读取对应 q_i 的量子数 n_i（整数），该线的斜率即是单位电荷的实验值．如需要准确地求出 e 值，可由 $e_i = q_i / n_i$ 求取 e 及其残差和均方差，并进行剔除粗差等常规实验数据处理．

这种方法的优点是，可在未知 e 值的情况下求得该值，并一下子可求得所有油滴的带电量子数，计算量小，在实验数据存在误差的情况下，并不带来更多的麻烦．例如，当个别数据存在较大误差时，可根据其他有关节点都已很接近 l_1 线，将该数据作为粗差而抛弃；当每个数据都存在一定测量误差时，只要使相关节点均匀地落在 l_1 线两边即可（这里实际上应用了最小二乘法原理）．

应用"作图法"需要注意的一个问题是：在 n-q 坐标系内，使每一条平行线上都有一个节点落在直线 l_1 上，这样的直线 l_1 并不唯一，根据公式 $q = ne$，q 一定时，若 n 增大一倍，同时 e 减小至 1/2，则公式仍然成立．设这时公式对应的直线为 l_2，由 l_2 可以得出各油滴带电量子数将是实际量子数的 2 倍，而单位电荷值将为实际值的一半，同理，还存在 l_3、l_4、$\cdots$等线．实际上只要按照"图解法"，从 l_0 开始向下方扫过，而不是相反，即可顺利地找到 l_1 线．万一实验者找到的是 l_2 线，甚至是 l_3 线，可以根据各油滴带电量子数均为 2 的倍数或 3 的倍数的概率极小加以排除．例如，实际测量了 8 个油滴，每个油滴的带电量子数为奇和为偶的概率各为 1/2，所以 8 个油滴的带电量子数均为偶（奇）的概率只有 1/256，量子数均为 3 的倍数的概率就更小了．

以下这组数据是某次实验测量并计算得到的 7 个油滴的带电量：

$$q_1 = 3.2378 \times 10^{-19}\text{C}, \quad q_2 = 4.8800 \times 10^{-19}\text{C}$$
$$q_3 = 1.5450 \times 10^{-19}\text{C}, \quad q_4 = 4.8057 \times 10^{-19}\text{C}$$
$$q_5 = 1.6448 \times 10^{-19}\text{C}, \quad q_6 = 1.5957 \times 10^{-19}\text{C}$$
$$q_7 = 8.1209 \times 10^{-19}\text{C}$$

图 3.4.6 反映了这组数据的图解结果，由图可读出

$$n_1 = 2, \quad n_2 = 3, \quad n_3 = 1, \quad n_4 = 3, \quad n_5 = 1, \quad n_6 = 1, \quad n_7 = 5$$

在 l_1 上任取一点求出直线 l_1 的斜率，即为粗略的单位电荷 e 的值，精确求解 e 值的方法，前已叙述，不再重复．

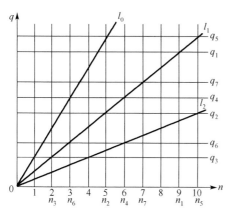

图 3.4.5　图解法处理油滴实验数据

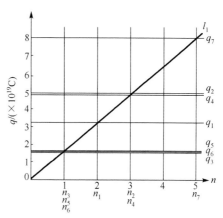

图 3.4.6　图解法处理油滴实验数据实例

实验 3.5　塞曼效应实验

Experiment 3.5　Zeeman effect experiment

塞曼效应实验在物理学史上是一个著名的实验，它是继法拉第（M.Faraday，1791～1867，英国物理学家）在 1845 年发现旋光效应，克尔（J.Kerr，1824～1907，英国物理学家）在 1875 年发现电光效应，在 1876 年发现克尔磁光效应之后的又一个磁光效应．1862 年，法拉第出于"磁力和光波彼此有联系"的信念，曾试图探测磁场对钠黄光的影响，但因仪器精度欠佳而未果．塞曼（P.Zeeman，1865～1943，荷兰物理学家）在法拉第信念的影响下，经过多次实验，最终用当时分辨本领最高的罗兰凹面光栅和强大的电磁铁，于 1896 年发现了钠黄线在磁场中的变宽现象，后来又发现了镉蓝线在磁场中的分裂．洛伦兹（H.A.Lorentz，1853～1928，荷兰物理学家）根据他的电磁理论，恰当地解释了正常塞曼效应和分裂谱线的偏振特性．塞曼根据实验结果和洛伦兹的电磁理论，估算出的电子的核质比与几个月后汤姆孙（J.J.Thomson，1856～1940，英国物理学家）从阴极射线得到的电子核质比近乎相同．塞曼效应不仅证实了洛伦兹电磁理论的正确性，也为汤姆孙发现电子提供了证据，同时也证实了原子具有磁矩并且其空间取向是量子化的．1902 年，塞曼和洛伦兹因此而共享了诺贝尔物理学奖．

经典的电磁理论（电子论）无法解释反常塞曼效应，对反常塞曼效应及复杂光谱的研究，使得朗德（A.Lande）于 1921 年提出了 g 因子（朗德因子）概念，乌伦贝克（G.E.Uhlenbeck）和哥德斯密特（S.A.Goudsmit）于 1925 年又提出了电子自旋的概念，从而推动量子理论的发展．塞曼效应证实了原子具有磁矩并且其空间取向是量子化的；由塞曼效应还可以推断能级分裂情况，确定朗德因子，从而获得有关原子结构的信息．至今，塞曼效应仍是研究原子内部结构的重要方法之一．

一、实验预习（Experimental preview）

（1）何谓正常塞曼效应，何谓反常塞曼效应？

（2）法布里-珀罗标准具（F-P 标准具）分光的原理是什么？

（3）Hg546.1nm 谱线是由 $^3S_1$ 到 $^3P_2$ 跃迁而产生的，试绘出其能级跃迁图．

二、实验目的（Experimental purpose）

（1）加深对原子磁矩及其空间取向量子化等原子物理学概念的理解．

（2）学习法布里-珀罗标准具的使用及其在光谱学中的应用．

（3）掌握利用塞曼效应实验测定电子荷质比的方法．

三、实验原理（Experimental principle）

（一）塞曼效应（Zeeman effect）

1. 原子的总磁矩与总角动量的关系（Relation between total magnetic moment and total angular momentum of atoms）

原子的总磁矩由电子磁矩与核磁矩两部分组成，但由于核磁矩比电子磁矩小三个数量级以上，所以可只考虑电子磁矩这一部分. 原子中电子做轨道运动时产生轨道磁矩，做自旋运动时产生自旋磁矩. 根据量子力学的结果，电子轨道角动量 P_L 和轨道磁矩 μ_L 以及自旋角动量 P_S 和自旋磁矩 μ_S 在数值上有下列关系：

$$\mu_L = \frac{e}{2m} P_L, \quad P_L = \sqrt{L(L+1)} \frac{h}{2\pi}$$

$$\mu_S = \frac{e}{m} P_S, \quad P_S = \sqrt{S(S+1)} \frac{h}{2\pi} \tag{3.5.1}$$

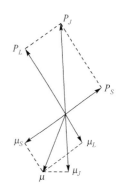

式中，e、m 分别表示电子电荷和电子质量；L、S 分别表示轨道量子数和自旋量子数；h 为普朗克常量. 轨道角动量和自旋角动量合成原子总角动量 P_J，轨道磁矩和自旋磁矩合成原子总磁矩 μ，如图 3.5.1 所示.

由于 μ_S 与 P_S 的比值是 μ_L 与 P_L 比值的两倍，因此合成的原子总磁矩 μ 不在总角动量 P_J 的方向上. 但由于 P_L 和 P_S 是绕 P_J 旋进的，因此 μ_L，μ_S 和 μ 都绕 P_J 的延长线旋进. 把 μ 分解成两个分量：一个沿 P_J 的延长线，称为 μ_J，这是有确定方向的恒量；另一个是垂直于 P_J 的，它绕着 P_J 转动，对外平均效果为零. 对外发生效果的是 μ_J. 按照图 3.5.1 进行矢量运算，可以得到 μ_J 与 P_J 数值上的关系为

图 3.5.1　磁矩和角动量的关系

$$\mu_J = g \frac{e}{2m} P_J \tag{3.5.2}$$

式中

$$g = 1 + \frac{J(J+1) - L(L+1) + S(S+1)}{2J(J+1)}$$

为朗德因子，它表征单电子的总磁矩与总角动量的关系，并且决定了能级在磁场中分裂的大小. 对于两个或两个以上电子的原子，可以证明原子磁矩与原子总角动量的关系仍与式（3.5.2）相同，但 g 因子会因耦合类型不同采用不同的计算方法. 对于 LS 耦合，g 因子仍取式（3.5.2）的形式，只是 L，S 和 J 是各电子耦合后的数值；对于 Jj 耦合，我们不作讨论.

2. 外磁场对原子能级及谱线的影响（Effects of external magnetic field on atomic energy level and spectral line）

原子总磁矩在外加磁场中受到力矩 L 的作用：$\boldsymbol{L} = \boldsymbol{\mu}_J \times \boldsymbol{B}$，其中 $\boldsymbol{B}$ 为磁感应强度. 该力矩 $\boldsymbol{L}$ 使得角动量发生旋进，如图 3.5.2 所示，由旋进引起的附加能量为

$$\Delta E = -\mu_J B \cos a \tag{3.5.3}$$

将式（3.5.2）代入，并考虑 α，β 互为补角，所以

$$\Delta E = g \frac{e}{2m} P_J B \cos\beta \tag{3.5.4}$$

由于 μ_J 与 P_J 在磁场中的取向是量子化的，故 β 角不是任意的，P_J 的分量只能是 $h/(2\pi)$ 的整数倍，因而有

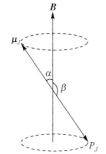

图 3.5.2　角动量的旋进

$$\Delta E = Mg \frac{eh}{4\pi m} B = Mg \mu_B B \quad (M = J, J-1, J-2, \cdots, -J) \tag{3.5.5}$$

式中，$\mu_B = eh/(4\pi m)$ 称为玻尔磁子. 这样，无磁场时的一个能级，在外加磁场的作用下将分裂为 $2J+1$ 个子能级，每个能级附加的能量由式（3.5.5）决定，并且子能级的间隔相等，正比于外磁场 B 和朗德因子 g.

设频率为 ν 的光谱线是由原子的上能级 E_2 跃迁到下能级 E_1 而产生（即 $h\nu = E_2 - E_1$）. 在外磁场的作用下，上下两能级各获得附加能量 ΔE_2、ΔE_1. 因此，每个能级各分裂成 $2J_2+1$ 个和 $2J_1+1$ 个子能级. 这样，上下能级之间的跃迁，将发出频率为 ν' 的谱线，并有

$$
\begin{aligned}
h\nu' &= (E_2 + \Delta E_2) - (E_1 + \Delta E_1) \\
&= (E_2 - E_1) + (\Delta E_2 - \Delta E_1) = h\nu + (M_2 g_2 - M_1 g_1)\mu_B B
\end{aligned}
\tag{3.5.6}
$$

分裂后的谱线与原谱线的频率差将为

$$
\Delta\nu = \nu' - \nu = (M_2 g_2 - M_1 g_1)\frac{\mu_B B}{h}
\tag{3.5.7}
$$

换以波数表示为

$$
\Delta\tilde{\nu} = (M_2 g_2 - M_1 g_1)\frac{\mu_B B}{hc} = (M_2 g_2 - M_1 g_1)L
\tag{3.5.8}
$$

其中

$$
L = \frac{\mu_B B}{hc} = \frac{eB}{4\pi mc} = 0.467B
$$

称为洛伦兹单位. 若 B 的单位用特斯拉（tesler），则 L 的单位为 cm^{-1}. L 的值恰为正常塞曼效应所分裂的裂距.

3. 选择定则和偏振规律（Selection rules and polarization law）

跃迁时并非所有的波数 $\tilde{\nu}'$ 都能出现，$M_2 \to M_1$ 的跃迁满足一定的选择定则与偏振规律.

（1）选择定则.

$$
\Delta M = M_2 - M_1 = 0, \pm 1
$$

当 $\Delta J = 0$ 时，$M_2 = 0 \to M_1 = 0$ 的跃迁被禁止.

（2）偏振规律.

表 3.5.1 为塞曼效应分裂谱线偏振规律表，当 $\Delta M = \pm 1$，垂直于磁场观察时，能观察到线偏振光，线偏振光的振动方向垂直于磁场，叫做 σ 线. 当光线的传播方向平行于磁场方向时，σ^+ 线为左旋圆偏振光，σ^- 线为右旋圆偏振光. 当光线的传播方向反平行于磁场方向时，观察到的 σ^+ 和 σ^- 线分别为右旋和左旋圆偏振光.

表 3.5.1　塞曼效应分裂谱线偏振规律表

	$K \perp B$（横向观察）	$K /\!/ B$（纵向观察）
$\Delta M = 0$	线编振光，π 成分	无光
$\Delta M = +1$	线偏振光，σ 成分	沿磁场方向前进的螺旋转动方向，左旋圆偏光（磁场方向指向观察者）
$\Delta M = -1$	线偏振光，σ 成分	沿磁场方向倒退的螺旋转动方向，右旋圆偏光（磁场方向指向观察者）

说明：（1）K 是光波传播方向，B 是外磁场方向

（2）π 成分表示光波的电矢量 $E /\!/ B$，σ 成分表示 $E \perp B$

将上述规律应用于正常塞曼效应时，上下两能级的自旋量子数 $S = 0$，则 $g_1 = g_2 = 1$，由式（3.5.8）可得

$$\Delta \tilde{v} = (M_2 - M_1)L$$

按选择定则 $\Delta M = 0, \pm 1$，所以

$$\Delta \tilde{v} = 0, \pm L$$

当沿垂直于磁场 $K \perp B$（横向）方向观察时，原来波数为 $\tilde{v}$ 的一条谱线，将分裂成波数为 $\tilde{v} + \Delta \tilde{v}$、$\tilde{v}$、$\tilde{v} - \Delta \tilde{v}$ 的三条线偏振化的谱线. 分裂的两条谱线与原谱线的波数差 $\Delta \tilde{v} = L$，恰为一个洛伦兹单位. 按偏振规律：波数为 $\tilde{v}$ 的谱线，电矢量的振动方向平行于磁场方向（为 π 成分）；分裂的两条谱线 $\tilde{v} \pm \Delta \tilde{v}$ 的电矢量振动方向垂直于磁场（为 σ 成分）. 当沿着磁场方向 $K /\!/ B$（纵向）观察时，原波数为 $\tilde{v}$ 的谱线已不存在，只剩 $\tilde{v} - \Delta \tilde{v}$ 和 $\tilde{v} + \Delta \tilde{v}$ 两条左、右旋的圆偏振光.

将选择定则和偏振规律应用于反常塞曼效应时，由于上下能级的自旋量子数 $S \neq 0$，则相应 $g \neq 1$，将出现复杂的塞曼分裂.

4. 钠 589nm 谱线的塞曼分裂（Zeeman splitting of　Na-589nm spectral line）

钠黄线 589nm 是 $^2P_{3/2} \rightarrow {}^2S_{1/2}$ 跃迁的结果. 上能级的朗德因子 $g_2 = 4/3$，下能级的朗德因子 $g_1 = 2$，能级分裂的大小和可能的跃迁如图 3.5.3 所示，图 3.5.4 为格罗春图.

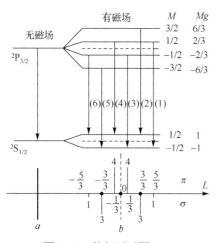

	g	M	Mg
$^2P_{3/2}$	4/3	$\pm 1/2, \pm 3/2$	$\pm 2/3, \pm 6/3$
$^2S_{1/2}$	2	$\pm 1/2$	± 1
M		3/2　1/2　−1/2　−3/2	
$^2P_{3/2}$ $M_2 g_2$		6/3　2/3　−2/3　−6/3	
$^2S_{1/2}$ $M_1 g_1$		1　−1	
$M_2 g_2 - M_1 g_1$		−1/3　1/3	
		−5/3 −3/3　3/3 5/3	
偏振态		σ　σ　π　π　σ　σ	

图 3.5.3　能级跃迁图　　　　　　　　　图 3.5.4　格罗春图

由这两个图可以看出，钠 589nm 谱线在磁场中会分裂为 6 条谱线，其中 π 成分 2 条，σ 成分 4 条. 图 3.5.3 底部表示出了这几条分裂谱线的谱线位移和相对强度. 中间的 0 点表示无磁场时谱线位置 b，各分裂谱线的位置和图中上半部分不同分裂能级间的跃迁相对应，横线上两相邻黑点间的距离为一个洛伦兹单位 L. 横线上方的竖线表示 π 成分，下方的竖线表示 σ 成分；线段的长度表示相对强度，图中分别用 1、3、4 等数字表示.

（二）法布里-珀罗标准具（Fabry-Perot etalon）

塞曼效应所分裂的谱线与原谱线间的波长差是很小的. 以正常塞曼效应为例，$\Delta \tilde{v} = 0.67 B \mathrm{cm}^{-1}$. 当 $B = 0.5\mathrm{T}$ 时，$\Delta \tilde{v} = 0.23 \mathrm{cm}^{-1}$. 如换以波长差表示，设 $\lambda = 500 \mathrm{nm}$，则 $\Delta \lambda = 0.006 \mathrm{nm}$. 欲分辨如此小的波长差，用一般光谱仪是很困难的. 本实验采用的是法布里-珀罗标准具（简称 F-P 标准具），它是高分辨光谱仪中常用的分光器件，其分辨率可以达到 $10^5 \sim 10^7$.

1. 法布里-珀罗标准具的原理及性能参数（principle and performance parameters of Fabry-Perot etalon）

如图 3.5.5 所示，F-P 标准具是由两块平面玻璃板 g 及板间的一个间隔圈 P 组成的，玻璃板的内表面加工精度要高于 1/20～1/30 波长，表面镀有高反射膜 M、M′，膜的反射率高于 90%. 间隔圈用膨胀系数很小的材料（如熔融的石英）精加工成一定长度，用以保证两块平面玻璃板间精确的平行度和稳定的间距.

单色光 S_0 入射时，光束在标准具的两内表面上多次反射和透射，形成多光束干涉. 相邻光束的光程差 Δl 为

$$\Delta l = 2nd\cos\theta$$

式中，d 为 F-P 标准具两内表面 M 和 M′ 的间距；θ 为光束在内表面上的入射角；n 为两平行玻璃板间介质的折射率，标准具在空气中使用时取 $n=1$. 透射的平行光束或反射的平行光束都在无穷远或在成像透镜的焦平面上形成干涉条纹，产生亮纹的条件为

$$2d\cos\theta = k\lambda \tag{3.5.9}$$

式中，k 为干涉条纹级次. 在用扩展光源照明时，产生等倾干涉条纹，相同 θ 角的光束形成同一干涉圆环.

F-P 标准具的自由光谱范围：设入射光波长 λ 发生了微小的变化，$\lambda' = \lambda + \Delta\lambda$ 或者 $\lambda'' = \lambda - \Delta\lambda$，则产生的各级干涉亮套在各相应级的亮环内外，如图 3.5.6 所示. 考察 $\lambda' = \lambda + \Delta\lambda$：如使 $\Delta\lambda$ 继续增加，使 λ' 的 $(k-1)$ 级亮环与 λ 的 k 级亮环重合，即

$$k\lambda = (k-1)\lambda'$$

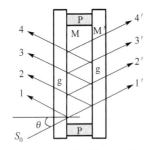

图 3.5.5　标准具结构与光路图

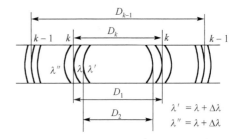

图 3.5.6　同一干涉级中不同波长的干涉圆环

此时的波长差用 $\Delta\lambda_F$ 表示. 当 $\Delta\lambda > \Delta\lambda_F$ 时，就发生 λ 和 λ' 不同级次亮条纹重叠交叉的情况，因此 $\Delta\lambda_F$ 被称为自由光谱范围，或称为不重叠区域. 当 θ 角较小时，$\cos\theta = 1$，则 $2d = k\lambda$，由重合条件可得

$$\Delta\lambda_F = \lambda^2 / (2d) \tag{3.5.10}$$

用波数差表示：$\Delta\tilde\nu_F = 1/(2d)$.

F-P 标准具的精细度：F-P 标准具的精细度 F 定义为相邻条纹间距与条纹半宽度之比，它表征标准具的分辨性能，其物理意义是相邻的两干涉级的条纹之间能够分辨的最大条纹数. 可以证明，精细度与内表面反射膜的反射率 R 有关系

$$F = \frac{\pi\sqrt{R}}{1-R} \tag{3.5.11}$$

2. 测量微小波长差的原理（Principle of measuring tiny wavelength differential）

由式（3.5.9）可知，同一级次 k 对应着相同的入射角 θ，在成像透镜的焦平面上形成一个亮圆环．这些亮环中，中心亮环 $\theta=0$，$\cos\theta=1$，级次 k 最大．向外不同半径的亮环干涉级次依次减小，并形成一套同心的圆环．对出射角为 θ 的某一圆环，设干涉圆环的直径为 D，如图 3.5.7 所示．

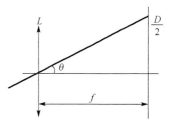

图 3.5.7 入射角 θ 与干涉圆环直径关系

由图可知，$D/2=f\cdot\tan\theta$，f 为成像透镜的焦距．对于近中心的圆环，θ 角很小，则 $\tan\theta\approx\sin\theta\approx\theta$，得 $D/2=f\cdot\theta$ 和 $\cos\theta=1-\theta^2/2=1-D^2/(8f^2)$．代入式（3.5.9）中得

$$2d\cos\theta=2d\left(1-\frac{D^2}{8f^2}\right)=k\lambda \qquad (3.5.12)$$

由上式可见，级次 k 与圆环直径 D 的平方呈线性关系，即随着亮环直径的增大，圆环将越来越密集．

设入射光包含两种波长 λ 和 $\lambda'(\lambda<\lambda',\lambda'=\lambda+\Delta\lambda)$，如图 3.5.6 所示，同一级次 k 对应着两个同心圆环，直径各为 D_1 和 $D_2(D_2<D_1)$．代入式（3.5.12）中得

$$2d\left(1-\frac{D_1^2}{8f^2}\right)=k\lambda,\quad 2d\left(1-\frac{D_2^2}{8f^2}\right)=k\lambda'$$

所以波长差为

$$\Delta\lambda=\lambda'-\lambda=\frac{d}{4kf^2}(D_1^2-D_2^2) \qquad (3.5.13)$$

式中，$\dfrac{d}{4kf^2}$ 为常数，因而 $\Delta\lambda$ 正比于 $D_1^2-D_2^2$．

将式（3.5.12）应用于单一波长 λ 的相邻两级次（k 级，$k-1$ 级），设其直径分别为 D_k 和 D_{k-1}，有

$$2d\left(1-\frac{D_k^2}{8f^2}\right)=k\lambda,\quad 2d\left(1-\frac{D_{k-1}^2}{8f^2}\right)=(k-1)\lambda$$

两式相减得

$$D_{k-1}^2-D_k^2=\frac{4\lambda f^2}{d} \qquad (3.5.14)$$

上式表明，当 d 和 f 的值确定时，对波长 λ 的光，任意相邻两环的直径平方差为一常数，即任意两相邻圆环间的面积都相等．将式（3.5.14）和近中心圆环的 $k=2d/\lambda$ 代入式（3.5.13）中得

$$\Delta\lambda=\frac{\lambda^2}{2d}\left(\frac{D_1^2-D_2^2}{D_{k-1}^2-D_k^2}\right)$$

上式即为测量波长差 $\Delta\lambda$ 的公式，换以波数差 $\Delta\tilde{\nu}$ 表示为

$$\Delta\tilde{\nu}=\frac{1}{2d}\left(\frac{D_1^2-D_2^2}{D_{k-1}^2-D_k^2}\right) \qquad (3.5.15)$$

四、实验仪器（Experimental instruments）

该实验可以采用多种仪器与方法，一般常用的实验装置如图 3.5.8 所示．O 为笔形汞灯光源；N、S 为电磁铁的磁极；L$_1$ 为聚光透镜，使通过标准具的光强增强；P 为偏振片，用以观察 π 成分和 σ 成分光；F 为滤光片；F-P 为法布里-珀罗标准具；L$_2$ 为成像透镜，使 F-P 标准具的干涉条纹成像在其焦平面上，便于通过 D 观察、记录．

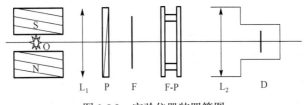

图 3.5.8　实验仪器装置简图

实验中 F-P 标准具的调整是实验操作的难点和关键．标准具平行度的要求是很严格的，判断的标准是这样的：用单色光照明标准具，从它的透射方向用肉眼直接观察，可以看见一组同心干涉圆环．当观察者的眼睛上下左右移动时，如果标准具的两个内表面严格平行，则干涉圆环的大小不随眼睛的移动而变化．若标准具的两个内表面不平行，当眼睛移动的方向是向着内间距 d 增大的方向时，则有干涉圆环从中心"冒出"，或者中心处圆环向外扩大．这时就把这个方向的定位螺丝旋紧，或者把相反方向的螺丝放松．经过多次细心调节，就可以把两个内表面调平行．

调整过程中需注意：不可用手或其他物体触摸标准具和其他光学元件的光学面；旋转标准具定位螺丝时，不可用力过大．

五、实验内容及步骤（Experimental content and procedure）

根据图 3.5.8 塞曼效应实验仪器装置，选取 546.1nm 的透射滤光片进行观察．

1. 调整光路（Optical path adjustment）

调节光学系统中各个元件等高共轴．调整聚光透镜 L$_1$ 的位置，使尽可能强的均匀光束照射到 F-P 标准具上；调整 F-P 标准具上的三个定位螺丝使标准具内表面严格平行．通过 F-P 标准具观察汞 546.1nm 光的干涉圆环分布．

2. 定性观察（Qualitative observation）

加上外加磁场，并将外加磁场的强度逐渐增大，用 L$_2$ 和 D 组成的测微望远镜系统观察汞 546.1nm 谱线的塞曼分裂．选取恰当的外加磁场，使得在视场内能清晰地分辨出汞 546.1nm 谱线的塞曼分裂，并与理论分析的结果相比较．在光具座上放上偏振片，旋转偏振片，选取不同方向的透光轴方向，观察分裂的光的偏振特性并与理论分析结果相比较．

3. 数据测量（Data measurement）

选取汞 546.1nm 谱线 π 光成分作为测量对象，根据理论分析的结果，用测微目镜测量相应干涉圆环的直径．利用特斯拉计测量光源处磁场 B．

4. 数据处理（Data processing）

由式（3.5.8）和式（3.5.15）可以确定计算电子核质比的公式，根据测量数据，计算电子的荷质比，并与理论值（$-1.759 \times 10^{11} \mathrm{C} \cdot \mathrm{kg}^{-1}$）相比较，分析误差的来源.

有些实验装置配备有 CCD 测量系统. 即在现有仪器装置的基础上，在测微望远镜后方放置一 CCD 摄像头，对 CCD 获得的图像通过计算机分析和处理. 该方法将塞曼效应分裂图像显示在显示屏上，并可以利用专门的分析处理软件对获得的图像数据分析处理，直观、方便. 具体操作参照不同处理软件的使用说明.

另外，还可以通过拍摄底片的方法获得干涉圆环的分裂图像，此时图 3.5.8 中 L_2 为成像透镜，而 D 为摄谱装置. 在调整好光路后，通过摄谱装置对干涉圆环分裂的图像进行照相，经曝光、显影、定影和冲洗吹干后，对测量的谱片进行分析.

六、思考题（Exercises）

（1）调整法布里-珀罗标准具时，如何判别标准具两个内表面是严格平行的？若不平行，应当如何调节？标准具调整不好会产生怎样的后果？

（2）实验中影响核质比测量精确度的因素有哪些？

（3）实验中如何观察和鉴别分裂谱线中的 π 成分和 σ 成分？应如何观察和分辨 σ 成分中的左旋和右旋圆偏振光？

（4）若有条件沿平行磁场方向观察塞曼分裂现象，参考沿垂直磁场观测的方法，独立设计光路组成、调节方法和操作步骤.

关键词（Key words）：

塞曼效应（Zeeman effect），朗德因子 g（Lande factor/g factor），法布里-珀罗标准具（Fabry-Perot etalon），能级分裂（energy level splitting），谱线（spectral line），自旋（spin），磁矩（magnetic moment），选择定则（selection rules），偏振规律（polarization law）

参考文献

高铁军，朱俊孔. 2000. 近代物理实验. 济南：山东大学出版社
吴思诚，王祖铨. 1986. 近代物理实验（一）. 北京：北京大学出版社
杨福家. 1990. 原子物理学. 2 版. 北京：高等教育出版社

实验 3.6 法拉第效应
Experiment 3.6 Faraday effect

光和一切微观物质一样，具有波粒二象性，当一束光通向在磁场作用下的具有磁矩的物质，从介质反射或者透射后，光的相位、频率、光强、传输方向和偏振状态等传输特性发生变化，这种现象称为磁光效应.

1845 年，法拉第发现，当平面偏振光通过沿光传输方向磁化的介质时，偏振面将产生旋

转. 对这一磁致旋光现象, 人们称为法拉第效应. 这种效应第一次显示了光和电磁现象之间的联系, 促进了对光本性的研究.

法拉第效应有许多重要的应用, 尤其在激光技术发展后, 其应用价值倍增. 例如, 用于物质结构的研究、光谱学和电工测量等领域. 此外, 利用法拉第效应原理制成的各种可快速控制激光参数的元器件也已广泛地应用于激光雷达、激光测距、激光陀螺、光纤通信中. 本实验的目的是通过实验理解法拉第效应的本质, 掌握测量旋光角的基本方法, 学会计算韦尔代常数.

一、实验预习（Experimental preview）

（1）何为法拉第效应? 法拉第效应和自然旋光有何不同?

（2）法拉第旋光角度与哪些因素有关?

二、实验目的（Experimental purpose）

（1）观察光的偏振现象, 研究光的波动性.

（2）观察并理解法拉第磁光偏转现象, 研究偏转角度与磁感应强度、介质厚度以及材料本身特性之间的关系.

（3）学习计算材料的韦尔代常数, 深层次理解光的电磁波特性.

三、实验仪器（Experimental instruments）

本实验采用法拉第-塞曼综合实验仪, 整套仪器组成如图 3.6.1 所示.

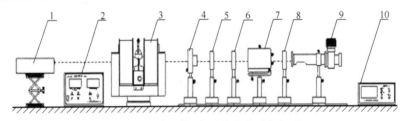

图 3.6.1　法拉第-塞曼综合实验仪组成

1-氦氖激光器; 2-控制主机; 3-电磁铁; 4-偏振检测; 5-会聚透镜; 6-干涉滤光片; 7-法布里-珀罗标准具;
8-成像透镜; 9-读数显微镜; 10-光功率计

在法拉第效应实验中仅用到氦氖激光器、控制主机、电磁铁、偏振检测器和光功率计.

四、实验原理（Experimental principle）

1845 年, 法拉第在实验中发现, 当一束线偏振光通过非旋光性介质时, 如果在介质中沿光传播方向加一外磁场, 则光通过介质后, 光振动（指电矢量）的振动面转过一个角度 θ, 如图 3.6.2 所示, 这种磁场使介质产生旋光性的现象称为法拉第效应或者磁致旋光效应.

自从法拉第发现这一效应以后, 人们在许多固体、液体和气体中观察到磁致旋光现象. 对于顺磁介质和抗磁介质, 光偏振面的法拉第旋转角 θ 与光在介质中通过的路程 L 以及外加磁场磁感应强度在光传播方向上的分量成正比, 即有

$$\theta = V \cdot B \cdot L \tag{3.6.1}$$

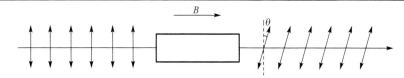

图 3.6.2 法拉第磁致旋光

其中，V 为韦尔代常数. 对于不同介质，偏振面旋转方向不同，习惯上规定，偏振面旋转绕向与磁场方向满足右手螺旋关系的称为"右旋"介质，其韦尔代常数 $V>0$；反向旋转的称为"左旋"，韦尔代常数 $V<0$.

与旋光物质的旋光效应不同，对于给定的物质，法拉第效应中光偏振面的旋转方向仅由磁场的方向决定，而与光的传播方向无关，利用这一点，可以使光在介质中往返数次而使旋转角度加大.

法拉第效应的简单解释是：线偏振光可以分解为左旋和右旋的两个圆偏振光，无外加磁场时，介质对这两种圆偏振光具有相同的折射率和传播速度，通过 L 距离的介质后，对每种引起了相同的相位移，因此透过介质叠加后的振动面不发生偏转；当有外磁场存在时，由于磁场与物质的相互作用，改变了物质的光特性，这时介质对右旋和左旋圆偏振光表现出不同的折射率和传播速度. 二者在介质中通过同样的距离后引起不同的相位移，叠加后的振动面相对于入射光的振动面发生了旋转.

由经典电子论对色散的解释可得出介质折射率和入射光频率 ω 的关系为

$$n^2 = 1 + \frac{Ne^2}{m\varepsilon_0(\omega_0^2 - \omega^2)} \tag{3.6.2}$$

式中，ω_0 是电子的固有频率，磁场作用使电子的固有频率改变为 $\omega_0 \pm \omega_L$（ω_L 是电子轨道在外磁场中的进动频率）.

折射率变为

$$n^2 = 1 + \frac{Ne^2}{m\varepsilon_0[(\omega_0 \pm \omega_L)^2 - \omega^2]} \tag{3.6.3}$$

由菲涅耳的旋光理论可知，平面偏振光可看成由两个左、右旋圆偏振叠加而成，上式中的正负号反映了这两个圆偏振光的折射率有差异，以 n_R 和 n_L 表示，它们通过长度为 L 的介质后产生的光程差为

$$\delta = \frac{2\pi}{\lambda}(n_R - n_L) \cdot L \tag{3.6.4}$$

由它们合成的平面偏振光的磁致旋光角为

$$\theta = \frac{1}{2}\delta = \frac{\pi}{\lambda}(n_R - n_L) \cdot L \tag{3.6.5}$$

通常，n_R、n_L 和 n 相差甚微，故 $n_R - n_L \approx \frac{n_R^2 - n_L^2}{2n}$. 将此代入上式，又因 $\omega_L^2 \ll \omega^2$，可略去 ω_L^2 项，得

$$\theta = \frac{\pi}{\lambda} \cdot \frac{n_R^2 - n_L^2}{2n} \cdot L = -\frac{Ne^3 \omega^2}{2cm^2\varepsilon_0 n} \cdot \frac{1}{(\omega_0^2 - \omega^2)^2} \cdot L \cdot B \tag{3.6.6}$$

由式（3.6.2）可得

$$\frac{\mathrm{d}n}{\mathrm{d}\omega} = \frac{Ne^2}{m\varepsilon_0 n} \cdot \frac{\omega}{(\omega_0^2 - \omega^2)^2} \tag{3.6.7}$$

代入式（3.6.6）得到

$$\theta = -\frac{e\omega}{2cm} \cdot L \cdot B = -\frac{1}{2c} \cdot \frac{3}{m} \cdot \lambda \cdot \frac{\mathrm{d}n}{\mathrm{d}\lambda} \cdot L \cdot B \tag{3.6.8}$$

与式（3.6.1）相比可见括号项即为韦尔代常数，表示 V 值与介质在磁场时的色散率、入射光波长等有关.

五、实验内容（Experimental content）

（1）掌握调节光学元件接近严格平行的方法.

（2）观察法拉第磁光偏转现象，计算偏转角度和材料的韦尔代常数.

六、实验步骤（Experimental procedure）

（1）接通电源，预热 5min，开始做实验.

（2）调节氦氖激光器底部的调节架，使激光器发出的准直光完全通过电磁铁中心的小孔（电磁铁纵向放置）.

（3）用特斯拉计测量电磁铁中心处励磁电流与磁感应强度的关系. 电流在 0～5.0A 变化，每个约 0.2A 测一次，分析线性程度.

（4）调节刻度盘的高度，使激光器光斑正好打在光电转换盒的通光孔上，此时旋动刻度盘上的旋钮，可以发现光度计读数发生变化.

（5）调节样品测试台，并旋动测试台上的调节旋钮，使冕玻璃样品缓慢转动升起，此时光应完全通过样品.

（6）旋动刻度盘上的旋钮，使刻度盘内偏振片的检偏方向发生变化，因氦氖激光器激光管内已经装有布儒斯特窗，故不用加起偏器，氦氖激光器出射的光已经是线偏振光，所以转动刻度盘，必定存在一个角度，使光度计示值最小，即此时激光器发出的线偏振光的偏振方向与检偏方向垂直，通过游标盘读取此时的角度 θ_1.

（7）开启励磁电源，给样品加上稳定磁场，此时可以看到光度计读数增大，这完全是法拉第效应作用的结果. 再次转动刻度盘，使光度计读数最小，读取此时的角度值 θ_2.

（8）旋下玻璃样品，移动样品测试台，使磁场测量探头正好位于磁隙中心，读取此时的磁感应强度测量值 B；用游标卡尺测量样品厚度（参考值 5mm），重复测量五次，求出该样品的韦尔代常数以及标准误差.

（9）测量结束后，关闭氦氖激光器、电磁铁以及光度计电源.

七、思考题（Exercises）

（1）什么是旋光效应？什么是磁光效应？两者有何相同之处和不同之处？

（2）法拉第旋转角与什么因素有关？

（3）本实验中影响测量精度的主要原因是什么？如何消除或者减小它的影响？

八、注意事项（Attentions）

（1）在完成法拉第效应实验中，注意不可以将眼睛正对激光光源，以免对眼睛造成伤害.

（2）电磁铁在完成实验后应及时切断电源，以避免长时间工作使线圈积聚热量过多而破坏稳定性.

（3）测量中心磁场磁感应强度时，应注意探头在同一实验中不同次测量时放置于同一位置，以使测量更加准确、稳定.

（4）法拉第效应实验要求尽量减小外界光的影响，所以实验时最好在暗室内完成，以使实验现象更加明显，实验数据更加准确.

关键词（Key words）：

法拉第效应（Faraday effect），旋光角（angle of optical rotation），韦尔代常数（Verdet constant），光学倍频法（optical frequency multiplication）

参考文献

祈学孟. 1996. 一种高弗尔德常数磁敏旋光玻璃: 中国, 951062794

赵建林. 2005. 光学. 北京: 高等教育出版社

周静, 王选章, 谢文广. 2005. 磁光效应及其应用. 现代物理知识, 17(5): 47-49

实验 3.7 弗兰克-赫兹实验
Experiment 3.7 Frank-Hertz experiment

1914 年，弗兰克（J. Franck, 1882~1964）和赫兹在研究中发现电子与原子发生非弹性碰撞时能量的转移是量子化的. 他们的精确测定表明，电子与汞原子碰撞时，电子损失的能量严格地保持 4.9eV.

这个事实直接证明了汞原子具有玻尔所设想的那种"完全确定的、互相分立的能量状态"，是对玻尔的原子量子化模型的第一个决定性的证据. 由于他们的工作对原子物理学的发展起了重要的作用，弗兰克和赫兹曾共同获得 1925 年诺贝尔物理学奖.

在本实验中可观测到电子与氩原子相碰撞时的能量转移的量子化现象，测定氩原子的第一激发电势，从而加深对原子能级概念的理解.

一、实验目的（Experimental purpose）

（1）观测电子与氩原子相碰撞时能量转移的量子化现象.

（2）测定氩原子的第一激发电势.

二、实验原理（Experimental principle）

玻尔的原子理论指出：①原子只能处于一些不连续的能量状态 $E_1, E_2, \cdots$，处在这些状态的原子是稳定的，称为定态. 原子的能量不论通过什么方式发生改变，只能是使原子从一个定态跃迁到另一个定态. ②原子从一个定态跃迁到另一个定态时, 它发射或吸收辐射的频率是一定的. 如果用 E_m 和 E_n 分别代表原子的两个定态的能量, 则发射或吸收辐射的频率由以下关系式所决定:

$$h\gamma = |E_m - E_n|$$

式中, h 为普朗克常量.

原子从低能级向高能级跃迁, 可以通过具有一定能量的电子与原子相碰撞进行能量交换来实现. 本实验即让电子在真空中与氩原子相碰撞. 设氩原子的基态能量为 E_1, 第一激发态的能量为 E_2, 从基态跃迁到第一激发态所需的能量就是 $E_2 - E_1$. 初速度为零的电子在电势差为 U 的加速电场作用下具有能量 eU, 若 eU 小于 $E_2 - E_1$ 这份能量, 则电子与氩原子只能发生弹性碰撞, 二者之间几乎没有能量转移. 当电子的能量 $eU \geqslant E_2 - E_1$ 时, 电子与氩原子就发生非弹性碰撞, 氩原子将从电子的能量中吸收相当于 $E_2 - E_1$ 的那一份, 使自己从基态跃迁到第一激发态, 而多余的部分仍留给电子. 设使电子具有 $E_2 - E_1$ 能量所需加速电场的电势差为 U_0, 则

$$eU_0 = E_2 - E_1$$

U_0 为氩原子的第一激发电势, 是本实验要测的物理量.

实验方法如图 3.7.1 所示. 在充氩气的弗兰克-赫兹四极管中, 电子由热阴极 K 发出, 第一栅极 (G_1) 与阴极 (K) 之间加上约 2V 的电压, 其作用是消除空间电荷对阴极散射电子的影响, 提高发射效率. 阴极 K 和栅极 G_2 之间的加速电压 U_{G_2K} 使电子加速. 在板极 A 和栅极 G_2 之间加有反向拒斥电压 U_{AG_2}. 当灯丝 (H) 加热时, 阴极的 K 即发射电子, 电子通过 KG_2 空间进入 G_2A 空间时, 如果具有较大的能量 ($\geqslant eU_{AG_2}$) 就能冲过反向拒斥电场而达板极 A 形成板流, 被微电流计检测出来. 如果电子在 KG_2 空间因与氩原子碰撞, 部分能量给了氩原子, 使其激发, 本身所剩能量太小, 以致通过栅极后不足以克服拒斥电场而折回, 通过电流计的电流就将显著减小. 实验时, 使栅极电压 U_{G_2K} 由零逐渐增加, 观测电流表的板流指示, 就会得出如图 3.7.2 所示 I_A-U_{G_2K} 关系曲线, 它反映了氩原子在 KG_2 空间与电子进行能量交换的情况. 当 U_{G_2K} 逐渐增加时, 电子在加速过程中能量也逐渐增大, 但电压在初升阶段, 大部分电子达不到激发氩原子的动能, 与氩原子只是发生弹性碰撞, 基本上不损失能量, 于是穿过栅极到达板极, 形成的板流 I_A 随 U_{G_2K} 的增加而增大, 如曲线 $0a$ 段. 当 U_{G_2K} 接近和达到氩原子的第一激发电势 U_0 时, 电子在栅极附近与氩原子相碰撞, 使氩原子获得能量后从基态跃迁到第一激发态. 碰撞使电子损失了大部分动能, 即使穿过栅极, 也会因不能克服反向拒斥电场而折回栅极. 所以 I_A 显著减小, 如曲线 ab 段. 当 U_{G_2K} 超过氩原子第一激发态电势时, 电子在到达栅极以前就可能与氩原子发生非弹性碰撞, 然后继续获得加速, 到达栅极时积累起穿过拒斥电场的能量而到达板极, 使电流回升 (曲线 bc 段). 直到栅极电压 U_{G_2K} 接近二倍氩原子的第一激发电势 ($2U_0$) 时, 电子在 KG_2 空间又会因两次与氩原子碰撞使自身能量降低到不能克服拒斥电场, 使板流第二次下降 (曲线 cd 段). 同理, 凡

$$U_{G_2K} = nU_0 \quad (n = 1, 2, 3)$$

处, I_A 都会下跌, 形成规则起伏变化的 I_A-U_{G_2K} 曲线. 而相邻两次板流 I_A 下降所对应的栅极电压之差, 就是氩原子的第一激发电势 U_0.

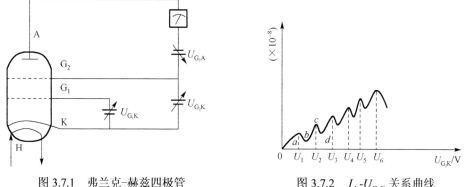

图 3.7.1 弗兰克-赫兹四极管   图 3.7.2 I_A-U_{G_2K} 关系曲线

三、实验仪器（Experimental device）

HLD-FH-IV 型微机弗兰克-赫兹实验仪，计算机.

（1）智能弗兰克-赫兹实验仪前面板功能说明如图 3.7.3 所示.

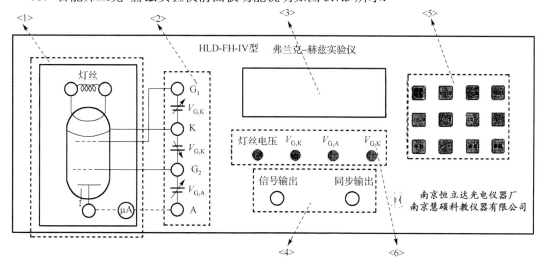

图 3.7.3 弗兰克-赫兹实验仪面板

智能弗兰克-赫兹实验仪前面板将功能划分为五个区.

区〈1〉：弗兰克-赫兹管（简称 F-H 管）各输入电压和板极电流输出的形象示意图.

区〈2〉：弗兰克-赫兹管所需激励电压的输出连接插孔示意图.

区〈3〉：测试电流，电压指示区及量程转换显示区. 液晶显示可指示电流值及当前选择电压源的电压值. 根据实验需要选择不同的量程，显示在液晶显示屏上.

区〈4〉：测试信号输出区. 信号输出和同步输出插座可将信号送示波器显示.

区〈5〉：调整按键区. 改变当前电压源，设置查询电压点，手动和自动间的切换，以及量程之间的转换.

区〈6〉：电压调整区. 可以调整 U_{G_1K}，U_{G_2K}，U_{G_2A}，灯丝的电压.

（2）智能弗兰克-赫兹实验仪后面板说明.

智能弗兰克-赫兹实验仪后面板上有交流电源插座，插座上自带保险管座；电源开关；微机接口.

四、实验步骤（Experimental procedure）

1. 测绘 F-H 管的 I_A-U_{G_2K} 曲线，确定氩原子的第一激发电势

（1）检查电源及其他，确认无误后按下电源开关，开启实验仪.

（2）检查开机状态，实验仪液晶显示屏亮，并显示灯丝电压 U_{DS} 的值.

（3）设定电流量程，按下在区〈5〉的相应电流量程按键，对应的液晶显示屏上的指示会随之而变.

（4）设定电压源电压值. 按下在区〈5〉相应电压源按键，对应的液晶显示屏上的指示会随之而变，表明电压源变换选择已完成，可以对选择的电压进行设定和修改. 如果修改电压值，调节前面板区〈6〉上的电势器，当前电压值将会跟随电势器的变化而呈线性变化. 需设定的电压源有 U_{DS}，U_{G_1K}，U_{G_2K}，U_{G_2A}，由于 F-H 管的离散性及使用中的衰老过程，每一只 F-H 管的最佳工作状态是不同的，实验中应根据随机提供的工作条件找出其较理想的工作状态.

（5）在逐点测量前，先进行粗略的观测. 按下在区〈5〉的相应电流量程，旋动栅压调节电势器，缓慢增加 U_{G_2K} 电压值，全面观察一次 I_A 的起伏变化情况. 若指示 I_A 满量程时，可以改变电流表的量程范围.

（6）逐点测量 I_A-U_{G_2K} 的变化关系. 测试操作过程中每改变一次电压源 U_{G_2K} 的电压值，F-H 管的板极电流值随之改变，此时记录〈3〉区显示的电压值和电流值数据，以及环境条件. 然后，在取适当比例的方格纸上作出 I_A-U_{G_2K} 曲线.

（7）从曲线上确定出 I_A 的各个峰值和谷值所对应的两组 U_{G_2K} 值，把两组数据分别用逐差法求出氩原子的第一激发电势 U_0 的两个值再取平均，并与标准值比较，求出百分差.

2. 用自动测试功能观测 I_A-U_{G_2K} 变化曲线，并由计算机处理数据

（1）设置电压源 U_{DS}，U_{G_1K}，U_{G_2K}，U_{G_2A} 及电流挡位等状态，工作状态和手动测试情况下相同.

（2）打开弗兰克-赫兹实验软件，然后按弗兰克-赫兹实验仪面板上"PC"键进行实验.

（3）具体软件使用说明由实验室提供.

五、思考题（Exercises）

（1）用充汞管做 F-H 实验为何要先开炉子加热？

（2）考察炉温对 I_A 曲线的影响（曲线形状，击穿电压，峰谷比峰数等）.

（3）考察 I_A-U_{G_2K} 周期变化与能级关系，如果出现差异估计是什么原因？

（4）第一峰位位置值为何与第一激发电势有偏差？

关键词（Key words）：

原子能级（atomic levels），电子（electron），量子化（quantization），第一激发电势（the first excited voltage），非弹性碰撞（inelastic collision），原子（atom），电压（voltage），液晶（LCD）

参考文献

褚圣麟. 1979. 原子物理学. 北京：高等教育出版社
李相银. 2004. 大学物理实验. 北京：高等教育出版社
詹卫伸，丁建华. 2004. 物理实验教程. 大连：大连理工大学出版社

实验 3.8　拉曼光谱实验

Experiment 3.8　Raman spectroscopy experiment

一、实验目的（Experimental purpose）

（1）学习和掌握拉曼光谱法物质定性分析的基本原理和实验方法.
（2）研究物质拉曼光谱与其分子结构和对称性之间的关系.

二、实验原理（Experimental principle）

（一）拉曼光谱（**Raman spectroscopy**）

光照射介质时，除被介质吸收、反射和透射外，总有一部分被散射. 散射光按频率可分成三类：第一类，散射光的频率与入射光的频率基本相同，频率变化小于 $3 \times 10^5 \, \text{Hz}$，或者说波数变化小于 10^{-5}cm^{-1}，这类散射通常称为瑞利（Rayleigh）散射；第二类，散射光频率与入射光频率有较大差别，频率变化大于 $3 \times 10^{10} \text{Hz}$，或者说波数变化大于 1cm^{-1}，这类散射就是所谓拉曼散射；第三类，散射光频率与入射光频率差介于上述二者之间的散射被称为布里渊（Brillouin）散射. 从散射光的强度看，瑞利散射的强度最大，一般都在入射光强的 10^{-3} 左右，常规拉曼散射的强度是最弱的，一般小于入射光强的 10^{-6}.

用光电方法记录的某一样品的振动拉曼光谱如图 3.8.1 所示. 设 $\bar{\nu}_0$ 是入射光的波数，$\bar{\nu}$ 是散射光的波数，散射光与入射光的波数差定义为 $\Delta \bar{\nu} = \bar{\nu} - \bar{\nu}_0$. 那么，对于拉曼散射谱，$\Delta \bar{\nu} < 0$ 的散射光线称为红伴线或斯托克斯（Stokes）线；$\Delta \bar{\nu} > 0$ 的散射线称为紫伴线或反斯托克斯（anti-Stokes）线. 拉曼光谱在外观上有三个明显的特征：第一，对同一样品，同一拉曼线的波数差 $\Delta \bar{\nu}$ 与入射光波长无关；第二，在以波数为变量的拉曼光谱图上，如果以入射光波数为中心点，则斯托克斯线和反斯托克斯线对称地分裂在入射光的两边；第三，斯托克斯的强度一般都大于反斯托克斯线的强度. 拉曼光谱的上述特点是散射

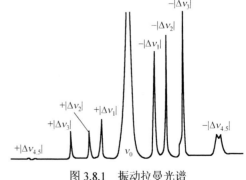

图 3.8.1　振动拉曼光谱

体内部结构和运动状态的反映，也是拉曼散射固有机制的体现.

拉曼散射现象在实验上首先由印度科学家拉曼（C.V.Raman）和苏联科学家曼杰斯塔姆（л·и·мандепь-щгам）分别在 1928 年发现. 由于拉曼散射强度很弱，早先的拉曼光谱工作主要限于线性拉曼谱，在应用上以结构化学的分析工作居多. 但是 20 世纪 60 年代激光技术的出

现和接收技术的不断改进，使拉曼光谱突破了原先的局限，获得了迅猛的发展，在实验技术上，迅速地出现了如共振拉曼散射以及高阶拉曼散射、反转拉曼散射、受激拉曼散射和相干反斯托克斯散射等非线性拉曼散射和时间分辨与空间分辨拉曼散射等各种新的光谱技术，由于拉曼光谱技术的发展，凝聚态中的电子波、自旋波和其他元激发所引起的拉曼散射不断被观察到，使之也都成为拉曼光谱的研究对象。至今，拉曼光谱学在化学、物理、地学和生命科学等各个方面已得到日益广泛的应用。

本实验仅涉及常规（线性）的振动拉曼光谱，通过一些典型分子的振动拉曼光谱实验，获得对拉曼散射基本原理和基本实验技术的初步了解。

（二）CCl₄（四氯化碳）分子的对称性质和振动拉曼谱（CCl₄ molecular symmetry and vibration Raman spectra）

在本实验中，我们选择 CCl₄、C₆H₆（苯）和 C₆H₁₂（环己烷）等作为实验样品。下面以分子结构最简单的 CCl₄ 为例，简略地介绍它的分子结构及对称性质和振动拉曼光谱之间的联系，为实验提供一个谱图分析的基础。

1. CCl₄ 的分子结构及其对称性（Molecular structure and symmetry of CCl₄）

CCl₄ 分子由一个碳原子和四个氯原子组成，它的结构如图 3.8.2 所示，四个氯原子位于正四面体的四个顶点，碳原子在正四面体的中心。物体绕其自身的某一轴旋转一定角度、或进行反演（$r \to -r$）、或旋转加反演之后物体又自身重合的操作称操作。对称操作与前面讲到的物体的对称变换在物理上是等价的。CCl₄ 分子所具有的旋转和旋转-反演轴列于图 3.8.3。由该图可以看到，CCl₄ 分子的对称操作有 24 个（包括不动操作 E）。这 24 个对称操作分别归属于五种对称素。对称素是物体对称性质的更简洁的表述。CCl₄ 分子的五种对称素是

$$E, \quad 3C_2^m, \quad 8C_3^{j\pm}, \quad 6iC_2^p, \quad 6iC_4^{m\pm}$$

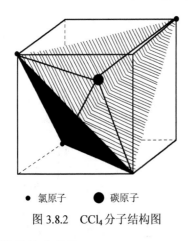

● 氯原子　● 碳原子

图 3.8.2　CCl₄ 分子结构图

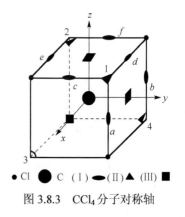

● Cl　● C　（Ⅰ）●（Ⅱ）▲（Ⅲ）■

图 3.8.3　CCl₄ 分子对称轴

上述符号的具体含义是

　　C_n 旋转轴，下标表示转角为 $2\pi/n$；

　　i 反演；

　　m 旋转轴方位是 x, y, z 轴；

　　j 旋转轴方位在过原点 O 的体对角线方向，$j=1, 2, 3, 4$；

p 旋转轴方位在过原点 O、立方体相对棱边中点连线方向，$p = a, b, c, d, e, f$；
+或 – 表示顺时针或逆时针旋转方向.

上面符号前面的阿拉伯数字代表该对称素包含的对称操作数.

2. CCl_4 分子的振动方式与振动拉曼谱（Vibration mode of CCl_4 and vibration Raman spectra）

对于 N 个原子构成的分子而言，当 $N \geqslant 3$ 时，有（$3N - 6$）个内部振动自由度，因此 CCl_4 分子应有 9 个简正振动方式，这 9 个简正振动方式还可以分成四类，图 3.8.4 就是这 9 个简正振动方式及其分类示意图. 这四类振动根据其反演对称性不同还有对称振动和反对称振动之分，其中除第 I 类是对称振动外，其余三类都是反对称振动. 同一类振动，不管其具体振动方式如何，都有相同的振动能，所以如果某个分子有 I 类振动，则一般说来，最多只可能有 1 条基本振动拉曼线. 当然，如果考虑到振动间耦合引起的微扰，有的谱线分裂成两条，如图 3.8.1 中最弱的双重线就是由最强和弱强的两条谱线所对应的振动的耦合造成的微扰，使最弱线分裂成双重线. 每类振动所具有的振动方式数目对应于量子力学中能级简并的重数，所以如果某一类振动有 g 个振动方式，就称该类振动是 g 重简并的.

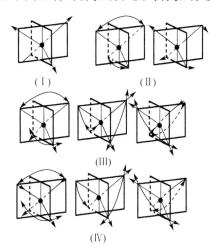

图 3.8.4　CCl_4 分子的 9 个简正振动模式

根据拉曼光谱基本原理，可以在分析分子结构及其对称性的基础上，推测出该分子拉曼光谱的基本概貌，如谱线数目、大致位置、偏振性质和它们的相对强度；同时又可以从实验上确切知道谱线的数目和每条线的波数、强度及其对应的振动方式. 上述两个方面工作的结合和对比，使得人们可以利用拉曼光谱获得有关分子的结构和对称性的信息.

在拉曼光谱基本原理讨论中，除了分子结构和振动方式以外，并没有涉及分子的其他属性，因而可以推出：同一空间结构但原子成分不同的分子，其拉曼光谱的基本面貌应是相同的. 人们在实际工作中就利用这一推断，把一个结构未知的分子的拉曼光谱和结构已知的分子的拉曼光谱进行比对，以确定该分子的空间结构及其对称性. 当然，结构相同的不同分子其原子、原子间距和原子间相互作用等情况还是可能有很大差别的，因而不同分子的拉曼光谱在细节上还是不同的. 每一种分子都有其特征的拉曼光谱，因此利用拉曼光谱也可以鉴别和分析样品的化学成分和结构性质. 外界条件的变化对分子结构和运动会产生程度不同的影响，所以拉曼光谱也常被用来研究物质的浓度、温度和压力等效应.

三、实验仪器（Experimental instruments）

LRS-II 激光拉曼/荧光光谱仪的总体结构如图 3.8.5 所示，主要由单色仪、光源、外光路、偏振器、单光子接收器等部件组成.

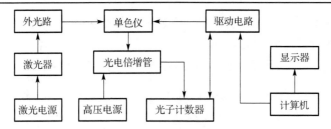

图 3.8.5　激光拉曼/荧光光谱仪的结构示意图

1. 激光器（Laser）

本仪器采用 40mW 半导体激光器，该激光器输出的激光为偏振光.

2. 单色仪（Monochromator）

单色仪的光学结构如图 3.8.6 所示. S1 为入射狭缝，M1 为准直镜，G 为平面衍射光栅，衍射光束经成像物镜 M2 会聚，平面镜 M3 反射直接照射到出射狭缝 S2 上，在 S2 外侧有一光电倍增管 PMT，当光谱仪的光栅转动时，光谱信号通过光电倍增管转换成相应的电脉冲，并由光子计数器放大、计数，进入计算机处理，在显示器的荧光屏上得到光谱的分布曲线.

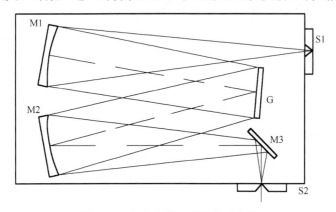

图 3.8.6　单色仪的光学结构示意图

3. 外光路系统（External beam path system）

外光路系统主要由激发光源（半导体激光器）五维可调样品支架 S，偏振组件 P1 和 P2，以及聚光透镜 C1 和 C2 等组成（图 3.8.7）.

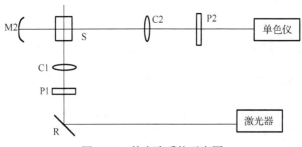

图 3.8.7　外光路系统示意图

激光器射出的激光束被反射镜 R 反射后，照射到样品上. 为了得到较强的激发光，采用一聚光镜 C1 使激光聚焦，使在样品容器的中央部位形成激光的束腰．为了增强效果，在容器的另一侧放一凹面反射镜 M2．凹面镜 M2 可使样品在该侧的散射光返回，最后由聚光镜 C2 把散射光会聚到单色仪的入射狭缝上．

4．偏振部件（Polarization components）

做偏振测量实验时，应在外光路中放置偏振部件．它包括改变入射光偏振方向的偏振旋转器，还有起偏器和检偏器．

5．探测系统（Detection system）

拉曼散射是一种极微弱的光，其强度小于入射光强的 10^{-6}，比光电倍增管本身的热噪声水平还要低．用通常的直流检测方法已不能把这种淹没在噪声中的信号提取出来．

单光子计数器方法利用弱光下光电倍增管输出电流信号自然离散的特征，采用脉冲高度甄别和数字计数技术将淹没在背景噪声中的弱光信号提取出来．与锁定放大器等模拟检测技术相比，它基本消除了光电倍增管高压直流漏电和各倍增极热噪声的影响，提高了信噪比；受光电倍增管漂移，系统增益变化的影响较小；它输出的是脉冲信号，不用经过 A/D 变换，可直接送到计算机处理．

6．陷波滤波器（Notch filter）

陷波滤波器旨在减小仪器的杂散光提高仪器的检出精度，并且能将激发光源的强度大大降低，有效地保护光电管．

如图 3.8.8 所示，LRS-3 型配置的陷波滤波器中心波长为 532nm，半宽度为 20nm．

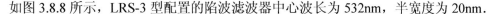
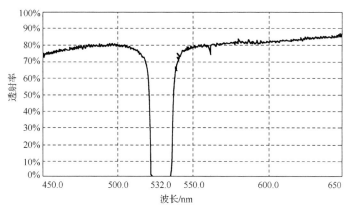

图 3.8.8　陷波滤波器光谱图

四、实验步骤（Experimental procedure）

实验内容：

使用 LRS-II 激光拉曼/荧光光谱仪测量 CCl_4 分子的振动拉曼谱．

当激光作用于试样时，试样物质会产生散射光，在散射光中，除与入射光有相同频率的瑞利光以外，在瑞利光的两侧，有一系列其他频率的光，其强度通常只为瑞利光的 $10^{-6} \sim 10^{-9}$，这种散射光被命名为拉曼光．其中波长比瑞利光长的拉曼光叫斯托克斯线，而波长比瑞利光短的拉曼光叫反斯托克斯线．

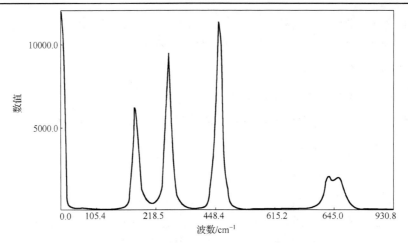

图 3.8.9　未加陷波滤波器的 CCl_4 拉曼光谱图

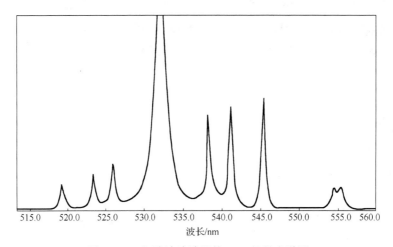

图 3.8.10　加陷波滤波器的 CCl_4 拉曼光谱图

　　拉曼谱线的频率虽然随着入射光频率而变换，但拉曼光的频率和瑞利散射光的频率之差却不随入射光频率而变化，而与样品分子的振动转动能级有关．拉曼谱线的强度与入射光的强度和样品分子的浓度成正比例关系，可以利用拉曼谱线来进行定量分析，在与激光入射方向垂直的方向上，能收集到的拉曼散射的光通量 Φ_R 等于

$$\Phi_R = 4\pi \cdot \Phi_L \cdot A \cdot N \cdot L \cdot K \cdot \sin a^2(\theta/2)$$

式中，Φ_L 为入射光照射到样品上的光通量；A 为拉曼散射系数，为 $10^{-28} \sim 10^{-29}$ mol·sr^{-1}；N 为单位体积内的分子数；L 为样品的有效体积；K 为考虑到折射率和样品内场效应等因素影响的系数；α 为拉曼光束在聚焦透镜方向上的角度．

　　利用拉曼效应及拉曼散射光与样品分子的上述关系，可对物质分子的结构和浓度进行分析研究，于是建立了拉曼光谱法．

　　绝大多数拉曼光谱图都是以相对于瑞利谱线的能量位移来表示的，由于斯托克斯峰比较强，故可以以较小的位移为基础来估计 $\Delta\sigma$（以 cm^{-1} 为单位），即

$$\Delta\sigma = \sigma_y - \sigma$$

以四氯化碳的拉曼光谱为例：

6_y 是瑞利光谱的波数 18797.0cm^{-1}（532nm）；

$\Delta 6$ 四氯化碳的拉曼峰的波数间隔 218cm^{-1}、324cm^{-1}、459cm^{-1}、762cm^{-1}、790cm^{-1}（拉曼峰与瑞利峰间隔）.

操作步骤：

从开机到关机的步骤如下：

（1）按照连接图连接好电缆；

（2）放入待测样品；

（3）打开激光器；

（4）按照调节说明，调节外光路；

（5）打开仪器的电源；

（6）启动应用程序；

（7）通过阈值窗口选择适当的阈值；

（8）在参数设置区设置阈值和积分时间及其他参数；

（9）扫描，根据情况调节狭缝至最佳效果；

（10）数据处理及存储打印；

（11）关闭应用程序；

（12）关闭仪器电源；

（13）关闭激光器电源.

五、思考题（Exercises）

（1）在样品测量过程中，为何使用陷波滤波器？

（2）如何利用拉曼光谱图定性分析样品结构？

（3）拉曼光谱与分子结构的对称性的关系如何？

六、注意事项（Attentions）

仪器使用中需要注意以下事项：

（1）保证使用环境.

（2）光学零件表面有灰尘，不允许接触擦拭，可用吹气球小心吹掉.

（3）每次测试结束，首先取出样品，关断电源.

关键词（Key words）：

拉曼光谱（Raman spectroscopy），斯托克斯效应（Stokes effect），反斯托克斯效应（anti-Stokes effect），弹性散射（elastic scattering），非弹性散射（inelastic scattering），瑞利散射（Rayleigh scattering），分子对称性（molecular symmetry）

实验 3.9　黑体辐射实验
Experiment 3.9　Blackbody radiation experiment

黑体是理想物体，它在一切温度下都能全部吸收而不发生反射，则该物体称为绝对黑体，简称黑体. 当然绝对黑体事实上并不存在，一般情况下任何物体，只要其温度在绝对零度以上，就向周围发射辐射，这种辐射称为温度辐射或热辐射. 黑体是一种完全的温度辐射体，即任何非黑体所发射的辐射通量都小于同温度下的黑体发射的辐射通量；并且，非黑体的辐射能力不仅与温度有关，而且与表面的材料的性质有关. 而黑体的辐射能力则仅与温度有关. 黑体的辐射亮度在各个方向都相同，即黑体是一个完全的余弦辐射体.

一、实验目的（Experimental purpose）

（1）验证黑体辐射定律（普朗克辐射定律、斯特藩-玻尔兹曼定律、维恩位移定律）.
（2）掌握测量一般发光光源辐射能量曲线的方法，加深对黑体辐射问题的理解.

二、实验原理（Experimental principle）

（一）黑体辐射的光谱分布——普朗克辐射定律（Planck's law of radiation）

此定律用光谱辐射度表示，其形式为

$$E_{\lambda T} = \frac{C_1}{\lambda^5 \left(e^{\frac{C_2}{\lambda T}} - 1 \right)} \ (\text{W} \cdot \text{m}^{-3}) \tag{3.9.1}$$

式中，第一辐射常数 $C_1 = 3.74 \times 10^{-16} \ \text{W} \cdot \text{m}^2$，第二辐射常数 $C_2 = 1.4398 \times 10^{-2} \ \text{m} \cdot \text{W}$.

黑体光谱辐射亮度由下式给出：

$$L_{\lambda T} = \frac{E_{\lambda T}}{\pi} \tag{3.9.2}$$

图 3.9.1 给出了 $L_{\lambda T}$ 随波长变化的图形.

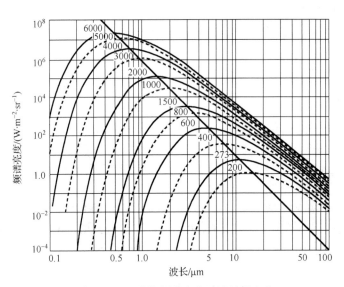

图 3.9.1 黑体的频谱亮度随波长的变化

每一条曲线上都标出黑体的绝对温度. 与诸曲线的最大值相交的对角直线表示维恩位移定律

（二）黑体的积分辐射——斯特藩-玻尔兹曼定律（Stefan Boltzmann's law）

此定律用辐射度表示为

$$E_T = \int_0^\infty E_{\lambda T}\mathrm{d}\lambda = \delta T^4 \quad (\mathrm{W}\cdot\mathrm{m}^{-2}) \tag{3.9.3}$$

式中，T 为黑体的绝对温度；δ 为斯特藩-玻尔兹曼常量，

$$\delta = \frac{2\pi^5 k^4}{15h^3 c^2} = 5.670\times10^{-8} \quad (\mathrm{W}\cdot\mathrm{m}^{-2}\cdot\mathrm{K}^{-4})$$

其中，k 为玻尔兹曼常量；h 为普朗克常量；c 为光速.

由于黑体辐射是各向同性的，所以其辐射亮度与辐射度有关系

$$L = \frac{E_T}{\pi} \tag{3.9.4}$$

于是，斯特藩-玻尔兹曼定律也可以用辐射亮度表示为

$$L = \frac{\delta}{\pi}T^4 \tag{3.9.5}$$

（三）维恩位移定律（Wien's displacement law）

光谱亮度的最大值的波长 $\lambda_{\max}$ 与它的绝对温度 T 成反比：

$$\lambda_{\max} = \frac{A}{T} \tag{3.9.6}$$

式中，A 为常数，$A = 2.896\times10^{-3}\,\mathrm{m}\cdot\mathrm{K}$.

随温度的升高，绝对黑体光谱亮度的最大值的波长向短波方向移动.

三、实验仪器（Experimental instruments）

黑体实验装置的基本组成部分：光栅单色仪，接收单元，扫描系统，电子放大器，A/D 采集单元，电压可调的稳压溴钨灯光源，计算机，打印机等.

本实验采用 4A 型光栅单色仪，其光学系统如图 3.9.2 所示.

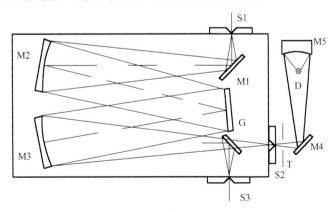

图 3.9.2　光学原理图

M1-反射镜；M2-准光镜；M3-物镜；M4-反射镜；M5-深椭球镜；G-平面衍射光栅；S1-入射狭缝；S2，S3-出射狭缝；T-调制器

入射狭缝、出射狭缝均为直狭缝，宽度范围 0～2.5mm 连续可调，光源发出的光束进入入射狭缝 S1，S1 位于反射式准光镜 M2 的焦面上，通过 S1 射入的光束经 M2 反射成平行光束投向平面光栅 G 上，衍射后的平行光束经物镜 M3 成像在 S2 上，经 M4、M5 会聚在光电接收器 D 上.

1. 仪器的机械传动系统（Mechanical drive system）

仪器采用如图 3.9.3(a)所示"正弦机构"进行波长扫描，丝杠由步进电机通过同步带驱动，螺母沿丝杠轴线方向移动，正弦杆由弹簧拉靠在滑块上，正弦杆与光栅台连接，并绕光栅台中心回转，如图 3.9.3(b)所示，从而带动光栅转动，使不同波长的单色光依次通过出射狭缝而完成"扫描".

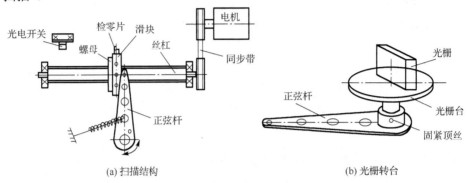

(a) 扫描结构　　　　　　　　　　　　　　(b) 光栅转台

图 3.9.3　扫描结构图及光栅转台图

2. 溴钨灯光源（Bromine tungsten lamp）

标准黑体应是黑体实验的主要设置，但购置一个标准黑体其价格太高，所以本实验装置采用稳压溴钨灯作光源，溴钨灯的灯丝是用钨丝制成，钨是难熔金属，它的熔点为 3665K（溴钨灯工作电流与色温对应关系参见附录）.

3. 接收器（Receiverr）

工作区间在 800～2500nm，选用硫化铅（PbS）为光信号接收器，从单色仪出缝射出的单色光信号经调制器，调制成 50Hz 的频率信号被 PbS 接收，选用的 PbS 是晶体管外壳结构，该系列探测器是将硫化铅元件封装在晶体管壳内，充以干燥的氮气或其他惰性气体，并采用熔融或焊接工艺，以保证全密封. 该器件可在高温、潮湿条件下工作且性能稳定可靠.

四、实验内容（Experimental contents）

（一）仪器调整（Instrument adjustment）

（1）接通电源前，认真检查接线是否正确.

（2）狭缝的调整.

狭缝为直狭缝，宽度范围 0～2.5mm 连续可调，顺时针旋转为狭缝宽度加大，反之减小，每旋转一周狭缝宽度变化 0.5mm. 为延长使用寿命，调节时注意最大不超过 2.5mm，平日不使用时，狭缝最好开到 0.1～0.5mm.

（3）确认各条信号线及电源线连接好后，按下电控箱上的电源按钮，仪器正式启动.

（二）实验内容（Experimental contents）

（1）验证普朗克辐射定律.

（2）验证斯特藩-玻尔兹曼定律.

（3）验证维恩位移定律.

（4）研究黑体和一般发光体辐射强度的关系.

（5）学会测量一般发光光源的辐射能量曲线.

（三）软件（Software）

实验装置的软件有三部分：第一部分是控制软件，主要是控制系统的扫描，功能、数据的采集等；第二部分是数据处理部分，用来对曲线作处理，如曲线的平滑、四则运算等；第三部分专门用于黑体实验. 前两部分很好理解，下面重点介绍第三部分.

第三部分的软件设计主要是用来完成黑体实验，主要内容：

1. 建立传递函数曲线（Transfer function curve setup）

任何型号的光谱仪在记录辐射光源的能量时都受光谱仪的各种光学元件、接收器件在不同波长处的响应系数影响，习惯称之为传递函数. 为扣除其影响，我们为用户提供一标准的溴钨灯光源，其能量曲线是经过标定的. 另外在软件内存储了一条该标准光源在 2940K 时的能量线. 当用户需要建立传递函数时，请按下列顺序操作：

（1）将标准光源电流调整为"溴钨灯的色温"表中色温为 2940K 时电流所在位置；

（2）预热 20min 后，在系统上记录该条件下全波段图谱；该光谱曲线包含了传递函数的影响；

（3）点击"验证黑体辐射定律"菜单，选"计算传递函数"命令，将该光谱曲线与已知的光源能量曲线相除，即得到传递函数曲线，并自动保存.

在进行测量时，只要将图 3.9.4 中右上方"□传递函数"点击成"☑传递函数"后再测未知光源辐射能量线时，测量的结果已扣除了仪器传递的影响.

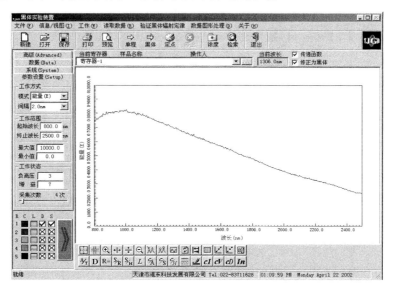

图 3.9.4 软件工作平台

2. 修正为黑体（Blackbody correction）

任意发光体的光谱辐射本领与黑体辐射都有一系数关系，软件内提供了钨的发射系数，并能通过图 3.9.4 的右上方"☐修正为黑体"的菜单点击成"☑修正为黑体". 此时，测量溴钨灯的辐射能量曲线将自动修正为同温度下的黑体的曲线.

3. 验证黑体辐射定律（Blackbody radiation law verification）

将溴钨灯光源按说明书要求安装好，将图 3.9.5 中的"☐传递函数及☐修正为黑体"点击

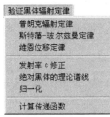

成"☑传递函数及☑修正为黑体"后扫描记录溴钨灯曲线. 可设定不同的色温多次测试，并选择不同的寄存器（最多选择 5 个寄存器）分别将测试结果存入待用. 有了以上测试数据，操作者可点击验证黑体辐射定律，如菜单图 3.9.5 所示. 可以根据软件提示，验证黑体辐射定律.

图 3.9.5　菜单

（四）关机（Shutdown）

先检索波长到 800nm 处，使机械系统受力最小，然后关闭应用软件，最后按下电控箱上的电源按钮关闭仪器电源.

五、思考题（Exercises）

（1）实验为何能用溴钨灯进行黑体辐射测量并进行黑体辐射定律验证？
（2）实验数据处理中为何要对数据进行归一化处理？
（3）实验中使用的光谱分布辐射度与辐射能量密度有何关系？

关键词（Key words）：

黑体（blackbody），辐射（radiation），位移（displacement）

参考文献

赫尔奇·克拉夫. 2005. 科学史学导论. 北京：北京大学出版社

洪德. 1994. 量子理论的发展. 北京：高等教育出版社

梅拉. 1990. 量子理论的历史发展. 北京：科学出版社

内格尔. 2002. 科学的结构. 上海：上海译文出版社

Kuhn T S. 1978. Black-body Theory and The Quantum Discon-tinuity. Chicago: The University of Chicago Press

Nickles T. 1973. Two concepts of intertheoretic reduction. The Journal of Philosophy, 70(7): 181-201

表 3.9.1　溴钨灯工作电流与色温对应关系表

电流/A	色温/K	电流/A	色温/K
1.40	2250	2.00	2600
1.50	2330	2.10	2680
1.60	2400	2.20	2770
1.70	2450	2.30	2860
1.80	2500	2.50	2940
1.90	2550		

实验 3.10　光电效应法测普朗克常量

Experiment 3.10　Planck constant determination by photoelectric effect

量子力学是近代物理的基础之一，而光电效应对认识光的本质及早期量子理论的发展，具有里程碑似的意义. 随着科学技术的发展，光电效应已广泛应用于工农业生产、国防和许多科技领域. 利用光电效应制成的光电器件如光电管、光电池、光电倍增管等已成为生产和科研中不可缺少的器件. 普朗克常量是自然科学中一个很重要的常数，它可以用光电效应法简单而又准确地求出.

1905 年爱因斯坦大胆地把 1900 年普朗克在进行黑体辐射研究过程中提出的辐射能量不连续（量子化）的观点应用于光辐射，提出"光量子"概念，成功地解释了光电效应现象. 对于爱因斯坦的假设，许多学者都企图通过自己的工作来验证爱因斯坦方程的正确性. 然而卓有成效的工作应该属于芝加哥大学莱尔逊实验室的密立根，他经过十年左右的时间，对光电效应开展全面的实验研究，对爱因斯坦方程作出了成功的验证，并精确测出了普朗克常量 $h = 6.62619 \times 10^{-34}\,\mathrm{J} \cdot \mathrm{s}$，推动了量子理论的发展，树立了一个实验验证科学理论的良好典范. 爱因斯坦和密立根都因光电效应等方面的杰出贡献，分别于 1921 年和 1923 年获得诺贝尔奖.

一、实验目的（Experimental purpose）

（1）了解光电效应基本规律，验证爱因斯坦光电方程.
（2）掌握测普朗克常量的方法.

二、实验原理（Experimental principle）

（一）光电效应（Photoelectric effect）

一束光照射到金属表面，会有电子从金属表面逸出，这个物理现象称为光电效应. 它是 1887 年赫兹在验证电磁波存在时意外发现的现象. 在赫兹发现光电效应之后，哈耳瓦克斯、斯托列托夫、勒纳德等众多科学家对光电效应作了长时间的研究，并总结出了光电效应的基本实验规律如下：

（1）光电流 I 与光强 P 成正比，如图 3.10.1(a)所示；
（2）光电效应存在一个阈频率（或称截止频率），当入射光的频率 ν 低于某一阈值 ν_0 时，不论光的强度如何，都没有光电子产生，如图 3.10.1(b)所示；
（3）光电子的动能与光强无关，与入射光的频率成正比，如图 3.10.1(c)所示；

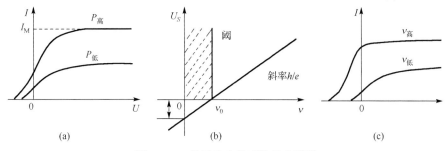

图 3.10.1　关于光电效应的几个特性

（4）光电效应是瞬时效应，一经光线照射，立刻产生光电子（延迟时间不超过10^{-9} s），停止光照，即无光电子产生.

这些实验规律，无法用人们当时所熟知的麦克斯韦经典电磁理论来解释.

（二）爱因斯坦方程（Einstein equation）

爱因斯坦光量子假说成功地解释了这些实验规律. 他认为从一点发出的光不是按麦克斯韦电磁学说指出的那样以连续分布的形式把能量传播到空间，他假设光是由能量为 $h\nu$ 的粒子（称为光子）组成的，其中 h 为普朗克常量，当光束照射金属时，以光粒子的形式射在金属表面上，金属中的电子要么不吸收能量，要么吸收一个光子的全部能量 $h\nu$. 只有当这能量大于电子摆脱金属表面约束所需的逸出功 W_S 时，电子才会以一定的初动能逸出金属表面. 根据能量守恒有

$$h\nu = \frac{1}{2}mu^2 + W_S \qquad (3.10.1)$$

式（3.10.1）称为爱因斯坦光电效应方程. h 为普朗克常量，ν 为入射光频率，m 为电子的质量，u 为光电子逸出金属表面时的初速度，W_S 为受光线照射的金属材料的逸出功.

在式（3.10.1）中，$\frac{1}{2}mu^2$ 是光电子逸出金属表面后所具有的最大初动能. 由式（3.10.1）可见，入射金属表面的光频率越高，逸出来的电子最大初动能也越大. 正因为光电子具有最大初动能，所以即使阳极不加电压也会有光电子落入而形成光电流，甚至阳极相对阴极的电势低时，也会有光电子落到阳极，直到阳极电势低于某一数值时，所有光电子都不能到达阳极，光电流才为零，如图 3.10.1(a)所示. 这个相对阴极为负值的阳极电势 U_S 称为光电效应的截止电压. 显然，此时有

$$eU_S - \frac{1}{2}mu^2 = 0 \qquad (3.10.2)$$

式中，e 为电子电荷，代入式（3.10.1）即有

$$eU_S = h\nu - W_S \qquad (3.10.3)$$

由于金属材料的逸出功 W_S 是金属的固有属性，对于给定的金属材料，W_S 是一个定值，它与入射光频率无关. 令 $W_S = h\nu_0$，ν_0 为阈频率，即具有阈频率 ν_0 的光子恰恰具有逸出功 W_S，而没有多余的动能. 将式（3.10.3）改写为

$$U_S = \frac{h}{e}\nu - \frac{W_S}{e} = \frac{h}{e}(\nu - \nu_0) \qquad (3.10.4)$$

式（3.10.4）表明，截止电势 U_S 是入射光频率 ν 的线性函数. 当入射光的频率 $\nu = \nu_0$ 时，截止电压 $U_S = 0$，没有光电子逸出. 图 3.10.1(b)所示的 U_S-ν 曲线的斜率 $K = \dfrac{h}{e}$ 是一个常数.

于是可写成

$$h = eK \qquad (3.10.5)$$

可见，只要用实验方法作出不同频率下的 U_S-ν 曲线，并求出此曲线的斜率 K，就可以通过式（3.10.5）求出普朗克常量 h 的数值.

（三）验证爱因斯坦方程的实验（Experimental verification for Einstein equation）

1. 密立根实验

密立根设计的测量普朗克常量的实验原理图，如图 3.10.2 所示．频率为 ν、强度为 P 的光线照射到光电管阴极上，即有光电子从阴极逸出．在阳极 A 加正电势，阴极 K 加负电势时，光电子被加速，形成光电流．加速电势差 U_{AK} 越大，光电流越大，当 U_{AK} 达到一定值时，光电流达到饱和值，如图 3.10.3 所示，而饱和值与入射光强度 P 成正比．当阴极 K 和阳极 A 之间加有反向电势 U_{KA}，K 加正电势，A 加负电势，它使电极 K、A 之间建立起的电场，对逸出的光电子起减速作用，光电流迅速减小，随着电势差 U_{KA} 负到一定量值，光电流为零．此时的 U_{KA} 称为截止电压，用 U_S 表示，当 $U_{KA} = U_S$ 时，光电流降为零，如图 3.10.3 所示．入射光的频率不同，截止电压 U_S 也不同．在直角坐标系中作出 U_S-ν 关系曲线，如图 3.10.1(b)所示，如果它是一根直线，就证明了式（3.10.3）的正确性，从而间接证明了爱因斯坦光电效应方程（3.10.1）的正确性．而由该直线的斜率 K 则可求出普朗克常量（$h = eK$）．另外，由该直线与坐标横轴的交点，又可求出截止频率（阈频率）ν_0．由该直线的延长线与坐标纵轴的交点又可求出光电管阴极的逸出功 W_S．

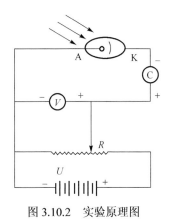

图 3.10.2　实验原理图

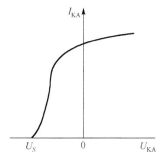

图 3.10.3　光电管 I-U 特性

2. 截止电压的测量

分别用 5 种不同频率的光照射光电管，测得 5 组伏安特性曲线，从而得到 5 组截止电压．用这 5 组数据就可以作 U_S-ν 图线，但实际测量得到的伏安特性曲线和图 3.10.3 相比发生了一些变形，如图 3.10.4 所示．这是由于实验测出的电流除阴极电流外还包括暗电流、本底电流和反向电流．

（1）暗电流．光电管没有受到光照时也会产生电流，称为暗电流，它是由热电子发射和光电管管壳漏电等原因造成的．

（2）本底电流．由室内杂散光射入光电管造成．

（3）反向电流．制造光电管时，阳极 A 不可避免地被阴极材料所沾染，所以当光照射到 A 上或由 K 漫反射到 A 上时，A 也有光电子发射．当 A 加负电势，K 加正电势时，对 K 发射的光电子起了减速作用，对 A 发射的光电子起加速作用，形成反向电流．所以 I-U 关系就如图 3.10.4 所示．因此，实际测得的光电流是阴极光电流、阳极反向电流和暗电流的代数和．这

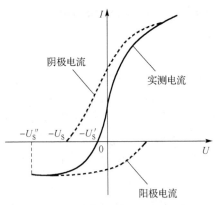

图 3.10.4　光电管的伏安特性曲线

就给确定截止电压 U_s 带来一定麻烦. 若用交点 U_s' 替代 U_s 有误差; 若用图中反向电流刚开始饱和时"拐弯点" U_s'' 替代 U_s 也有误差. 究竟用哪一种方法, 应根据不同的光电管而定. 本实验中所用的光电管的 U_s'' 比 U_s' 更接近 U_s, 故采用"拐弯点" U_s'' 来确定截止电压 U_s.

另外, 需要指出的是暗电流、本底电流和反向电流都会给实验带来误差, 所以实验时要在一定程度上加以消减. 消减方法如下:

（1）对暗电流: 盖上遮光盖, 加反向电压可测出暗电流曲线, 用此曲线修正数据.

（2）对本底电流: 用较长的筒罩遮光, 即可消除绝大部分杂散光的影响, 有条件暗室内做实验更佳.

（3）对反向电流: 加足够大的反向电压（−2V）, 看电流表指示是否为零, 若不为零, 可适当调节光阑或光电管位置（光射入 K 面的位置）, 使电流表指示为零.

三、实验仪器（Experimental instruments）

HLD-PE-IV 普朗克常量测定仪是由汞灯及电源, 滤色片, 光阑, 光电管, 测试仪构成, 仪器结构如图 3.10.5 所示, 测试仪的调节面板如图 3.10.6 和图 3.10.7 所示.

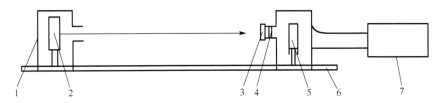

图 3.10.5　仪器结构图

1-汞灯电源；2-汞灯；3-滤色片；4-光阑；5-光电管；6-基座；7-测试仪

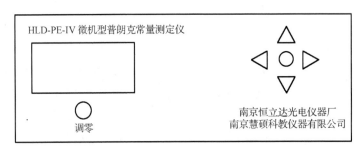

图 3.10.6　测试仪前面板图

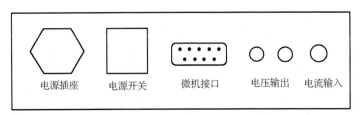

图 3.10.7　测试仪后面板图

（1）GD-27 型光电管：阳极为镍圈，阴极为银-氧-钾（Ag-O-K），光谱响应范围 3400～7000Å，光窗为无铅多硼硅玻璃，最高灵敏波长（4100±100）Å，阴极光灵敏度约 1μA/lm，为了避免杂散光和外界电磁场对微弱光电流的干扰，光电管安装在暗盒中，暗盒窗口可以安放 Φ5mm 的光阑和 Φ36mm 的各种带通滤光片.

（2）光源采用 50W 高压汞灯，在 3032～8720Å 的谱线范围内有 3650Å，4047Å，4358Å，4916Å，5461Å，5770Å 等谱线可供实验使用.

（3）滤光片：一组外径为 Φ36mm 的宽带通型有色玻璃组合滤色片，它具有滤选 3650Å，4047Å，4358Å，5461Å，5770Å 等谱线的能力.

（4）PE-IV 型微电流测量放大器：电流测量范围在 10^{-8}～10^{-13}A，分六挡十进变换，机内设有稳定度<1%，精密连续可调的光电管工作电源，电压量程为 0～3V，读数精度为 0.01V，测量放大器可以连续工作 8h 以上.

四、实验步骤（Experimental procedure）

1. 测试前准备

（1）将测定仪及汞灯电源接通（汞灯及光电管暗箱遮光盖盖上），预热 20min.

（2）调整光电管与汞灯距离约为 30cm 并保持不变.

（3）用专用连接线将光电管暗箱电压输入端与测试仪电压输出端（后面板上）连接起来（红—红、黑—黑）.

（4）按下面板上按键中中间的确认键几秒后，液晶表头显示模式为：普朗克常量，这时进行测试前调零，调零时应将光电管暗箱电流输出端 K 与测试仪微电流输入端（后面板上）断开，用上、下、左、右键将光标移到电压所需调整的位置，按一下确认键，再按上下键可以调整电压值，将电压调为零. 然后再调面板上的调零电势器使电流指示为零.

2. 测量普朗克常量

（1）选择波长为 365nm 的滤色片，准备工作完成后，用高频匹配电缆将暗箱电流输出端与测试仪微电流输入端连接起来. 这时观察电流指示，记下电流指示的值（此值即为本底电流值）.

（2）拿下遮光盖，电流数值在变化，等电流值稳定后调节电压值直到电流指示与本底电流值相同，记下此时的电压值（此值即为该波长的截止电压值），并将数据记于表 3.10.1 中.

（3）依次换上波长为 405nm、436nm、546nm、577nm 的滤色片，重复以上步骤.

（4）改变光源与暗盒的距离 L 或光阑孔 Φ，重做上述实验.

表 3.10.1　距离 L=　　cm　　　光阑孔 Φ=　　mm

波长/nm	365	405	436	546	577
频率 $\nu / (\times 10^{14}\,\mathrm{Hz})$	8.213	7.402	6.876	5.491	5.196
截止电压 U_S / V					

（5）数据处理：由表 3.10.1 的实验数据，得出 $U_S \sim \nu$ 直线的斜率 K，即可用 $h = eK$ 求出普朗克常量，并与 h 的公认值 h_0 比较，求出相对误差 $E = (h - h_0) / h_0$，式中 $e = 1.602 \times 10^{-19}\,\mathrm{C}$，$h_0 = 6.626 \times 10^{-34}\,\mathrm{J \cdot s}$.

3. 测光电管的伏安特性曲线

（1）选择 436nm 滤色片，将"电流量程"选择开关置于 10^{-11}A 挡，将测试电流输入电缆断开，调零后重新接上，从高到低调节电压，记录电流从零到非零点所对应的电压值作为第一组数据，以后电压每变化一定值记录一组数据到表 3.10.2 中.

（2）换上 546nm 滤色片重复上述步骤.

（3）用表 3.10.2 的数据在坐标纸上作对应于以上两种波长的伏安特性曲线.

（4）也可选择其他波长测量其伏安特性.

表 3.10.2　I-U_{AK} 关系　　　$L=$　　cm　　$\Phi=$　　mm

436nm	U_{AK} / V						
	I /($\times 10^{-11}$A)						
546nm	U_{AK} / V						
	I /($\times 10^{-11}$A)						

4. 通过微机测量处理实验数据

（1）按照上述 1 中所述步骤做好测试前的准备工作，用配带的串行通信线将测试仪后面板上的 RS-232 串行输出口与 PC 机的一个串行口相连接，将表头显示模式调为：联机实验状态，并将光标移到显示"mV"的位置，并按中间的确认键将光标锁定（此时无论按任何按键光标将固定不动）. 测试仪已进入联机等待测试状态.

（2）运行普朗克实验软件，选择菜单项【文件】/【新建】/【普朗克实验】打开实验软件界面，或用快捷方式打开实验软件界面.

（3）选择菜单项【串口选择】弹出选择串口的面板，选择相应的串口后击"确定"键后串口选择完毕.

（4）选择 365nm 波长的滤色片，这时这个波长前面的灯变亮，说明这个波长已经选中.

（5）设置起始电压、终止电压以及电压步距值.

（6）初始设置完成后，盖上遮光盖，调节菜单项的调零旋钮使电压显示为零，稳定一会儿后电流显示的值即为本底电流值，点击调零旋钮直至本底电流值在指定的控件上显示.

（7）拿下遮光盖，等到电流稳定后点击【实验】/【开始实验】下拉菜单即开始实验，等到数据采集完成以后，点击"取截止电压按钮"，这时截止电压即在对应的位置显示出来.

（8）依次换上波长为 405nm、436nm、546nm、577nm 的滤色片，重复以上步骤，并取相应的截止电压值.

（9）五种波长的实验都完成，相应的截止电压也分别取出后，击【实验】/【计算】，即可算出斜率、普朗克常量实验值及实验误差.

（10）点击 ν-U_0 曲线按钮，即可出现拟合好的 ν-U_S 曲线.

5. 微机软件其他内容使用方法

（1）在菜单项【文件】/【保存】中可以以 Word 文档的形式保存实验结果，也可以在 Word 中打印图形.

（2）在菜单项【文件】/【打印】中可以打印整个实验仪软件界面图，也可以用快捷方式打印图形.

（3）选择菜单项【文件】/【退出】可直接退出界面.

（4）菜单【电压调零】可以直接把电压调为零.

（5）选择【复位】可以使在微机状态的光标由锁定状态还原为可以移动的状态.

（6）【帮助】菜单给出了售后服务的有关信息.

（7）Y 方向放大、缩小，X 方向放大、缩小，上、下移，左、右移，以及还原按键是对 V-I 曲线的操作，这样有助于更好地观察曲线图.

五、注意事项（Attentions）

（1）应注意不能使光照在光电管阳极上.

（2）测试时，如遇环境湿度较大，应将光电管和微电流放大器进行干燥处理，以减少漏电流的影响.

（3）每次实验结束时，应将电流调节电势器调至最小，平时应将光电管保存在干燥暗箱内，实验时也应尽量减少光照，实验后用遮光盖将进光孔盖住.

（4）对精密仪器应注意防震、防尘、防潮.

（5）在做联机实验之前，一定要保证微机处于联机实验状态，并且光标锁定于"mV"位置且固定不动.

（6）光标移到要改变数值位置，在改变数值前一定要按一下中间的确认键才能改变数值. 改变数值后再一次按下确认键才能移动光标.

（7）开始做实验之前，不要忘记初始设置，在规定的范围内终止电压值的绝对值一般要大于起始电压值的绝对值.

（8）对电压步距的设置是电压步距越小，所画电压与电流关系曲线越好看，所做实验误差越小，所以在做实验时要根据实际情况设置电压步距，若开始电压步距设置大，实验完成时取不到截止电压值，这时可以试着改小步距再重新做一次实验即可.

（9）由于所画图形的坐标 Y 轴范围定义得小，所以有时画图时一开始电流很大地超出了坐标显示的范围，这时看不到图形，并不代表没在画图，其实是在后台进行画图，等到电流降低到在画图的范围内时，图形就显示出来了. 图形全部画完后，可以通过下面的放大、缩小等其他按钮来观察完整的图形.

（10）计算机进行数据采集时，采集五组数据，否则无法进行数据处理.

（11）实验菜单有对应的快捷方式.

（12）高压汞灯关上后不能立即再点亮，需等灯管冷却后才能再次点亮.

六、思考题（Exercises）

（1）经典的光波动理论在哪些方面不能解释光电效应的实验结果？

（2）光电流是否随光源的强度变化而变化？截止电压是否因光强不同而变化？

（3）测量普朗克常量实验中有哪些误差来源？如何减小这些误差？

关键词（Key words）：

光电效应（photoelectric effect），普朗克常量（Planck constant），量子力学（quantum mechanics），近代物理（modern physics），光电器件（photoelectric device），光电管（photoelectric cell），光电池（photocell），光电倍增管（photomultiplier），光量子（light quantum），光电流（photocurrent），爱因斯坦方程（Einstein equation），截止频率（cutoff frequency）

参考文献

褚圣麟. 1979. 原子物理学. 北京: 高等教育出版社

李相银. 2004. 大学物理实验. 北京: 高等教育出版社

詹卫伸，丁建华. 2004. 物理实验教程. 大连: 大连理工大学出版社

郑建洲，孙炳全. 大学物理实验. 大连: 大连海事大学出版社

实验 3.11　材料形貌的扫描电子显微镜观测实验

Experiment 3.11　Materials morphology observation by scanning electron microscope

扫描电子显微镜（扫描电镜）是一种用于观察物体表面结构的电子光学仪器. 1938 年德国的阿登纳制成了第一台扫描电镜, 1965 年英国制造出第一台作为商品用的扫描电镜, 使扫描电镜进入实用阶段. 扫描电镜由镜筒、电子信号的收集与处理系统、电子信号的显示与记录系统、真空系统及电源系统组成, 具有放大倍数可调范围宽、图像的分辨率高、景深大等特点. 扫描电镜显像直观, 样品制备过程相对简单, 能够直接观察样品表面的结构, 也可以从各种角度对样品进行观察, 可连接 X 射线能谱分析仪进行微区成分分析等, 被广泛应用于生物学、医学、古生物学、地质学、化学、物理、电子学及林业等学科和领域.

一、实验预习（Experimental preview）

（1）扫描电镜的工作原理是什么？

（2）扫描电镜测试样品如何制备？

（3）如何提高扫描电镜的分辨率？

二、实验目的（Experimental purpose）

（1）通过仪器实物介绍, 加深对扫描电镜工作原理和仪器结构的了解.

（2）了解扫描电镜的分析过程和实际应用.

（3）通过对样品的二次电子像和背散射电子像的观察, 了解表面形貌衬度和原子序数衬度成像原理并熟悉二者的不同用途.

（4）熟悉扫描电镜测试中粉末、体块样品的制备, 特别是导电性较差样品的镀膜处理.

三、实验原理（Experimental principle）

扫描电子显微镜利用细聚焦电子束在样品表面逐点扫描, 与样品相互作用产生各种物理信号, 这些信号经检测器接收、放大并转换成调制信号, 最后在荧光屏上显示反映样品表面各种特征的图像. 它具有景深大、图像立体感强、放大倍数范围大、连续可调、分辨高等特点（图 3.11.1）.

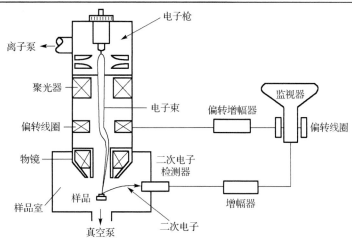

图 3.11.1 扫描电子显微镜工作原理

四、实验仪器（Experimental instruments）

S-4800 扫描电子显微镜拥有卓越的高分辨性能、先进的探测技术和友好的用户界面（图 3.11.2）. 采用了新型 ExB 式探测器和电子束减速功能，提高了图像质量，尤其是将低加速电压下的图像质量提高到了新的水平；新型透镜系统，提供了高分辨模式、高束流模式、大工作距离模式、磁性样品模式等多种工作模式，使以往无法实现的工作得以轻松完成.

特点：

（1）最高达 80 万倍的放大倍数，高的成像分辨率：1.0nm/15kV，1.4nm/1kV（减速模式）；

（2）拥有电子束减速技术，将 1kV 下的分辨率提高了 30%，不仅减少了电子对样品的损伤还可用于分析浅表面形貌；

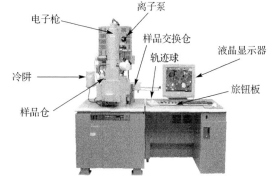

图 3.11.2 扫描电子显微镜

（3）优秀的分辨率稳定性；

（4）人性化的用户操作界面，多种透镜模式可供选择.

五、实验内容与要求（Experimental contents and requirements）

（1）熟悉扫描电镜和能谱分析的基本结构和工作原理.

（2）掌握扫描电镜对样品的要求，以及粉末、块状等样品制备方法.

（3）了解绝缘样品的样品镀膜处理过程.

（4）掌握简单的扫描电镜基本操作.

（5）了解样品的微区成分分析过程.

六、实验步骤（Experimental procedure）

样品的制备（Sample preparation）

（1）基本要求：试样在真空中能保持稳定，含有水分的试样应先烘干除去水分；样品表面需要有一定导电性，避免分析过程中因为荷电现象而影响分析观察；对于非导电或导电性较差的材料，要先进行镀膜处理.

（2）试样的制备：块状样品用导电胶把试样粘结在样品座上，即可放在扫描电镜中观察. 粉末样品按照以下步骤进行：在样品座上先涂一层导电胶，将试样粉末撒在上面，待导电胶把粉末粘牢后，用吸耳球将表面上未粘住的试样粉末吹去也可将粉末制备成悬浮液，滴在样品座上，待溶液挥发，试样粉末粘牢在样品座上后，需再镀导电膜，然后才能放在扫描电镜中观察.

七、仪器准备（Instrument preparation）

（一）开机

（1）检查真空、循环水状态.
（2）开启"Display"电源.
（3）根据提示输入用户名和密码，启动电镜程序.

（二）样品放置、撤出、交换

（1）严格按照样品台高度规定的 80mm 距离，制样，固定.
（2）按交换舱上"Air"键放气，蜂鸣器响后将样品台放入，旋转样品杆至"Lock"位，合上交换舱，按"Evac"键抽气，蜂鸣器响后按"Open"键打开样品舱门，推入样品台，旋转样品杆至"Unlock"位后抽出，按"Close"键.

（三）测试操作

1. 观察与拍照

（1）根据样品特性与观察要求，在操作面板上选择合适的加速电压与束流，按"On"键加高压.
（2）用滚轮将样品台定位至观察点，拧 Z 轴旋钮.
（3）选择合适的放大倍数，点击"Align"键，调节旋钮盘，逐步调整电子束位置、物镜光阑对中、消像散基准.
（4）在"TV"或"Fast"扫描模式下定位观察区域，在"Red"扫描模式下聚焦、消像散，在"Slow"或"Cssc"扫描模式下拍照.
（5）选择合适的图像大小与拍摄方法，按"Capture"拍照.
（6）根据要求选择照片注释内容，保存照片.

2. 关机

（1）将样品台高度调回 80mm.
（2）按"Home"键使样品台回到初始状态.
（3）"Home"指示灯停止闪烁后，撤出样品台，合上样品舱.
（4）退出程序，关闭"Display"电源.

八、数据处理（Data processing）

根据扫描电镜所观察的样品微观形貌图片进行结果的描述，如材料的结晶情况，晶粒形状和大小，元器件是否有裂纹、孔隙（洞）、焊点或镀层脱落等情况.

九、问题思考（Exercises）

（1）扫描电镜的成像质量与哪些因素有关？
（2）电子探针能谱仪分析结果受哪些因素影响？

关键词（Key words）：

扫描电子显微镜（scanning electron microscope），形貌（morphology）

参考文献

张大同. 2009. 扫描电镜与能谱仪分析技术. 广州：华南理工大学出版社
朱宜，汪裕苹，陈文熊. 1991. 扫描电镜图像的形成处理和显微分析. 北京：北京大学出版社

实验 3.12 原子力显微镜的材料表面形貌表征实验

Experiment 3.12 Materials surface morphology characterization by atomic force microscope

原子力显微镜（atomic force microscope，AFM）是由 G. Binning 在扫描隧道显微镜（STM）的基础上于 1986 年发明的表面观测仪器. 它是继扫描隧道显微镜之后发明的一种具有原子级高分辨率的新型仪器，可以在大气和液体环境下对各种材料和样品进行纳米区域的物理性质包括形貌的探测，或者直接进行纳米操纵；现已广泛应用于半导体、纳米功能材料、生物、化工、食品、医药研究和科研院所各种纳米相关学科的研究实验等领域中，成为纳米科学研究的基本工具.

一、实验预习（Experimental preview）

（1）原子力显微镜的工作原理是什么？
（2）原子力显微镜测试的样品如何制备？
（3）对应于不同的扫描模式选择什么样的探针？

二、实验目的（Experimental purpose）

（1）熟悉原子力显微镜的工作原理和仪器结构.
（2）了解原子力显微镜的分析过程和实际应用.
（3）学会接触模式和轻敲模式来测量不同的样品，进一步得到样品的表面粗糙度.
（4）熟悉原子力显微镜测试中样品的制备，特别是反光性较强样品的对焦处理.

三、实验原理（Experimental principle）

AFM 的基本工作原理图如图 3.12.1 所示，是利用原子之间的范德瓦耳斯力的作用来呈现样品的表面特性. AFM 是使用一个一端固定，而另一端装有微小针尖的弹性微悬臂来检测样品表面形貌或其他表面性质的. 当样品或针尖扫描时，同距离有关的针尖-样品间的相互作用力（既有可能是吸引力，也有可能是排斥力）就会通过针尖对微悬臂产生影响，使其发生弹性形变. 也就是说，微悬臂的形变可以作为样品-针尖相互作用力的直接度量. 通过对微悬臂偏转量的检测，就可以得到样品-针尖相互作用力，从而得到样品形貌或是其表面性质等信息. 由计算机控制扫描控制电路，电路将信号放大，驱动扫描器的 X, Y 向扫描样品表面，然后使用一些方法来检测微悬臂的偏转量的大小，由此偏转量通过反馈电路控制扫描器 Z 向作实时反馈. 同时此反馈信号输入计算机，由计算机根据此信号绘出样品的表面形貌，或计算出样品的一些表面性质等.

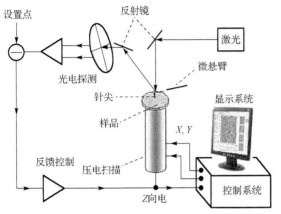

图 3.12.1　原子力显微镜基本工作原理图

将表面样品置于柱形压电管的顶端，并由压电管精确地调控和记录样品与悬臂上的 AFM 探针之间在 X, Y, Z 三个方向上的相对位置，将从激光二极管中发出的激光束聚焦到 AFM 悬臂背面，并反射到分段光电二极管检测器上，将信号放大后，再由检测系统根据上、下段光电二极管输出的信号差来灵敏地检测悬臂的变形. 将压电管所记录的样品与 AFM 探针间在 X, Y 方向上相对位置变化的信号与分段光电二极管检测器检得的悬臂在 Z 方向上相应变形信号相结合，便可获得样品的表面结构图像. 通常用来测定表面结构的 AFM 探针三角形悬臂探针，其弹性系数约为 0.58N·m^{-1}，远小于相应的原子与原子之间相互作用的弹性系数 10N·m^{-1}. 一般的 AFM 探针尖端的半径为 20～40nm，探针尖端与表面样品的接触面积十分有限. AFM 的上述特性使其能提供原子级分辨率的表面结构图像，因而在表面结构分析等诸多科研、工程领域中获得了广泛的应用.

操作时 AFM 有接触模式、共振模式或轻敲模式之分. 接触模式的特点是探针与样品表面紧密接触并在表面上滑动，针尖与样品之间的相互作用力是两者相接触原子间的排斥力，接触模式通常就是靠这种排斥力来获得稳定、高分辨样品表面形貌图像. 但针尖在样品表面上滑动及样品表面与针尖的黏附力，可能使得针尖受损，对样品表面造成损伤.

在轻敲模式中，通过驱动器使带针尖的微悬臂以其共振频率和 0.01～0.1nm 的振幅在 Z 方向上共振，而微悬臂的共振频率可通过减振器来改变. 同时反馈系统通过调整样品与针尖间距来控制微悬臂振幅与相位，记录样品的上下移动情况，即在 Z 方向上扫描器的移动情况来获得图像. 由于微悬臂的高频振动，针尖与样品之间频繁接触的时间相当短，针尖与样品可以接触，也可以不接触，且有足够的振幅来克服样品与针尖之间的黏附力. 因此适用于柔软、易脆和黏附性较强的样品，且不对它们产生破坏. 这种模式在高分子聚合物的结构研究和生物大分子的结构研究中应用广泛.

四、实验仪器（Experimental instruments）

美国 Veeco 公司的 D3100 型原子力显微镜（图 3.12.2）主要由三部分构成：力检测部分、位置检测部分、反馈系统. 在原子力显微镜的系统中主要检测的力是原子间的范德瓦耳斯力，所以是通过使用一个 100～500μm 长、500nm～5μm 厚的硅片制成. 微悬臂顶端是一个尖锐的针尖，用来检测样品-针尖的相互作用力. 当针尖与样品之间有了相互作用力之后，就会使得悬臂摆动，当激光照射在悬臂末端后，返回来的光的位置也会产生相应的变化，然后通过激光光斑位置检测器将偏移量记录下来并转化成电信号供显微镜控制器进行信号处理. 当信号经过激光检测器之后，反馈系统也会作出适当的内部调整，并驱动扫描器作出适当的移动，保证样品与针尖之间保持一定的作用力，最后将样品的表面特性以影像的方式呈现出来.

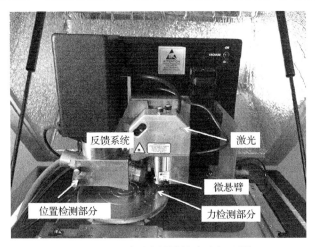

图 3.12.2　原子力显微镜实验仪器图

原子力显微镜的优点是在大气条件下，以高倍率观察样品表面，可用于几乎所有样品（对表面光洁度有一定要求），而不需要进行其他制样处理，就可以得到样品表面的三维形貌图像，并可对扫描所得的三维形貌图像进行粗糙度计算，厚度、步宽、方框图或颗粒度分析. 可用于表面观察、尺寸测定、表面粗糙测定、颗粒度解析、突起与凹坑的统计处理、成膜条件评价、保护层的尺寸台阶测定、层间绝缘膜的平整度评价、影像压缩碟片（VCD）涂层评价、定向薄膜的摩擦处理过程的评价、缺陷分析等. 软件处理功能强，其三维图像显示的大小、视角、显示色、光泽可以自由设定，并可选用网络、等高线、线条显示. 原子力显微镜还具有图像处理的宏管理，断面的形状与粗糙度解析，形貌解析等多种功能.

五、实验内容与要求（Experimental contents and requirements）

（1）熟悉原子力显微镜的基本结构和工作原理.
（2）掌握原子力显微镜的工作模式，重点掌握轻敲模式和接触模式.
（3）了解样品测试前的制备工作.
（4）掌握简单的原子力显微镜基本操作.
（5）了解样品的三维形貌和表面粗糙度的分析过程.

六、实验步骤和仪器准备（Experimental procedure and instrument preparation）

1. 开机

（1）确认实际电压与系统设定的工作电压相符合，确认所有的线缆都已正确连接，确保操作环境符合要求且防震台处于正常工作状态.

（2）确认没有任何障碍物阻碍样品台的移动.

（3）打开计算机和显示器.

（4）打开 Nanoscope 控制器.

（5）打开 Dimension Stage 控制器.

注意：请严格遵守以上开机顺序进行操作，否则可能造成系统损坏.

2. 启动软件

（1）软件启动：双击桌面 Nanoscope V53r1 图标.

（2）选择显微镜：点击 di 图标，在弹出的下拉菜单中点击"Microscope Select".

在弹出的"Microscope Select"窗口中，选择正确的显微镜配置，单击"OK"关闭本窗口并初始化系统设定.

（3）选择成像模式：在"Microscope"菜单中点击"Profile"，选择需要的成像模式（Contact，Tapping 等），然后点击"Load".

3. 安装探针

（1）选择合适的探针和探针夹. 对于空气中的 Tapping 模式，一般选择 RTESP 探针；对于空气中的 Contact 模式，一般选择 DNP 或 SNL 探针. 如果在液体中操作，无论 Tapping 还是 Contact 模式，都选择 DNP 或 SNL 探针.

注意：实际使用的探针种类应根据测量需求恰当选择，可以使用其他合适的探针来代替推荐的探针进行成像.

（2）安装探针. 将装针器平放在桌面上，将探针夹滑入装针器相应的位置. 对于最常使用的空气中的 Tapping/Contact 探针夹，装针时，将探针夹上的弹簧片后端压下，并向后拉. 用镊子小心地将探针夹紧放入探针夹凹槽里，使探针后部正好与凹槽里的边缘相抵. 轻轻地将弹簧片压住向前推动，然后松开手指，使弹簧片压紧探针.

注意：装针器上有三个不同的位置分别对应于空气中的 Tapping/Contact 探针夹，用于液下成像的探针夹以及 STM 探针夹. 使用时请选择合适的位置.

（3）安装探针夹. 拧紧位于扫描头卡槽右侧中部的螺丝，释放扫描头，小心地将扫描头从卡槽上部取出. 必要时可以拔掉扫描头和显微镜的连接线. 将扫描头倒置，将探针夹对准扫描头底部的四个触点轻轻插入. 然后把装好探针夹的扫描头轻轻沿卡槽放回显微镜基座，并拧松位于扫描头卡槽右侧中部的螺丝，将扫描头固定住.

注意：如果换了新的探针夹，可以执行 Stage 菜单下的 Load New Sample 命令，这将使样品台移到底座前端，有助于调节激光.

注意：操作时务必注意控制探针和样品台之间的距离. 如果探针和样品台距离过近，请执行 Motor 菜单下的 Withdraw 命令多次，或者执行 Stage 菜单下的 Focus Surface 命令，向上移动 Z 轴，使探针和样品台保持安全距离.

4. 调节激光

（1）将激光打在悬臂前端. 扫描头上部右侧有两个激光调节旋钮，并有两个箭头标明了顺时针旋转激光调节旋钮时激光光斑位置的移动方向.

对于矩形悬臂的探针（一般为硅探针，且只有一个悬臂），按照以下步骤调节激光：

（A）取一张白纸置于扫描管正下方，红色的激光光斑将反映在白纸上. 若看不到激光光斑，逆时针旋转右后方的激光调节旋钮，直到看到激光光斑.

注意：在通常情况下，逆时针旋转右后方的激光调节旋钮可以将激光光斑调出，但若激光光斑远远偏离正常位置，可能无论如何旋转右后方的激光调节旋钮也无法看到激光光斑. 此时请目测激光点打在探针夹上的位置，使用两个调节旋钮将激光光斑调节到正常位置.

（B）顺时针旋转右后方的激光调节旋钮，直到激光光斑消失. 这时，激光应该打在探针基底的左侧边缘上. 逆时针旋转右后方的激光调节旋钮，直到激光光斑刚好出现.

（C）顺时针或逆时针旋转左前方的激光调节旋钮，直到激光光斑突然变暗，继续旋转旋钮则又变亮. 调回光斑突然变暗的位置，此时激光应该打在悬臂的后端.

（D）逆时针旋转右后方的激光调节旋钮，直到看到激光光斑. 顺时针旋转右后方的激光调节旋钮，直到激光光斑刚好消失，此时激光应该打在悬臂的最前端.

（2）调整检测器位置. 扫描头左侧有两个检测器位置调节旋钮. 旋转这两个旋钮，同时观察显示器上 Vision System 的数值，调节 Vert. Defl.和 Hori. Defl.到合适的值.

对于 Tapping 模式，将显示器上 Vision System 显示的红色圆点调整到 Detector 的中心. 此时 Vert. Defl.和 Hori. Defl.（不可见）都在 0V 附近.

对于 Contact 模式，将 Hori. Defl.调节到 0V 附近. 在 Deflection Setpoint 预设为 0V 的情况下，将 Vert. Defl.调节到–2V 附近.

注意：Contact 模式下实际的 Deflection Setpoint =设定的 Deflection Setpoint –进针之前的 Vert. Defl..

正确调节完毕后，对于无金属反射镀层的探针（如用于 Tapping 模式的 RTESP 探针），SUM 值应在 1.5～2.5V，对于有金属反射镀层的探针（如用于 Contact 模式的 DNP 或 SNL 探针），SUM 值应在 4～7V.

5. 在视野中找到探针

（1）执行 Stage 菜单中的 Locate Tip 命令.

（2）点击 Zoom Out 按钮，调节 Illumination 的数值，使视野的亮度适当.

（3）找到探针位置后，使用位于显微镜基座上的光学系统上的旋钮将探针位置调节到视场中央.

（4）使用轨迹球将探针聚焦清晰.

（5）点击"Locate Tip"窗口的"OK"按钮，关闭该窗口.

6. 进样

（1）样品准备.

对于较小的样品，可以将其粘在随机器提供的样品托上.

（A）将表面处理达到测试要求的样品裁剪至边长不超过 15mm.

（B）将样品用双面胶粘在仪器配套的尺寸合适的金属样品托上. 若测量样品的电学性质，需用导电胶固定样品到样品托.

（C）将提供的磁性样品盘固定于样品台上适当的位置.

（D）将粘好样品的样品托吸附在磁性样品盘上.

对于较大的样品，将显微镜基座上的 Vacuum 按钮置于 On 的位置，此时真空打开，将样品吸附在样品台上.

（2）聚焦样品表面. 执行 Stage 菜单下的 Focus Surface 命令. 调节 Illumination 的数值，使视野的亮度适当. 用轨迹球将样品表面聚焦清楚. 若难以找到样品表面，将 Focus on 的对象选为 Tip Reflection，用轨迹球将探针在样品表面的倒影聚焦清楚. 点击"OK"退出该窗口.

7. 振针寻峰（仅限 Tapping 模式）

（1）执行 View 菜单，Sweep 子菜单下的 Cantilever Tune 命令，或点击 Cantilever Tune 的快捷图标.

（2）在"Auto Tune Control"窗口中，设置以下参数：Start Frequency 和 End Frequency 对应于所使用的探针于探针盒上标明的 f0 的最小值和最大值. Target Amplitude 设为 1.2～2V. Peak Offset 设为 5%.

（3）点击"Auto Tune".

（4）振针过程结束后，点击"Back to image mode"返回成像模式界面.

8. 初始化扫描参数

（1）Contact 模式.

（A）在"Scan Control"面板中，设定以下扫描参数：Scan Size 小于 1m，X offset 和 Y offset 设为 0，Scan Angle 设为 0，Scan Rate 设为 2Hz.

（B）在"Other Control"面板中，保持 Z limit 在最大值.

（C）在"Feedback"面板中，设定 Integral gain 为 2.0，Proportional gain 为 4.0，Deflection Setpoint 为 0 V.

（D）在"Chanel 1"面板中，设置 Data Type 为 Height，Line Direction 为 Retrace，"Chanel 2"面板无要求.

（2）Tapping 模式.

（A）在"Scan Control"面板中，设定以下扫描参数：Scan Size 小于 1m，X offset 和 Y offset 设为 0，Scan Angle 设为 0，Scan Rate 设为 2Hz.

（B）在"Other Control"面板中，保持 Z limit 在最大值.

（C）在"Feedback"面板中，设定 Integral gain 为 0.4，Proportional gain 为 0.6. Drive Frequency 和 Drive Amplitude 在 Cantilever Tune 的过程中已经自动确定，Amplitude Setpoint 在 Engage 过程中将自动确定.

（D）在"Chanel 1"面板中，设置 Data Type 为 Height，Line Direction 为 Retrace，"Chanel 2"面板无要求.

9. 进针

（1）执行 Motor 菜单下的 Engage 命令，或点击 Engage 图标.

（2）如果需要更换扫描位置，先执行 Motor 菜单下的 Withdraw 命令或点击 Withdraw 图标，使探针远离样品表面，用轨迹球找到待扫描的位置后，再执行 Engage 命令进针.

10. 优化扫描参数

（1）在 View 菜单下选择 Scope Mode，或点击 Scope Mode 图标. 观察 Chanel 1 中 Trace 和 Retrace 两条曲线的重合情况.

（2）优化 Setpoint. 在 Contact 模式中，增大 Deflection Setpoint 或在 Tapping 模式下，减小 Amplitude Setpoint 直到两条扫描线基本反映同样的形貌特征.

注意：Tapping 模式下上述 Amplitude Setpoint 的调节方法仅适用于在空气中成像的情况.

（3）优化 Integral gain 和 Proportional gain. 为了使增益与样品表面的状态相符，一般的调节方法为：直接增大 Integral gain，使反馈曲线开始振荡，然后减小 Integral gain 直到振荡消失，接下来用相同的办法来调节 Proportional gain. 通过调节增益来使两条扫描线基本重合并且没有振荡.

（4）调节扫描范围和扫描速率. 随着扫描范围的增大，扫描速率必须相应降低. 对于大范围的起伏较大的表面，扫描速率调为 0.7～2Hz 较为合适. 大的扫描速率会减少漂移现象，但一般只用于扫描小范围的很平的表面.

（5）如果样品很平，可以适当减小 Z limit 的数值，这将提高 Z 方向的分辨率.

11. 存图

（1）执行 Capture 菜单下的 Capture Filename 命令给需要保存的图像命名.
（2）调整好扫描参数后，执行 Capture 菜单下的 Capture 命令保存图像.

12. 退针

（1）设定 Scan size, X、Y offset 和 Scan angle 为 0.
（2）执行 Motor 菜单下的 Withdraw 命令或者点击 Withdraw 图标. 该命令可以多次执行.
（3）此时可以执行 Stage 菜单下的 Load New Sample 命令移出或更换样品.
（4）执行 Stage 菜单下的 Focus Surface 命令，并使用轨迹球将扫描头抬离样品表面.

13. 关机

（1）关闭 Nanoscope 软件.
（2）关闭 Dimension Stage 控制器.
（3）关闭 Nanoscope 控制器.
（4）关闭计算机和显示器.

七、数据处理（Data processing）

根据原子力显微镜所观察的样品微观形貌图片进行结果的分析处理，如材料的表面形貌，三维图像，表面粗糙度，缺陷的尺寸和大小等情况.

八、问题思考（Exercises）

（1）原子力显微镜的成像质量与哪些因素有关？

（2）如何得到高质量的原子力显微镜的形貌图像？

关键词（Key words）：

原子力显微镜（atomic force microscope），接触模式（contact mode），轻敲模式（tapping mode），聚焦表面（focus surface），激光（laser）

参考文献

Binning G, Quate C F, Gerber C, et al. 1986. Atomic force microscope. Physics Review Letter, (4): 930-933

Joonh Y K, Jae W H, Yong S K, et al. 2003. Atomic force microscope with improved scan accuracy, scan speed and opticalcision. Review of Scientific Instruments, (10):4378-4382

实验 3.13　NaI（Tl）单晶γ闪烁谱仪与γ能谱测量

Experiment 3.13　NaI(Tl) single crystal γ-ray scintillation spectrometer and γ energy disperse spectroscopy measurement

根据原子核结构理论，原子核能级属于分立能级. 当处于激发态 E_2 上的核跃迁到低能级 E_1 上时，就发射γ射线. 放出的光量子能量 $h\nu = E_2 - E_1$，此处 h 为普朗克常量，ν 为γ光子的频率. 原子核衰变放出的γ射线的能量反映了核能级差，且能量大小通常为特征能量，因此通过测量γ射线强度按能量的分布即γ射线能谱，可以用于研究核能级、核衰变纲图等，在放射性分析、同位素应用及鉴定核素等领域有重要的意义.

当γ射线穿过物质时，可能通过光电效应、康普顿效应和电子对效应（当 $E_\gamma < 1.02\mathrm{MeV}$ 时）而损失能量，强度逐渐减弱，这种现象称为物质对γ射线的吸收. 目前物质对γ射线的吸收规律广泛应用于工业、科研、医疗、资源勘探、环境保护等许多领域. 闪烁γ能谱仪具有实用范围广、探测效率高、时间分辨小、价格低廉等优点，是测量γ射线能谱最常用的工具.

一、实验目的（Experimental purpose）

（1）了解闪烁探测器的结构、工作原理.

（2）掌握 NaI（Tl）单晶γ闪烁能谱仪的测试方法.

（3）学会谱仪的能量标定方法，并测量γ射线的能谱，观测及分析γ全能谱.

二、实验原理（Experimental principle）

（一）闪烁能谱仪测量γ能谱的原理（Principle of γ energy disperse spectroscopy measurement by scintillation spectrometer）

闪烁能谱仪是利用某些荧光物质在带电粒子作用下被激发或电离后，能发射荧光（称为闪烁）的现象来测量能谱的. 这种荧光物质常称为闪烁体.

1. 闪烁体的发光机制

有机闪烁体包括有机晶体闪烁体、有机液体闪烁体和有机塑料闪烁体等.

最常用的无机晶体是铊激活的碘化钠单晶闪烁体，常记为 NaI（Tl），属离子型晶体. 在碘化钠晶体中掺入铊原子，其关键作用是可以在低于导带和激带的禁带中形成一些杂质能级. 这些杂质原子会捕获一些自由电子或激子到达杂质能级上，然后以发光的形式退激到价带，这就形成了闪烁过程的发光，而这种光因能量小于禁带宽度而不再被晶体吸收，不再会产生激发或电离. 这说明只有加入少量激活杂质的晶体，才能成为实用的闪烁体.

对于 NaI（Tl）单晶闪烁体而言，其发射光谱最强的波长是 415nm 的蓝紫光，其强度反映了进入闪烁体内的带电粒子能量的大小.

2. γ 射线与物质的相互作用

γ 射线光子与物质原子相互作用的机制主要有以下三种方式，如图 3.13.1 所示.

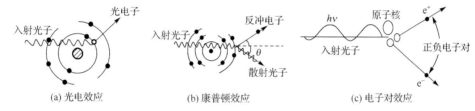

(a) 光电效应　　　(b) 康普顿效应　　　(c) 电子对效应

图 3.13.1　γ 射线光子与物质原子相互作用

1）光电效应

当能量为 E_γ 的入射γ光子与物质中原子的束缚电子相互作用时，光子可以把全部能量转移给某个束缚电子，使电子脱离原子束缚而发射出去，光子本身消失. 发射出去的电子称为光电子，这种过程称为光电效应. 发射光电子的动能为

$$E_e = E_\gamma - B_i \tag{3.13.1}$$

B_i 为束缚电子所在壳层的结合能. 原子芯电子脱离原子后留下空位形成激发原子，其外部壳层的电子会填补空位并放出特征 X 射线. 这种 X 射线在闪烁体内很容易再产生一次新的光电效应，将能量又转移给光电子，所以闪烁体得到的能量是两次光电效应产生的光电子能量之和.

2）康普顿散射

核外自由电子和入射γ射线碰撞，发生康普顿散射. 根据动量守恒要求，散射与入射只能发生在一个平面内. 设入射γ光子能量为 $h\nu$，散射光子能量为 $h\nu'$，根据能量守恒，反冲康普顿电子的动能 E_C 为

$$E_C = h\nu - h\nu'$$

康普顿散射后散射光子能量与散射角θ的关系为

$$h\nu' = \frac{h\nu}{1 + \alpha(1 - \cos\theta)} \tag{3.13.2}$$

式中，$\alpha = \dfrac{h\nu}{m_e c^2}$，即入射γ射线能量与电子静止质量 m_e 所对应的能量之比. 由式（3.13.2）可

知，当 $\theta = 0$ 时 $h\nu' = h\nu$，这时 $E_C = 0$，即不发生散射；当 $\theta = 180°$ 时，散射光子能量最小，它等于 $\dfrac{h\nu}{1 + 2\alpha}$，这时康普顿电子能量最大，即

$$E_{C\max} = h\nu \frac{2\alpha}{1 + 2\alpha} \tag{3.13.3}$$

所以康普顿电子能量在 $0 \sim h\nu\dfrac{2\alpha}{1 + 2\alpha}$ 变化.

3）电子对效应

当 γ 光子能量大于 $2m_0 c^2$ 时，γ 光子从原子核旁经过并受到核的库仑场作用，可能转化为一个正电子和一个负电子，称为电子对效应. 此时光子能量可表示为两个电子的动能与静止能量之和

$$E_\gamma = E_e^+ + E_e^- + 2m_0 c^2 \tag{3.13.4}$$

综上所述，γ 光子与物质相遇时，通过与物质原子发生光电效应、康普顿效应或电子对效应而损失能量，其结果是产生次级带电粒子，如光电子、反冲电子或正负电子对. 次级带电粒子的能量与入射 γ 光子的能量直接相关，因此，可通过测量次级带电粒子的能量求得 γ 光子的能量. 闪烁 γ 能谱仪正是利用 γ 光子与闪烁体相互作用时产生次级带电粒子，进而由次级带电粒子引起闪烁体发射荧光光子，通过这些荧光光子的数目来推出次级带电粒子的能量，再推出 γ 光子的能量，以达到测量 γ 射线能谱的目的.

（二）NaI（Tl）单晶 γ 闪烁能谱仪的结构与性能（Structure and properties of NaI（Tl）single crystal γ-ray scintillation spectrometer）

1. NaI（Tl）闪烁探测器

图 3.13.2 是 NaI（Tl）单晶 γ 闪烁能谱仪结构示意图. 闪烁探测器由闪烁体、光电倍增管和相应的电子仪器三个主要部分组成. 探测器最前端是 NaI（Tl）闪烁体，当射线（如 γ 和 β）进入闪烁体时，在某一地点产生次级电子，它使闪烁体分子电离和激发，退激时发出大量光子. 在闪烁体周围包以反射物质，使光子集中向光电倍增管方向射出去. 经过光电倍增管产生输出信号，通常为电流脉冲或电压脉冲，然后通过起阻抗匹配作用的射极跟随器，由电缆将信号传输到电子检测仪器中去.

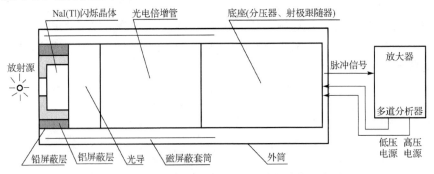

图 3.13.2 NaI（Tl）单晶 γ 闪烁能谱仪结构示意图

实用时常将闪烁体、光电倍增管、分压器及射极跟随器安装在一个暗盒中，统称探头. 探

头中有时在光电倍增管周围包以起磁屏蔽作用的屏蔽筒（如本实验装置），以减弱环境中磁场的影响．电子检测仪器的组成单元则根据闪烁探测器的用途而异，常用的有高、低压电源，线性放大器，单道或多道脉冲幅度分析器等．

2. 单道脉冲幅度分析器

闪烁探测器可将入射粒子的能量转换为电压脉冲信号，而信号幅度大小与入射粒子能量成正比，因此，只要测到不同幅度的脉冲数目，也就得到了不同能量的粒子数目．由于γ射线与物质相互作用机制的差异，从探测器出来的脉冲幅度有大有小，单道脉冲幅度分析器就起从中"数出"某一幅度脉冲数目的作用．

单道脉冲幅度分析器里有两个甄别电压 V_1（此电压可以连续调节）和 V_2，如图 3.13.3 所示．V_1 和 V_2 也称下、上甄别阈，差值 ΔV 称为窗宽．为保证足够的分辨率，以及减小统计涨落的影响，窗宽的选择不能过大，也不能太小．这样，V_1 和 V_2 就像一扇窗子，低于 V_1 或高于 V_2 的电压信号都被挡住，只有在 V_1 和 V_2 之间的信号才能通过，形成输出脉冲．进行测量时，按 ΔV 连续改变 V_1 值，就可获得全部能谱．

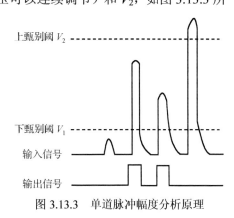

图 3.13.3　单道脉冲幅度分析原理

显然，使用单道脉冲幅度分析器进行测量，既不方便也费时，因此，现在多使用多道脉冲幅度分析器．多道脉冲幅度分析器的作用相当于几百个单道脉冲幅度分析器，一次测量可获得整个能谱，非常方便．

3. γ射线的能谱

图 3.13.4 给出了 ^{137}Cs 的衰变图．发出能量为 1.17MeV 的β粒子，成为激发态 ^{137}Ba 及占主要的发出能量为 0.514MeV 的β粒子，再迁到基态发出能量为 0.662MeV 的γ射线．由于 ^{137}Cs 发出的γ射线能量小于正负电子对的产生阈 1.022MeV，所以 ^{137}Cs 的γ射线与 NaI（Tl）晶体的相互作用只有光电效应和康普顿散射两个过程．由于探头输出电压脉冲幅度正比于次级电子能量，所以对单能的γ射线记录下来的脉冲幅度不是单一值，而是分布在一个很宽范围内，在图 3.13.5 中给出了用 NaI（Tl）晶体谱仪所测得的 ^{137}Cs 能谱，其中 1 号峰相应于 $E_{光电}$ 位置称为光电峰，1 号峰左面的平台相应于康普顿电子的贡献．至于康普顿散射产生的散射光子 $h\nu'$ 未逸出晶体，仍然为 NaI（Tl）晶体所吸收，也即通过光电效应把散射光子能量 $h\nu'$ 转化成光电子能量，而这个光电子也将对输出脉冲做贡献．由于上述过程是在很短的时间内完成的，这个时间比探测器形成一个脉冲所需时间短得多，所以先产生的康普顿电子和后产生的光电子，二者对输出脉冲的贡献叠加在一起形成一个脉冲．这个脉冲幅度所对应的能量，是两个电子能量之和，即 $E + h\nu'$，这就是入射γ射线能量 $h\nu$．所以这一过程所形成的脉冲将叠加在光电峰上．所以 1 号峰又称为全能峰．

康普顿电子能量范围根据式（3.13.2）为 0～0.4771MeV，形状为如图 3.13.5 所示的平台．在康普顿平台上还出现一个 2 号峰，它是由放射γ射线穿过 NaI 晶体，打到光电倍增管上发生 180°的康普顿散射，反散射的光子 $h\nu'$ 又返回晶体，与晶体发生光电效应形成的．返回γ光子能量 $h\nu' = E_r - E_{C\max} = 0.18$MeV，所以 2 号峰称为反散射峰．

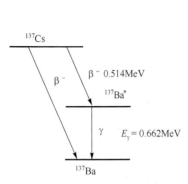

图 3.13.4 ^{137}Cs 的衰变图

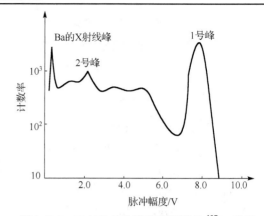

图 3.13.5 NaI(Tl)晶体谱仪所测得的 ^{137}Cs 能谱

图 3.13.5 中能量最小的那个峰是因为 ^{137}Cs 的 β 衰变子体 ^{137}Ba 在退激时,可能不发出 γ 射线,而是通过内转换过程,把 Ba 的 K 电子打出.这一过程将导致发出 Ba 的 K 系 X 射线,所以这个峰位对应于 Ba 的 K 系 X 射线能量(32keV).

4. 谱仪的能量刻度和分辨率

1)谱仪的能量刻度

闪烁谱仪测得的 γ 射线能谱的形状及其各峰对应的能量值由核素的蜕变纲图所决定,是各核素的特征反映.但各峰所对应的脉冲幅度是与工作条件有关系的,如光电倍增管高压改变、线性放大器放大倍数不同等,都会改变各峰位在横轴上的位置,也即改变了能量轴的刻度.因此,应用 γ 谱仪测定未知射线能谱时,必须先用已知能量的核素能谱来标定 γ 谱仪.

图 3.13.5 的横轴为道址,对应于脉冲幅度或 γ 射线的能量.由于能量与各峰位道址是线性的:$E_\gamma = kN + b$,因此能量刻度就是设法得到 k 和 b.例如,选择 ^{137}Cs 的光电峰 $E_\gamma = 0.661\text{MeV}$ 和 ^{60}Co 的光电峰 $E_{\gamma 1} = 1.17\text{MeV}$,如果对应 $E_\gamma = 0.661\text{MeV}$ 的光电峰位于 N_1 道,对应 $E_{\gamma 1} = 1.17\text{MeV}$ 的光电峰位于 N_2 道,则有能量刻度

$$k = \frac{1.17 - 0.661}{N_2 - N_1}\text{MeV}, \quad b = \frac{(0.661 + 1.17) - k(N_1 + N_2)}{2}\text{MeV} \tag{3.13.5}$$

将测得的未知光电峰对应的道址 N 代入 $E_\gamma = kN + b$ 即可得到对应的能量值.

2)谱仪分辨率

γ 能谱仪的一个重要指标是能量分辨率.由于闪烁谱仪测量粒子能量过程中,伴随着一系列统计涨落过程,如 γ 光子进入闪烁体内损失能量、产生荧光光子、荧光光子在光阴极上打出光电子、光电子在倍增极上逐级倍增等,这些统计涨落使脉冲的幅度服从统计规律而有一定分布.

定义谱仪能量分辨率 η:

$$\eta = \frac{\text{FWHM}}{E_\gamma} \times 100\% \tag{3.13.6}$$

其中,FWHM(full width half maximum)表示选定能谱峰的半高全宽,E_γ 为与谱峰对应的 γ 光子能量,η 表示闪烁谱仪在测量能量时能够分辨两条靠近的谱线的本领.目前一般的 NaI 闪烁谱仪对 ^{137}Cs 光电峰的分辨率在 10% 左右.对 η 的影响因素很多,如闪烁体、光电倍增管等.

三、实验装置（Experimental instruments）

实验装置的方框图如图 3.13.6 所示. 它包括 NaI（Tl）闪烁谱仪（FH11901 型）一套，脉冲示波器一台，^{137}Cs、^{60}Co 放射源各一个.

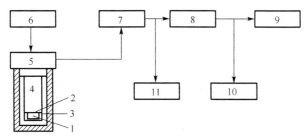

图 3.13.6　实验装置方框图

1-晶体；2-光导；3-反射层；4-光电倍增管；5-射极跟随器；6-高压电源；7-线性放大器；
8-脉冲幅度分析器；9-定标器；10-线性率表；11-示波器

电子线路各部分介绍如下.

1. 射极跟随器

光电倍增管输出负脉冲幅度较小，内阻较高. 在探头内部安置一级射极跟随器以减少外界干扰的影响，同时使之与放大器输出端实现阻抗匹配.

2. 线性放大器

由于入射粒子能量变化范围大，例如，对γ射线的探测能量可能由几千电子伏特到几电子伏特. 线性放大器的放大倍数能在 10～1000 倍范围内变化，对它的要求是稳定性高、线性好和噪声小.

3. 单道脉冲幅度分析器

它将线性放大器的输出脉冲进行幅度分析. 单道的阈值范围为 0.1～10.0V，道宽范围为 0.05MV～5.0V，可用 10 圈电势器调节.

4. 定标器

用作计数器. 其面板上有"自检"和"工作"两种状态. 自检用于检测定标器计数功能是否正常，"工作"状态用于对外来输入脉冲进行计数. 极性选择由输入脉冲的极性决定.

5. 线性率表

用表头指针连续指示计数大小，其偏转角与射线强度（或输入脉冲数）成正比. 其测量范围和时间灵敏度可用面板上两波段开关分别选择.

6. 高压电源

它用于光电倍增管. 要求高压稳定性好（工作过程中电压改变不超过 0.1%），这是因为高压变化对脉冲幅度影响很大，因而直接影响能量和测量. 对于光电倍增管，一般高压减少 10%，脉冲幅度下降为原来的一半.

本实验为虚拟仿真实验，在机房内计算机的虚拟软件上进行.

四、实验步骤（Experimental procedure）

双击实验室桌面上的单道脉冲幅度分析仪，打开仪器调节窗口（图3.13.7）进行调节.

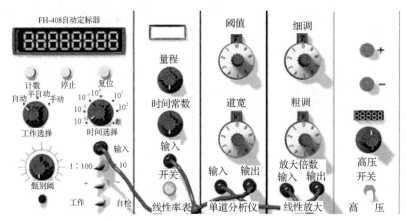

图 3.13.7　操作窗口

1. 各装置简介及调节方法

（1）🔧 ⚪开关，单击左键控制开/关.
（2）⚫ ⚪旋钮，单击左键或右键调节对应值.
（3）● 指示灯，指示仪器的工作状态.
（4）线性率表表头.
（5）█████████ 定标器数值显示器.

仪器调节步骤：

（1）打开高压电源开关.

（2）按实验要求调节高压值. 当工作电压在 700～800V 时，具有良好的线性关系，所以在做实验时，工作电压应在 700～800V 选择，当电压大于 800V 时实验效果没有在 700～800V 的效果明显，此时，能谱仪能采集到的粒子数减少. 其原因可能是当束缚电子脱离原子束缚时在高电压下有一部分粒子超出了能谱仪的采集范围，所以全谱计数会减少.

（3）打开线性率表开关，调节放大倍数. 每改变一次放大倍数值，不断改变阈值，同时从线性率表中观察 ^{137}Cs 的峰位，直至满足实验要求.

（4）按实验要求调节定标器的工作选择、时间选择旋钮.

（5）按实验要求调节道宽.

（6）调节完成，双击仪器上方的黄色标题栏，关闭仪器，返回实验室台面.

2. 进行实验

在主菜单上选择"开始实验"，如果仪器调节正确，将弹出数据表格，请继续以下实验步骤，否则，系统将给出相应提示并弹出仪器，请继续调节.

（1）单击定标器上的计数按钮，开始计数.

（2）计数完毕，定标器自动停止，在实验数据表格中单击"记录数据"按钮，将此数据记录，单击"能谱图"，可观察描点. 若对本次数据不满意，单击"清除数据"按钮，返回第（1）步.

（3）适当调节阈值，返回第（1）步，直至所有数据测定完成.

（4）单击"能谱图"，观察以描点作图法绘制出的能谱图，将鼠标指针移动到记录点上，可读出此点所对应的阈值.

五、实验数据的处理与分析（Data processing and analysis）

（1）用单道分析器观察 ^{137}Cs 的γ能谱的形状，识别其光电峰、反散射峰、X 射线峰及康普顿边界等；记录光电峰、反散射峰的峰位（道数）；绘制能谱图.

（2）^{137}Cs 的光电峰对应能量为 0.661MeV，^{60}Co 的左侧光电峰能量为 1.17MeV，请对谱仪进行能量刻度标定、作图，并计算出 ^{60}Co 的右侧光电峰能量.

（3）确定 ^{137}Cs 光电峰的能量分辨率.

六、思考题（Exercises）

（1）为什么 ^{60}Co 有两组光电峰？

（2）在鉴定谱仪能量线性过程中，是否可以调线性放大器的放大倍数和探头的工作电压等？为什么？

关键词（Key words）：

NaI 单晶γ射线闪烁光谱（NaI(Tl) single crystal γ-ray scintillation spectrometer），γ能谱（γ energy disperse spectroscopy），谱线（energy linearity），光电效应（photoelectric effect），康普顿散射（Compton scattering），正负电子对效应（electron-positron pair effect）

参考文献

沙振舜，等. 2002. 近代物理实验. 南京：南京大学出版社

吴思诚，王祖铨. 2005. 近代物理实验. 北京：高等教育出版社

第 4 章　激光技术与近代光学

Chapter 4　Laser technology and modern optics

4.1　激光原理预备知识

Section 4.1　Basic knowledge of laser principle

激光概述（Introduction of laser）

激光技术、原子能、半导体及计算机统称为 20 世纪的四项重大科技发明，其中，激光技术是 20 世纪科学技术发展的一个重要标志和现代信息社会光电子技术的重要支柱．激光的出现标志着人们掌握和利用光波进入了一个新的阶段．在光学领域内，由于以往普通光源的单色亮度很低，很多重要的应用都受到限制．普通光源发射的光波亮度之所以很低，主要是由于普通光源发射的光来源于原子或分子的自发辐射．自发辐射光波的方向、频率及相位等都是很不确定的、分散的，而原子（或分子）的受激发射光波的方向、频率和相位等都是相同的，所以利用原子或分子的受激辐射放大光，完全有可能大大提高光源的单色亮度，使光源在单色亮度上产生一个飞跃.

1. 激光的特性（Characteristics of laser）

激光的英文全称是 light amplification of stimulated emission of radiation，缩写为 laser，意思是"受激辐射的光放大"．激光的最初中文名叫"镭射""莱塞"，后来由钱学森建议改称激光，这是激光名词的由来．激光的原理早在 1916 年就由著名的物理学家爱因斯坦（A.Einstein）提出，根据这一理论，组成物质的原子中，有不同数量的粒子（电子）分布在不同的能级上，在高能级上的粒子受到某种光子的激发，会从高能级跳（跃迁）到低能级上，这时将会辐射出与激发它的光相同性质的光，而且在某种状态下，能出现一个弱光激发出一个强光的现象．这就称为"受激辐射的光放大"，简称激光.

激光是 20 世纪的四项重大的发明（原子能、半导体、计算机和激光）之一，重要的人物：美国的汤斯（C. H. Towns）、肖洛（A.L. Schawlow）和前苏联的巴索夫（N.G. Basov）、普罗霍洛夫（A.M. Prokhorov）；1960 年美国休斯公司的梅曼（T.H. Maimann）在实验室研制成功第一台红宝石激光器.

激光作为一种新型光源，具有前所未有的性能，因此激光的出现带动了一批新兴的学科——全息光学、非线性光学、光通信、光存储（光驱、激光唱机）和光信息处理等.

与普通光源比较，激光主要有四大特性：激光高亮度、高方向性、高单色性和高相干性.

1）激光的高亮度（High brightness of laser）

一般太阳光亮度值约为 $10^3 \, \mathrm{W \cdot cm^{-2} \cdot sr^{-1}}$，而大功率固体激光器的亮度可高达 $10^7 \sim$

$10^{11} \text{W} \cdot \text{cm}^{-2} \cdot \text{sr}^{-1}$，调 Q 的固体激光器的亮度可达到 $10^{12} \sim 10^{17} \text{W} \cdot \text{cm}^{-2} \cdot \text{sr}^{-1}$．激光的亮度比太阳高出 7～14 个数量级．不仅如此，具有高亮度的激光束经透镜聚焦后，能在焦点附近产生数千摄氏度乃至上万摄氏度的高温，这就使其可能可加工几乎所有的材料．

2）激光的高方向性（High directivity of laser）

普通光源是向四面八方发光．激光器发射的激光，天生就是朝一个方向射出，光束的发散度极小，大约只有 0.001rad，接近平行．1962 年，人类第一次使用激光照射月球，地球离月球的距离约 38 万千米，但激光在月球表面的光斑不到 2km，而且这还使得在光照射的方向上的照度提高了 10^7 倍．

3）激光的高单色性（High monochromaticity of laser）

光的颜色由光的波长（或频率）决定．太阳光的波长分布范围在 400～760nm，对应的颜色从红色到紫色共 7 种颜色，所以太阳光谈不上单色性．发射单种颜色光的光源称为单色光源，它发射的光波波长单一．例如，氖灯、氦灯等都是单色光源，只发射某一种颜色的光．单色光源的光波波长虽然单一，但仍有一定的分布范围．如氖灯只发射红光，单色性很好，被誉为单色性之冠，波长分布的范围仍有 10^{-5}nm，因此氖灯发出的红光，若仔细辨认仍包含几十种红色．由此可见，光辐射的波长分布区间越窄，单色性越好．

激光器输出的光，波长分布范围非常窄，因此颜色极纯．以输出红光的氦氖激光器为例，其光的波长分布范围可以窄到 2×10^{-9}nm，是氖灯发射的红光波长分布范围的万分之二．由此可见，激光器的单色性远远超过任何一种单色光源．

由于激光的单色性极高，从而保证了光束能精确地聚焦到焦点上，得到很高的功率密度．

4）激光的高相干性（High coherence of laser）

相干光的特征是其所有的光波都是同步的，整束光就好像一个"波列"，即激光的频率、振动方向、相位高度一致，使激光光波在空间重叠时，重叠区的光强分布会出现稳定的强弱相间现象．这种现象称为光的干涉，所以激光是相干光．而普通光源发出的光，其频率、振动方向、相位不一致，称为非相干光．

激光正是具有如上所述的奇异特性而得到了广泛的应用．

2. 激光的发明（Invention of laser）

虽然在 1916 年爱因斯坦就预言了受激辐射的存在，但在一般热平衡情况下，物质的受激辐射总是被受激吸收所掩盖，未能在实验中观察到．直至 1960 年，第一台红宝石激光器才面世，它标志激光技术的诞生．

1916 年，爱因斯坦在解释黑体辐射定律时，以深邃的洞察力首先提出了受激辐射概念．

1953 年年底，微波激射放大器，简称微波激射器（maser）终于问世．随着微波波谱学的进展，1954 年研制成第一台微波激射器，从爱因斯坦的"受激辐射"到汤斯的"受激辐射放大"，是一次想象力的大飞跃．这台微波激射器尽管输出功率只有 10^{-8}W，它的意义却非同寻常．首先，它使受激辐射放大的设想得到了实验证实；其次，它综合了受激辐射、粒子数反转、电磁波信号放大等一系列概念，第一次制成了实际可用的器件；再次，它的问世还导致了"量子电子学"这门新学科的诞生；最后，它直接促成了用三能级方法实现连续运转的固体微波激射器的成功研制．

微波激射器问世后不久，汤斯等已考虑向波长更短的方向努力，但这种努力在技术上遇到了巨大的障碍，困难出在振荡器的谐振腔，谐振腔的尺寸必须同波长相匹配，当波长缩短到小于 1cm 时，谐振腔的制造工艺就成了一大难题. 光波波长数量级为 10^{-5}cm，要做出只含一个波长的谐振腔，谈何容易! 即使你巧夺天工，把这个纤小的腔体造了出来，但由于它体积过于微小，不能容纳足够数量的受激态分子，也难以实现受激辐射放大.

汤斯和以前的学生肖洛一起研究红外区和可见光区激射器的问题时，肖洛建议放弃原谐振腔的设计方案，而代之以法布里-珀罗干涉仪. 肖洛的建议无疑是革命性的.

1958 年，汤斯与肖洛联名在《物理评论》杂志上发表了《红外与光激射器》文章. 这样，汤斯和肖洛，以及前苏联的巴索夫和普罗霍洛夫等提出了激光的概念和理论设计：使用分子与原子受激辐射过程的放大器和振荡器，其原理可推广到红外和可见光区，它能够产生很好的单色辐射.

汤斯和肖洛的文章发表后，许多实验室为尽快研制出激光器，竞相提出各种设计方案. 在哥伦比亚大学，汤斯和他的助手用钾蒸气作为工作介质进行实验，他深信自己在《物理评论》上发表的那篇论文中所提出的方案是合理的. 在贝尔实验室，肖洛则尝试用红宝石作为工作介质进行实验，期望率先研制出红宝石激光器. 前苏联的列别捷夫物理研究所的巴索夫则尝试用半导体材料作为工作介质，研制半导体激光器……各大实验室为赢得激光器发明的优先权而展开了一场科学史上罕见的竞赛.

在竞相研制世界上第一台激光器的努力中，美国加利福尼亚休斯飞机制造公司的年仅 33 岁的博士梅曼首先成功，经过两年的探索，于 1960 年研制成功第一台红宝石激光器，开创了激光技术的新纪元. 同年末，贾万等研制成氦氖激光器. 我国的第一台激光器也于 1961 年在中国科学院长春光学精密机械研究所研制成功，1963 年又在该所研制成功第一台氦氖激光器. 目前，激光技术是国家高技术研究发展计划（863 计划）的一项重要研究项目.

从此，人们认识并掌握了一种新型的光辐射——受激辐射. 1960 年以后，各类激光器不断问世，其性能不断改善，应用越来越广泛，它不仅对现代科学技术的发展产生越来越深刻的影响，而且还持续地影响着人们的日常生活及经济社会的发展.

激光发展简要记事（brief notes of laser development）：

（1）1916 年，爱因斯坦提出受激辐射概念.

（2）1946 年，布洛赫提出粒子数反转概念.

（3）1947 年，兰姆和卢瑟福指出通过粒子数反转可以实现受激辐射.

（4）1948 年，珀塞尔发现粒子数反转现象，提出负温度的概念，1952 年，与布洛赫获得诺贝尔奖.

（5）1950 年，卡斯特勒发明光泵，1971 年获得诺贝尔奖.

（6）1951 年，美国物理学家珀塞尔实现了核自旋体的反转分布.

（7）1952 年，韦伯提出微波激射器原理.

（8）1954 年，汤斯、肖洛和普罗霍洛夫、巴索夫发明氨微波激射放大器.

（9）1957 年，汤斯和肖洛最先发表激光器的详细方案，引入激光的概念.

（10）1958 年 12 月，肖洛和汤斯在《物理评论》上发表《红外区和光学激射器》，论证将微波激射技术扩展到红外区和可见光区的可能性，这是激光史上有重要意义的历史文献. 汤斯因此于 1964 年获诺贝尔物理学奖.

（11）1958 年，布隆伯根提出利用光泵浦三能级系统实现粒子数反转分布的新构思.

（12）1960 年，梅曼发明第一台激光器——红宝石激光器.

（13）1961 年，詹万等制成氦氖激光器，为第一台可连续工作的激光器.

（14）1965 年，第一台可产生大功率激光的器件——二氧化碳激光器诞生.

（15）1967 年，第一台 X 射线激光器（X-ray laser）研制成功.

（16）1997 年，美国麻省理工学院的研究人员研制出第一台原子激光器（atom laser）.

因激光及其应用的创造性贡献而先后获诺贝尔物理学奖的科学家共有 10 位.

3. 激光基础知识（Basic knowledge of laser）

光与原子的相互作用（The interaction of light with atoms）

光和原子的相互作用主要有三个基本过程：自发辐射、受激辐射和光的吸收.

1）自发辐射（Spontaneous emission，SP）

自发辐射是普通光源的发光机理. 普通常见光源的发光（如电灯、火焰、太阳等的发光）是由于物质在受到外来能量（如光能、电能、热能等）作用时，原子中的电子就会吸收外来能量而从低能级跃迁到高能级，即原子被激发.

如图 4.1.1 所示，设原子的两个能级为 E_1 和 E_2，并且 $E_2 > E_1$. 处在高能级（E_2）的电子寿命很短（一般为 $10^{-9} \sim 10^{-8}$s），在没有外界作用下会自发地向低能级（E_1）跃迁，跃迁时将产生光（电磁波）辐射. 辐射光子能量为 $h\nu_{21} = E_2 - E_1$. 这种辐射称为自发辐射.

自发辐射的特点是：原子的自发辐射过程完全是一种随机过程，每一个原子的跃迁都是自发地、独立地进行的，与外界作用无关，所辐射的光在发射方向上是无规则地射向四面八方，其相位、偏振状态也各不相同. 由于激发能级有一个宽度，所以发射光的频率也不是单一的，而有一个范围. 所以这些光源发出的光不是相干光，如日光灯等.

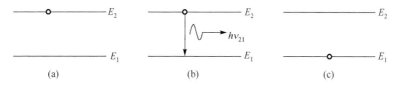

图 4.1.1　光与物质作用的自发辐射过程

2）受激吸收（Stimulated absorption，STA）

如图 4.1.2 所示，如果一个原子，开始处于基态，在没有外来光子时，它将保持不变，如果一个能量为 $h\nu_{21}$ 的光子接近，则它吸收这个光子，从低能级 E_1 跃迁到激发态 E_2 的过程称为受激吸收.

受激吸收的特点是此过程不是自发产生的，只有在外来光子的"刺激"下才能发生，且外来光子的能量正好等于原子的能级间隔 $h\nu_{21} = E_1 - E_2$ 时才能被吸收.

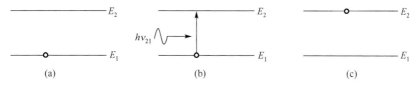

图 4.1.2　光与物质作用的受激吸收过程

3）受激辐射（Stimulated emission，STE）

受激辐射是爱因斯坦在 1916 年预言的. 40 年后，当第一台激光器开始运转时，这一预言得到了有力的证明. 如图 4.1.3 所示, 处于激发态的原子, 在外界光子的"刺激"下, 从高能态向低能态跃迁, 并辐射光子的过程称受激辐射.

受激辐射的特征: 它不是自发产生的, 必须有外来光子的刺激, 且外来光子的频率必须满足 $h\nu_{21} = E_1 - E_2$ 的条件; 尤为重要的是受激辐射出的光子与外来刺激的光子在频率、发射方向、相位及偏振状态等方面完全相同.

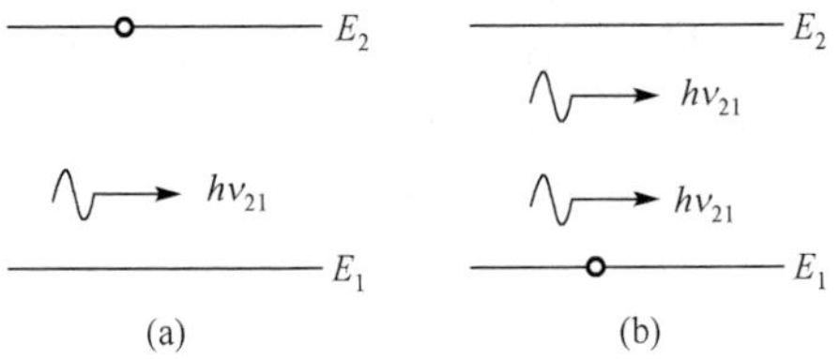

图 4.1.3　光与物质作用的受激辐射过程

在受激辐射中, 通过一个光子的作用, 得到两个完全相同的光子, 这两个光子再引起其他原子产生受激辐射, 产生四个完全相同的光子, 以此类推, 就能在一个入射光子的作用下, 获得大量的状态完全相同的光子, 即形成了光放大. 激光光束的一些新颖特性主要就是来源于大量光子都具有完全相同的状态.

4. 激光产生的基本原理 (Fundamental principle of laser generation)

在受激辐射跃迁的过程中, 一个诱发光子可以使处在上能级上的发光粒子产生一个与该光子状态完全相同的光子, 这两个光子又可以去诱发其他发光粒子, 产生更多状态相同的光子. 这样, 在一个入射光子的作用下, 可引起大量发光粒子产生受激辐射, 并产生大量运动状态相同的光子. 这种现象称为受激辐射光放大. 由于受激辐射产生的光子都属于同一光子态, 因此, 它们是相干的. 通常, 受激辐射与受激吸收两种跃迁过程是同时存在的, 前者使光子数增加, 后者使光子数减少. 当一束光通过发光物质后, 光强究竟是增大还是减弱, 要看这两种跃迁过程哪个占优势. 在正常条件下, 即常温条件以及对发光物质无激发的情况下, 发光粒子处于下能级 E_1 的粒子数密度 n_1 大于处在上能级 E_2 的粒子数密度 n_2. 此时当有频率 $\nu = (E_2 - E_1) / h$ 的一束光通过发光物质时, 受激吸收将大于受激辐射, 故光强减弱. 如果采取诸如光照、放电等方法从外界不断地向发光物质输入能量, 把处在下能级的发光粒子激发到上能级上去, 便可使上能级 E_2 的粒子数密度超过下能级 E_1 的粒子数密度, 称这种状态为粒子数反转. 只要使发光物质处在粒子数反转的状态, 受激辐射就会大于受激吸收. 当频率为 ν 的光束通过发光物质时, 光强就会得到放大. 这便是激光放大器的基本原理. 即便没有入射光, 只要发光物质中有一个频率合适的光子存在, 便可像连锁反应一样, 迅速产生大量相同光子态的光子, 形成激光. 这就是激光振荡器或简称激光器的基本原理. 由此可见, 形成粒子数反转是产生激光或激光放大的必要条件, 为了形成粒子数反转, 需要对发光物质输入能量, 称这一过程为激励、抽运或者泵浦.

5. 光的受激辐射放大 (Light amplification by stimulated emission)

激光产生的条件: 粒子数的反转分布.

光与物质相互作用时, 总是同时存在吸收、自发辐射和受激辐射. 爱因斯坦从理论上证明, 在两个能级之间, 受激辐射和受激吸收具有相同的概率; 并且在通常情况下, 原子总是处于热平衡状态. 在热平衡状态下, 原子数目按能级的分布服从玻尔兹曼统计规律, 即处于能量为 E_1 和 E_2 的两个能级的粒子数目之比为 (温度为 T 时)

$$\frac{N_2}{N_2} = \mathrm{e}^{\frac{E_2 - E_1}{kT}} \tag{4.1.1}$$

k 为玻尔兹曼常量；在 300K 时，$N_2 / N_1 = e^{-38}$，即处于激发态的原子数是很少的，原子几乎全部处于基态. 可见，温度一定时，低能级状态的原子数目总是高于高能级状态的原子数目. 只有当处在高能级的原子数目比处在低能级的还多时，受激辐射跃迁才能超过受激吸收而占优势. 所以，为了实现光放大，必须用特殊的实验装置，破坏玻尔兹曼的热平衡状态分布，使高能态的原子数大于低能态的原子数，从而造成粒子数反转体系或"负温度"体系. 这种处于高能级的粒子数超过低能级的粒子数的状态称为粒子数反转（population inversion），是实现光放大的必要条件.

6. 激光器的基本组成 （Composition of laser device）

不同类型和特点的激光器基本结构都是由激光工作物质、激励能源和光学谐振腔三大部分组成，如图 4.1.4 所示.

1）激光工作物质（Active medium）

激光工作物质是组成激光器的核心部分，产生激光的必要条件是受激辐射放大，而粒子数反转又是产生激光的一个条件. 激光的产生必须选择合适的工作物质，它是一种可以用来实现粒子数反转和产生光的受激发射作用的物质体系. 它接收来自泵浦源的能量，对外发射光波并保持够强烈发光的活跃状态，因此也称其为激活介质，是获得激光的必要条件.

并不是所有的物质都可以当成激活介质，一般情况下，激发态能级（E_2）的电子寿命很短（一般为 $10^{-9} \sim 10^{-8}$s），没有外界作用下会自发地向低能级（E_1）跃迁. 显然亚稳态能级（电子寿命 10^{-3}s）的存在对实现粒子数反转是非常必需的. 激光工作物质按物态分为固体、液体和气体激光工作物质，能够产生粒子数反转的物质，也叫激活介质. 激活介质可以是固体、液体，也可以是气体.

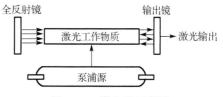

图 4.1.4　激光器示意图

要实现粒子数反转，必须满足的条件如下：

要有合适的能级结构，如三能级或四能级结构. 如图 4.1.5 所示，以四能级系统为例，①吸收：用频率为 $\nu = (E_4 - E_1) / h$ 的光照射时，一部分原子将迅速跃迁到 E_4 能级，从而使 E_4 能级上的原子数大为增加. ②无辐射跃迁：处于 E_4 能级的原子将迅速通过与其他原子的碰撞等无辐射跃迁而跳到亚稳态 E_3. ③受激辐射：由于 E_3 是亚稳态能级（电子寿命 10^{-3}s），电子的寿命较长，E_3 能级上将停留大量的原子，而处于 E_2 能级的原子极其微小，这样就建立了一个粒子反转体系. 从 E_3 到 E_2 的自发辐射，会引起连锁的受激辐射，频率为 $\nu = (E_3 - E_2) / h$.

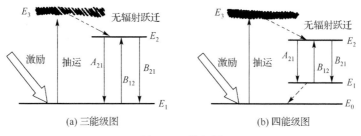

(a) 三能级图　　　　　　(b) 四能级图

图 4.1.5　能级图

2）激励能源（Pump）

为使给定的激光工作物质处于粒子数反转状态，还必须从外界给工作物质输入能量，也称泵浦、抽运、激励.

根据工作物质特性和运转条件的不同，采用不同的方式和装置，提供的泵浦源可以是光能、电能、化学能及原子能等.

3）光学谐振腔（Optical resonator）

在实现粒子数反转的激活介质内，可以产生受激辐射占主导地位，产生光放大，但是还不能产生有一定强度的激光. 要产生激光，还必须加上一个光学谐振腔.

光学谐振腔的构成：由两个放置在工作物质两边的平行平面反射镜组成，一个是全反射镜，一个是部分反射镜. 使受激辐射的光能够在谐振腔内维持振荡，如图 4.1.6 所示.

（1）轴上光实现放大，而非轴上的光损耗掉了.

（2）选频作用. 根据波动理论，光在谐振腔内传播时，形成以反射镜为节点的驻波，由驻波条件可得，加强的光必须满足 $l = n \cdot \lambda / 2$ 的条件. 因而激光的单色性很好.

从能量的角度来看，虽然在谐振腔内光受到两端反射镜的反射在腔内往返形成振荡，使光加强，但是同时光在两端面上及介质中的吸收、透射等，又会使光减弱. 只有当光的增益大于损耗时，才能输出激光.

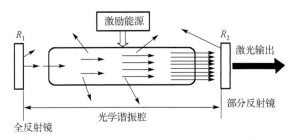

图 4.1.6　光学谐振腔

小结：形成激光的条件.

（1）激活介质在激励源的激励下实现粒子数反转；

（2）光学谐振腔使受激辐射不断放大；

（3）满足阈值条件：获得的能量大于损耗的能量.

当光的放大作用与光的耗损作用达到平衡时，形成稳定的光振荡，有激光输出.

关键词（Key words）：

激光（laser），光放大（light amplification），受激辐射（stimulated emission of radiation），激光的特点（characteristics of laser），方向性（directionality），高能量（high power），高相干性（high coherence），光谱纯度（spectral purity），高单色性（high monochromaticity），自发辐射（spontaneous emission），受激吸收（stimulated adsorption），激发介质（active medium），激励能源（pump），光学谐振腔（optical resonator）

参考文献

杜祥琬. 2003. 高技术要览. 北京：中国科学技术出版社

周炳琨，高以智，陈倜嵘，等. 2009. 激光原理. 6 版. 北京：国防工业出版社

实验 4.2　半导体泵浦激光原理实验

Experiment 4.2　Semiconductor pump laser principle experiment

半导体激光器是指以半导体材料为工作物质的一类激光器. 半导体泵浦 0.53μm 波长激光器由于具有波长短、光子能量高、在水中传输距离远和人眼敏感等优点, 效率高、寿命长、体积小、可靠性好. 近几年在光谱技术、激光医学、信息存储、彩色打印、水下通信、激光技术等科学研究及国民经济的许多领域中展示出极为重要的应用, 成为各国研究的重点.

半导体泵浦 0.53μm 波长绿光激光器适用于大学近代物理教学中非线性光学实验, 本实验以 808nm 半导体激光泵浦 Nd : YVO₄ 为激光工作物质的激光器为研究对象, 让学生自己动手, 调整激光器光路, 产生 1064nm 近红外激光. 在腔中插入 KPT 倍频晶体, 产生 532nm 绿光, 观察倍频现象, 从而对激光原理及激光技术有一定了解.

一、实验目的（Experimental purpose）

（1）掌握半导体泵浦激光原理, 掌握光的倍频原理和技术.

（2）学会调整激光器光路, 以 808nm 半导体泵浦 Nd : YVO₄ 激光器为研究对象在腔中插入 KTP 晶体产生 532nm 倍频激光, 观察倍频现象.

（3）利用光功率指示仪和滤光片, 观察光的衰减现象.

二、实验原理（Experimental principle）

热辐射是物体发射光能的一种形式, 它的特点是平衡辐射. 物体发射光能的另一种形式是"发光". 在发光的过程中, 物体内能要变化, 不能仅用维持其温度来使辐射继续下去, 而要依靠其他一些激发过程获得能量来维持辐射. 因此发光的特点是非平衡辐射. 电致发光, 光致发光, 化学发光和碰撞激发的、达到一定温度后才会发射辐射的热发光等都属于这一类. 其光谱主要是线光谱和带光谱, 也有连续光谱.

我们把组成物质的原子、分子或离子统称为粒子. 量子力学指出, 每一个粒子只能存在于某些确定的内部运动的定态中. 这些定态组成一个离散的集合. 每个定态的特征是具有一定的总能量. 每一个这样的能量值, 称为粒子的一个能级. 粒子的最低能级称为基态, 能量比基态高的其他能级均称为激发态. 如果某些激发态与能量比它低的能态之间只有很弱的辐射跃迁, 而且粒子在这一类激发态停留的时间较长（$10^{-5} \sim 10^{-3}$s）, 这类激发态称为亚稳态.

光与物质相互作用时出现的自发发射过程、受激发射过程和受激吸收过程, 是激光器利用的三个基本物理现象.

（一）光的吸收与发射的三个过程（**Three processes of light absorption and emission**）

1. 自发发射（Spontaneous emission）

考虑某物质的两个能级 1 和 2, 它们对应的能量分别为 E_1 和 E_2, $E_1 < E_2$, 如图 4.2.1 所示. 处于高能级 2 的粒子, 即使无外界作用, 也会自发地从能级 2 衰变到能级 1, 从而释放出能量（$E_2 - E_1$）. 如果这些能量以电磁波的形式释放出来, 就称这种过程为光的自发辐射. 电

磁波的频率为 $\nu = (E_2 - E_1)/h$，因此，可用能量为 $h\nu = E_2 - E_1$ 的光子发射来表征自发发射. 因不同粒子或同一粒子在不同时刻自发发射的光的相位和偏振方向是随机的，传播方向也是任意的，所以自发发射的光是不相干的.

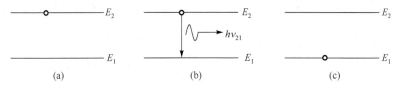

图 4.2.1　光与物质作用的自发辐射过程

设在 t 时刻，每单位体积内有 N_2 个粒子处于 E_2，则这些粒子因自发发射引起的衰变率 $(\mathrm{d}N_2/\mathrm{d}t)_{\mathrm{sp}}$ 应为

$$\left(\frac{\mathrm{d}N_2}{\mathrm{d}t}\right)_{\mathrm{sp}} = AN_2 \tag{4.2.1}$$

其中，系数 A 称为自发辐射几率或爱因斯坦 A 系数. 上式积分得

$$N_2(t) = N_{20}\mathrm{e}^{-t/\tau_{\mathrm{s}}} \tag{4.2.2}$$

其中，$\tau_{\mathrm{s}} = 1/A$ 称为自发发射寿命，它取决于所涉及的特定跃迁，一般 τ_{s} 为 $10^{-8}\sim10^{-7}\mathrm{s}$.

2. 受激吸收（Stimulated absorption）

如图 4.2.2 所示，当频率为 $\nu = (E_2 - E_1)/h$ 的光射入物质时，处于能级 1 的粒子将以一定几率跃迁到能级 2，因而从入射光中吸收一个能量为 $h\nu = E_2 - E_1$ 的光子，这个过程称为光的受激吸收. 吸收几率 W_{12} 定义为

$$\left(\frac{\mathrm{d}N_1}{\mathrm{d}t}\right)_{\mathrm{st}} = W_{12}N_1 \tag{4.2.3}$$

式中，N_1 是在给定时刻处于能级 1 上的粒子数（单位体积内）. 显然，W_{12} 的量纲也是（时间）$^{-1}$. 与 A 不同的是，W_{12} 不仅与特定的跃迁有关，还与入射光的强度 $\rho(\nu)$ 有关，即

$$W_{12} = B_{12}\rho(\nu) \tag{4.2.4}$$

式中，系数 B_{12} 称为爱因斯坦受激吸收系数，它只与给定跃迁的特性有关.

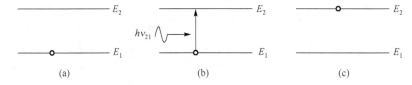

图 4.2.2　光与物质作用的吸收过程

3. 受激发射（Stimulated emission）

如图 4.2.3 所示，当频率 $\nu = (E_2 - E_1)/h$ 的光入射到物质中时，由于入射光的频率与粒子的跃迁频率相同，故该入射光能以一定的几率诱导粒子产生 2-1 的跃迁，从而释放一个能量为 $E_2 - E_1 = h\nu$ 的光子，这个过程称为光的受激发射. 受激发射过程与自发发射过程存在着本质区别. 任何粒子的受激发射的光都同相位地叠加于入射光上，其传播方向也与入射光相同.

受激发射的速率 $(\mathrm{d}N_2/\mathrm{d}t)_{\mathrm{st}}$ 可表示为

$$\left(\frac{dN_2}{dt}\right)_{st} = W_{21}N_2 = -B_{21}\rho(v) \qquad (4.2.5)$$

式中，W_{21} 称为受激跃迁几率；B_{21} 称为爱因斯坦受激发射系数. 受激发射的概念是爱因斯坦于 1917 年提出来的.

如果一个原子，开始处于基态，在没有外来光子时，它将保持不变，如果一个能量为 hv_{21} 的光子接近，则它吸收这个光子，处于激发态 E_2. 在此过程中不是所有的光子都能被原子吸收，只有当光子的能量正好等于原子的能级间隔 $E_1 - E_2$ 时才能被吸收.

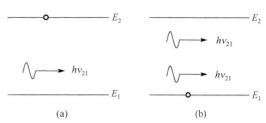

图 4.2.3　光与物质作用的受激辐射过程

激发态寿命很短，在不受外界影响时，它们会自发地返回到基态，并放出光子. 自发辐射过程与外界作用无关，由于各个原子的辐射都是自发、独立进行的，因而不同原子发出来的光子的发射方向和初相位是不相同的.

处于激发态的原子，在外界光子的影响下，会从高能态向低能态跃迁，并且两个状态间的能量差以辐射光子的形式发射出去. 只有外来光子的能量正好为激发态与基态的能级差时，才能引起受激辐射，且受激辐射发出的光子与外来光子的频率、发射方向、偏振态和相位完全相同. 激光的产生主要依赖受激辐射过程.

（二）激光器（Laser device）

激光器主要由工作物质、谐振腔、泵浦源组成. 工作物质主要提供粒子数反转.

一个诱发光子不仅能引起受激辐射，而且它也能引起受激吸收，所以只有当处在高能级的原子数目比处在低能级的还多时，受激辐射跃迁才能超过受激吸收而占优势. 由此可见，为使光源发射激光，而不是发出普通光的关键是发光原子处在高能级的数目比低能级上的多，这种情况称为粒子数反转. 但在热平衡条件下，原子几乎都处于最低能级（基态）. 因此，如何从技术上实现粒子数反转则是产生激光的必要条件.

泵浦过程使粒子从基态 E_1 抽运到激发态 E_3，E_3 上的粒子通过无辐射跃迁（该过程粒子从高能级跃迁到低能级时能量转变为热能或晶格振动动能，但不辐射光子），迅速转移到亚稳态 E_2. E_2 是一个寿命较长的能级，这样处于 E_2 上的粒子不断积累，E_1 上的粒子又由于抽运过程而减少，从而实现 E_2 与 E_1 能级间的粒子数反转，如图 4.2.4 所示.

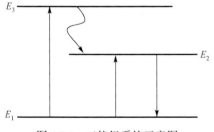

图 4.2.4　三能级系统示意图

激光产生必须有能提供光学正反馈的谐振腔. 处于激发态的粒子由于不稳定性而自发辐射到基态，自发辐射产生的光子各个方向都有，偏离轴向的光子很快逸出腔外，只有沿轴向的光子，部分通过输出镜输出，部分被反射回工作物质，在两个反射镜间往返多次被放大，形成受激辐射的光放大，即产生激光.

（三）光学倍频（Optical frequency multiplication）

光的倍频是一种最常用的扩展波段的非线性光学方法. 激光倍频技术是指通过改变激光频率，使激光向更短波长扩展，来获得范围更宽的激光波长. 激光倍频的基本原理是利用频

率为 ω 的光穿过倍频晶体，通过晶体中的非线性作用，产生频率为 2ω 的光，从而获得波长减少一半的光，例如，本实验是利于 1.064μm 近红外激光，再用 KTP 晶体进行腔内倍频得到 0.53μm 的绿激光．

当光与物质相互作用时，物质中的原子会因感应而产生电偶极矩．单位体积内的感应电偶极矩叠加起来，形成电极化强度矢量．电极化强度产生的极化场发射出次级电磁辐射．当外加光场的电场强度比物质原子的内场强小得多时，物质感生的电极化强度与外界电场强度成正比：

$$P = \varepsilon_0 \times E \tag{4.2.6}$$

在激光没有出现之前，当有几种不同频率的光波同时与该物质作用时，各种频率的光都线性独立地反射、折射和散射，满足波的叠加原理，不会产生新的频率．

当外界光场的电场强度足够大时（如激光），物质对光场的响应与场强具有非线性关系：

$$P = \alpha E + \beta E^2 + \gamma E^3 + \cdots \tag{4.2.7}$$

式中，$\alpha, \beta, \gamma, \cdots$ 均为与物质有关的系数，且逐次减小，它们数量级之比为

$$\frac{\beta}{\alpha} = \frac{\gamma}{\beta} = \cdots = \frac{1}{E_{原子}} \tag{4.2.8}$$

其中，$E_{原子}$ 为原子中的电场，其量级为 $10^8\,\mathrm{V \cdot cm^{-1}}$，当时式（4.2.7）中的非线性项 E^2、E^3 等均是小量，可忽略，如果 E 很大，非线性项就不能忽略．

考虑电场的平方项

$$E = E_0 \cos \omega t \tag{4.2.9}$$

$$P^{(2)} = \beta E^2 = \beta E_0^2 \cos^2 \omega t = \beta \frac{E_0^2}{2}(1 + \cos 2\omega t) \tag{4.2.10}$$

出现直流项和二倍频项 $\cos 2\omega t$，直流项称为光学整流，当激光以一定角度入射到倍频晶体时，在晶体产生倍频光，产生倍频光的入射角称为匹配角．

倍频光的转换效率为倍频光与基频光的光强比，通过非线性光学理论可以得到

$$\eta = \frac{I_{2\omega}}{I_\omega} \propto \beta L^2 I_\omega \frac{\sin^2(\Delta k l / 2)}{(\Delta k l / 2)} \tag{4.2.11}$$

式中，L 为晶体长度；I_ω、$I_{2\omega}$ 分别为入射的基频光、输出的倍频光的光强；k_ω 和 $k_{2\omega}$ 分别为基频光和倍频光的传播矢量；$\Delta k = k_\omega - k_{2\omega}$ 为相位失配．

在正常色散的情况下，倍频光的折射率 $n_{2\omega}$ 总是大于基频光的折射率 n_ω，所以相位失配．双折射晶体中 o 光和 e 光的折射率不同，且 e 光的折射率随着其传播方向与光轴间夹角的变化而改变，可以利用双折射晶体中 o 光、e 光间的折射率差来补偿介质对不同波长光的正常色散，实现相位匹配．

（四）激光的阈值（Threshold of laser）

1. 阈值电流（Threshold current）

由于导带中的电子与价带中的空穴复合产生光的发射，在正向上所加的脉冲电流不大时，是自发发射而不是激光．如果逐渐增大泵浦电流，当电流大于某个值时，发射光的强度急剧增大．这表明由受激发射产生了激光振荡，我们把产生这种激光振荡的起始电流值称为阈值电流．

2. 发光功率与电流的关系实验（Relationship of radiant power and current experiment）

实验要求测量加到 pn 结上的电流与发射光之间的关系，即观测半导体激光器发光功率与输入电流变化的情况. 输出激光光功率与泵浦电流的关系如图 4.2.5 所示. 从图 4.2.5 可见，在电流值小时，输出功率增加不大. 当从某一个值开始，输出功率急剧增加. 这个电流值就是阈值电流，它表示已经产生激光振荡，在高于阈值电流时，发射的光集中到同一个方向上，所以输出功率增大. 而此时输出功率随着泵浦电流增大大致上呈线性增加，加在激光器上的电流几乎都转换为激光.

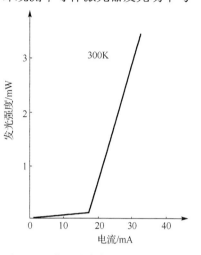

图 4.2.5　发光功率与泵浦电流的关系

三、实验仪器（Experimental instruments）

（1）808nm 半导体激光器　　　　　$\leqslant 500$mW
（2）半导体激光器可调电源　　　　电流 0～500mA
（3）Nd : YVO$_4$ 晶体　　　　　　　3mm×3mm×1mm
（4）KTP 倍频晶体　　　　　　　　2mm×2mm×5mm
（5）输出镜（前腔片）　　　　　　$\phi 6$，R=50mm
（6）光功率指示仪　　　　　　　　2μW～200mW 6 挡

实验电源接线如图 4.2.6 所示，实验实物如图 4.2.7 所示.

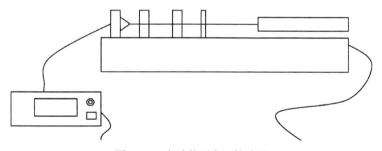

图 4.2.6　实验装置电源接线图

图 4.2.7　实验装置实物图

实验使用 808nm 半导体激光器（LD）泵浦晶体得到 1.064μm 近红外激光，再用 KTP 晶体进行腔内倍频得到 0.53μm 的绿激光，尺寸为 3mm×3mm×1mm，掺杂浓度 3at%，α 轴向切割 Nd:YVO$_4$ 晶体作工作介质，入射到内部的光约 95% 被吸收，采用 II 类相位匹配 2mm×2mm

×5mm KTP 晶体作为倍频晶体, 它的通光面同时对 1.064μm、0.53μm 高透, 采用端面泵浦以提高空间耦合效率, 用等焦距为 5mm 的梯度折射率透镜收集 808nmLD 激光聚焦成 0.1μm 的细光束, 使光束束腰在 Nd:YVO₄ 晶体内部, 谐振腔为平凹型, 后腔片受热后弯曲. 输出镜 (前腔片) 用 K9 玻璃, R 为 50mm, 对 808nm、1.064μm 高反. 用 632.8nm 氦氖激光器作指示光源.

四、实验内容与步骤（Experimental contents and procedure）

实验装置示意图 4.2.8 给出了实验元器件的位置关系。

（1）调节准直: 将 808nmLD 固定在二维调节架上; 打开氦氖激光器电源, 调节准直小孔（按照由近端→远端→近端→远端→近端的原则）, 将 632.8nm 红光通过白屏小孔聚到折射率梯度透镜上, 让 632.8nm 红光和小孔及 808nmLD 在同一轴线上.

（2）调光:

（A）打开氦氖激光器电源, 不打开半导体激光器的电源, 将 Nd:YVO₄ 晶体安装在二维调节架上, 调节 Nd:YVO₄ 晶体离半导体激光器越近越好（约 0.3cm, 调节二维调整架上的后面两个旋钮）, 将红光通过晶体并将返回的光点通过小孔.

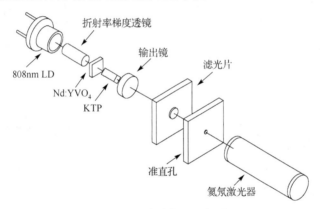

图 4.2.8　实验装置示意图

（B）将 KTP 倍频晶体安装在二维调节架上, 在 Nd:YVO₄ 晶体前固定（约 0.2cm, 调节二维调整架上的后面两个旋钮）.

（C）将输出镜（前腔片）固定在四维调节架上. 调节输出镜使返回的光点通过小孔. 对于有一定曲率的输出镜, 会有几个光斑, 应区分出从球心返回的光斑.

（D）打开半导体激光器电源, 调节多圈电势器（输出 426mA）, 寻找 532nm 倍频绿光（对于有一定曲率的输出镜, 会有几个光斑, 应区分出从球心返回的光斑）.

（E）微调, 通过调节输出镜上的二维调节钮把绿光光强调节到最强（耦合好, 绿光强）.

（3）关闭氦氖激光器电源, 去掉准直小孔, 不打开半导体激光器的电源, 安装上光功率测试仪（量程 2mW）, 先调零.

（4）打开半导体激光器的电源, 调节光功率指示仪（输出功率 0.426mW）, 然后放上滤光片, 从光功率指示仪上读出功率, 可以观察衰减现象.

（5）阈值电流与输出光功率的测量: 激光器调出绿光后, 固定激光器的前腔镜. 安装上光功率测试仪（量程 2mW）, 先调零. 打开半导体激光器的电源, 调节泵浦电流, 找出阈值电流值记录, 继续增大电流, 记录对应的输出光强.

五、实验结果与讨论（Experimental results and discussion）

（1）根据实验结果，绘制工作电流和半导体激光器的光功率图像.

（2）分析电流和半导体激光器的光功率的规律.

六、注意事项（Attentions）

（1）实验中激光器输出的光能量高、功率密度大，应避免直射到眼睛. 特别是 532nm 绿光，切勿用眼睛直视激光器的轴向输出光束，以免视网膜受到永久性的伤害.

（2）避免用手接触激光器的输出镜、晶体的镀膜面，膜片应防潮，不用的晶体、输出腔片用镜头纸包好，放在干燥器里.

（3）激光器应注意开关步骤，先检查多圈电势器是否处于最小处，再打开电源开关，逐步调整电势器，使电流逐渐增大，激光器出光. 实验完成后，调整电势器，直到电流为零，再关闭电源.

（4）氦氖激光器和半导体激光器的接线头有高压，千万别用手触摸！正确操作应该在关闭电门的情况下.

七、思考题（Exercises）

（1）半导体激光器受激发射的条件是什么？

（2）实验中存在的问题与对实验的改进意见.

关键词（Key words）：

半导体激光器（semiconductor laser），掺钕钒酸钇晶体（crystal of Nd:YVO$_4$），KTP 倍频晶体（frequency doubling crystal of KTP），输出镜（output mirror），光功率计（optical power meter）

参考文献

周炳琨. 2014. 激光原理. 7 版. 北京：国防工业出版社

实验 4.3　氦氖激光器高斯光束光强分布与发散角测量

Experiment 4.3　Measurement of He-Ne laser Gaussian beams light intensity distribution and divergence angle

稳定球面腔激光器输出及在腔内振荡的横模光束，在其横截面内，光强是按高斯函数形式分布的，故称高斯光束. 光斑半径和远场发散角是高斯光束的基本参数. 在导航及精密测量等应用中，要求激光器输出高斯光束远场发散角小，具有很好的方向性和准直性. 本实验利用平凹腔氦氖激光器来分析和研究基模高斯光束的传输特性.

一、实验目的（Experimental purpose）

（1）了解高斯光束的特点和它的特征参数（高斯光束横向光强分布、光斑半径、远场发散角）.

（2）掌握氦氖激光器的远场发散角的测量方法.

二、实验仪器（Experimental instruments）

氦氖激光器、光功率指示仪、硅光电池接收器、狭缝、微动位移台、CCD、衰减器、PC 机、图像采集卡、WGZ-Ⅲ型光强分布测定仪智能测试分析软件.

三、实验原理（Experimental principle）

（一）高斯光束及其特征参数（Gaussian beam and characteristic parameters）

1. 高斯光束的横向光场分布与束腰半径（Intensity distribution and waist radius of Gaussian beam）

共焦球面腔的基模高斯光束，沿腔轴 z 传播，其电场矢量由基尔霍夫积分公式求得，可表示为

$$E_{00}(x, y, z) = \frac{A_0}{w(z)} \exp\left[-\frac{x^2 + y^2}{w(z)}\right] \exp\left\{-ik\left[z^2 + \frac{x^2 + y^2}{2R(z)}\right] + i\varphi(z)\right\} \qquad (4.3.1)$$

坐标原点（0，0，0）在腔中心，$w(z)$、$R(z)$、$\varphi(z)$ 分别是高斯光束 z 处的光斑半径、波阵面曲率半径和位相因子. $[A_0 / w(z)]\exp[-(x^2 + y^2) / w^2(z)]\frac{1}{2}$ 代表点（x，y，z）处电场强度振幅. 因此，该点基模高斯光束的光强可表示为

$$I = I_0 \exp\left[-\frac{2(x^2 + y^2)}{w^2(z)}\right] \qquad (4.3.2)$$

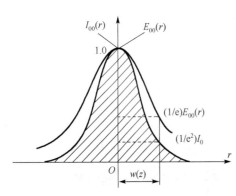

图 4.3.1　高斯光束的振幅分布和光强分布

式中，I_0 是光斑中心（0，0，z）处光强；I 是光束 z 处横截面内，离光斑中心距离 $r = \sqrt{x^2 + y^2}$ 处的光强. 显然光强分布是高斯分布. 一维情况，沿 x 轴光强的变化如图 4.3.1 所示.

图 4.3.1 中画出了激光束横向振幅分布（虚线）和光强分布（实线），并且已将 $E_{00}(z)$ 和 $I_{00}(z)$ 归一化. 在光束半径 $w(z)$ 范围内集中了 86.5%的总功率.

高斯光束的光斑半径 $w(z)$ 定义为，在光束横截面内，光强下将到光斑中心光强 I_0 的 $1 / e^2$ 时所对应的圆半径，它可表示为

$$w(z) = w_0\sqrt{1 + \left(\frac{\lambda z}{\pi w_0^2}\right)^2} \qquad (4.3.3)$$

式中，λ 是光波波长. 由式（4.3.3）得，光斑半径 $w(z)$ 在腔内和自由空间变化规律可用如下曲线方程表示：

$$\frac{w^2(z)}{w_0^2} - \frac{z^2}{\left(\frac{\pi w_0}{\lambda}\right)^2} = 1 \qquad (4.3.4)$$

由式（4.3.4）可见，沿 z 轴传播的基模高斯光束，其 $w(z)$ 随坐标 z 轴是按双曲线规律变化的，如图 4.3.2 所示.

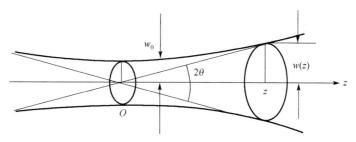

图 4.3.2　基模高斯光束的发散角

由图 4.3.2 可见，$w(z)$ 随 $|z|$ 增大而增大，在共焦腔中心 $z = 0$ 处，光斑最小. 此处称为高斯光束束腰，束腰半径 w_0 为

$$w_0 = \sqrt{\frac{L\lambda}{2\pi}} \tag{4.3.5}$$

式中，L 是共焦腔腔长；w_0 称为高斯光束的特征参数，由谐振腔的结构来决定. 只要谐振腔给定后，w_0 就是定值，高斯光束参数 $w(z)$、$R(z)$ 等均可由 w_0 求出.

本实验采用平凹腔氦氖激光器，它由平面镜和凹面镜构成谐振腔，其束腰位于平面镜上，束腰半径为

$$w_0 = \sqrt{\frac{L\lambda}{\pi}\left(\frac{R}{L}-1\right)^{\frac{1}{2}}} \tag{4.3.6}$$

式中，L 为平凹腔腔长；R 为凹面镜曲率半径.

2. 激光束的远场发散角 θ（Far-field divergence angle of laser beam θ）

尽管激光束方向性很好，但还是有一定的发散度，如图 4.3.2 中所示，光束截面最细处成为束腰. 我们将柱坐标（z、r、ϕ）的原点选在束腰截面的中点，z 是光束传播方向.

我们定义双曲线渐近线的夹角 θ 为激光束的发散角.

则有

$$2\theta(z) = 2\frac{\mathrm{d}w(z)}{\mathrm{d}z} = \frac{2\dfrac{\lambda}{\pi w_0}}{\left[1+\left(\dfrac{\pi w_0^2}{\lambda z}\right)^2\right]^{\frac{1}{2}}} \tag{4.3.7}$$

在 $z \gg \dfrac{\pi w_0}{\lambda}$ 的远场情况下，光束的发散角称为远场发散角. 此时有

$$2\theta = \lim_{z\to\infty} 2\theta(z) = 2\frac{\lambda}{\pi w_0} \tag{4.3.8}$$

一般，常用远场发散角来衡量光束的发散程度.

（二）TEM$_{00}$模式的判定及光斑半径的测量（Discrimination of TEM$_{00}$ mode and measurement of waist radius of Gaussian beam）

如何鉴别氦氖激光器的输出光束是基横模（TEM$_{00}$ 模）呢？最简单的方法是让激光束垂直射到远处的白屏幕上，若是 TEM$_{00}$ 模，它是一个圆斑，中心光强最大．精确的方法是用共焦球面扫描干涉仪，观察激光器的输出频谱．本实验测出光斑强度沿 x 轴的分布来判断激光模式．在式（4.3.2）中，令 $y = 0$，便有

$$\log I = -\left[\frac{2\log \mathrm{e}}{w^2(z)}\right]x^2 + \log I_0 \tag{4.3.9}$$

所以，若测出光强沿 x 轴的分布，并作出 $\log I \propto x^2$ 曲线，如果该曲线是一条直线，则表明输出光束是基模高斯光束，激光器工作在 TEM$_{00}$ 模状态．由该直线的斜率 a 可求出光斑半径 $w(z)$：

$$w(z) = \sqrt{\frac{2\log \mathrm{e}}{-a}} \tag{4.3.10}$$

（三）高斯光束半径和发散角的测量（Measurement of waist radius and far-field divergence angle of Gaussian beam）

氦氖激光器结构简单、操作方便、体积不大、输出波长为 632.8nm 的红光．本实验对氦氖激光束的光束半径和发散角进行测量．实验测量装置如图 4.3.4(a)所示．所用的激光器是平凹型谐振腔氦氖激光器，其腔长为 L，凹面曲率半径为 R，则可得到其束腰处的光斑半径为

$$w_0 = \left(\frac{L\lambda}{\pi}\right)^{1/2}\left(\frac{R}{L} - 1\right)^{1/4} \tag{4.3.11}$$

由这个 w_0 值，也可从 $\theta = 2\lambda / (\pi w_0)$ 算出激光束的发散角 θ．这种激光器输出光束的束腰位于谐振腔输出平面镜的位置，我们测量距束腰距离 z 为 3～5m 处的光束半径．为了缩短测量装置的长度，采用了平面反射镜折返光路，如图 1-3 所示．测量狭缝连同其后面的硅光电池作为一个整体沿光束直径方向作横向扫描，由和硅光电池连接的反射式检流计给出激光束光强横向分布．根据测得的激光束光强横向分布曲线，求出光强下降到最大光强的 e^{-2}(e = 2.718281828，e^{-2} = 0.13533)倍处的光束半径 $w(z)$，它就是激光光斑大小的描述．然后根据公式 $\theta = 2w(z) / z$ 算出光束发散角 θ．

测量时应使测量狭缝的宽度是光斑大小的 1/10 以下．

四、实验内容（Experimental contents）

方法一：CCD 法（CCD method）

1. 测量前的准备（Preparation of measurement）

（1）调节准直：按图 4.3.3 摆好光路各部件，实物图如图 4.3.4 所示．打开准直激光器电源，不开氦氖激光器电源，不加前腔片，调节准直．把准直小孔固定到氦氖激光器（准直激光）近端，调节准直激光器（调节近端前面的三个钮为主），让 632.8nm 红光通过准直小孔；把准直小孔固定到氦氖激光器（准直激光）远端，调节准直激光器（调节远端后面的三个钮

为主），让 632.8nm 红光通过准直小孔；反复调节 3 次，调节准直小孔（按照由近端→远端→近端→远端→近端的原则），让 632.8nm 红光在近端远端都通过准直小孔.

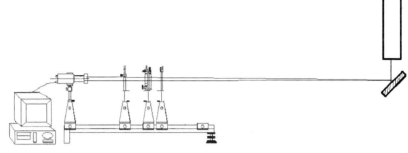

图 4.3.3　CCD 法测量装置示意图

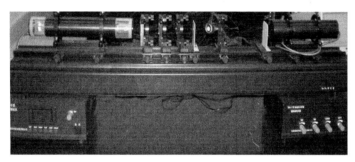

(a) 氦氖激光器实物图

(b) 氦氖激光器实验 CCD 测量系统实物图

图 4.3.4　CCD 法实物图

（2）调整氦氖激光器出光：把准直小孔固定在准直激光器的近端，加上前腔片（离氦氖激光器约 3.5cm），不要固定前腔片，通过晃动前腔片在准直小孔板上寻找闪烁的红点，记录其位置，然后固定前腔片，通过调整前腔片上的二维调节钮，再次在准直小孔板上找到闪烁的红点. 此时氦氖激光器发出激光.

2. CCD 法光路原理（Principle of CCD method beam path）

氦氖激光器经过输出镜（前腔片）发射出激光，由于激光光束的能量较大，会导致光斑中心区域光强饱和不利于后续测量光强分布，所以采用光学衰减器减小光强，CCD 在距离为 L 处接收，光束成像在 CCD 上，再通过图像采集卡转化为数字信号，通过 PC 机和光强分布测定仪智能测试分析软件进行数字图像处理，测量和分析焦斑的光强分布尺寸及其远场发散角.

3. WGZ-Ⅲ型光强分布测定仪智能测试分析软件的使用（Utilization of WGZ-Ⅲ measurement of intensity distribution software）

（1）软件的启动：点击桌面"开始"按钮，在"程序"组中选中"光强分布测定仪分析系统"后点击打开，便进入本软件的主界面.

进入系统的主界面后，点击工具栏中第一项，连接视频卡（图4.3.5），打开一个实时采集窗口. 通过调节硬件，将所要的效果图保存待处理.

系统可以将采集的图像保存为 bmp、jpg 两种格式的图片. 单击实时采集窗口菜单中的操作项，选择存为 bmp 图片或存为 jpg 图片.

图 4.3.5　软件的主界面的连接视频卡

（2）图像处理：在系统主界面菜单中选择"打开"单击，系统弹出一个文件选择对话框，如图 4.3.6 所示. 选中一个图片文件，打开后，出现一个图像操作窗口，如图 4.3.7 所示. 菜单项变为图像操作窗口中的菜单，如图 4.3.8 所示.

图 4.3.6　打开界面

图 4.3.7　光强二维分布图

图 4.3.8　操作界面

单击图像操作菜单中的水平项，系统自动计算像素 RGB 值、亮度值及最大最小亮度值，完成后弹出光强水平分布图窗口，如图 4.3.9 所示. 二维曲线显示对应图像操作窗口中的实线与虚线段间的光强值（百分率）. 对应的实际值在列表框中显示. 二维曲线可以放大缩小显示. 在面模式下 1 线是对应图像操作窗口中实线段与整个面中最大值光强的百分比. 在面模式下 2 线是对应图像操作窗口中虚线段积分后与整个面中最大值光强的百分比. 虚线段间距可以通过单击图像操作窗口菜单中的设置来完成. 在图像操作窗口中单击可以改变对应像素，二维曲线也会自动改变显示相应的光强值，列表框也会随之改变．在图像操作窗口激活状态下，通过按键盘↑、↓键也可以达到相应改变像素与曲线的效果．可以点击线模式得到单一的、经过处理的分布曲线，如图 4.3.10 所示．另外可以在图上取点（一般选取几个特殊点），以十字叉标出，同时显示所取点的坐标．单击图像操作菜单中的水平项，可得到光强水平分布图．

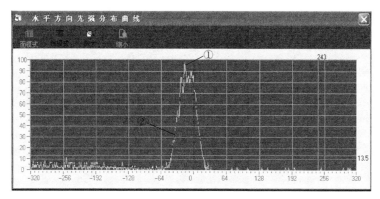

图 4.3.9　光强水平分布图

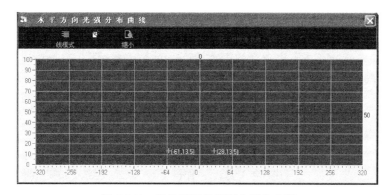

图 4.3.10　经处理后的光强水平分布图

方法二：刀口法（Knife-edge method）

1. **测量前的准备（Preparation before measurement）**

（1）调节准直：按图 4.3.11 摆好光路各部件，打开准直激光器电源，不开氦氖激光器电源，不加前腔片，调节准直．把准直小孔固定到氦氖激光器（准直激光）近端，调节准直激光器（调节近端前面的 3 个钮为主），让 632.8nm 红光通过准直小孔；把准直小孔固定到氦氖激光器（准直激光）远端，调节准直激光器（调节远端后面的 3 个钮为主），让 632.8nm 红光通过准直小孔；反复调节 3 次，调节准直小孔（按照由近端→远端→近端→远端→近端的原则），让 632.8nm 红光在近端远端都通过准直小孔．

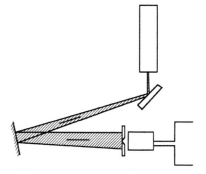

图 4.3.11　刀口法测量装置示意图

（2）调整氦氖激光器出光：把准直小孔固定在准直

激光器的近端，加上前腔片（离氦氖激光器约 3.5cm），不要固定前腔片，通过晃动前腔片在准直小孔板上寻找闪烁的红点，记录其位置，然后固定前腔片，通过调整前腔片上的二维调节钮，再次在准直小孔板上找到闪烁的红点．此时氦氖激光器发出激光．

（3）调整标尺及平面反射镜使激光束照亮测量狭缝，取 z 值为 2～5m，缝宽小于光斑大小的 1/10，接好光功率指示仪．

2. 光强横向分布的测量（Measurement of Gaussian beam intensity distribution）

移动微动平台，使狭缝和硅光电池接收器同时扫过光束，移动的方向应与光传播方向垂直．每隔 0.1～0.2mm，记录光功率指示仪的读值，重复测量三次，进行激光束的光强横向分布测量，测量 z 值．

3. 光斑半径 $w(z)$ 及发散角 θ 的确定（Measurement of Gaussian beam waist radius and far-field divergence angle）

以平均值作出光功率指示仪随测量位移之间的变化曲线，由曲线求出光斑半径 $w(z)$，并算出 θ 值，用式（4.3.7）算出发散角，将 $\theta = 2w(z)/z$ 的确定值和式（4.3.7）的 θ 值进行比较．

4. TEM$_{00}$ 模式的判定及光斑半径的测量（Discrimination of TEM$_{00}$ mode and measurement of Gaussian beam waist radius）

（1）简单测量方法：让激光束垂直射到远处的白屏幕上，若是一个圆斑，中心光强最大，则激光模式为 TEM$_{00}$ 模．

（2）精确测量方法：用共焦球面扫描干涉仪，观察激光器的输出频谱．测出光斑强度沿 x 轴的分布来判断激光模式．用式（4.3.9），并作出 $\log I \propto x^2$ 曲线，如果该曲线是一条直线，则表明输出光束是基模高斯光束．并用式（4.3.10）计算光斑半径．

五、实验步骤（Experimental procedure）

（1）将所需装置按光路图摆放在实验台上．
（2）将采集卡放入主机的卡槽中，打开计算机和氦氖激光器的电源；根据激光的射出方向，调整装置的摆放位置使之在一条直线上．
（3）将激光经过衰减器后，再由 CCD 进行接收，衰减片的添加要保证 CCD 不饱和为止．
（4）接通 CCD，打开计算机和光强分布测定仪智能测试分析软件．调整 CCD，观察光斑大小和位置，保证光斑位置在监视器的中心．
（5）若光斑中心亮度太强会导致能量饱和，不利于测量光强分布；太弱会导致对比度太差，调节光学衰减器可以得到理想的光斑图像．
（6）测量记录数据记入表 4.3.3 中．

六、实验数据及结论（Experimental data and results）

表 4.3.1　氦氖激光器光斑大小远场发散角实验的测量数据

Z	A 点坐标	B 点坐标	w/mm	θ
1m				
1.5m				
2m				
2.5m				
3m				

通过 WGZ-Ⅲ型光强分布测定仪智能测试分析软件测出光强极大值的 $1/e^2$ 处的两点 A、B 的坐标，再计算出光斑半径，由 $\tan\theta = d / L$（$d = \omega / 2$）求出发散角的大小，通过定标的方法得到两坐标点间长度换算成毫米的换算关系，距离为 1.5m 时将坐标纸置于 CCD 前并紧贴于 CCD，在坐标纸上标出光斑大小 6mm，再用 WGZ-Ⅲ型光强分布测定仪智能测试分析软件测出此时光斑大小为 100 像素，从而得到换算关系为 100 像素对应 6mm，此时 A、B 两点间宽度为 67 像素，从而得到实际光斑尺寸为 4.02mm. 由于 θ 很小，故可认为 $\theta \approx \tan\theta = d / L$，得到 $\theta = 0.0016$rad，因为 $w_0\theta_0 = 2(\lambda / \pi) = 403.05$nm，$w\theta = 5386.8$nm.

七、注意事项（Attentions）

（1）操作过程中切忌直接迎着激光传播方向观察.

（2）注意激光高压电源，以免触电和短路.

（3）测量发散角时应减小震动，避免光斑在狭缝口晃动.

关键词（Key words）：

氦氖激光（He-Ne laser），高斯光束（Gaussian beam），特征参数（characteristic parameters），光强分布（intensity distribution），发散角（divergence angle），束腰半径（waist radius），CCD 法（CCD method），刀口法（knife-edge method）

附　　录

1. 激光简介

激光（laser），原意是受激辐射放大所产生的光，它是英文 light amplification by stimulated stimulated emission of radiation 的缩写，激光科学从它的孕育到初创和发展，凝聚了众多科学家的创造智慧，其中美国物理学家汤斯和肖洛所做的开创性工作尤为突出，他们在量子电子学领域中的基础研究，导致了微波激射器和激光器的发明. 世界上第一台激光器是美国人梅曼 1960 年 5 月 15 日在加利福尼亚州休斯实验室制成的红宝石激光器，它是三能级系统，用红宝石晶体作发光材料，用发光度很高的脉冲氙灯作激发光源，获得了人类有史以来的第一束激光，波长为 694.3nm，实现了汤斯和肖洛在 1958 年的预言.

[人物介绍]

汤斯（Charles Hard Townes，1915 年出生），美国物理学家，因对量子电子学的研究和发明微波激射器，获 1964 年诺贝尔物理学奖. 他生于美国南卡罗来纳州的格林维尔，毕业于格林维尔的福尔曼大学，获加州理工学院哲学博士学位. 1939 年在贝尔电话实验室做技术工作，1948 年在哥伦比亚大学任教. 3 年后他产生微波激射的想法，用氨气作放大介质，于 1953 年 12 月造出第一台微波激射器. 这一研究导致梅曼于 1960 年获得激光. 1967 年任加利福尼亚大学教授，在该校开创了射电和红外天文学计划，结果在恒星际空间发现复杂的分子（氨和水）.

2. 激光的特征

（1）激光的空间相干性和方向性：光束的空间相干性和它的方向性是紧密联系的. 不同种类的激光器的发散角是不同的，它们的数量积是：氦氖激光器为 10^{-2}rad，固体激光器为 10^{-2}rad，半导体激光器为（5～10）×10^{-2}rad.

（2）时间相干性和单色性：时间相干性 τ_c 和单色性 $\Delta\nu$ 存在简单的关系 $\tau_c = 1/\Delta\nu$，即单色性越高，相干时间越长. 对于无源光腔的模式频带宽度 $\Delta\nu_c = \dfrac{1}{2\pi\tau_R} = \dfrac{c}{2\pi L}$. 一般来说，单模稳频气体激光器的单色性最好，一般在 $10^6 \sim 10^3$Hz，固体激光器的单色性较差，主要因为工作物质的增益曲线很宽，很难在单模下工作. 半导体激光器的单色性最差.

（3）激光的高强度（相干光强）：由于激光的光子简并度极高，激光输出的功率是很高的. 提高输出功率和效率是激光发展的重要课题. 如固体激光器的调 Q 和锁模技术的应用，可使脉宽达到 10^{-12}s. 将一个千兆瓦级（10^9W）调 Q 激光脉冲聚焦到直径为 5μm 的光斑上，可获得 10^{15}W·cm^{-2} 的功率密度.

3. 激光器的分类

激光器有不同的分类方法，一般按工作介质的不同可以分为固体激光器、气体激光器、液体激光器和半导体激光器. 另外，根据激光输出方式的不同又可分为连续激光器和脉冲激光器，其中脉冲激光的峰值功率可以非常大，还可以按发光的频率和发光功率大小分类等.

1）固体激光器

一般讲，固体激光器具有器件小、坚固、使用方便、输出功率大的特点. 这种激光器的工作介质是在作为基质材料的晶体或玻璃中均匀掺入少量激活离子，除红宝石和玻璃外，常用的有钇铝石榴石（YAG）晶体中掺入三价钕离子的激光器，它发射 1060nm 的近红外激光. 固体激光器一般连续功率可达 100W 以上，脉冲峰值功率可达 10^9W.

2）气体激光器

气体激光器具有结构简单，造价低；操作方便；工作介质均匀，光束质量好；以及能长时间较稳定地连续工作的特点. 这也是目前品种最多、应用广泛的一类激光器，市场占有率达 60%左右. 其中，氦氖激光器是最常用的一种.

3）半导体激光器

半导体激光器是以半导体材料作为工作介质的. 目前较成熟的是砷化镓激光器，发射 840nm 的激光. 另有掺铝的砷化镓、硫化铬、硫化锌等激光器. 激励方式有光泵浦、电激励等. 这种激光器体积小、质量轻、寿命长、结构简单而坚固，特别适于在飞机、车辆、宇宙飞船上用. 在 20 世纪 70 年代末期, 光纤通信和光盘技术的发展大大推动了半导体激光器的发展.

4）液体激光器

常用的是染料激光器, 采用有机染料作为工作介质. 大多数情况是把有机染料溶于溶剂（乙醇、丙酮、水等）中使用, 也有以蒸气状态工作的. 利用不同染料可获得不同波长激光（在可见光范围）. 染料激光器一般使用激光作泵浦源, 如常用的有氩离子激光器等. 它的优点为输出波长连续可调, 且覆盖面宽, 因此也得到广泛应用.

4. 激光原理概述

1）普通光源的发光——受激吸收和自发辐射

普通常见光源的发光（如电灯、火焰、太阳等的发光）是由于物质在受到外来能量（如光能、电能、热能等）作用时, 原子中的电子就会吸收外来能量而从低能级跃迁到高能级, 即原子被激发. 激发的过程是一个"受激吸收"过程. 如图 4.3.12(b)所示, 处在高能级（E_2）的电子寿命很短（一般为 $10^{-9} \sim 10^{-8}$s）, 在没有外界作用时会自发地向低能级（E_1）跃迁, 跃迁时将产生光（电磁波）辐射. 辐射光子能量为

$$hv = E_2 - E_1$$

这种辐射称为自发辐射. 如图 4.3.12(a)所示, 原子的自发辐射过程完全是一种随机过程, 各发光原子的发光过程各自独立, 互不关联, 即所辐射的光在发射方向上是无规则地射向四面八方, 另外相位、偏振状态也各不相同. 由于激发能级有一个宽度, 所以发射光的频率也不是单一的, 而有一个范围. 在通常热平衡条件下, 处于高能级 E_2 上的原子数密度 N_2 远比处于低能级的原子数密度低, 这是因为处于能级 E 的原子数密度 N 的大小随能级 E 的增加而指数减小, 即 $N \propto \exp(-E/kT)$, 这是著名的玻尔兹曼分布规律. 于是在上、下两个能级上的原子数密度比为

$$N_2 / N_1 \propto \exp[-(E_2 - E_1)/kT]$$

式中, k 为玻尔兹曼常量; T 为绝对温度. 因为 $E_2 > E_1$, 所以 $N_2 < N_1$. 例如, 已知氢原子基态能量为 $E_1 = -13.6\text{eV}$, 第一激发态能量为 $E_2 = -3.4\text{eV}$, 在 20℃时, $kT \approx 0.025\text{eV}$, 则

$$N_2 / N_1 \propto \exp(-400) \approx 0$$

可见, 在 20℃时, 全部氢原子几乎都处于基态, 要使原子发光, 必须外界提供能量使原子到达激发态, 所以普通广义的发光是包含了受激吸收和自发辐射两个过程. 一般说来, 这种光源所辐射光的能量是不强的, 加上向四面八方发射, 更使能量分散了.

2）受激辐射和光的放大

由量子理论知识了解, 一个能级对应电子的一个能量状态. 电子能量由主量子数 $n(n = 1, 2, \cdots)$ 决定. 但是实际描写原子中电子运动状态, 除能量外, 还有轨道角动量 L 和自旋角动量 s, 它们都是量子化的, 由相应的量子数来描述. 对轨道角动量, 玻尔曾给出了量子化公式 $Ln = nh$, 但这不严格, 因这个式子还是在把电子运动看成轨道运动的基础上得到的. 严格的能量量子化以及角动量量子化都应该由量子力学理论来推导. 量子理论告诉我们, 电子从高能态向低能态跃迁时只能发生在 l（角动量量子数）相差 ±1 的两个状态之间, 这就是一种选择规则. 如果选择规则不满足, 则跃迁的几率很小, 甚至接近零. 在原子中可能存在这样一些能级, 一旦电子被激发到这种能级上时, 由于不满足跃迁的选择规则, 可使它在这种

能级上的寿命很长，不易自发跃迁到低能级上．这种能级称为亚稳态能级．但是，在外加光的诱发和刺激下可以使其迅速跃迁到低能级，并放出光子．这种过程是被"激"出来的，故称受激辐射．如图 4.3.12(c)所示，受激辐射的概念是爱因斯坦于 1917 年在推导普朗克的黑体辐射公式时，第一个提出来的．他从理论上预言了原子发生受激辐射的可能性，这是激光的基础．

受激辐射的过程大致如下：原子开始处于高能级 E_2，当一个外来光子所带的能量 $h\nu$ 正好为某一对能级之差 $E_2 - E_1$，则这原子可以在此外来光子的诱发下从高能级 E_2 向低能级 E_1 跃迁．这种受激辐射的光子有显著的特点，就是原子可发出与诱发光子全同的光子，不仅频率（能量）相同，而且发射方向、偏振方向以及光波的相位都完全一样．于是，入射一个光子，就会出射两个完全相同的光子．这意味着原来光信号被放大，这种在受激过程中产生并被放大的光，就是激光．

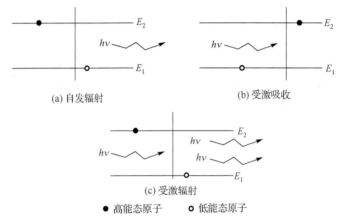

(a) 自发辐射　　　　　　　　　　　　　(b) 受激吸收

(c) 受激辐射

● 高能态原子　　　○ 低能态原子

图 4.3.12　双能级原子中的三种跃迁

3）粒子数反转

一个诱发光子不仅能引起受激辐射，而且它也能引起受激吸收，所以只有当处在高能级的原子数目比处在低能级的还多时，受激辐射跃迁才能超过受激吸收而占优势．由此可见，为使光源发射激光，而不是发出普通光的关键是发光原子处在高能级的数目比低能级上的多，这种情况称为粒子数反转．但在热平衡条件下，原子几乎都处于最低能级（基态）．因此，如何从技术上实现粒子数反转则是产生激光的必要条件．

5．激光器的结构

以红宝石激光器为例，激光器一般包括三个部分，如图 4.3.13 所示．

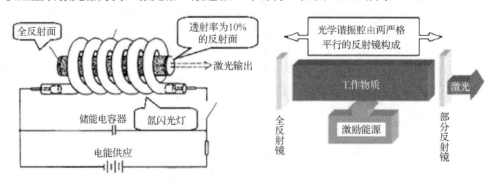

图 4.3.13　激光器的结构图

1）激光工作介质

激光的产生必须选择合适的工作介质，可以是气体、液体、固体或半导体．在这种介质中可以实现粒子数反转，以制造获得激光的必要条件．显然亚稳态能级的存在，对实现粒子数反转是非常有利的．现有工作介质近千种，可产生的激光波长包括从真空紫外到远红外，非常广泛．

2）激励源

为了使工作介质中出现粒子数反转，如图 4.3.14 所示．必须用一定的方法去激励原子体系，使处于上能级的粒子数增加．一般可以用气体放电的办法来利用具有动能的电子去激发介质原子，称为电激励；也可用脉冲光源来照射工作介质，称为光激励；还有热激励、化学激励等．各种激励方式被形象化地称为泵浦或抽运．为了不断得到激光输出，必须不断地"泵浦"以维持处于上能级的粒子数比下能级多．

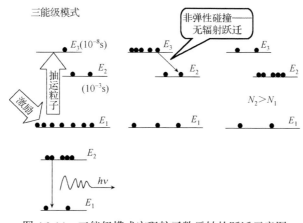

图 4.3.14　三能级模式实现粒子数反转的跃迁示意图

3）谐振腔

有了合适的工作物质和激励源后，可实现粒子数反转，但这样产生的受激辐射强度很弱，无法实际应用．于是人们就想到了用光学谐振腔进行放大．所谓光学谐振腔，实际是在激光器两端，面对面装上两块反射率很高的镜子．一块几乎全反射，另一块光大部分反射、少量透射出去，以使激光可透过这块镜子而射出．被反射回到工作介质的光，继续诱发新的受激辐射，光被放大．因此，光在谐振腔中来回振荡，造成连锁反应，雪崩似的获得放大，产生强烈的激光，从部分反射镜一端输出．

光学谐振腔结构：

在工作物质的两端安置两面互相平行的反射镜，其中一面是全反射镜，另一面是部分反射镜，这两面反射镜及它们之间的空间称为光学谐振腔，如图 4.3.15 所示．

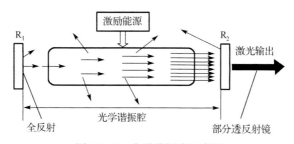

图 4.3.15　光学谐振腔示意图

光学谐振腔其作用:

（1）产生和维持光振荡.

光在粒子数反转的工作物质中传播时，得到光放大，当光到达反射镜时，又反射回来穿过工作物质，进一步得到光放大，这样不断地反射的现象为光振荡.

（2）确定激光方向.

从部分透射光反射镜透射出的光很强，这就是输出的激光. 由于只有在轴线方向上振荡的光才加强，其他方向的光受抑制，所以激光的方向性好.

（3）选频.

光在谐振腔传播时形成驻波，由于要满足驻波条件 $l = k\lambda / 2$，所以激光的单色性好. 不满足此条件的光很快减弱而被淘汰，谐振腔又起选频的作用，如图 4.3.16 所示.

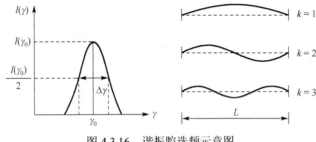

图 4.3.16　谐振腔选频示意图

与谐振腔纵向长度有关的每个振动模式称为纵模.

因

$$V_k = \frac{c}{\lambda_k} = k \frac{c}{2nL}$$

则

$$\Delta V_k = \frac{c}{2nL}$$

例如，在氦氖激光器 $0.6328\mu m$ 自然谱线宽度 $\Delta\nu = 1.3 \times 10^9 \mathrm{Hz}$ 内，若 $L = 1\mathrm{m}$，$n \approx 1$ 可以存在的纵模个数为

$$N = \Delta\nu / \Delta\nu_k = (1.3 \times 10)^9 / (1.5 \times 10)^8 \approx 8$$

利用加大 $\Delta\nu_k$ 的办法就可使在 $\Delta\nu$ 范围内，只有一个纵模频率，如图 4.3.17 所示. 例如，缩短管长到 $10\mathrm{cm}$，则 $N \approx 1$.

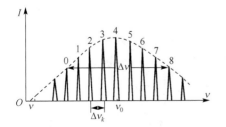 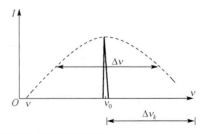

图 4.3.17　自然谱线宽度内纵模个数调整示意图

（4）选偏振.

激光器分内腔式激光器和外腔式激光器. 内腔式激光器结构简单，谐振腔长度是不调的，频率是固定的，且是非偏振的；外腔式激光器因两个反射镜是放在放电管的外侧，长度是可调的，频率是可变的，且是偏振的.

实验 4.4　共焦球面扫描干涉仪与氦氖激光束的模式分析
Experiment 4.4　Confocal spherical mirror scanning interferometer and analysis of He-Ne laser beam mode

一、实验目的（Experimental purpose）

（1）熟悉氦氖激光器的模式结构.

（2）了解共焦球面扫描干涉仪的原理，掌握其使用方法.

（3）掌握用共焦球面扫描干涉仪测量氦氖激光器纵横模的方法.（学习观测激光束横模、纵模的实验方法.）

二、实验仪器（Experimental instruments）

共焦球面扫描干涉仪、高速光电接收器及其电源、锯齿波发生器、示波器、氦氖激光器及其电源.

三、实验原理（Experimental principle）

1. 氦氖激光器的结构（Structure of He-Ne laser）

氦氖激光器是最常用的连续工作气体激光器，以结构形式不同可分为内腔式、半内腔式和外腔式激光器，如图 4.4.1 所示.

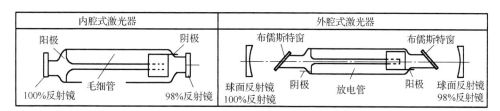

图 4.4.1　氦氖激光器的结构示意图

两个反射镜组成光学谐振腔，放电管内充以氦、氖气体，两电极通过毛细管放电激励激光工作物质，在氖原子的一对能级间造成集居数反转，产生受激辐射.

2. 氦氖激光的模式（He-Ne laser mode）

由于谐振腔的作用，受激辐射光在腔内来回反射，多次通过激活介质而不断加强. 如果单程增益大于单程损耗，则有稳定的激光输出. 激光器内能够产生稳定光振荡的形式称为模式.

由于各种因素引起的谱线加宽，激光介质的增益系数有一随频率的分布，如图 4.4.2(a)所示，该曲线称为增益曲线．对于氦氖激光器，氖原子的自发辐射中心波长为 0.6328μm，增益线宽约为 1500MHz．由无源谐振腔理论可知，激光器的谐振腔具有无数个固有的分立的谐振频率，只有频率落在工作物质增益曲线范围内并满足激光器阈值条件的那些模式，才能形成激光振荡，如图 4.4.2 所示．

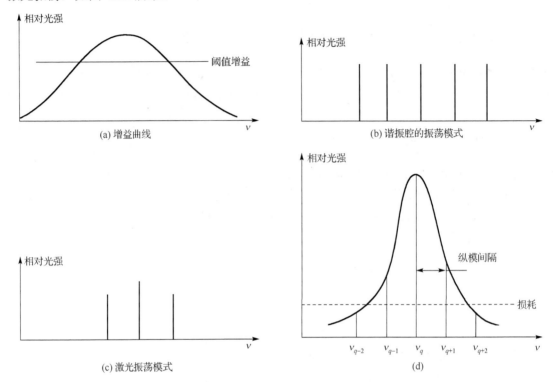

图 4.4.2　氦氖激光器的振荡模式示意图

1）氦氖激光的横模（Transverse mode of He-Ne laser）

如果不采取选模措施，则一般情况下氦氖激光器以多模方式工作．不同的振荡模式具有不同的光场分布．光腔的模式可以分解为纵模和横模，它们分别代表光腔模式的纵向（即腔轴 z 方向）的光场分布 $E(z)$ 和横向（即垂直于腔轴方向的 xy 平面）的光场分布 $E(x, y)$．通常用符号 TEM_{mnq} 来描述激光谐振腔内电磁场的不同模式，其中 q 为纵模阶次，一般为很大的正整数，m, n 为横模阶次，一般为 0，1，2，…．TEM_{00q} 代表基横模，它对应的光场分布的特点是：在光腔轴线上光振幅最大，从中心到边缘振幅逐渐降落，当 $m \neq 0$ 或 $n \neq 0$ 时，TEM_{mnq} 代表高阶模．如图 4.4.3 所示．

2）激光器的纵模（Longitudinal mode of laser）

当腔长 L 恰是半个波长的整数倍时，才能在腔内形成驻波，形成稳定的振荡，故有

$$L = q\lambda / 2 \tag{4.4.1}$$

式中，q 即为纵模的阶数；λ 是光波在激活物质中的波长，故有 $\lambda = c / n_2 v$，c 是光速．代入式（4.4.1），得

$$v_q = qc / (2n_2 L)$$

v_q 为在腔内能形成稳定振荡的频率，不同的整数 q 值对应着不同的输出频率 v_q．相邻两纵模（$\Delta q = 1$）的频率差为

$$\Delta \nu = c / (2n_2 L) \tag{4.4.2}$$

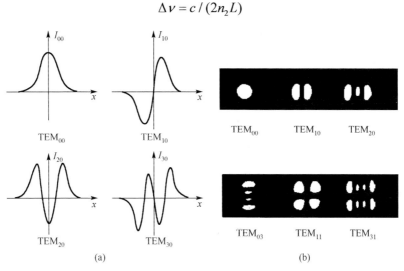

图 4.4.3　常见的横模光斑

激光器对不同频率有不同的增益，只有当增益值大于阈值的频率才能形成振荡而产生激光．例如，$L = 1\text{m}$ 的氦氖激光器，其相邻纵模频率差 $\Delta \nu = c / (2L) = 1.5 \times 10^8 \text{Hz}$，若其增益曲线的频宽为 $1.5 \times 10^9 \text{Hz}$，则可输出 10 个纵模．腔长 L 越短，则 $\Delta \nu$ 越大，输出的纵模就越少．对于增益频宽 $1.5 \times 10^9 \text{Hz}$ 的激光，若 L 小于 0.15m，则将输出一个纵模，即输出单纵模的激光．

3）激光器的横模

对于满足形成驻波共振条件的各个纵模来说，还可能存在着横向场分布不同的横模．同一纵模不同横模，其频率亦有差异．某一个任意的 TEM_{mnq} 模的频率 ν_{mnq} 经计算得

$$\nu_{mnq} = \frac{c}{4n_2 L}\left\{ 2q + \frac{2}{\pi}(m + n + 1)\arccos\left[\left(1 - \frac{L}{r_1}\right)\left(1 - \frac{L}{r_2}\right)\right]^{1/2} \right\}$$

其中，r_1、r_2 分别是谐振腔两反射镜的曲率半径．若横模阶数由 m 增到 $m' = m + \Delta m$，n 增到 $n' = n + \Delta n$，则有

$$\nu_{m'n'q} = \frac{c}{4n_2 L}\left\{ 2q + \frac{2}{\pi}(m + n + 1 + \Delta m + \Delta n)\arccos\left[\left(1 - \frac{L}{r_1}\right)\left(1 - \frac{L}{r_2}\right)\right]^{1/2} \right\}$$

两式相减，得到不同横模之间的频率差

$$\Delta \nu_{mnm'n'} = \frac{c}{2n_2 L}\left\{ \frac{1}{\pi}(\Delta m + \Delta n)\arccos\left[\left(1 - \frac{L}{r_1}\right)\left(1 - \frac{L}{r_2}\right)\right]^{1/2} \right\} \tag{4.4.3}$$

将横模频率差的式（4.4.3）和纵模频率差的式（4.4.2）相比，二者差一个分数因子，并且相邻横模（Δm、$\Delta n = 1$）之间的频率差 $\Delta \nu$ 一般总是小于相邻纵模频率差 $c / (2n_2 L)$．例如，增益频宽为 $1.5 \times 10^9 \text{Hz}$、腔长 $L = 0.24\text{m}$ 的平凹（$r_1 = 1\text{m}, r_2 = \infty$）谐振激光器，其纵模频率差按式（4.4.2）算得为 $6.25 \times 10^8 \text{Hz}$；对于横模 TEM_{00} 和横模 TEM_{01} 之间的频率差用 $\Delta \nu_{00,01}$（即 $\Delta m = 0 - 0 = 0$，$\Delta n = 1 - 0 = 1$）表示，将各值代入，可得相邻横模频率差

$$\Delta \nu_{00,01} = \frac{3 \times 10^8}{2n_2 0.24} \left\{ \frac{1}{\pi}(0+1) \arccos \left[\left(1 - \frac{0.24}{1}\right)\left(1 - \frac{0.24}{\infty}\right) \right]^{1/2} \right\} = 1.02 \times 10^3 (\text{Hz}) \quad (n_2 = 1.0)$$

这个激光器的增益频宽 1.5×10^9 Hz 里含有 2.5 个纵模. 当用扫描干涉仪来分析这个激光器的模式时, 若它仅存在 TEM_{00} 模, 有时可看到 3 个尖峰, 有时看到两个尖峰; 当还存在 TEM_{01} 模时, 可有两组或三组尖峰, 有的组可能有一个峰. 这些都是由于激光器腔长 L 的变化所得到的. 用扫描干涉仪分析激光器模式是很方便的.

根据激光器不同的模式具有不同谐振频率的特点, 可以通过分析激光器的频谱结构来判断激光器的振荡模式. 本实验应用共焦球面扫描干涉仪测量氦氖激光器的频谱. 应该指出, 由激光器的频谱图一般只能测出激光器各谱线的频率差, 并不能直接测出 m, n, q 的值. 要判断激光器的模式结构, 还应根据光斑形状及谐振腔具体参数等多种因素进行综合分析.

1958 年, 法国人柯勒斯(Connes)根据多光束的干涉原理, 提出了一种共焦球面干涉仪. 到了 20 世纪 60 年代, 这种共焦系统广泛用作激光器的谐振腔. 同时, 由于激光科学的发展, 迫切需要对激光器的输出光谱特性进行分析. 全息照相和激光准直要求的是单横模激光器; 激光测长和稳频技术不仅要求激光器具有单横模性质, 而且还要求具有单纵模的输出. 于是在共焦球面干涉仪的基础上发展了一种球面扫描干涉仪. 这种干涉仪以压电陶瓷作扫描元件或用气压进行扫描, 其分辨率可达 10^7 以上.

共焦腔结构有许多优点. 首先由于共焦腔具有高度的模简并特性, 所以不需要严格的模匹配, 甚至光的行迹有些离轴也无甚影响. 同时对反射镜面的倾斜程度也没有过分苛刻的要求, 这一点对扫描干涉仪是特别有利的. 由于共焦腔衍射损失小而且在反射镜上的光斑尺寸很小, 因此可以大大降低对反射面的加工要求, 便于批量生产、推广使用.

3. 共焦球面扫描干涉仪工作原理 (Working principle of confocal spherical-mirror scanning interferometer)

共焦球面扫描干涉仪 (简写为 FPS) 是一种分辨率很高的分光仪器, 已经成为激光技术中一种重要的测量设备. 实验中使用它, 将彼此频率差异甚小 (几十至几百兆赫兹) 的激光纵模展成频谱图来进行观测.

共焦球面扫描干涉仪是一个无源谐振腔, 由两个曲率半径 r 相等、镀有高反膜层的球形凹面镜 M_1、M_2 组成, 二者之间的距离 L 称为腔长, 共焦球面扫描干涉仪内部光路如图 4.4.4 所示, 共焦球面扫描干涉仪内部结构如图 4.4.5 所示, ①为由低膨胀系数制成的间隔圈, 用以保证两球形凹面反射镜总是处于共焦状态. ②为压电陶瓷环, 其特性是若在环内壁上加一定数量的电压, 环的长度将随之发生变化, 而且长度的变化与外加电压幅度呈线性关系, 这正是扫描干涉仪被用来扫描的基本条件. 由于长度变化很小, 仅为光波波长量级, 它不足以改变腔的共焦状态. 但当线性关系不好时, 会带来一定的测量误差.

压电陶瓷在内外两面加上锯齿波电压后, 驱动一个反射镜做周期性运动, 用以改变腔长 L 而实现光谱扫描. 由于腔长 L 恰等于曲率半径 r, 所以两反射镜焦点重合, 组成共焦系统. 当一束波长为 λ 的光近轴入射到干涉仪内时, 在忽略球差情况下, 光线走一闭合路径, 即光线在腔内反射, 往返两次之后又按原路行进. 从图 4.4.4 可以看出, 一束入射光将有 1、2 两组透射光. 若 m 是光线在腔内往返的次数, 则 1 组经历了 $4m$ 次反射; 2 组经历了 $4m+2$ 次反射. 设反射镜的反射率为 R, 则 1、2 两组的透射光强分别为

$$I_1 = I_0 \left(\frac{T}{1 - R^2} \right)^2 \left[1 + \left(\frac{2R}{1 - R^2} \right)^2 \sin^2 \beta \right]^{-1} \tag{4.4.4}$$

$$I_2 = R^2 I_1 \tag{4.4.5}$$

其中，I_0 是入射光强；T 是透射率；β 是往返一次所形成的相位差，即

$$\beta = 2n_2 L 2\pi / \lambda \tag{4.4.6}$$

n_2 是腔内介质的折射率.

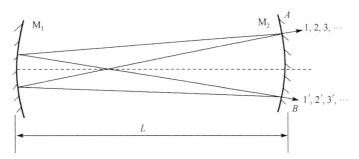

图 4.4.4　共焦球面扫描干涉仪内部光路图

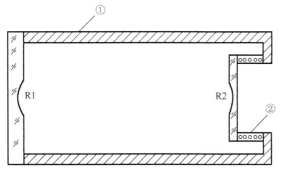

图 4.4.5　共焦球面扫描干涉仪内部结构示意图

当 $\beta = k\pi$（k 是任意整数），即

$$4n_2 L = k\lambda \tag{4.4.7}$$

时，透射率有极大值

$$T_{\max} = I_1 / I_0 = T^2 / (1 / R^2)^2 \tag{4.4.8}$$

由于腔内存在着各种各样的吸收，我们假设吸收率为 A，则有

$$R + T + A = 1 \tag{4.4.9}$$

将式（4.4.9）代入式（4.4.8），在反射率 $R \approx 1$ 情况下，可有

$$T_{\max} \approx \frac{1}{4 \left(1 + \dfrac{A}{T} \right)^2} \tag{4.4.10}$$

据式（4.4.8）可知，改变腔长 L 或改变折射率 n_2，就可以使不同波长的光以最大透射率

透射，实现光谱扫描. 可用改变腔内气体气压的方法来改变 n_2，本实验中将锯齿波电压加到压电陶瓷上驱动和压电陶瓷相连的反射镜来改变腔长 L，以达到光谱扫描的目的.

4. 共焦球面干涉仪的性能指标（Performance indicat of confocal spherical-mirror scanning interferometer）

1）自由光谱范围 $\Delta\lambda_{SR}$（Free spectrum range）

由干涉方程（4.4.7）$4n_2L = k\lambda$ 对 k 和 λ 求全微分得 $k\Delta\lambda = -\lambda\Delta k$，则

$$\left|\Delta\lambda_{SR}\right| = (\lambda/k)_{\Delta k=1} = \lambda^2/(4n_2L) \tag{4.4.11}$$

式（4.4.11）所表示的 $\Delta\lambda$ 就是干涉仪的自由光谱范围. 由 $\left|\Delta\lambda/\lambda\right| = \left|\Delta\nu/\nu\right|$ 可知，用 $\Delta\nu_{SR}$ 频率间隔来表示光谱自由范围则有

$$\Delta\nu_{SR} = \frac{c}{4L} \tag{4.4.12}$$

自由光谱范围 $\Delta\nu$ 在 $n_2 = 1$ 时，仅由腔长 L 决定. 它表征波长在 $\lambda \sim \lambda + \Delta\lambda$ 范围内的光，产生的干涉圆环不相互重叠. 如图 4.4.6 所示，k 表示干涉的序数. 所谓自由光谱范围（S, R）就是指扫描干涉仪所能扫描出的不重序的最大波长差 $\Delta\lambda_{SR}$ 或频率 $\Delta\nu_{SR}$

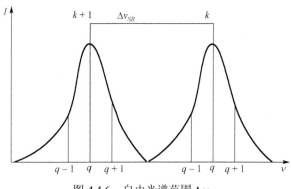

图 4.4.6　自由光谱范围 $\Delta\nu_{SR}$

2）分辨本领 R_0（Resolving power）

干涉仪的分辨本领 R_0 定义为波长 λ 和在该处可分辨的最小波长间隔 $\delta\lambda$ 的比值，即

$$R_0 = \lambda/\delta\lambda \tag{4.4.13}$$

3）精细常数 F（Fine-structure constant）

精细常数 F 是描述干涉仪谱线的细锐程度的，它被定义为干涉仪的自由光谱范围和分辨极限之比，即

$$F = \Delta\lambda/\delta\lambda = \Delta\nu/\delta\nu \tag{4.4.14}$$

F 也表征了在自由光谱范围内可分辨的光谱单元的数目. 干涉仪精细常数受反射镜面的规整度和反射率 R 影响. 共焦球面干涉仪的反射率 R 和精细常数 F 之间有

$$F = \pi R/(1 - R^2) \tag{4.4.15}$$

四、实验仪器（Experimental instruments）

（1）半外腔布儒斯特窗氦氖激光器（632.8nm，1.5mW）；

（2）准直调节用光源：二维可调氦氖激光器（632.8nm，1.0mW）；

（3）共焦球面扫描干涉仪（腔长 20.56mm，凹面镜反射率 0.99，精细结构>100，自由光谱范围 4GHz）；

（4）高速光电接收器；

（5）锯齿波发射器；

（6）示波器；

（7）氦氖激光器可调节电源；

（8）输出镜；

（9）光学实验导轨；

（10）准直调节用的小孔和支撑调节架.

实验装置方框图如图 4.4.7 所示.

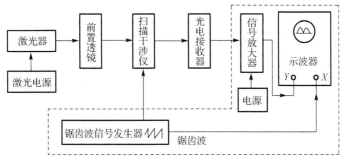

图 4.4.7　实验装置方框图

五、实验内容与实验步骤（Experimental contents and procedure）

（1）点燃准直调节用氦氖激光器.

（2）调节光路，首先使准直调节用氦氖激光的光束通过准直小孔，调节扫描干涉仪使光束正好射入孔中心. 再细调干涉仪板架上的方位螺丝，使从干涉仪腔镜反射的最亮光点回到准直小孔的中心附近. 这是表明入射光束和干涉仪的光轴基本重合.

（3）将光点放大器的接收部位对准扫描干涉仪的输出端. 接通放大器、锯齿波发生器、示波器的开关，观察示波器上展现的光谱图. 进一步细调干涉仪的两个方位螺丝，使谱线尽量强，噪声最小.

（4）改变锯齿波输出电压的峰值，观察示波器上干涉序列的数目有何变化，确定示波器上应展示的光谱干涉个数. 根据干涉个数和频谱的周期性，确定哪些模式属于同一系列 k.

（5）根据自由光谱范围的定义，确定它所对应的频率间隔（即哪两条谱线间隔为 $|\Delta\nu|$ ）. 为减少测量误差，需要对 x 轴增幅，数出与 $|\Delta\nu|$ 相对应的格数 y，计算出两者之比值，即每厘米代表的频率间隔值.

（6）在同一干涉序列 k 内观察，根据纵模定义对照频谱特征，确定纵模个数，并数出纵

模频率间隔格数 x，然后利用公式 $\Delta\nu_{纵} = (x/y)\,\Delta\nu$ 算出 $\Delta\nu_{纵}$，与理论值比较，检验辨认测量值是否正确.

（7）选做：测量扫描干涉仪的精细常数 F.

六、思考题（Exercises）

（1）如何调节和判断实验光路中各元件同轴等高？

（2）在示波器上显示的激光模式频谱图中，如何判断扫描干涉仪的自由光谱区 $\Delta\nu_{SR}$？

（3）观察示波器荧光屏上看到的激光模式频谱图，根据模式频谱图的移动能否判断干涉仪的扫描谱线频率较高的方向？

（4）实验所测数据可能产生的误差有哪些？是偶然误差还是系统误差？

（5）用扫描干涉仪能测量激光谱线的线宽吗？

七、注意事项（Attentions）

（1）扫描干涉仪的压电陶瓷易碎，在实验过程中应轻拿轻放.

（2）扫描干涉仪的通光孔，在平时不用时应用胶带封好，防止灰尘进入.

（3）锯齿波发生器不允许空载，必须连接扫描干涉仪后，才能打开电源.

关键词（Key words）：

共焦球面扫描干涉仪（confocal spherical mirror scanning interferometer），激光束模式（laser beam mode），横模（transverse mode），激光的纵模（longitudinal mode of laser），自由光谱范围（free spectrum range），分辨本领（resolving power），精细常数（fine-structure constant）

参考文献

兰信钜. 1983. 激光技术. 长沙：湖南科学技术出版社

雷士湛. 1992. 激光技术手册. 北京：科学出版社

刘敬海，徐荣甫. 1995. 激光器件与技术. 北京：北京理工大学出版社

周炳琨，等. 激光原理. 北京：国防工业出版社（第七版）

实验 4.5　YAG 激光器的电光调 Q 实验

Experiment 4.5　YAG laser electro-optic Q-switching experiment

一、实验目的（Experimental purpose）

（1）掌握电光 Q 开关的原理及调试方法.

（2）学会电光 Q 开关装置的调试及主要参数的测试.

二、实验原理（Experimental principle）

调 Q 技术的发展和应用，是激光发展史上的一个重要突破. 一般的固体脉冲激光器输出的光

脉冲,其脉宽持续在几微秒(μs)甚至几纳秒(ns),其峰值功率也只有 kW 级水平,因此,压缩脉宽,增大峰值功率一直是激光技术所需解决的重要课题. 调 Q 技术就是为了适应这种要求而发展起来的.

调 Q 基本概念:用品质因数 Q 值来衡量激光器光学谐振腔的质量优劣,是对腔内损耗的一个量度.

调 Q 技术中,品质因数 Q 定义为腔内储存的能量与每秒钟损耗的能量之比,可表达为

$$Q = 2\pi \nu_0 \frac{\text{腔内储存的激光能量}}{\text{每秒钟损耗的激光能量}} \quad (4.5.1)$$

式中, ν_0 为激光的中心频率.

如用 E 表示腔内储存的激光能量, γ 为光在腔内走一个单程能量的损耗率,那么光在这一单程中对应的损耗能量为 γE. 用 L 表示腔长, n 为折射率, c 为光速,则光在腔内走一个单程所用时间为 nL/c. 由此,光在腔内每秒钟损耗的能量为 $\gamma Ec/(nL)$. 这样 Q 值可表示为

$$Q = 2\pi \nu_0 \frac{E}{\gamma Ec/(nL)} = \frac{2\pi nL}{\gamma \lambda_0} \quad (4.5.2)$$

式中, λ 为真空中激光波长. 可见 Q 值与损耗率总是成反比变化的,即损耗大 Q 值就低;损耗小 Q 值就高.

固体激光器由于存在弛豫振荡现象,产生了功率在阈值附近起伏的尖峰脉冲序列,其总的脉冲宽度持续几百微秒甚至几毫秒,峰值功率也只有几十千瓦的水平,从而阻碍了激光脉冲峰值功率的提高,远不能满足诸如激光精密测距、激光雷达、高速摄影、高分辨率光谱学研究等的要求. 正是在这些要求的推动下,人们研究和发展了调 Q 技术. 调 Q 技术的出现是激光发展史上的一个重大突破,它不仅大大推动了一些应用技术的发展,而且成为科学研究的有力工具.

如果我们设法在泵浦开始时使谐振腔内的损耗增大,即提高振荡阈值,振荡不能形成,使激光工作物质上能级的粒子数大量积累. 当积累到最大值(饱和值)时,突然使腔内损耗变小, Q 值突增. 这时,腔内会像雪崩一样以飞快的速度建立起极强的振荡,在短时间内反转粒子数被大量消耗,转变为腔内的光能量,并在透反镜端面耦合输出一个极强的激光脉冲,通常把这种光脉冲称为巨脉冲. 调节腔内的损耗实际上是调节 Q 值,调 Q 技术即由此而得名,也称为 Q 突变技术或 Q 开关技术.

用不同的方法去控制不同的损耗,就形成了不同的调 Q 技术. 有转镜调 Q 技术、电光调 Q 技术、可饱和染料调 Q 技术、声光调 Q 技术、透射式调 Q 技术.

本实验以电光 Q 开关激光器的原理、调整、特性测试为主要内容.

利用晶体的电光效应制成的 Q 开关,具有开关速度快;所获得激光脉冲峰值功率高,可达几兆瓦至几吉瓦;脉冲宽度窄,一般可达几至几十纳秒;器件的效率高,可达动态效率 1%;器件输出功率稳定性较好,产生激光时间控制程度高,便于与其他仪器联动,器件可以在高重复频率下工作等优点. 所以这是一种已获广泛应用的 Q 开关.

电光 Q 开关的详细结构如图 4.5.1 所示. 图中的偏振器使腔内的激光振荡具有起偏器允许通过的偏振方向,一般选为垂直方向.

电光调 Q 开关通常也称为普克尔盒开关,它的基本原理是利用某些单轴晶体的线性电

光效应，使通过晶体的光束的偏振状态发生改变，从而达到接通或切断腔内振荡光路的开关作用.

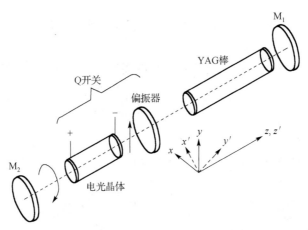

图 4.5.1　退压式调 Q 示意图

线性电光开关基本上又可分为两类：一类是利用 KD^*P（磷酸二氢钾）型晶体的纵向线性电光效应，即光束方向及外加电场方向均与晶体光轴同向；另一类是利用 $LiNbO_3$（铌酸锂）型晶体的横向线性电光效应，即光束与晶体光轴同向，而外加电场方向与光轴及光束方向相垂直.

一般多使用带起偏器的 $\lambda/4$ 电光开关，这种开关又分为退压和加压两种工作方式. 图 4.5.1 为退压式电光开关，电光晶体施加 $\lambda/4$ 调制电压，由棒透过起偏器的 P 线偏振光两次通过电光晶体后，偏振面正好偏转 90° 变成 S 光，被偏振片反射到腔外，激光器处于高损耗关门状态，当突然去掉晶体上的调制电压后，开关迅速打开，振荡光路接通，从而产生强的短脉冲激光振荡输出.

YAG 棒在闪光灯的激励下产生无规则偏振光，通过偏振器后成为线偏振光，若起偏方向与 KD^*P 晶体的晶轴 x（或 y）方向一致，并在 KD^*P 上施加一个 $V/4$ 的外加电场. 由于电光效应产生的电感应主轴 x' 和 y' 与入射偏振光的偏振方向成 45° 角，这时调制器起到了一个 1/4 波片的作用，显然，线偏振光通过晶体后产生了 $\pi/2$ 的相位差，可见往返一次产生的总相差为 π，线偏振光经这一次往返后偏振面旋转了 90°，不能通过偏振器. 这样，在调制晶体上加有 1/4 波长电压的情况下，由介质偏振器和 KD^*P 调制晶体组成的电光开关处于关闭状态，谐振腔的 Q 值很低，不能形成激光振荡.

虽然这时整个器件处在低 Q 值状态，但由于闪光灯一直在对 YAG 棒进行抽运，工作物质中亚稳态粒子数便得到足够多的积累，当粒子反转数达到最大时，突然去掉调制晶体上的 1/4 波长电压，即电光开关迅速被打开，沿谐振腔轴线方向传播的激光可自由通过调制晶体，而其偏振状态不发生任何变比，这时谐振腔处于高 Q 值状态，形成雪崩式激光发射.

三、实验装置（Experimental instruments）

调 Q 技术实验装置如图 4.5.2(a)、(b)所示.

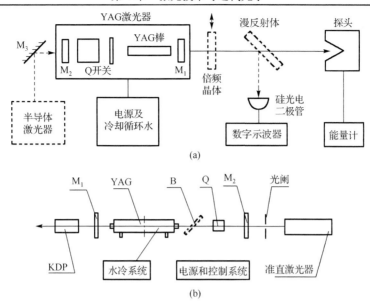

图 4.5.2　实验装置图

KDP–倍频晶体（或 KTP）；M₁–输出镜（输出透过率 T=80%）；YAG–闪光灯、聚光腔和 YAG 棒组件；B–布儒斯特角偏振片；Q–调 Q 晶体（布儒斯特角偏振片与调 Q 晶体组成调 Q 单元）；M₂–全反射镜（M₁ 和 M₂ 组成激光谐振腔）

四、实验内容与步骤（Experimental contents and procedure）

（1）用氦氖激光束或自准直平行光管，调整激光器各光学元件的高低水平位置，使各光学元件的对称中心基本位于同一直线上．再调整各光学元件的俯仰方位，使介质膜、反射镜、偏振器、电光晶体的通光面与激光工作物质端面相互平行，不平行度小于一弧分．

（2）启动电源，在不加 $\lambda/4$ 晶体电压情况下，工作电压取 550V，反复调整两块谐振腔片，使静态激光输出最强，记下输出激光能量．一般称不加调 Q 元件的激光输出为静态激光，而加调 Q 元件的激光输出为动态激光或巨脉冲激光．

（3）关门试验，加上偏振片及调 Q 晶体，给电光晶体加上恒定的 $\lambda/4$ 电压（$V_{\lambda/4}$），绕光轴转动 KD*P 晶体，充电并打激光，反复微调电光晶体，直至其 x、y 轴与偏振器的起偏方向平行．同时适当微调电压 $V_{\lambda/4}$，直到激光器几乎不能振荡（出光明显比静态激光能量低）．此即说明电光 Q 开关已处于关闭状态（低 Q 值状态）．

（4）接通电光晶体的退压电路，打动态激光，微调闪光灯开始泵浦至退去 $V_{\lambda/4}$ 电压之间的延迟时间电势器，一边观察激光强弱，一边微调延迟电势器旋钮，直到激光输出最强．记下巨脉冲能量值．

（5）改变脉冲泵浦能量，每增加工作电压 50V 测量一次，用能量计分别测出几组静、动态输出能量．一直测到 800V，计 6 组数据．

五、实验报告要求（Requirement of experimental report）

利用公式分别计算出在同一泵浦能量下的动态与静态激光输出能量之比 η，η 称为动静比．

$$\eta = 动态激光输出能量/静态激光输出能量$$

六、思考题（Exercises）

（1）分析固体脉冲激光器的弛豫振荡现象及其产生的原因.

（2）为什么调 Q 时增大激光器的腔内损耗的同时能使上能级粒子翻转数积累增加？试加以说明.

（3）试述改变退压延迟时间 t_0 和加在晶体上的电压值为什么会影响调 Q 激光器的输出.

关键词（Key words）：

Q 开关（Q-switching），YAG 激光（YAG laser），调 Q 技术（Q-switched technology），Q 品质因数（Qquality factor），倍频晶体（frequency doubling crystal），调 Q 晶体（Q-switched crystal）

实验 4.6　Nd³⁺:YAG 激光器的倍频实验

Experiment 4.6　Nd³⁺:YAG laser frequency doubling experiment

一、实验目的（Experimental purpose）

（1）掌握倍频的基本原理和调试技能.

（2）了解影响倍频效率的主要因素.

（3）测量相位匹配角及二倍频转换效率.

二、实验原理（光学倍频原理）（Experimental principle（principle of optical frequency multiplication））

1. 非线性光学基础（Basis non-linear optics）

光与物质相互作用的全过程，可分为光作用于物质，引起物质极化形成极化场以及极化场作为新的辐射源向外辐射光波两个分过程.

原子是由原子核和核外电子构成的. 当频率为 ω 的光入射介质后，引起其中原子的极化，即负电中心相对正电中心发生位移 $\boldsymbol{r}$，形成电偶极矩

$$\boldsymbol{m} = e\boldsymbol{r} \tag{4.6.1}$$

其中，e 是负电中心的电量. 我们定义单位体积内原子偶极矩的总和为极化强度矢量 $\boldsymbol{P}$，

$$\boldsymbol{P} = N\boldsymbol{m} \tag{4.6.2}$$

其中，N 是单位体积内的原子数. 极化强度矢量和入射场的关系式为

$$\boldsymbol{P} = \chi^{(1)}\boldsymbol{E} + \chi^{(2)}\boldsymbol{E}^2 + \chi^{(3)}\boldsymbol{E}^3 + \cdots \tag{4.6.3}$$

其中，$\chi^{(1)}, \chi^{(2)}, \chi^{(3)}, \cdots$ 分别称为线性极化率、二级非线性极化率、三级非线性极化率、$\cdots$，并且 $\chi^{(1)} \gg \chi^{(2)} \gg \chi^{(3)} \cdots$. 在一般情况下，每增加一次极化，$\chi$ 值减少七八个数量级. 由于入射光是变化的，其振幅为 $E = E_0 \sin \omega t$，所以极化强度也是变化的. 根据电磁理论，变化的极化场可作为辐射源产生电磁波——新的光波. 在入射光的电场比较小时（比原子内的场强还小），$\chi^{(2)}$、$\chi^{(3)}$ 等极小，$\boldsymbol{P}$ 与 $\boldsymbol{E}$ 呈线性关系，为 $\boldsymbol{P} = \chi^{(1)}\boldsymbol{E}$. 新的光波与入射光具有相同的频

率，这就是通常的线性光学现象. 但当入射光的电场较强时，不仅有线性现象，而且非线性现象也不同程度地表现出来，新的光波中不仅有入射的基波频率，还有二次谐波、三次谐波等频率产生，形成能量转移，频率变换. 这就是只有在高强度的激光出现以后，非线性光学才得到迅速发展的原因.

2. 二阶非线性光学效应（Second-order non-linear optical effect）

虽然许多介质都可产生非线性效应，但具有中心结构的某些晶体和各向同性介质（如气体），由于式（4.6.3）中的偶级项为零，只含有奇级项（最低为三级），因此要观测二级非线性效应只能在具有非中心对称的一些晶体中进行，如 KDP（或 KD*P）、$LiNO_3$ 晶体等.

现从波的耦合，分析二级非线性效应的产生原理，设有下列两波同时作用于介质：

$$E_1 = A_1 \cos(\omega_1 t + k_1 z) \tag{4.6.4}$$

$$E_2 = A_2 \cos(\omega_2 t + k_2 z) \tag{4.6.5}$$

介质产生的极化强度应为两列光波的叠加，有

$$\begin{aligned} P &= \chi^{(2)}[A_1 \cos(\omega_1 t + k_1 z) + A_2 \cos(\omega_2 t + k_2 z)]^2 \\ &= \chi^{(2)}[A_1^2 \cos^2(\omega_1 t + k_1 z) + A_2^2 \cos^2(\omega_2 t + k_2 z) \\ &\quad + 2 A_1 A_2 \cos(\omega_1 t + k_1 z) \cos(\omega_2 t + k_2 z)] \end{aligned} \tag{4.6.6}$$

经推导得出，二级非线性极化波应包含下面几种不同频率成分：

$$P_{2\omega_1} = \frac{\chi^{(2)}}{2} A_1^2 \cos[2(\omega_1 t + k_1 z)] \tag{4.6.7}$$

$$P_{2\omega_2} = \frac{\chi^{(2)}}{2} A_2^2 [2\cos(\omega_2 t + k_2 z)] \tag{4.6.8}$$

$$P_{\omega_1 + \omega_2} = \chi^{(2)} A_1 A_2 \cos[(\omega_1 + \omega_2)t + (k_1 + k_2)z] \tag{4.6.9}$$

$$P_{\omega_1 - \omega_2} = \chi^{(2)} A_1 A_2 \cos[(\omega_1 - \omega_2)t + (k_1 - k_2)z] \tag{4.6.10}$$

$$P_{直流} = \frac{\chi^2}{2}(A_1^2 + A_2^2) \tag{4.6.11}$$

从以上看出，二级效应中含有基频波的倍频分量（$2\omega_1$、$2\omega_2$）、和频分量（$\omega_1 + \omega_2$）、差频分量（$\omega_1 - \omega_2$）和直流分量，故二级效应可用于实现倍频、和频、差频及参量振荡等过程. 当只有一种频率为 ω 的光入射介质时（相当于上式中 $\omega_1 = \omega_2 = \omega$），那么二级非线性效应就只有除基频外的一种频率（$2\omega$）的光波产生，称为二倍频或二次谐波. 在二级非线性效应中，二倍频又是最基本、应用最广泛的一种技术. 第一个非线性效应实验，就是在第一台红宝石激光器问世后不久，利用红宝石 $0.6943\mu m$ 激光在石英晶体中观察到紫外倍频激光. 后来又有人利用此技术将晶体的 $1.06\mu m$ 红外激光转换成 $0.53\mu m$ 的绿光，从而满足了水下通信和探测等工作对波段的要求. 当 $\omega_1 \neq \omega_2$ 时，产生 $\omega_3 = \omega_1 + \omega_2$ 的光波叫和频. 如入射的光波分别为 ω 和 2ω，和频后得到 3ω，$3\omega = \omega + 2\omega$（注意，它数值上等于三倍频，但不是三倍频非线性效应过程）. 本实验将对和频进行观测.

3. 非线性极化系数（Non-linear optical coefficients）

非线性极化系数是决定极化强度大小的一个重要物理量.

在线性关系 $P = \chi^{(1)}E$ 中，对各向同性介质，$\chi^{(1)}$ 是只与外电场大小有关而与方向无关的常量；对各向异性介质，$\chi^{(1)}$ 不仅与电场大小有关，而且与方向有关. 在三维空间里，是个二阶张量，有 9 个矩阵元 d_{ij}，每个矩阵元称为线性极化系数.

在非线性关系 $P = \chi^{(2)}E^2$ 中，$\chi^{(2)}$ 是三阶张量，在三维直角坐标系中有 27 个分量，鉴于非线性极化系数的对称性，矩阵元减为 18 个分量，在倍频情况下

$$
\begin{pmatrix} P_x \\ P_y \\ P_z \end{pmatrix} = \begin{pmatrix} d_{11} & \cdots & d_{16} \\ d_{21} & \cdots & d_{26} \\ d_{31} & \cdots & d_{36} \end{pmatrix} \begin{pmatrix} E_x^2 \\ E_y^2 \\ E_z^2 \\ 2E_yE_z \\ 2E_zE_y \\ 2E_xE_y \end{pmatrix}
\tag{4.6.12}
$$

P 和 E 的下角标 x, y, z 表示它们在三个不同方向上的分量. 鉴于各种非线性晶体都有特殊的对称性，就像晶体的电光系数矩阵一样，有些 d_{ij} 为零，有些相等，有些相反. 因此无对称中心晶体的 d_{ij}，独立的分量数目仅是有限的几个. 例如，对 KDP（或 KD*P）晶体，有

$$
d_{ij} = \begin{pmatrix} 0 & 0 & 0 & d_{14} & 0 & 0 \\ 0 & 0 & 0 & 0 & d_{25} & 0 \\ 0 & 0 & 0 & 0 & 0 & d_{36} \end{pmatrix}
\tag{4.6.13}
$$

其中，$d_{14} = d_{25}$，在一定条件下，还可以有 $d_{14} = d_{36}$. 又如铌酸锂晶体，有

$$
d_{ij} = \begin{pmatrix} 0 & 0 & 0 & 0 & d_{15} & -d_{22} \\ -d_{22} & d_{22} & 0 & d_{15} & 0 & 0 \\ d_{31} & d_{31} & d_{33} & 0 & 0 & 0 \end{pmatrix}
\tag{4.6.14}
$$

其中，$d_{31} = d_{15}$. 查阅有关资料，可得它们的具体数值. 实际工作中，我们总是希望选取 d_{ij} 值大，性能稳定又经济实惠的晶体材料.

4. 相位匹配及实现方法（Phase matching and implementation methods）

从前面的讨论知道，极化强度与入射光强和非线性极化系数有关，但是否只要入射光足够强，使用非线性极化系数尽量大的晶体，就一定能获得好的倍频效果呢？不是的. 这里还有一个重要因素——相位匹配，它起着举足轻重的作用.

实验证明，只有具有特定偏振方向的线偏振光，以某一特定角度入射晶体时，才能获得良好的倍频效果，而以其他角度入射时，则倍频效果很差，甚至完全不出倍频光. 根据倍频转换效率的定义

$$
\eta = \frac{P^{2\omega}}{P^{\omega}}
\tag{4.6.15}
$$

经理论推导可得（为突出物理图像和实验技术，理论推导在此不作详细介绍）

$$
\eta \propto \frac{\sin^2(L \cdot \Delta k / 2)}{(L \cdot \Delta K / 2)^2} \cdot d \cdot L^2 \cdot E_\omega^2
\tag{4.6.16}
$$

η 与 $L \cdot \Delta k / 2$ 关系曲线如图 4.6.1 所示，从图中可看出，要获得最大的转换效率，就要使 $L \cdot \Delta k / 2 = 0$，L 是倍频晶体的通光长度，不等于 0，故应 $\Delta k = 0$，即

$$\Delta k = 2k_1 - k_2 = \frac{4\pi}{\lambda_1}(n^\omega - n^{2\omega}) = 0 \tag{4.6.17}$$

就是使

$$n^\omega = n^{2\omega} \tag{4.6.18}$$

n^ω 和 $n^{2\omega}$ 分别为晶体对基频光和倍频光的折射率. 也就是只有当基频光和倍频光的折射率相等时，才能产生好的倍频效果，式 (4.6.18) 是提高倍频效率的必要条件，称为相位匹配条件.

由于 $v_\omega = c / n^\omega$，$v_{2\omega} = c / n^{2\omega}$，$v_\omega$ 和 $v_{2\omega}$ 分别是基频光和倍频光在晶体中的传播速度. 满足式 (4.6.18)，就是要求基频光和倍频光在晶体中的传播速度相等. 从这里我们可以清楚地看出，所谓相位匹配条件的物理实质就是使基频光在晶体中沿途各点激发的倍频光传播到出射面时，都具有相同的相位，这样可相互干涉增强，从而达到好的倍频效果. 否则将会相互削弱，甚至抵消.

实现相位匹配条件的方法. 由于一般介质存在正常色散效果，即高频光的折射率大于低频光的折射率，如 $n^{2\omega} - n^\omega$ 大约为 10^{-2} 数量级，$\Delta k \neq 0$. 但对于各向同性晶体，由于存在双折射，我们则可利用不同偏振间的折射率关系，寻找到相位匹配条件，实现 $\Delta k = 0$. 此方法常用于负单轴晶体，下面以负单轴晶体为例说明. 图 4.6.2 中画出了晶体中基频光和倍频光的两种不同偏振态折射率面间的关系. 图中实线球面为基频光折射率面，虚线球面为基频光折射率面，球面为 o 光折射率面，椭球面为 e 光折射率面，z 轴为光轴.

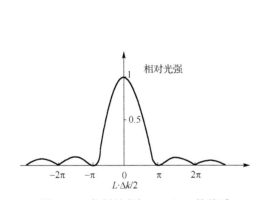

图 4.6.1　倍频效率与 $L \cdot \Delta k / 2$ 的关系

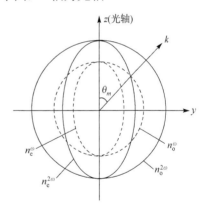

图 4.6.2　负单轴晶体的折射率面

折射率面的定义：从球心引出的每一条矢径到达面上某点的长度，表示晶体以此矢径为波法线方向的光波的折射率大小. 实现相位匹配条件的方法之一是寻找实面和虚面交点位置，从而得到通过此交点的矢径与光轴的夹角. 图中看到，基频光中 o 光的折射率可以和倍频光中 e 光的折射率相等，所以当光波沿着与光轴成 θ_m 角方向传播时，即可实现相位匹配，θ_m 称为相位匹配角，θ_m 可从下式中计算得出：

$$\sin^2 \theta_m = \frac{(n_o^\omega)^{-2} - (n_o^{2\omega})^{-2}}{(n_e^{2\omega})^{-2} - (n_o^{2\omega})^{-2}} \tag{4.6.19}$$

式中，$n_o^\omega, n_o^{2\omega}, n_e^{2\omega}$ 都可以查表得到，表 4.6.1 列出几种常用的数值.

表 4.6.1　相位匹配角

晶体	$\lambda / \mu m$	n_o	n_e	θ_m
铌酸锂	1.06	2.231	2.150	87°
	0.53	2.320	2.230	
碘酸锂	1.06	1.860	1.719	29°30′
	0.53	1.901	1.750	
KD*P	1.06	1.495	1.455	30°57′
	0.53	1.507	1.467	

注意，相位匹配角是指在晶体中基频光相对于晶体光轴 z 方向的夹角，而不是与入射面法线的夹角．为了减少反射损失和便于调节，实验中一般总希望让基频光正入射晶体表面．所以加工倍频晶体时，须按一定方向切割晶体，以使晶体法线方向和光轴方向成 θ_m，如图 4.6.3 所示．

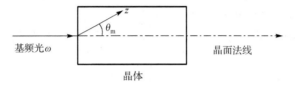

图 4.6.3　非线性晶体的切割

以上所述，是入射光以一定角度入射晶体，通过晶体的双折射，由折射率的变化来补偿正常色散而实现相位匹配的，这称为角度相位匹配．角度相位匹配又可分为两类：第一类是入射同一种线偏振光，负单轴晶体将两个 e 光光子转变为一个倍频的 o 光光子；第二类是入射光中同时含有 o 光和 e 光两种线偏振光，负单轴晶体将两个不同的光子变为倍频的 e 光光子，正单轴晶体变为一个倍频的 o 光光子．见表 4.6.2.

表 4.6.2　单轴晶体的相位匹配条件

晶体种类	第一类相位匹配		第二类相位匹配	
	偏振性质	相位匹配条件	偏振性质	相位匹配条件
正单轴	e + e → o	$n_e^\omega(\theta_m) = n_o^{2\omega}$	o + e → o	$\frac{1}{2}[n_o^\omega + n_e^\omega(\theta_m)] = n_o^{2\omega}$
负单轴	o + o → e	$n_o^\omega = n_e^{2\omega}(\theta_m)$	e + o → e	$\frac{1}{2}[n_e^\omega(\theta_m) + n_o^\omega] = n_e^{2\omega}(\theta_m)$

本实验用的是负单轴铌酸锂晶体第一类相位匹配．

相位匹配的方法除了前述的角度匹配外，还有温度匹配，这里不作细述．

在影响倍频效率的诸因素中，除前述的比较重要的三方面外，还需考虑到晶体的有效长度 L_s 和模式状况．图 4.6.4 为晶体中基频光和倍频光振幅随距离的变化．如果晶体过长，即 $L > L_s$，会造成倍频效率饱和；如果晶体过短，即 $L < L_s$，则转换效率比较低．L_s 的大小基本给出了倍频技术中应该使用的晶体长度．模式的不同也影响转换效率，如高阶横模，方向性差，偏离光

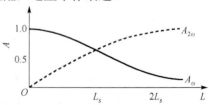

图 4.6.4　晶体中基频光和倍频光振幅随距离的变化

传播方向的光会偏离相位匹配角．所以在不降低入射光功率的情况下，以选用基横模或低阶横模为宜．

5. 倍频光的脉冲宽度和线宽

通过对倍频光脉冲宽度 t 和相对线宽 ν 的观测，还可看到两种线宽都比基频光变窄的现象．这是由于倍频光强与入射基频光强的平方成比例．图 4.6.5 中，假设在 $t = t_0$ 时．基频和倍频光具有相同的极大值．基频光在 t_1 和 t_1' 时，功率为峰值的 1/2，脉冲宽度 $\Delta t_1 = t_1' - t_1$，而在相同的时间间隔内，倍频光的功率却为峰值的 1/4，倍频光的半值宽度 $t_2' - t_2 < t_1' - t_1$，即 $\Delta t_2 < \Delta t_1$，脉冲宽度变窄．同样道理可得到倍频后的谱线宽度也会变窄．

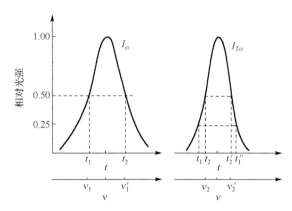

图 4.6.5 基频光与倍频光的脉宽及相对线宽比较

为了获得最好的倍频效果，除了入射光要足够强（功率密度高）、晶体的非线性极化系数要大外，还要使特定偏振方向的线偏振光以某一特定角度入射，这个特定的角度由相位匹配条件决定．

从理论分析可得倍频效率的关系式如下：

$$\eta = \frac{P^{2\omega}}{P^{\omega}} \propto \frac{\sin\left(\dfrac{L \cdot \Delta K}{2}\right)}{(L \cdot \Delta K / 2)^2} \tag{4.6.20}$$

其中 L 为倍频晶体的通光长度，只有当 $\Delta K = 2K_1 - K_2 = (4\pi / \lambda_1)(n\omega - n2\omega) = 0$，即 $n\omega = n2\omega$ 时，效率最高．我们称之为相位匹配条件．

怎样实现相位匹配呢？对于介质，由于存在正常色散效应，是不能实现相位匹配的．对于各向异性晶体，由于存在双折射，可以利用不同偏振态之间的折射率关系实现相位匹配．

目前常用的负单轴晶体，如 KDP，它对基频光和倍频光的折射率可以用图 4.6.2 的折射率面来表示．图中实线是倍频光的折射率面，虚线是基频光的折射率面．球面为 o 光折射率面，椭球为 e 光折射率面．折射率面的定义为，它的每一根矢径长度（从原点到曲面的距离）表示以此矢径方向为波法线方向的光波的折射率．从图中可以看出，如果基频光是 o 光，倍频光是 e 光，那么当波面沿着与光轴成 θ 角的方向传播时，二者折射率相同，θ 称为相位匹配角．这种方法称为第一类角度相位匹配，即 o+o→e．

三、实验装置（Experimental instruments）

由于一般调 Q 脉冲激光器输出能量比较高，通常采用腔外倍频．这种方法虽不如腔内倍频效率高，但装置简单，便于调整和测量．本实验就是采用了腔外倍频的装置结构．

实验装置如图 4.6.6 所示，并说明如下：

1～4 构成 YAG 激光器振荡级．其中：1 是 1.06μm 全反射镜；2 是 DKDP 电光调 Q 晶体及介质膜起偏器；3 为 YAG 激光器的主体，包括 YAG 棒、氙灯、聚光腔和冷却系统；4 是输出端平面反射镜．对 1.06μm 激光 $T = 80\%$．经边束调制的 YAG 调 Q 激光器产生的 1.06μm 激光是全偏振光，通常为偏振方向在竖直方向上的 o 光，以满足倍频晶体相位匹配的要求．

5 为 KTP 倍频晶体，将 1.06μm 的红外激光转变成 0.53μm 的绿光．晶体的入射面镀有对 1.06μm 的增透膜，出射面镀有对 0.53μm 的增透膜，倍频效率为 5%～15%．KTP 晶体易损伤，操作时要细心．

6 为能量计．

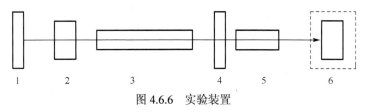

图 4.6.6　实验装置

四、实验内容与步骤（Experimental contents and procedure）

由于本实验具有强光和高压电，为保证安全，必须首先仔细阅读实验室注意事项，然后才开始操作．

（1）调整激光器出射光方向，使其和基座导轨同方向并与导轨上各光学器件处于等高的水平方向，这样便于接收调节，检测 YAG 激光器输出光能量是否正常．微调 YAG 放大器基座，与激光器保持共轴，使输出能量最佳．对 1.06μm 不可见的红外激光除可用能量计准确测定其能量值外，还可用烧斑纸对光的有无和能量的大小进行粗略检查．

（2）将倍频晶体、能量计放置在同一水平高度上．使 KTP 晶体处于 o + o → e 的第一类相位匹配方式．

（3）由于晶体切割时，截面的法线与晶体的光轴夹角即为该晶体的相位匹配角，入射光只要垂直射到晶体上，就可获得最好的倍频效果．转动倍频晶体，使 1.06μm 的基频光以不同角度入射于晶体．从光强的变化中也可看出，当倍频光由弱的圆环或散开的光斑缩为一耀眼的光点时，即达到了最佳匹配状态．鉴于光束的发散，能量计与倍频晶体一般保持在 10cm 处．在测量的过程中，能量计放置的角度也会随着出射光方向的改变稍有变化．

（4）将倍频晶体固定在最佳倍频位置，用能量计分别测出 1.06μm 的输入光强及 0.53μm 的倍频光强，计算出倍频效率 $\eta = I_{2\omega} / I_{\omega}$．反复测三遍，取平均结果．

五、实验报告要求（Requirement of experimental report）

总结相位匹配原理，对实验数据进行列表整理．

六、思考题（Exercises）

如何知道本实验的倍频为第一类相位匹配？若改用第二类相位匹配，应如何做？

关键词（Key words）：

倍频（frequency doubling），非线性光学（non-linear optics），二阶非线性光学效应（second-order nonlinear optical effect），相位匹配（phase matching）

实验 4.7 激光相位测距实验

Experiment 4.7 Laser phase distance measurement

激光测距技术是指利用射向目标的激光脉冲或连续波激光束测量目标距离的测量技术．激光测距是激光技术在军事上最早和最成熟的应用．自 1961 年美国休斯飞机公司研制成功世界上第一台激光测距机之后，激光测距技术发展迅速，在战场上广泛应用，对军队的作战和训练产生了革命性的影响．

由于激光的发散角小，激光脉冲持续时间极短，瞬时功率极大（可达兆瓦以上），因而可以达到极远的测程．脉冲激光测距多数情况下不使用合作目标，而是利用被测目标对脉冲激光的漫反射获得反射信号来测距．目前，激光脉冲测距在地形测量、工程测量、云层和飞机高度测量、战术前沿测距、导弹运行轨道跟踪、人造地球卫星测距、地球与月球间距离的测量等方面已得到广泛的应用．

一、实验目的（Experimental purpose）

（1）了解和掌握脉冲与连续波激光测距的原理．

（2）了解激光相位测距系统的组成；搭建室内模拟激光脉冲测距系统进行正确测距．学会用实验的方法进行距离测量并估算精度．

二、实验原理（Experimental principle）

激光测距在技术途径上可分为脉冲式激光测距和连续波相位式激光测距．脉冲测距的优点是测量距离远，信号处理简单，被测目标可以是非合作的．但脉冲测距的精度并不太高，现在广泛使用的手持式和便携式测距仪大多采用脉冲式原理，作用距离为数百米至数十千米，测量精度在 5m 以内．

1. 脉冲式激光测距原理（Principle of pulse laser distance measurement）

脉冲法测距是激光技术在测绘领域中的最早应用．由于激光的发散角小，激光脉冲持续时间极短，瞬时功率极大（可达兆瓦以上），因而可以达到极远的测程．但脉冲激光测距精度往往不高，一般在 1~5m．脉冲激光测距多数情况下是利用被测目标物对脉冲激光的漫反射获得反射信号来测距．目前，脉冲激光测距在地形测量、工程测量、云层和飞机高度测量、战术前沿测距、导弹运行轨道跟踪、人造地球卫星测距、地球与月球间距离的测量等方面已得到广泛的应用．我国研制的对卫星测距的高精度测距仪，测量精度可达到几厘米．

脉冲激光测距，即利用脉冲激光器对目标发射一个或一列很窄的光脉冲（脉冲宽度小于 50（MHz）），测量光脉冲到达目标并由目标返回到接收机的时间，由此计算出目标的距离．设目标距离为 R，光脉冲往返经过的时间为 t，光在空气中的传播速度为 c，则 $R = \dfrac{C \cdot t}{2}$．

在脉冲激光测距中，t 是通过计数器计数从光脉冲发射到目标以及从目标返回到接收机期间，进入计数器的钟频脉冲个数来测量的．设在这段时间里，有 n 个钟频脉冲进入计数器，钟频脉冲之间的时间间隔为 τ，钟频脉冲的振荡频率为 $f = 1/\tau$．

$$R = cn\tau/2 = cn/(2f) = l \cdot n$$

式中，$l = c/(2f)$，表示每一个钟频脉冲所代表的距离增量，计数 n 个钟频脉冲，就得到距离 R．l 的数值确定了计数器的计数精度，例如，取 $f = 30\text{MHz}$，$c = 3 \times 10^{8}\text{m} \cdot \text{s}^{-1}$，则 $l = \pm 5\text{m}$；若取 $f = 15\text{MHz}$，则 $l = \pm 10\text{m}$．

2. 连续波相位式激光测距原理（Principle of continuous laser distance measurement）

连续波相位式激光测距原理，是用无线电波段的频率，对激光进行幅度调制，并测定连续的幅度调制信号在待测距离上往返传播所产生的相位延迟，间接地测定信号传播时间，从而得到被测距离的．由于采用调制和差频测相技术，具有测量精度高的优点，相对误差可保持在百万分之一以内，广泛应用于有合作目标的精密测距场合．

激光相位测距技术使用被调制的激光，使激光强度是按一定频率周期性变化的，调制方法可采用内调制方法，如通过周期性地改变半导体激光器的工作电流使输出光强随之发生周期性的变化；或外调制方法，如使激光穿过一个由起偏器、电光晶体、检偏器组成的系统，并在电光晶体上施加一个按正弦波变化的电压，通过改变激光光束的偏振态来改变光强．

相位式激光测距的原理示意如图 4.7.1 所示．

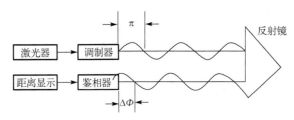

图 4.7.1　相位测距原理示意图

相位式激光测距技术是利用发射的调制光和被目标反射的接收光之间光波的相位差所包含的距离信息来实现对被测目标距离量的测量．

激光相位测距的基本原理是以被调制激光的波长作为测量距离的尺子，通过测量激光在 A、B 两点之间的相位差，来确定两点之间的距离．

一个被频率为 f 的正弦波调制的激光束，其波长由下式决定：

$$\lambda = c/f \quad (c \text{ 为光速})$$

设想这束光从 A 点出发，到达 B 点，A、B 相距 L，则

$$L = cT = c\varPhi/(2\pi f) = \lambda(m + \Delta m) \tag{4.7.1}$$

式中，T 为光从 A 到 B 的传输时间；$\varPhi$ 为相位；m 为整数部分，可为 0, 1, 2, 3, …；Δm 为小数部分．

$$\Delta m = \Delta\varPhi/2\pi$$

$$L = \lambda m + \lambda\Delta\varPhi/2\pi$$

从式（4.7.1）和图 4.7.2 中我们看到，激光的调制波长被当成了一把测量距离的尺子．我们如果能够在测量过程中得到 m 和 Δm，就可求得 L.

如果被测距离的概略值已经精确到电尺长度以内，即已经知道 m 的具体数值，则被测距离的精确值就要根据 Δm 也就是 $\Delta \Phi$ 来确定．然而实际上经常是不知道被测距离的概略值，而只根据一个调制频率又无法确定整周期数 m，因而不能唯一地确定被测距离．这个问题称为测距仪的多值性．由于相位测相技术只能测量出不足 2π 的相位尾数 $\Delta \Phi$，即只能确定小数 $\Delta m = \Delta \Phi / 2\pi$，而不能确定出相位的整周期数

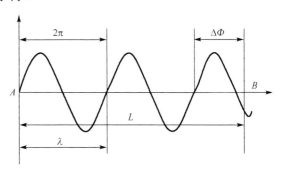

图 4.7.2　相位式激光测距调制波形图

m. 如果 L 远大于 λ，我们就无法直接测得 m，当然，我们可以降低调制频率，使波长变长，使 L 小于 λ，这样 $m = 0$，我们只需测得 Δm 就行了．但大的 λ 往往使测量精度变坏．例如，如果测相系统的测相误差为 1‰，则当测尺长度为 10m 时，会引起 1cm 的距离误差，而当 1000m 时，所引起的误差就可达 1m．为了兼顾大的测量范围和高的测量精度，我们利用两种光尺同时测量一个距离，即可解决多值问题，这称为多尺度原理．用两把等精度的光尺，其中一把光尺小于被测距离，另一把大于被测距离，分别测量同一个距离，然后把测量结果结合起来即可精确得到所测距离．

例如，要测量 584.76m 的距离时，选用光尺长度为 1000m 的调制光作为"粗尺"，而选用光尺长度为 10m 的调制光作为"细尺"．假设测相系统的测相精度为 1‰，则用"粗尺"可测得不足 1000m 的尾数 584m，用"细尺"可测得不足 10m 的尾数 4.76m，将两者结合起来就可以得到 584.76m．这样就解决了大量程和高精度的矛盾，其中，最长测尺决定了测距的量程，最短测尺决定了测距的精度．

在实际的距离测量过程中，将激光发射器和光接收器分别放置于被测距离的两端，往往是不方便和不现实的，现实的方法是将发射和接收同置于一端，将激光照射到另一端的目标上，接收器接收从被照射端反射回的激光信号，如果目标表面的光反射性能不好，比如是一个漫反射表面且反射率不高，则激光的优势就非常重要和突出了．为了能够接收到尽量弱的信号，接收器一般采用光电倍增管或雪崩光电二极管（APD）．

采用这种往返光路的测量结果应该是前面分析计算的结果除以 2.

三、实验系统和实验设备（Experimental system and experimental instruments）

1. 发射部分

包括可见光半导体激光器及驱动电路，可对半导体激光器的工作电流、调制频率、调制深度等工作状态进行调整和改变．通过这些变化我们可以对激光器的电光特性、阈值电流、电调制特性进行观察和测量．

2. 接收部分

由于反射回的光往往非常微弱，因此，我们采用了一种高灵敏度的传感器——APD，作为光接收元件．APD 与普通的光电二极管不同，普通的光电二极管一般工作在几伏到几十伏的反向偏压下，而 APD 的反向偏压一般为一二百伏，在这样高的反向偏压下，势垒区的电场

很强，光照产生的电子和空穴在势垒区的强电场作用下将得到很大的动能，它们会碰撞出新的电子和空穴，这些新的电子和空穴又会被势垒区的强电场加速，再产生新的电子和空穴，如此下去，像雪崩一样．这个过程在外部看来，就像其内部有光信号放大作用一样．这个内部增益可用 M 数表示，普通的光电二极管的 M 小于1，而 APD 的 M 可大于100．在高速光信号探测时，为了得到高的响应速度，负载电阻都比较小，这就对前级放大器要求很高，具有内部放大功能的器件对前级放大是很有帮助的．

接收部分主要由 APD、放大电路和驱动电源构成．通过对 APD 反向电压的调整和信号强度的观察，我们可以观察了解雪崩二极管的工作原理和工作条件以及使用方法．

3. 相位差计

用来测量接收到的光信号的相位．在此，我们采用了专用电路，可直接给出驱动信号与接收到的光信号之间的相位差，其标定后的曲线图如图 4.7.3 所示．

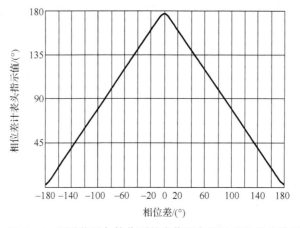

图 4.7.3　驱动信号与接收到的光信号之间的相位差曲线图

图 4.7.3 中，水平轴为相位差，垂直轴为表头指示值．相位差的正负由曲线斜率的正负来决定．

在实验中需注意的是表头的指示值是半导体激光器的驱动信号与接收到的光信号之间的相位差，这里不仅包含测量距离引起的相位差，还包含电路本身的相位差，我们在实验中要通过减去测量起点处的相位差来求出测量距离引起的相位差．

由于电路本身的缺陷，在曲线的顶端和尾端有比较大的误差．测量时应尽量避免．

4. 实验设备

光学实验导轨	800mm	1 根
可调制半导体激光器+二维调整架	650nm，25mW	1 套
主机箱		1 台
APD 附件+二维调整架		1 套
大透镜	150mm	1 个
小透镜	60mm	1 个
转接杆		1 个
白屏		2 个

| 导轨滑块 | 3 个 |
| 一维可调导轨滑块 | 1 个 |

四、实验内容和步骤（Experimental contents and procedure）

本实验电器原理图和实验安装结构图如图 4.7.4 所示.

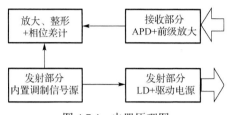

图 4.7.4　电器原理图

实验机箱面板图如图 4.7.5 所示.

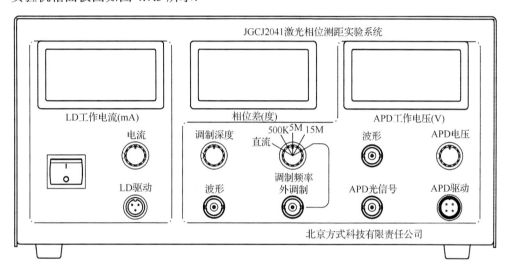

图 4.7.5　实验机箱面板图

（1）参考实验安装结构图 4.7.6，在光学实验导轨（简称导轨）依次安装 APD、大透镜和白屏，在大透镜的不锈钢杆上同时安装转接杆和半导体激光器（LD），其中 APD 距大透镜约 150mm，白屏距大透镜 400～500mm.

（2）将 LD 与机箱 LD 驱动插座相连，APD 与机箱 APD 驱动和 APD 光信号相连. 将电流、调制深度、APD 电压逆时针旋到头，调制频率打到直流挡. 接通 220V 电源，打开电源开关.

（3）顺时针旋转电流旋钮，直到 LD 工作电流达到最大（51～57mA），LD 发出红色激光.

（4）把白屏放在导轨端头上，将激光打到白屏上，将小透镜放在 APD 和大透镜之间的导轨上，在大透镜后面用小透镜仔细寻找反射回来的激光光斑，聚焦在 APD 探测器的探头窗口上.

（5）记录.

（6）取下导轨上的白屏和小透镜，将激光打到测量目标上，如远处的白色墙面或三脚架上的白屏. 在大透镜后面用白屏仔细寻找反射回来的激光光斑. 由于远处反射表面可能是漫反射表面，因此反射回的光斑可能非常微弱，请认真仔细地寻找.

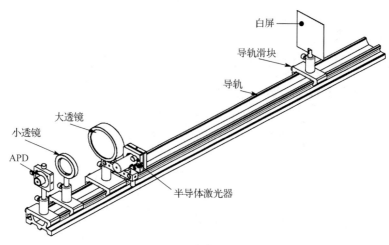

图 4.7.6　安装结构图

（7）仔细调整 LD 的指向和大透镜与 APD 之间的相对位置，使激光光斑焦点打在 APD 探测器的探头窗口上．

（8）将示波器的两个通道分别与机箱波形插座相连，以调制深度旋钮下的波形作为示波器的触发信号．

（9）为防止调制频率换挡时，对 LD 冲击过大，先将电流旋钮逆时针旋转，将 LD 工作电流降低，将调制频率打到 500kHz，顺时针旋转电流、调制深度和 APD 电压旋钮，观察 APD 光信号的波形变化．仔细调整这 3 个旋钮，使 APD 光信号尽量完美，体会 LD 工作电流、调制深度和 APD 电压的作用，改变 APD 电压，观察光信号波形的幅度变化，估计 APD 的雪崩电压．（当反向电压增大到一定程度时，信号幅度会急剧增大，此时的反向偏压值即为雪崩电压，雪崩电压一般有一个范围，并受温度影响．反向偏压太低，信号放大率较小；太高，噪声会急剧增加．选择适当的反向电压是非常困难和重要的．）

（10）分别在 5MHz 和 15MHz 的调制频率上重复步骤（7）的操作，仔细体会 LD 工作电流、调制深度和雪崩电压的作用和影响，了解 LD 和 APD 的特性和工作条件．

（11）选定一个调制频率作距离测量，如 500kHz，仔细调整光路和激光器工作电流、调制深度和 APD 的反向偏压，将 APD 光信号调到最佳（信号无振荡，较大的信号幅度和较小的噪声），在示波器上估算两个信号的相位差．取下示波器信号线，从相位差表头读取相位差计指示值（示波器信号线对相位差指示值有一定的影响），前后小幅度移动被测目标，判断相位差的符号是"正"还是"负"．记下这个值 A．

（12）将白屏和小透镜放回到导轨的滑块上，仔细调整 LD 的指向和小透镜的位置，使导轨白屏上的光斑成像在 APD 上，重新连接示波器信号线，观察接收到的信号波形．调制 APD 位置，使信号幅度与步骤（9）中的信号幅度大致相同（不可再调整工作电流、调制深度和反向偏压旋钮）．在示波器上再次估算两个信号的相位差，并与步骤（9）中的示波器估算值相比较．取下信号线，前后小幅度移动被测目标（白屏），判断相位差的符号是"正"还是"负"．记录下此时的相位差计指示值 B．

（13）从标定曲线图中查出 A、B 对应的相位差值，两值相减即为两点之间的相位差 θ．根据 500kHz 的光波调制波长和 θ，可求出两点之间的距离．

特别注意：在步骤（9）中第一次调整好 APD 光信号后，LD 工作电流、调制深度和 APD 电压都应尽量不动，以尽量减少误差.

（14）换一个调制频率，如 15MHz，重复步骤（9）～（11）中的操作，体会波长对测量精度的影响，提高上次测量的精度.

关键词（Key words）：

脉冲激光测距（pulse laser distance measurement），连续波相位式激光测距（continuous laser distance measurement）

实验 4.8　晶体的电光效应实验
Experiment 4.8　Crystal electro-optic effect experiment

1875 年，克尔发现一些介质在外电场作用下其折射率变化量与电场强度的平方成正比. 而后来，伦琴等科学家又发现了不同现象，介质的折射率变化量与电场强度的一次方成正比. 随后一段时间，人们一直未能对这两种现象找到合理的解释. 直到 1893 年，泡克耳斯对此作了详细的论述，这种效应才被人们所承认，分别称为二次电光效应和线性电光效应.

尽管电场引起折射率的变化量很小，但其响应速度快，且可用干涉等方法精确地显示和测定，因而利用电光效应制成的电光器件在高速摄影、激光通信、激光测距、信息处理等许多方面具有广泛的应用.

一、实验目的（Experimental purpose）

（1）研究铌酸锂晶体的横向电光效应，观察锥光干涉图样，测量半波电压.
（2）学习电光调制的原理和实验方法，掌握调试技能.
（3）了解利用电光调制模拟音频光通信的一种实验方法.

二、实验内容（Experimental contents）

（1）通过观察穿过晶体的会聚偏振光的干涉图案，了解电场对晶体的作用机理.
（2）通过对晶体施加不同强度的直流电压，观察测量系统的通光情况，绘出电压与光强的关系曲线，求出系统的特征参数.
（3）在晶体上施加一个正弦波信号，观察光学系统的响应情况，理解设置静态工作点的目的和意义，以及设置方法和要求.
（4）用一音频信号驱动电光晶体，模拟信息对光的调制和传输.

三、实验原理（Experimental principle）

某些晶体在外加电场中，随着电场强度 E 的改变，晶体的折射率会发生改变，这种现象称为电光效应. 通常将电场引起的折射率的变化用下式表示：

$$n = n^0 + aE_0 + bE_0^2 + \cdots \tag{4.8.1}$$

式中，a 和 b 为常数；n^0 为 $E_0 = 0$ 时的折射率. 由一次项 aE_0 引起折射率变化的效应，称为一次电光效应，也称线性电光效应或普克尔（Pokells）电光效应；由二次项引起折射率变化的效应，称为二次电光效应，也称平方电光效应或克尔（Kerr）效应．由式（4.8.1）可知，一次电光效应只存在于不具有对称中心的晶体中，二次电光效应则可能存在于任何物质中，一次效应要比二次效应显著．

光在各向异性晶体中传播时，因光的传播方向不同或者是电矢量的振动方向不同，光的折射率也不同．通常用折射率椭球来描述折射率与光的传播方向、振动方向的关系，在主轴坐标中，折射率椭球方程为

$$\frac{x^2}{n_1^2} + \frac{y^2}{n_2^2} + \frac{z^2}{n_3^2} = 1 \tag{4.8.2}$$

式中，n_1, n_2, n_3 为椭球三个主轴方向上的折射率，称为主折射率．如图 4.8.1 所示．

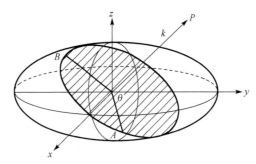

图 4.8.1　晶体折射率椭球

当晶体上加上电场后，折射率椭球的形状、大小、方位都发生变化，椭球的方程变为

$$\frac{x^2}{n_{11}^2} + \frac{y^2}{n_{22}^2} + \frac{z^2}{n_{33}^2} + \frac{2}{n_{23}^2}yz + \frac{2}{n_{13}^2}xz + \frac{2}{n_{12}^2}xy = 1 \tag{4.8.3}$$

只考虑一次电光效应，上式与式（4.8.2）相应项的系数之差和电场强度的一次方成正比．由于晶体的各向异性，电场在 x、y、z 各个方向上的分量对椭球方程的各个系数的影响是不同的，我们用下列形式表示：

$$\begin{cases} \dfrac{1}{n_{11}^2} - \dfrac{1}{n_1^2} = \gamma_{11}E_x + \gamma_{12}E_y + \gamma_{13}E_z \\[2mm] \dfrac{1}{n_{22}^2} - \dfrac{1}{n_2^2} = \gamma_{21}E_x + \gamma_{22}E_y + \gamma_{23}E_z \\[2mm] \dfrac{1}{n_{33}^2} - \dfrac{1}{n_3^2} = \gamma_{31}E_x + \gamma_{32}E_y + \gamma_{33}E_z \\[2mm] \dfrac{1}{n_{23}^2} = \gamma_{41}E_x + \gamma_{42}E_y + \gamma_{43}E_z \\[2mm] \dfrac{1}{n_{13}^2} = \gamma_{51}E_x + \gamma_{52}E_y + \gamma_{53}E_z \\[2mm] \dfrac{1}{n_{12}^2} = \gamma_{61}E_x + \gamma_{62}E_y + \gamma_{63}E_z \end{cases} \tag{4.8.4}$$

上式是晶体一次电光效应的普遍表达式，式中 γ_{ij} 称为电光系数（$i = 1, 2, \cdots, 6; j = 1, 2, 3$），共有 18 个，$E_x$、$E_y$、$E_z$ 是电场 E 在 x、y、z 方向上的分量．式（4.8.4）可写成矩阵形式：

$$
\begin{bmatrix}
\dfrac{1}{n_{11}^2}-\dfrac{1}{n_1^2} \\[2mm]
\dfrac{1}{n_{22}^2}-\dfrac{1}{n_2^2} \\[2mm]
\dfrac{1}{n_{33}^2}-\dfrac{1}{n_3^2} \\[2mm]
\dfrac{1}{n_{23}^2} \\[2mm]
\dfrac{1}{n_{13}^2} \\[2mm]
\dfrac{1}{n_{12}^2}
\end{bmatrix}
=
\begin{bmatrix}
\gamma_{11} & \gamma_{12} & \gamma_{13} \\
\gamma_{21} & \gamma_{22} & \gamma_{23} \\
\gamma_{31} & \gamma_{32} & \gamma_{33} \\
\gamma_{41} & \gamma_{42} & \gamma_{43} \\
\gamma_{51} & \gamma_{52} & \gamma_{53} \\
\gamma_{61} & \gamma_{61} & \gamma_{63}
\end{bmatrix}
\begin{bmatrix}
E_x \\ E_y \\ E_z
\end{bmatrix}
\tag{4.8.5}
$$

电光效应根据施加的电场方向与通光方向相对关系，可分为纵向电光效应和横向电光效应. 利用纵向电光效应的调制，称为纵向电光调制；利用横向电光效应的调制，称为横向电光调制. 晶体的一次电光效应分为纵向电光效应和横向电光效应两种. 把加在晶体上的电场方向与光在晶体中的传播方向平行时产生的电光效应，称为纵向电光效应，通常以 KD*P 类型晶体为代表. 加在晶体上的电场方向与光在晶体里传播方向垂直时产生的电光效应，称为横向电光效应，以 LiNbO$_3$ 晶体为代表.

这次实验中，我们只做 LiNbO$_3$ 晶体的横向电光强度调制实验. 我们采用对 LiNbO$_3$ 晶体横向施加电场的方式来研究 LiNbO$_3$ 晶体的电光效应. 其中，晶体被加工成 5mm×5mm×30mm 的长条，光轴沿长轴通光方向，在两侧镀有导电电极，以便施加均匀的电场，如图 4.8.2 所示.

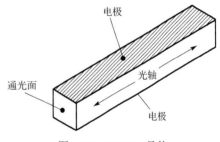

图 4.8.2　LiNbO$_3$ 晶体

LiNbO$_3$ 晶体是负单轴晶体，即 $n_x = n_y = n_o, n_z = n_e$. 式中 n_o 和 n_e 分别为晶体的寻常光和非寻常光的折射率. 加上电场后折射率椭球发生畸变，对于 $3m$ 类晶体，由于晶体的对称性，电光系数矩阵形式为

$$
\gamma_{ij}=
\begin{bmatrix}
0 & -\gamma_{22} & \gamma_{13} \\
0 & \gamma_{22} & \gamma_{13} \\
0 & 0 & \gamma_{33} \\
0 & -\gamma_{51} & 0 \\
\gamma_{51} & 0 & 0 \\
-\gamma_{22} & 0 & 0
\end{bmatrix}
\tag{4.8.6}
$$

当 x 轴方向加电场，光沿 z 轴方向传播时，晶体由单轴晶体变为双轴晶体，垂直于光轴 z 方向折射率椭球截面由圆变为椭圆，此椭圆方程为

$$
\left(\frac{1}{n_o^2}-\gamma_{22}E_x\right)x^2+\left(\frac{1}{n_o^2}+\gamma_{22}E_x\right)y^2-2\gamma_{22}E_x xy=1
\tag{4.8.7}
$$

进行主轴变换后得到

$$\left(\frac{1}{n_o^2} - \gamma_{22} E_x\right) x'^2 + \left(\frac{1}{n_o^2} + \gamma_{22} E_x\right) y'^2 = 1 \tag{4.8.8}$$

考虑到 $n_0^2 \gamma_{22} E_x \ll 1$，经化简得到

$$n_{x'} = n_o + \frac{1}{2} n_o^3 \gamma_{22} E_x$$

$$n_{y'} = n_o - \frac{1}{2} n_o^3 \gamma_{22} E_x$$

$$n_{z'} = n_e \tag{4.8.9}$$

当 x 轴方向加电场时，新折射率椭球绕 z 轴转动 45°.

图 4.8.3 为典型的利用 LiNbO$_3$ 晶体横向电光效应原理的激光强度调制器.

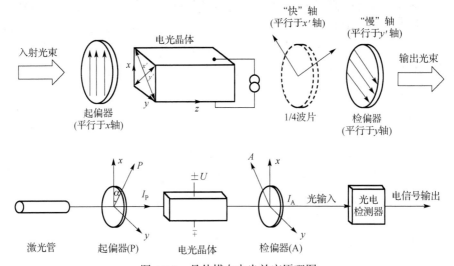

图 4.8.3　晶体横向电光效应原理图

其中起偏器的偏振方向平行于电光晶体的 x 轴，检偏器的偏振方向平行于 y 轴. 因此入射光经起偏器后变为振动方向平行于 x 轴的线偏振光，它在晶体的感应轴 x' 和 y' 轴上的投影的振幅和相位均相等，设分别为

$$e_{x'} = A_0 \cos \omega t$$

$$e_{y'} = A_0 \cos \omega t \tag{4.8.10}$$

或用复振幅的表示方法，将位于晶体表面（$z = 0$）的光波表示为

$$E_{x'}(0) = A$$

$$E_{y'}(0) = A \tag{4.8.11}$$

所以，入射光的强度是

$$I \propto E \cdot E^* = \left|E_{x'}(0)\right|^2 + \left|E_{y'}(0)\right|^2 = 2A^2 \tag{4.8.12}$$

当光通过长为 l 的电光晶体后，x' 和 y' 两分量之间就产生相位差 δ，即

$$E_{x'}(l) = A$$

$$E_{y'}(l) = Ae^{-i\delta} \tag{4.8.13}$$

通过检偏器出射的光，是这两分量在 y 轴上的投影之和

$$(E_y)_0 = \frac{A}{\sqrt{2}}(e^{i\delta} - 1) \tag{4.8.14}$$

其对应的输出光强 I_1 可写成

$$I_1 \propto [(E_y)_0 \cdot (E_y)_0^*] = \frac{A^2}{2}[(e^{-i\delta} - 1)(e^{i\delta} - 1)] = 2A^2 \sin^2 \frac{\delta}{2} \tag{4.8.15}$$

由式（4.8.13）、式（4.8.16），光强透过率 T 为

$$T = \frac{I_1}{I_i} = \sin^2 \frac{\delta}{2} \tag{4.8.16}$$

$$\delta = \frac{2\pi}{\lambda}(n_{x'} - n_{y'})l = \frac{2\pi}{\lambda}n_0^3 \gamma_{22} V \frac{l}{d} \tag{4.8.17}$$

由此可见，δ 和 V 有关，当电压增加到某一值时，x'、y' 方向的偏振光经过晶体后产生 $\frac{\lambda}{2}$ 的光程差，位相差 $\delta = \pi$，$T = 100\%$，这一电压叫半波电压，通常用 V_π 或 $V_{\lambda/2}$ 表示.

V_π 是描述晶体电光效应的重要参数，在实验中，这个电压越小越好，如果 V_π 小，需要的调制信号电压也小，根据半波电压值，我们可以估计出电光效应控制透过强度所需电压.

由式（4.8.17）

$$V_\pi = \frac{\lambda}{2n_0^3 \gamma_{22}}\left(\frac{d}{l}\right) \tag{4.8.18}$$

由式（4.8.17）、式（4.8.18）

$$\delta = \pi \frac{V}{V_\pi} \tag{4.8.19}$$

因此，将式（4.8.16）改写成

$$T = \sin^2 \frac{\pi}{2V_\pi} V = \sin^2 \frac{\pi}{2V_\pi}(V_0 + V_m \sin \omega t) \tag{4.8.20}$$

其中，V_0 是直流偏压；$V_m \sin \omega t$ 是交流调制信号，V_m 是其振幅，ω 是调制频率. 从式（4.8.20）可以看出，改变 V_0 或 V_m 输出特性，透过率将相应地发生变化.

由于对单色光，$\frac{\pi n_0^3 \gamma_{22}}{\lambda}$ 为常数，因而 T 将仅随晶体上所加电压变化，如图 4.8.4 所示，T 与 V 的关系是非线性的，若工作点选择不适合，会使输出信号发生畸变. 但在 $\frac{V_\pi}{2}$ 附近有一近似直线部分，这一直线部分称为线性工作区，由上式可以看出：当 $V = \frac{1}{2}V_\pi$ 时，$\delta = \frac{\pi}{2}, T = 50\%$.

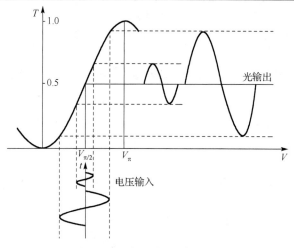

图 4.8.4　T 与 V 的关系曲线图

改变直流偏压选择工作点对输出特性的影响

（1）当 $V_0 = \dfrac{V_\pi}{2}$，$V_m \ll V_\pi$ 时.

将工作点选定在线性工作区的中心处，此时，可获得较高频率的线性调制，把 $V_0 = \dfrac{V_m}{2}$ 代入式（4.8.14），得

$$
\begin{aligned}
T &= \sin^2\left[\frac{\pi}{4} + \left(\frac{\pi}{2V_\pi}\right) V_m \sin\omega t\right] \\
&= \frac{1}{2}\left[1 - \cos\left(\frac{\pi}{2} + \frac{\pi}{V_\pi} V_m \sin\omega t\right)\right] \\
&= \frac{1}{2}\left[1 + \sin\left(\frac{\pi}{V_\pi} V_m \sin\omega t\right)\right]
\end{aligned}
\tag{4.8.21}
$$

当 $V_m \ll V_\pi$ 时

$$
T \approx \frac{1}{2}\left[1 + \left(\frac{\pi V_m}{V_\pi}\right)\sin\omega t\right]
\tag{4.8.22}
$$

即 $T \propto V_m \sin\omega t$. 这时，调制器输出的波形和调制信号波形的频率相同，即线性调制.

（2）当 $V_0 = \dfrac{V_\pi}{2}$，$V_m > V_\pi$ 时.

调制器的工作点虽然选定在线性工作区的中心，但不满足小信号调制的要求，式（4.8.21）不能写成式（4.8.22）的形式，此时的透射率函数（4.8.21）应展开成贝塞尔函数，即由式（4.8.21）

$$
\begin{aligned}
T &= \frac{1}{2}\left[1 + \sin\left(\frac{\pi}{V_\pi} V_m \sin\omega t\right)\right] \\
&= 2\left[J_1\left(\frac{\pi V_m}{V_\pi}\right)\sin\omega t - J_3\left(\frac{\pi V_m}{V_\pi}\right)\sin 2\omega t + J_5\left(\frac{\pi V_m}{V_\pi}\right)\sin 5\omega t + \cdots\right]
\end{aligned}
\tag{4.8.23}
$$

由式（4.8.23）可以看出，输出的光束除包含交流的基波外，还含有奇次谐波. 此时，调制信号的幅度较大，奇次谐波不能忽略. 因此，这时虽然工作点选定在线性区，输出波形仍然失真.

（3）当 $V_0 = 0$ ，$V_m \ll V_\pi$ 时，把 $V_0 = 0$ 代入式（4.8.15）

$$
\begin{aligned}
T &= \sin^2\left(\frac{\pi}{2V_\pi}V_m\sin\omega t\right) \\
&= \frac{1}{2}\left[1 - \cos\left(\frac{\pi V_m}{V_\pi}\sin\omega t\right)\right] \\
&\approx \frac{1}{4}\left(\frac{\pi V_m}{V_\pi}\right)^2\sin^2\omega t \\
&\approx \frac{1}{8}\left(\frac{\pi V_m}{V_\pi}\right)^2(1 - \cos 2\omega t)
\end{aligned}
\tag{4.8.24}
$$

即 $T \propto \cos 2\omega t$. 从式（4.8.24）可以看出，输出光是调制信号频率的二倍，即产生"倍频"失真. 若把 $V_0 = V_\pi$ 代入式（4.8.20），经类似的推导，可得

$$
T \approx 1 - \frac{1}{8}\left(\frac{\pi V_m}{V_0}\right)^2(1 - \cos 2\omega t)
\tag{4.8.25}
$$

即 $T \propto \cos\omega t$ "倍频"失真. 这时看到的仍是"倍频"失真的波形.

（4）直流偏压 V_0 在零伏附近或在 V_π 附近变化时，由于工作点不在线性工作区，输出波形将分别出现上下失真.

综上所述，电光调制是利用晶体的双折射现象，将入射的线偏振光分解成 o 光和 e 光，利用晶体的电光效应有电信号改变晶体的折射率，从而控制两个振动分量形成的像差δ，再利用光的相干原理两束光叠加，从而实现光强度的调制.

四、仪器设备（Experimental instruments）

光学实验导轨	800mm	1 根
导轨滑块		6 个
二维可调半导体激光器	650nm，4mW	1 套
激光功率指示计		1 套
偏振片		2 套
1/4 波片		1 套
三维可调电光晶体附件+驱动电源（0～1500V）		1 套
二维可调扩束镜		1 套
二维可调光电二极管探头		1 套
白屏		
双踪示波器		1 个

主机箱面板功能：

主机箱"JTDG1110 晶体驱动电源"主要功能为晶体驱动电压的输出与输出电压的指示、状态的切换、被调制信号的接收与放大和还原. 如图 4.8.5 所示，各面板元器件作用与功能如下：

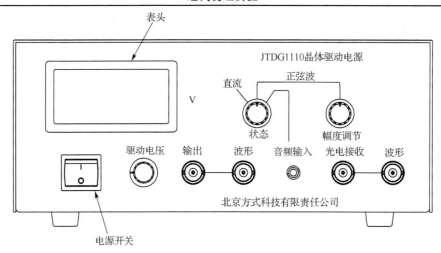

图 4.8.5　JTDG1110 晶体驱动电源面板图

（1）表头：3 位半数字表头，用于指示晶体驱动电压的大小，当状态旋钮打在正弦波或音频输入位置时，显示值为近似平均值.

（2）电源开关：主机的电源开关（220VAC）.

（3）驱动电压旋钮：多圈. 用于调节加在晶体上的直流电压.

（4）输出及波形插座：9 插座，其中输出插座为高压插座，使用时应与晶体附件连接，波形插座输出驱动波形，一般与示波器 1 通道连接.

（5）状态旋钮：3 挡波段开关，用于选择不同的驱动模式. 其中"直流"状态为主机输出一大小可调的直流电压. "正弦波"状态为主机输出一叠加在直流电压上的正弦波信号. 直流电压的大小可由驱动电压旋钮调节，正弦波的幅度可由幅度调节旋钮调节. 音频输入状态可将一外接音频信号叠加在直流电压上，用于驱动晶体.

（6）音频输入插座：3.5mm 耳机插座，用于输入音频信号.

（7）幅度调节旋钮：用于调节正弦波的幅度.

（8）光电接收及波形插座：Q9 插座，光电接收接光电二极管，波形接示波器 2 通道，观察光信号的波形.

（9）扬声器开关：用于控制内置扬声器的开和关. 在主机后面板上.

五、实验内容（Experimental contents）

（1）通过观察穿过晶体的会聚偏振光的干涉图案，了解电场对晶体的作用机理.

（2）通过对晶体施加不同强度的直流电压，观察测量系统的通光情况，绘出电压与光强的关系曲线，求出系统的特征参数.

（3）在晶体上施加一个正弦波信号，观察光学系统的响应情况，理解设置静态工作点的目的和意义，以及设置方法和要求.

（4）用一音频信号驱动电光晶体，模拟信息对光的调制和传输.

六、实验步骤（Experimental procedure）

实验的第一步，我们先来验证 LiNbO$_3$ 晶体在自然状态下的单轴晶体特性和施加电压后晶

体变为双轴晶体的情况. 为此, 我们采用会聚偏振光的干涉图像来直观地对其进行观察. 实验步骤如下:

（1）将半导体激光器、起偏器、扩束镜、LiNbO$_3$晶体、检偏器、白屏依次摆放, 使扩束镜紧靠 LiNbO$_3$ 晶体.

（2）分别接连好半导体激光器电源（在激光功率指示计后面板上）和晶体驱动电源（千万不可插错位）, 将驱动电压旋钮逆时针旋至最低.

（3）打开激光功率指示计电源, 激光器亮. 调整激光器的方向和各附件的高低, 使各光学元件尽量同轴且与光束垂直, 旋转起偏器, 使透过起偏器的光尽量强一些（因半导体激光器的输出光为部分偏振光）.

（4）观察白屏上的图案并转动检偏器观察图案的变化, 应可观察到由十字亮线或暗线和环形线组成的图案. 这种图案是典型的会聚偏振光穿过单轴晶体后形成的干涉图案, 如图 4.8.6(a)所示.

（5）旋转起偏器和检偏器, 使其相互平行, 此时所出现的单轴锥光图与偏振片垂直时是互补的. 如图 4.8.6(b)所示.

（6）打开晶体驱动电源, 将状态开关打在直流状态, 顺时针旋转电压调整旋钮, 调高驱动电压, 观察白屏上图案的变化. 将会观察到图案由一个中心分裂为两个中心, 这是典型的会聚偏振光经过双轴晶体时的干涉图案. 如图 4.8.6(c)所示.

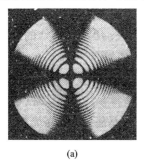 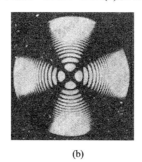 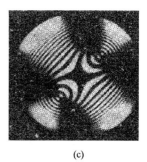

(a)   (b)   (c)

图 4.8.6 会聚偏振光穿过单轴晶体后形成的干涉图

在以上实验中, 我们观察到了在电场作用下 LiNbO$_3$ 晶体由一个单轴晶体变化为双轴晶体的过程. 下面的实验我们将来研究 LiNbO$_3$ 晶体的电光特性和参数, 实验步骤如下:

（1）将上个实验中的扩束镜和 LiNbO$_3$ 晶体取下, 使系统按激光器、起偏器、检偏器、白屏排列.

（2）打开激光功率指示计电源, 调整系统光路, 使光学元件尽量与激光束等高、同轴、垂直.

（3）旋转起偏器使透过起偏器的光尽量强一些, 旋转检偏器使白屏上的光点尽量弱. 这时起偏器与检偏器相互垂直, 系统进入消光的状态.

（4）将 LiNbO$_3$ 晶体放置于起偏器与检偏器之间, 调整其高度和方向尽量使 LiNbO$_3$ 晶体与光束同轴.

（5）将晶体驱动电源的电压调至最低, 状态开关打到直流状态, 观察白屏上的光斑亮度. 仔细调整 LiNbO$_3$ 晶体的角度和方位, 尽量使白屏上的激光光斑最暗（理论上讲, LiNbO$_3$ 晶体的加入应对系统的消光状态无影响, 但由于 LiNbO$_3$ 晶体本身固有的缺陷和激光光束的品质问题, 系统消光状态将会变化）.

（6）取下白屏换上激光功率计探头，记下此时的光功率值 P_{min}.

（7）顺时针旋转电压调整旋钮，缓慢调高驱动电压，并记录下电压值和激光功率值，可每 50V 记录一次. 特别注意记录最大功率值 P_{max} 和对应的电压值 $V_{\lambda/2}$.

（8）根据上两步记录的数据，求出系统消光比 $M = P_{max} / P_{min}$ 和半波电压 $V_{\lambda/2}$，画出电压与输入功率的对应曲线（可在全部实验结束后进行）.

（9）取下 $LiNbO_3$ 晶体旋转检偏器，记录下系统输出最大的光功率 P_0，计算 $LiNbO_3$ 晶体的透过率 T.

$$T = P_{max} / P_0.$$

（10）消光比 M、透过率 T、半波电压 $V_{\lambda/2}$ 是表征电光晶体品质的三个重要特征参量.

以上实验我们研究、测量了电光晶体的一些特征参量. 下一个实验我们来研究电光晶体在光调制应用中的一些具体问题：静态工作点对调制波形的影响.

通过上一个实验所绘制的曲线，我们看到电压与输出光强的关系并不是完全线性的，只是在 $\frac{1}{2} V_{\lambda/2}$ 处是近似线性的. 响应的非线性就会在调制时产生一个信号波形失真的问题，如果一个正弦驱动信号的静态工作点在 0 或 $V_{\lambda/2}$ 处，还会出现信号被倍频现象. 这就要求我们在使电光晶体工作时找到一个好的静态工作点，以使波形失真最小且最灵敏. 静态工作点的设置有多种方案，可以是电学的也可是光学的.

以下实验是为了观察静态工作点对输出波形的影响，实验步骤与光路如下：

（1）将上一个实验电路中的功率指示计探头取下，换上光电二极管探头，使系统光路按半导体激光器、起偏器、$LiNbO_3$ 晶体、检偏器、光电二极管探头顺序排列.

（2）将驱动信号波形插座和接收信号波形插座分别与双踪示波器通道 1 和通道 2 连接，光电二极管探头与信号输入插座连接.

（3）将状态开关置于正弦波位置，幅度调节钮旋至最大.

（4）示波器置于双踪同时显示，以驱动信号波形为触发信号，正弦波频率约为 1kHz.

（5）旋转电压调节旋钮改变静态工作点，观察示波器上的波形变化. 特别注意，接收信号波形失真最小、接收信号幅度最大，出现倍频失真时的静态工作点电压. 对照上一个实验中的曲线图，理解静态工作点对调制波形的影响.

（6）在起偏器与 $LiNbO_3$ 晶体间放入 1/4 波片. 分别将静态工作电压置于倍频失真点、接收信号波形失真最小、接收信号波形幅度最大点（参考上一步骤的参数），旋转 1/4 波片，观察接收波形的变化情况，体会 1/4 波片对静点的影响和作用.

（7）音频信号的调制与传输. 将音频信号接入音频插座，状态开关置于音频状态. 观察示波器上的波形，打开后面的喇叭开关，监听音频调制与传输效果.

七、注意事项（Attentions）

（1）本装置中使用的半导体激光器输出的光是部分偏振光，其大部分光的偏振方向在光斑的短轴方向（半导体激光器的输出光斑近似为椭圆）. 为得到较高的光强，起偏器的偏振方向应平行于短轴方向，此时偏振方向为水平方向.

（2）本装置中的晶体由于通光方向长度较长，因此激光光束与晶体光轴的平行度对实验效果影响非常大，实验时应特别注意．同时由于激光束不是严格意义上的平行光束，因此我们无法在零电压时得到一个均匀的暗场．

（3）光的偏振方向与电极化方向的夹角对本装置的实验现象影响也非常大，当偏振方向与极化方向平行或垂直时，光强随电压变化比较明显．在本装置中可使晶体通光面的边垂直于水平面，此时，极化方向平行或垂直于水平面．

关键词（Key words）：

晶体的光电效应（crystal electro-optic effect），光电克尔效应（electro-optical Kerr effect），线性电光效应（linear electro-optic effect）

实验 4.9　准分子激光器实验
Experiment 4.9　Excimer laser experiment

一、引言（Introduction）

准分子激光是指受到电子束激发的惰性气体和卤素气体结合的混合气体形成的分子向其基态跃迁时所产生的激光．准分子激光属于冷激光，无热效应，光子能量波长范围为 157～353nm，寿命为几十毫微秒，属于紫外光，最常见的波长有 157 nm、193 nm、248 nm、308 nm、351～353nm．TOL 型系列准分子激光器是一种横向快放电激励的中小（平均）功率的气体激光器件．TOL 系列准分子激光器由于具有工作波长短、脉宽窄、单脉冲能量高及峰值功率高的特点，成为紫外波段领域的首选激光光源．准分子激光器作为紫外辐射光源，已在工业、医学和研究领域得到了极其广泛的应用，包括：激光雷达辐射光源，质谱和光谱学研究中的激光光源，光纤 Bragg 光栅，激光近视矫正及皮肤学治疗，Raman 散射泵浦光源．另外，准分子激光在镀膜方面也发挥着独特的魅力，1987 年，贝尔实验室首次尝试用高能准分子激光器成功地制备出高质量的高温超导薄膜，使激光镀膜法成为一种重要的镀膜方法．在真空蒸发、磁控溅射、化学气相沉积法这些众多方法中，脉冲激光淀积法具有靶膜成分一致，对化学组分控制简单，灵活性大，淀积速率高，且可在较低的衬底温度下结晶等优势，克服了其他方法中制备薄膜的很多困难，使得在现有的成膜技术中脉冲准分子激光淀积法成为制备高质量氧化物薄膜的最为成功的方法之一，并被广泛应用．

二、实验目的（Experimental purpose）

（1）掌握准分子激光器的操作方法．
（2）掌握脉冲激光沉积镀膜的原理及使用方法．

三、实验原理（Experimental principle）

1. 准分子激光器原理（Principle of excimer laser）

准分子激光器的名称来源于辐射深紫外光的激活介质，它是短寿命的"激发态二聚物"

（excited dimer）一词的缩写，代表一类激发态分子，此种分子通常由一个惰性气体原子（氩、氪、氙）和一个卤素原子（通常为氟或氯）组成. 惰性气体原子在化学上很不活泼，但在高压气体放电中，惰性气体原子可能处于激发态，在激发态时两原子间的势能存在吸引势阱，具有十分活跃的化学性能. 把在常态下为原子，在激发态下能够暂时结合成不稳定的分子，称为受激准分子，简称为准分子. 准分子激光器的工作物质是准分子气体. 准分子激光形成的关键是将许多激发态分子所储存的能量释放成强紫外光，它需要产生高密度准分子.

准分子气体以百分之几的低浓度引入激光腔与缓冲气体 He 或 Ne 混合，紫外光脉冲使气体预电离，以便使气体容易放电，然后放电激活原子并产出准分子态，准分子态寿命典型地为 10ns，这也是光腔中产生激光脉冲的宽度. 由于准分子激光器运转到数千脉冲（某些情况下数百万脉冲）后气体混合物降解，密封的光腔必须周期性地净化、充气、重新再密封.卤素气体特别是 F_2，是强腐蚀性的，因此表面必须涂 Teflon.镍电极用于放电. 当充 F_2 时，需采取仔细的安全措施，通常所用的 F_2 系用 He 稀释到 5%浓度.典型的放电激励的准分子激光器的电极在光腔内安排为与光轴方向平行. 激光区外的贮气筒储存额外的气体，在高功率运转时能够循环使用.

准分子激光器可使用多种工作气体，输出激光波长在紫外光范围内. 本实验所用的 TOL 准分子激光器的混合气体为 KrF，输出激光波长为 248nm，重复频率为 30Hz，脉冲能量平均值为 257.9mJ.

2. 脉冲激光沉积法（PLD）原理（Principle of pulsed laser deposition）

脉冲沉积系统一般由脉冲激光器，光路系统（光阑扫描器、会聚透镜、激光窗等），沉积系统（真空室、抽真空泵、充气系统、靶材、基片加热器），辅助设备（测控装置、监控装置、电机冷却系统）等组成（图 4.9.1）. 实物图如图 4.9.2 所示.

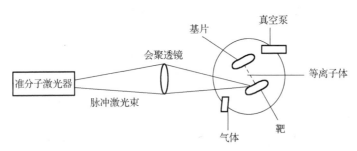

图 4.9.1　脉冲激光溅射沉积薄膜的实验图

图 4.9.2　准分子激光器实物图

1）激光与靶材相互作用产生等离子体

激光束聚焦在靶材表面，在足够高的能量密度下和短的脉冲时间内，靶材吸收激光能量并使光斑处的温度迅速升高至靶材的蒸发温度以上而产生高温及烧蚀，靶材汽化蒸发，有原子、分子、电子、离子和分子团簇及微米尺度的液滴、固体颗粒等从靶的表面逸出. 这些被蒸发出来的物质反过来又继续和激光相互作用，其温度进一步提高，形成区域化的高温高密度的等离子体，等离子体通过逆韧致吸收机制吸收光能而被加热到 104K 以上，形成一个具有致密核心的明亮的等离子体火焰.

2）等离子体在空间的输运（包括激光作用时的等温膨胀和激光结束后的绝热膨胀）

等离子体火焰形成后，其与激光束继续作用，进一步电离，等离子体的温度和压力迅速升高，并在靶面法线方向形成大的温度和压力梯度，使其沿该方向向外作等温（激光作用时）和绝热（激光终止后）膨胀，此时，电荷云的非均匀分布形成相当强的加速电场. 在这些极端条件下，高速膨胀过程发生在数十纳秒瞬间，迅速形成了一个沿法线方向向外的细长的等离子体羽辉.

3）等离子体在基片上成核、长大形成薄膜

激光等离子体中的高能粒子轰击基片表面，使其产生不同程度的辐射式损伤，其中之一就是原子溅射. 入射粒子流和溅射原子之间形成了热化区，一旦粒子的凝聚速率大于溅射原子的飞溅速率，热化区就会消散，粒子在基片上生长出薄膜. 这里薄膜的形成与晶核的形成和长大密切相关. 而晶核的形成和长大取决于很多因素，诸如等离子体的密度、温度、离化度、凝聚态物质的成分、基片温度等. 随着晶核超饱和度的增加，临界核开始缩小，直到高度接近原子的直径，此时薄膜的形态是二维的层状分布.

四、实验装置（Experimental instruments）

（1）激光系统. 中国安徽光学精密机械研究所研发的 TOL-25L 型准分子激光器及其技术参数：工作气体 KrF，波长 248nm，激光脉冲重复频率 1～30Hz（连续可调），最高单脉冲能量 250mJ，激光平均功率 7W.

（2）沉积设备. 沈阳新蓝天真空技术有限公司的 PLD450A 型脉冲激光沉积设备，包括真空室、靶组件、衬底加热台、工作气体、抽真空系统、控制柜等组件，镀膜腔内有带自转和公转电机的靶托. 衬底加热器由单晶硅板充当加热器，最高温度可升至 900℃. 真空系统包括一级抽真空的机械泵和二级抽真空的分子泵，真空度可达 10^{-5}Pa. 控制柜包括真空度显示面板、衬底加热器的温度控制面板、分子泵控制面板、靶托自转和公转控制面板、机械泵及总电源控制面板.

五、实验材料（Experimental materials）

（1）靶材料：本实验所用靶材为铒靶、镱靶、铝靶.

（2）基底材料：硅片表面被氧化一层 $1\mu m$ 厚的二氧化硅，并经超声波清洗.

（3）工作气体：本实验的通入气体采用干燥清洁的高纯氧气（纯度为 99.99%），并且在通入真空沉积室的同时被电离.

六、实验内容与步骤（Experimental contents and procedure）

准分子激光器的操作步骤（Operation steps of excimer laser）

1. 开机（Power on）

（1）打开自来水龙头，使冷却水在激光头冷却水管里循环.

（2）接通激光器电源的三相电源插头（注意三相电的相位，防止真空泵反转！）.

（3）确保激光器电源柜门和激光头所有侧板全部关上.

（4）打开电源面板上的"开关钥匙". 闸流管即处于预热状态，激光头出光口及侧板上的进气和排气冷却风扇也同时工作.

（5）选定激光器的触发方式"自动"（红色长方形按钮），以后保持此状态.

（6）预热十分钟后，按下"启动"开关（绿色按钮）.

激光器进入待工作状态：气体循环风扇开始工作（刚开始转速慢，不到一分钟后转速自动变快，会听到继电器切换触头的声音，属于正常）.

（7）预热结束后，轻轻按下电压调节按钮中的升压按钮，慢慢将电压升至预定值 21kV.

（8）在"自动"触发方式下，慢慢调节频率旋钮使激光触发，激光触发重复频率可以由最低连续升至 30Hz，要求重复频率的变化为渐变的而不是突变的.

（9）激光器即可进入正常工作.

（10）如果激光能量不够，可以继续按下电压调节按钮中的升压按钮，使电压再升高.

2. 关机（Power off）

在激光使用完毕后，按照如下步骤进行正确关机操作：

（1）在适当频率和高压下（2Hz 和 23kV），按下"关断"按钮.

（2）降压. 按下电压调节降压按钮，保持在一定的重复频率下，这样在降压的过程中让激光器剩余电压充分放电，直到电压降到零位置（即右边指示灯熄灭为止）.

（3）关断电源开关，则激光头出光口与侧板上的进气和排气冷却风扇停止工作.

（4）断开激光器电源的三相电源插头.

（5）关闭水龙头.

（6）关机结束.

3. PLD 操作步骤（Operation steps of PLD）

（1）向真空室安放样品.
打开真空室的活门将样品放在样品台的样品托架内，然后关闭活门.

（2）调节激光的角度.
选择沉积室上两个激光窗中的任意一个作为激光入射口，调节激光器，使激光束沿激光窗的垂直方向并通过激光窗中心射入真空室内.

（3）安放靶材和样品.
打开真空室的 150 活门，将转靶的挡板取下，用手旋下靶托，将铝靶、铒靶、镱靶材放入靶托内再放回原处. 硅片表面被氧化一层 1μm 厚的二氧化硅，并经超声波清洗后置于距离靶材 42mm 的样品台上.

（4）系统从大气开始抽真空.

（A）关闭所有阀门（包括 GV150 手动闸板阀，CF35 旁抽角阀，CF16$_2$ 进气阀，CF16$_1$ 放气阀）.

（B）打开所有水路.

（C）打开机柜面板上总控电源.

（D）在面板上按下机械泵开启按钮，启动机械泵 2XZ-8D.

（E）打开真空室上旁抽角阀.

（F）机械泵开启 2～3min 后，打开真空计的热偶规管，测量低真空.

（G）当真空计上显示真空度在 30Pa 以下时，关闭 CF35 旁抽角阀，打开电磁挡板阀.

（H）打开电磁挡板阀 5～10s 后打开分子泵，此时分子泵的频率从 400Hz 开始下降.

（I）当分子泵频率开始上升时，打开 GV150 闸板阀.

（J）打开真空计的电离规管，测量高真空.

（5）气路抽真空.

打开质量流量控制计（预热 5min），接好气源. 打开 CF16$_2$ 角阀，让分子泵对气路进行抽气.

（6）样品镀膜.

（A）当真空室真空度<6.6×10^{-4}Pa 时，调节质量流量计的控制阀控制气流为 30～35c/min.

（B）启动样品台自转电源，使样品转动，启动加热电源，在 SRS13 表上输入加热温度（如 900℃），打开基片挡板.

（C）缓慢关闭 GV150 闸板阀，当真空室内的真空度为镀膜工艺所需真空度并处于稳定状态，样品加热温度为 900℃ 时，打开转靶自转电源，让靶材自转，启动激光电源，脉冲激光的频率为 5Hz，入射激光束的能量被调整在每个脉冲为 120～ 160mJ，打到铝、镱、铒靶上的脉冲数分别为 480、20 和 2，将此作为一个周期，如此重复 100 次，对样品进行镀膜.

（D）镀膜完成后关闭激光电源，关闭基片挡板，关闭样品台自转和加热电源，关闭转靶电源，关闭 CF16$_2$ 角阀，全打开 GV150 闸板阀恢复真空度 ≤6.6×10^{-4}Pa.

（E）若要取出样品，需等待样品冷却至 ≤40℃，此时关闭 CF150 闸板阀后打开 CF16$_2$ 放气阀暴露于大气，待真空计上显示是大气时打开活门就可取出样品.

（7）镀膜结束，系统恢复真空.

（A）关闭样品台测温电源；关闭质量流量控制计（MFC）电源，关闭进气阀.

（B）全部开启闸板阀，在 5～10min 内，真空室真空度可达 6.6×10^{-4}Pa.

（8）停泵关机.

（A）关闭真空计.

（B）关闭 CF150 闸板阀.

（C）关闭分子泵电源.

（D）10min 后关闭电磁挡板阀，关闭机械泵电源，关闭总电源开关.

（E）关闭所有水路.

七、注意事项（Attentions）

准分子激光器的使用注意事项：

（1）实验室要保持通风、干燥，最好备有排气风机．万一卤素气体泄漏，迅速打开实验室门窗．如果卤素气体钢瓶漏气，应迅速关闭其钢瓶阀门．

（2）为控制配气精度及安全考虑，卤素气体（HCl 或 F_2）应用 He 或 Ne 稀释装于耐腐蚀并经卤素气体钝化的高压钢瓶，我们使用 5%的 F_2/He 混合气．

（3）真空泵排气管道出口要通往室外，以免室内空气污染．

（4）激光头和电源机箱均要良好地接地．接地线最好用铜编织线埋入室外大地．

（5）在进行实验时，尤其是升高压的关键时刻，尽量要有两个人一同在现场，因为是进行高压放电实验．避免意外的操作或操作人员人为地触摸激光头内部零件导致高压击打人．

（6）一般情况下，激光器工作电压高压不宜低于激光工作电压阈值，高压不宜超过 27kV，极限高压不得超过 28kV．本仪器安装有高压安全保护装置，该装置在工作电压高于 28kV 时将会自动跳闸．

（7）升高压时，最好是静态（即没有放电状态）地把高压升到预定值，再用低重复率进行放电．如果高压已经升上去了，但没有放电，这时高压是降不下来的．所以只有在放电的过程中才能实现降压．

（8）观察激光放电时不得用眼睛直视窗口，以防强紫外光损伤眼睛．进入工作室应配戴紫外激光防护眼镜．在没有明确目的时，不要将激光辐射在具有反光的金属和其他物体上，以免散射的强紫外光对人体的影响，应避免人体皮肤直接与紫外激光的接触．

（9）激光器在工作时切不可打开激光头的面板，以防高压击打人，并且也不要随意打开激光头面板拆卸零件．

（10）当激光器发生多次连击现象时，应停机检查．

真空镀膜机的使用注意事项：

启动设备前，必须检查水路是否畅通，注意水质清洁无污垢；工作结束后，先关机，后停水．待真空室完全冷却后方可暴露于大气．

（1）总电源插座应固定在一个位置，以免换相引起机械泵反转，系统返油．

（2）遇有潮湿天气，系统暴露于大气时最好充入干燥气体，在取放样品后应适当用卤钨灯烘烤 4h 以上．系统暴露于大气后应注意随时关闭放气阀．

（3）样品基片台加热炉丝为铂铑-铂丝，加热时从慢到快启动，可延长加热丝的使用寿命．

关键词（Key words）：

PLD 系统（pulsed laser deposit system），准分子激光（excimer laser），镀膜（film coating），激光沉积（laser deposition）

实验 4.10　激光打标实验

Experiment 4.10　Laser marking experiment

激光打标是用激光束在各种不同的物质表面打上永久的标记．打标的效应是通过表层物质的蒸发露出深层物质，或者是通过光能导致表层物质的化学物理变化而"刻"出痕迹，或者是通过光能烧掉部分物质，显出所需刻蚀的图案、文字．

随着激光应用技术的发展，激光已经成为规范的打标工具，它可以在塑料、硅片、金属、陶瓷等许多种材料上标识出标记. 用计算机控制激光打标系统, 可以快速高质量地打出序列编号、徽标、商标、装饰设计图案等. 激光打标技术具有一系列优异特点: 激光打标不直接接触工件表面, 无烟, 无沾污, 无其他损伤, 且可形成永久性标记; 容易与计算机连接, 可以实现快速控制和精确定位, 实时改变设计方案, 并能方便地在工件上标记出各种复杂图形; 利用激光与材料之间相互作用的物理和化学机理, 可以实现刻蚀、凸雕、变色和涂层去除等功能; 选择不同的激光波长和填料, 可以获得各种复杂的彩色标记; 对于粘附困难且不适于油墨打标的塑料、金属材料等, 激光打标均可以解决; 激光光束可以聚焦到微米量级, 激光能量可以精确控制, 故可以实现微型打标技术 (点标直径几十微米, 深度为几微米量级), 这是油墨打标方法和其他方法都难以实现的.

一、实验目的（Experimental purpose）

（1）了解当前激光加工技术的应用——激光打标.

（2）了解激光打标机的工作原理.

（3）学习使用打标机, 学会用激光打标机制作简单的图形.

（4）研究不同参数（电流、频率、速度）等对同一种材料打标效果的影响.

（5）通过对比不同材料的打标效果, 分析该打标机适用的材料.

二、实验原理（Experimental principle）

将激光束入射到两反射镜（扫描镜）上, 用计算机控制反射镜的反射角度, 这两个反射镜可分别沿 X、Y 轴扫描, 从而达到激光束的偏转, 使具有一定功率密度的激光聚焦点在打标材料上按所需的要求运动, 从而在材料表面上留下永久的标记.

激光打标机是综合激光、光学、精密机械、电子和计算机等技术于一体的光机电一体化设备. 它主要由激光器、光学系统和控制系统组成.

光纤激光打标系统示意图如图 4.10.1 所示, 主要包括了光纤激光器、光束准直扩束器、扫描振镜（galvanometer）、$F\text{-}\theta$ 镜、打标卡、工作平台和 PC 机等构成, 最后, 通过相应的打标软件驱动整个系统.

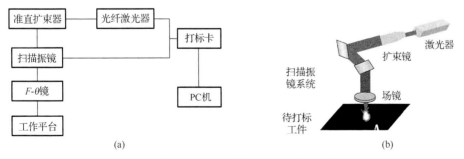

图 4.10.1　光纤激光打标系统示意图

光纤激光打标机工作原理如图 4.10.2 所示, 首先将要打标的内容通过打标软件输入 PC 机, PC 机控制打标卡发出信号, 控制光纤激光器的发光和扫描振镜的工作, 光纤激光器输出的激光经过扩束准直后, 由扫描振镜控制光路再由 F-镜聚焦后, 到达工作平台.

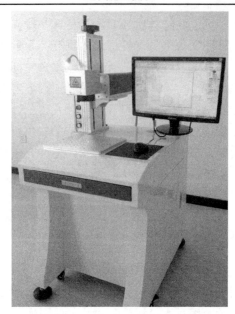

图 4.10.2　光纤激光打标机的实物图

光纤激光打标机各组成部分介绍

1. 光纤激光器（Fiber laser）

光纤激光器是光纤激光打标机的重要器件之一，光纤激光器的光束质量影响激光打标的精度，从而影响打标质量的好坏．光纤激光器具有体积小，光束质量好，电光转换效率高，容易维护等特点．光纤激光器生产商中，比较知名的有 IPG 公司和 SPI 公司．本实验系统所使用的光纤激光器是 IPG 公司生产的 20W 脉冲光纤激光器．它的主要参数为：

激光最大平均输出功率：$P = 20\mathrm{W}$；激光波长：1064nm；光束质量因子：$M^2 = 1.5$；经扩束后的激光光束直径：$D = 7.4\mathrm{mm}$；F-镜的焦距：$f = 420\mathrm{mm}$.

2. 光束准直扩束器（Beam collimation beam expander）

激光器发出的激光，首先经过光束扩束器进行扩束和准直，其作用一是可以得到更好的聚焦效果，二是减小对光学元件的热破坏．

（1）以基模激光束为例，基模高斯光束束腰半径为 R_0'，到薄透镜的距离为 S，薄透镜的焦距为 f，经薄透镜成像后的光束束腰半径为，到薄透镜的距离为 S'．因为透镜为薄透镜，所以在其两侧的入射光束和出射光束的光强分布可近似相同，即都为高斯光束，此外，入射光和出射光在透镜处的光斑尺寸 d 和 d' 应该相等．

同时，有

$$\frac{1}{R'} = \frac{1}{R} - \frac{1}{f} \tag{4.10.1}$$

其中，R 为入射光在透镜处的波面曲率半径；R' 为出射光在透镜处的波面曲率半径．

聚焦透镜一般采用短焦距透镜，即 $R = f$，因此，入射光束经过透镜变换后，就有 $S' \approx f$，即出射光束的束腰近似在透镜的焦点上，焦点上的光斑大小为

$$R_{\rm o}' = \frac{\lambda f}{\pi R_{\rm o}} \tag{4.10.2}$$

高斯光束经短焦距透镜聚焦后，束腰位于透镜焦点处，$R_{\rm o}$ 和 $R_{\rm o}'$ 成反比. 这样，$R_{\rm o}$ 越大，聚焦后的焦点大小就越小，所以光束经扩束器后，$R_{\rm o}$ 变大，这样 $R_{\rm o}'$ 就变小，聚焦后的效果就更好.

（2）减小对光学元件的热破坏.

由于脉冲光纤激光器的脉冲能量密度很高，如果直接作用在后面的光学器件上，产生的热应力可能对其产生热破坏. 所以，要对激光束进行扩束，这样就减小了激光束的能量密度，使得其对光学器件的热破坏减小.

3. 同轴准直红光（Red light of coaxial collimation）

同轴准直红光是一个半导体发光二极管发出的 632nm 的红光. 它经过调节与激光束基本同轴，用来作为激光器调整的准直依据，同时在打标时作为打标过程的位置指示和轮廓标示光，让操作人员更直观地观察激光打标的位置.

4. 扫描振镜系统（Vibrating mirror laser scanning system）

扫描系统的原理图如图 4.10.3 所示.

激光器输出的激光束通过三维调焦镜片组，照射在振镜扫描系统的一组反射镜片上. 扫描振镜系统包括 X 轴扫描振镜和 Y 轴扫描振镜. 扫描振镜是将反射镜片固定在高精度的步进电机上的实现高精度转动的光学器件. 经扩束器扩束后的激光束入射到 X 轴扫描振镜上，X 轴步进电机通过接收电信号控制反射镜转动使得激光束在 X 方向移动，同时，Y 轴步进电机也接收到相应的电信号实现光束在 Y 方向的移动. 这样，X, Y 轴扫描振镜的相互协调转动，就使得激光束按照要求实现打标内容. 扫描振镜系统的扫描速度和精度直接影响了激光打标的速度和精度.

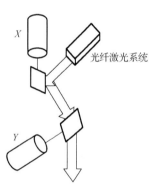

图 4.10.3　扫描系统原理图

5. 光束聚焦系统（Beam focusing system）

光束聚焦系统的核心组件是 F-θ 镜，它同时也是打标机的核心部件之一. F-θ 镜的原理图如图 4.10.4 所示.

激光打标的聚焦系统应用的是 F-θ 透镜，与望远物镜不同，F-θ 透镜的像高与视场角成正比，F-θ 透镜的视场角、焦距和像高满足下式所示的关系

$$y = f \times \theta \tag{4.10.3}$$

式中，θ, f, y 分别表示 F-θ 透镜的视场角、焦距和像高. 表示当 F-θ 透镜的焦距 f 一定时，像高 y 与视场角成正比，满足线性关系.

由于 F-θ 透镜的像高与视场角满足上面所示的关系，可通过控制 F-θ 透镜表面的入射角而

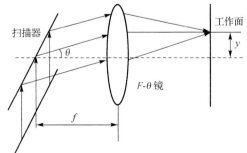

图 4.10.4　F-θ 镜原理图

实现对打标速度的线性控制. 只要扫描振镜匀速偏转, 激光束在工件表面上的聚焦光斑就将相应地做匀速运动, 实现匀速扫描.

6. 打标软件 (Laser marking software)

本实验所使用的打标软件为 EzCad2.6 国际版软件. 打标过程中, 由打标软件设计出所需要的内容, 将信号传输给打标卡, 打标卡将所接收的信号转换成控制激光和扫描振镜的信号, 通过它就实现了对激光开关、功率、脉冲频率等参数的控制, 以及扫描振镜两端伺服电机的转动. 就达到了对激光的调制, 实现打标.

软件界面如图 4.10.5 所示.

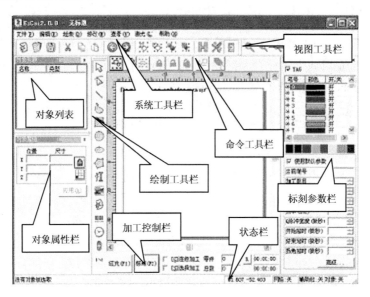

图 4.10.5　打标软件 EzCad2.6 主界面图

打标软件可进行多种文字字体的编辑, 支持多达 256 支笔 (图层), 可以为不同对象设置不同的加工参数, 兼容常用图像格式 (bmp, jpg, gif, tga, png, tif 等), 兼容常用的矢量图形 (ai, dxf, dst, plt 等), 具有常用的图像处理功能 (灰度转换, 黑白图转换, 网点处理等), 可以进行 256 级灰度图片加工, 可以进行文件的编辑、图形的绘制和操作、条形码的设计等, 集设计打标内容、控制激光器和调节振镜的作用于一身, 如激光输出功率、激光扫描速度、激光脉冲频率等.

该软件的常用操作流程: 打开软件进入操作界面—设计出打标要求的内容—进入激光器参数设置界面调整激光器的参数—试打 (如果符合要求进行正式激光打标, 否则重新调整激光器参数) —正式打标等几步.

打标过程中, 用户通过该软件设计出需要的打标内容, 由计算机转换为控制信号进入打标卡, 然后打标卡进行信号转换后来完成打标. 所以, 打标软件是整个打标过程的信号的输入端, 也进一步说明了打标软件功能的重要性.

在激光器参数的调整环节, 可以对激光器的打标的功率、速度和脉冲频率等参数进行调整, 如图 4.10.5 所示. 同时, 当在一组打标内容中, 有的不同内容所需要的打标参数不一致, 本软件可以单独就其中一部分进行一种打标笔参数的设置, 这样在整个打标过程中,针对不同的打标内容就能实现一次性打标，而不需要分步调整参数打了，提高了打标的速度和效率.

适用材料范围：

广泛应用于汽车、航天航空器件、集成电路芯片、食品饮料烟草包装、手机按键、电池、电子元器件、计算机零配件及外设、五金工具、不锈钢器具、电器产品、通信产品、医疗器械、卫浴洁具、钟表首饰、工业轴承、图形和文字的标记. 可以在金属（含稀有金属）、电镀材料、镀膜材料、喷涂材料、塑料橡胶、树脂、陶瓷等材料上标记分辨率高、非常美观的图像.

三、实验内容（Experimental contents）

（1）利用机器内已生成的程序"SERIAL"在硅片上进行编号的打标实验.

（2）利用已生成的程序对不同材质的两种样品（如纸张和金属片），选择不同的实验条件（如更改电流值或光束移动速度），进行效果最佳的打标实验.

（3）自行编排一行汉字或一个图形的打标程序，并通过反复实验选择出最佳的工作参数.

四、实验步骤（Experimental procedure）

图4.10.6 控制面板操作图

仪器面板图如图4.10.6所示.

（1）打开总电源.

（2）打开计算机电源.

（3）打开振镜开关.

（4）打开激光器开关.

（5）在计算机上打开软件，即进入打标软件 EzCad2 主界面，如图4.10.5所示.

（A）工作空间设置.

点击"视图工具栏"中的"系统参数"图标，在弹出的窗口中选择工作空间，按所使用场镜参数（见侧面标注），对"左下角"位置及"尺寸"作相应设置，见表4.10.1.

表 4.10.1

焦距	左下角（X/Y）	尺寸/mm
F=63mm	(−17.5/−17.5)	35
F=100mm	(−35/−35)	70
F=160mm	(−55/−55)	110
F=254mm	(−87.5/−87.5)	175
F=330mm	(−122.5/−122.5)	245

（B）配置参数设置.

按"F3"，出现"配置参数"窗口，①按所使用场镜参数（见镜头侧面标注），对"区域尺寸"作相应设置. ②加工后去指定位置：建议选择"振镜中心". ③如实际标刻出的图形方向与实际不符，有"振镜1=X""振镜2=X""振镜1反向""振镜2反向"四个选项来满足使用者要求．"振镜1=X"表示控制卡的振镜输出信号1作为用户坐标系的X轴．"振镜2=X"表示控制卡的振镜输出信号2作为用户坐标系的X轴．"反向"表示当前振镜的输出反向．④失真校正及比例校正设定．表示桶形或枕形失真校正系数，默认系数为1.0（参数范围0.875～1.125）．比例：伸缩比例，默认值为100%．当标刻出的实际尺寸和软件图示尺寸不同时，需要修改此参数．当标刻出的实际尺寸比设计尺寸小时，增大此参数值；当标刻出的实际尺寸比设计尺寸大时，减小此参数值．

（C）激光控制参数设定．

在配置参数窗口中，点击"激光控制"按钮，在出现的窗口中，选择"Fiber"类型．

（D）端口参数设定．

在配置参数窗口中，点击"端口"按钮，在出现的窗口中，将"开始标刻端口"中"输入端口"设为"0"．脚踏开关方可使用．

（E）红光参数调整——进行红光模拟显示．

标示出要被标刻的图形的外框，但不出激光，用来指示加工区域，方便用户对加工件定位．直接按键盘F1键即可执行此命令．

在配置参数窗口中，点击"其他"按钮，在出现的窗口中，有2个选项：

（i）使能显示轮廓：选择此项时，则红光预览时与打标时激光运行路径相同；若不选，当使用红光预览时红光显示为所加工图形的最大外形方框．

（ii）使能红光连续加工：选择此项，则加工完成后马上再次进入红光预览（此功能需配合脚踏开关使用）．

图4.10.7　加工属性栏

还有3个可调节的参数：

（i）**红光速度**：表示系统在红光指示时的运动速度（建议2000～3000mm·s^{-1}）．

（ii）**红光指示的偏移位置**：表示系统在红光指示时的运动的偏移位置，用于补偿红光与实际激光的位置误差．

（iii）**尺寸比例**：表示系统在红光指示时的标刻图形大小与红光预览框大小的比值，用于补偿红光与实际激光的大小误差．

（F）文字．

EzCad软件支持在工作空间内直接输入文字，文字的字体包括系统安装的所有字体，以及EzCad自带的多种字体．如果要输入文字，在绘制菜单中选择"文字"命令或者在绘图工具栏中单击图标．在绘制文字命令下，按下鼠标左键即可创建文字对象．

（G）加工．

在主窗口的加工属性栏（图4.10.7）中，每个文件都有256支笔，表示当前笔要加工，即当加工到的对象对应为当前笔号时要加工，双击此图标可以更改．表示当前笔不加工，即当加工到的对象对应为当前笔号时不加工．

加工数目：表示所有对象对应为当前参数的加工次数．

速度：表示当前加工参数的标刻速度．

功率：表示当前加工参数的能量大小，可以通过电流百分比来设置电流与能量的对应关系．

频率：表示当前加工参数的激光器的频率（可设置范围：20～100kHz）．

开始段延时：标刻开始时激光开启的延时时间．设置适当的开始段延时参数可以去除在标刻开始时出现的"火柴头"现象，但如果开始段延时设置太大会导致起始段缺笔的现象．可以接受负值．

结束段延时：标刻结束时激光关闭的延时时间．设置适当的结束段延时参数可以去除在标刻完毕时出现的不闭合现象，但如果结束段延时设置太大会导致结束段出现"火柴头"现象．

拐角延时：标刻时每段之间的延时时间．设置适当的拐角延时参数可以去除在标刻直角时出现的圆角现象，但如果拐角延时设置太大会导致标刻时间增加，且拐角处会有重点现象．

加速距离：适当设置此参数，可以消除标刻开始段的打点不均匀的现象．

打点时间：当对象中有点对象时，每个点的出光时间．

实际调整一套参数：

绘制一个 40×20 左右的矩形，用以下参数对其填充：轮廓及填充、填充边距 0、填充间距 1.0、填充角度 0，单向填充（即不选择双向往返填充选项）．

将标刻参数设置成如下模式：

参数名称：XX——用户定义的名称（建议用户使用易懂的标识性名称）；

标刻次数：1；

标刻速度：XX——用户需要的速度；

跳转速度：XXX——用户定义的速度（建议用 1200～2500mm/s）；

功率比例：调节前面板旋钮；

频率：默认值，不修改；

开始段延时：–100μs；

结束段延时：300μs；

多边形延时：100μs；

跳转位置延时：1000μs；

跳转距离延时：1000μs；

末点补偿：0；

加速距离：0．

加工对话框在 EZCad 界面的正下方，如图 4.10.8 所示为加工对话框．

图 4.10.8　加工对话框

红光：标示出要被标刻的图形的外框，但不出激光，用来指示加工区域，方便用户对加工件定位．直接按键盘 F1 键即可执行此命令．

标刻：开始加工．直接按键盘 F2 键即可执行此命令．

连续加工：表示一直重复加工当前文件，中间不停顿．

选择加工：只加工被选择的对象．

零件数：表示当前被加工完的零件总数．

零件总数：表示当前要加工的零件总数，在连续加工模式下无效. 不在连续加工模式下时，如果此零件总数大于 1，则加工时会重复不停地加工直到加工的零件数等于零件总数才停止.

参数：当前设备的参数. 直接按键盘 F3 键即可执行此命令.

（H）实际加工要打标的器件.

（I）按程序完成刻蚀任务后，关电顺序：①关激光器开关；②关振镜开关打开；③关计算机电源；④关总电源. 与开机正好顺序相反.

FB20-1 型光纤打标机重要参数如表 4.10.2 所示.

表 4.10.2　FB20-1 型光纤激光打标机主要参数

型　　号	FB20-1	型　　号	FB20-1
激光寿命	10 万小时	打标深度	≤1.5mm
激光类型/波长	1064nm	最大打标线速	7000mm·s^{-1}
激光输出功率	20W	最小打标线宽	≤0.01mm
激光光束质量 M^2	<1.3	最小字符高度	≤0.1mm
激光脉冲宽度	≤8ns	重复打标精度	≤10μrad
功率稳定性（rms,>4h）	<3%	耗电功率	≤500W·h^{-1}
激光模式	TEM$_{00}$	电力需求	220VAC/50Hz
打标范围	70mm×70mm 110mm×110mm		

五、注意事项（Attentions）

（1）严格按照开关机步骤进行开关机操作.

（2）日常工作时应将激光器严格盖上，防止灰尘等污染激光器内部光学元件.

（3）对激光器进行调整时，严禁向激光腔内窥视.

（4）调节光路时，应保证激光准确地进入振镜头，否则会有烧毁振镜的危险.

（5）打标、扫描范围不能超过规定的范围，否则将有可能损害振镜.

（6）严禁激光直射或反射入眼睛. 特别在标刻某些表面较光滑的物体时，应注意防止激光通过物体反射进眼睛. 有关人员应配戴激光护眼镜.

（7）严禁对易燃、易爆物品（如酒精、棉花等）进行标刻.

六、设备维护（Equipment maintenance）

（1）在日常工作中，需指定专门的操作人员对设备进行使用与维护. 操作人员上岗前，需预先制定防火、防电等安全措施，并进行安全生产教育，避免事故的发生.

（2）使用此款激光打标机前，请确保硬件连接正确，并详细阅读本说明书. 掌握标刻参数及激光器频率等参数的变化对加工工艺的影响. 设定合适的标刻参数可以带来精美的效果并缩短打标时间.

（3）设备应尽量在干净、干燥的环境下运行，注意保持激光器通风风道顺畅、散热良好. 应定期对散热风道内换热表面进行清理，以保证散热效果良好.

（4）清洁光学镜头（如场镜）请用洁净的脱脂棉蘸取乙醚与无水乙醇混合液（乙醚：无水乙醇为 2∶1），轻轻擦拭.

七、故障诊断（Fault diagnosis）

打标时常见问题如表 4.10.3 所示.

表 4.10.3　打标时常见问题

常见问题	可能原因	解决方法
无激光输出	（1）场镜上的镜头盖未取下 （2）打标机连接方式不正确 （3）急停开关被按下 （4）工作平面不在焦点处	（1）取下镜头盖 （2）按说明书正确连接 （3）复位急停开关 （4）重新调整焦距
标刻进行时出现 某一部件停止工作	激光打标机各组件靠激光打标控制卡控制 其工作. 激光打标控制卡与计算机连接出现 问题，会导致部分组件出现不正常现象	取下激光打标控制卡，清理计算机中的 PCI 插槽；用 洁净的脱脂棉蘸取无水乙醇轻轻擦拭激光打标卡上的 金手指. 将激光打标控制卡重新插入 PCI 插槽中，并 保证其紧密连接. 必要时可更换 PCI 插槽，保证其有 效性（仅限于 PCI 型控制卡）
标刻图形的起笔部分 不清晰或不完整	软件标刻参数设置不正确	使用软件中的标刻参数（开关延时等参数）进行调节

八、思考题（Exercises）

（1）对不同材质，依据何原理控制激光器工作电流？请举两个实例来说明具体方法.

（2）本机所采用的是声光调制方式，为何选择调制频率 $f = 3000 \text{Hz}$ 为最佳？

关键词（Key words）：

激光打标（laser marking），光纤激光器（fiber laser），同轴准直（coaxial collimation），振镜（vibrating mirror），激光扫描（laser scanning），光束聚焦（beam focusing），激光打标软件（laser marking software）

实验 4.11　表面磁光克尔效应实验

Experiment 4.11　Surface magneto-optic Kerr effect experiment

一、引言（Introduction）

1845 年，法拉第（Michael Faraday）首先发现了磁光效应，他发现当外加磁场加在玻璃样品上时，透射光的偏振面将发生旋转，随后他加磁场于金属表面上做光反射的实验，但由于金属表面并不够平整，因而实验结果不能使人信服. 1877 年，克尔（John Kerr）在观察偏振光从抛光过的电磁铁磁极反射出来时，发现了磁光克尔效应（magneto-optic Kerr effect）. 1985 年，Moog 和 Bader 两位学者进行铁磁超薄膜的磁光克尔效应测量，成功地得到一原子层厚度磁性物质的磁滞回线，并且提出了以 SMOKE 来作为表面磁光克尔效应（surface magneto-optic Kerr effect）的缩写，用以表示应用磁光克尔效应在表面磁学上的研究. 由于此方法的磁性测量灵敏度可以达到一个原子层厚度，并且仪器可以配置于超高真空系统上面工作，所以成为表面磁学的重要研究方法.

表面磁性以及由数个原子层所构成的超薄膜和多层膜磁性,是当今凝聚态物理领域中的一个极其重要的研究热点. 而表面磁光克尔效应(SMOKE)谱作为一种非常重要的超薄膜磁性原位测量的实验手段,正受到越来越多的重视,并且已经被广泛用于磁有序、磁各向异性以及层间耦合等问题的研究.

二、实验目的(Experimental purpose)

(1)了解磁光克尔效应的相关知识.
(2)掌握测量克尔旋转角的方法.
(3)能够正确调节仪器并测量出克尔旋转角.

三、实验原理(Experimental principle)

磁光效应有两种:法拉第效应和克尔效应,1845 年,法拉第首先发现介质的磁化状态会影响透射光的偏振状态,这就是法拉第效应. 1877 年,克尔发现铁磁体对反射光的偏振状态也会产生影响,这就是克尔效应. 克尔效应在表面磁学中的应用,即为表面磁光克尔效应. 它是指铁磁性样品(如铁、钴、镍及其合金)的磁化状态对于从其表面反射的光的偏振状态的影响. 当入射光为线偏振光时,样品的磁性会引起反射光偏振面的旋转和椭偏率的变化. 表面磁光克尔效应作为一种探测薄膜磁性的技术始于 1985 年.

如图 4.11.1 所示,当一束线偏振光入射到样品表面上时,如果样品是各向异性的,那么反射光的偏振方向会发生偏转. 如果此时样品还处于铁磁状态,那么铁磁性还会导致反射光的偏振面相对于入射光的偏振面额外再转过一个小的角度,这个小角度称为克尔旋转角 θ_k. 同时,一般而言,由于样品对 P 光和 S 光的吸收率是不一样的,即使样品处于非磁状态,反射光的椭偏率也发生变化,而铁磁性会导致椭偏率有一个附加的变化,这个变化称为克尔椭偏率 ε_k. 由于克尔旋转角 θ_k 和克尔椭偏率 ε_k 都是磁化强度 M 的函数,通过探测 θ_k 或 ε_k 的变化可以推测出磁化强度 M 的变化.

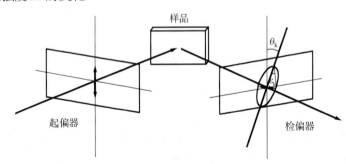

图 4.11.1 表面磁光克尔效应原理

按照磁场相对于入射面的配置状态不同,磁光克尔效应可以分为三种:极向克尔效应、纵向克尔效应和横向克尔效应.

1. 极向克尔效应

如图 4.11.2 所示,磁化方向垂直于样品表面并且平行于入射面. 通常情况下,极向克尔信号的强度随光的入射角的减小而增大,在 0° 入射角时(垂直入射)达到最大.

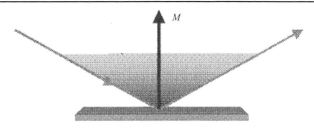

图 4.11.2　极向克尔效应

2. 纵向克尔效应

如图 4.11.3 所示，磁化方向在样品膜面内，并且平行于入射面. 纵向克尔信号的强度一般随光的入射角的减小而减小，在 0° 入射角时为零. 通常情况下，纵向克尔信号中无论是克尔旋转角还是克尔椭偏率都要比极向克尔信号小一个数量级. 正是这个原因，纵向克尔效应的探测远比极向克尔效应来得困难. 但对于很多薄膜样品来说，易磁轴往往平行于样品表面，因而只有在纵向克尔效应配置下样品的磁化强度才容易达到饱和. 因此，纵向克尔效应对于薄膜样品的磁性研究来说是十分重要的.

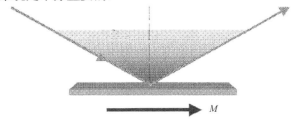

图 4.11.3　纵向克尔效应

3. 横向克尔效应

如图 4.11.4 所示，磁化方向在样品膜面内，并且垂直于入射面. 横向克尔效应中反射光的偏振状态没有变化，这是因为在这种配置下光电场与磁化强度矢积的方向永远没有与光传播方向相垂直的分量. 横向克尔效应中，只有在 P 偏振光（偏振方向平行于入射面）入射条件下，才有一个很小的反射率的变化.

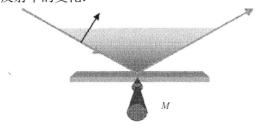

图 4.11.4　横向克尔效应

以下以极向克尔效应为例详细讨论 SMOKE 系统，原则上完全适用于纵向克尔效应和横向克尔效应. 图 4.11.5 为常见的 SMOKE 系统光路图，氦氖激光器发射一激光束通过偏振棱镜 1 后变成线偏振光，然后从样品表面反射，经过偏振棱镜 2 进入探测器. 偏振棱镜 2 的偏振方向与偏振棱镜 1 设置成偏离消光位置一个很小的角度 δ，如图 4.11.6 所示. 样品放置在磁场中，当外加磁场改变样品磁化强度时，反射光的偏振状态发生改变. 通过偏振棱镜 2 的光强也发生变化. 在一阶近似下光强的变化和磁化强度呈线性关系, 探测器探测到这个光强的变化就可以推测出样品的磁化状态.

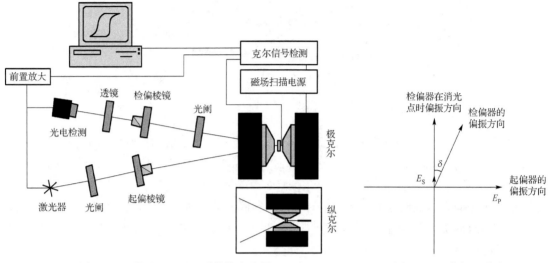

图 4.11.5 常见 SMOKE 系统的光路图   图 4.11.6 偏振器件配置

两个偏振棱镜的设置状态主要是为了区分正负克尔旋转角. 若两个偏振方向设置在消光位置, 无论反射光偏振面是顺时针还是逆时针旋转, 反映在光强的变化上都是强度增大. 这样无法区分偏振面的正负旋转方向, 也就无法判断样品的磁化方向. 当两个偏振方向之间有一个小角度 δ 时, 通过偏振棱镜 2 的光线有一个本底光强 I_0. 反射光偏振面旋转方向和 δ 同向时光强增大, 反向时光强减小, 这样样品的磁化方向可以通过光强的变化来区分.

在图 4.11.2 的光路中, 假设取入射光为 P 偏振 (电场矢量 E_P 平行于入射面), 当光线从磁化了的样品表面反射时, 由于克尔效应, 反射光中含有一个很小的垂直于 E_P 的电场分量 E_S, 通常 $E_S \ll E_P$. 在一阶近似下有

$$\frac{E_S}{E_P} = \theta_k + i\varepsilon_k \tag{4.11.1}$$

通过棱镜 2 的光强为

$$I = \left| E_P \sin\delta + E_S \cos\delta \right|^2 \tag{4.11.2}$$

将式 (4.11.1) 代入式 (4.11.2) 得到

$$I = \left| E_P \right|^2 \left| \sin\delta + (\theta_k + i\varepsilon_k)\cos\delta \right|^2 \tag{4.11.3}$$

因为 δ 很小, 所以可以取 $\sin\delta = \delta$, $\cos\delta = 1$, 得到

$$I = \left| E_P \right|^2 \left| \delta + (\theta_k + i\varepsilon_k) \right|^2 \tag{4.11.4}$$

整理得到

$$I = \left| E_P \right|^2 (\delta^2 + 2\delta\theta_k) \tag{4.11.5}$$

无外加磁场下:

$$I_0 = \left| E_P \right|^2 \delta^2 \tag{4.11.6}$$

所以有

$$I = I_0(1 + 2\theta_k / \delta) \tag{4.11.7}$$

于是在饱和状态下的克尔旋转角 θ_k 为

$$\theta_k = \frac{\delta}{4} \frac{I(+M_S) - I(-M_S)}{I_0} = \frac{\delta}{4} \frac{\Delta I}{I_0} \tag{4.11.8}$$

$I(+M_S)$ 和 $I(-M_S)$ 分别是正负饱和状态下的光强. 从式（4.11.8）可以看出，光强的变化只与克尔旋转角 θ_k 有关，而与 ε_k 无关. 说明在图 4.11.5 这种光路中探测到的克尔信号只是克尔旋转角.

在超高真空原位测量中，激光在入射到样品之前和经样品反射之后都需要经过一个视窗. 但是视窗的存在产生了双折射，这样就增加了测量系统的本底，降低了测量灵敏度. 为了消除视窗的影响，降低本底和提高探测灵敏度，需要在检偏器之前加一个 1/4 波片. 仍然假设入射光为 P 偏振，1/4 波片的主轴平行于入射面，如图 4.11.7 所示.

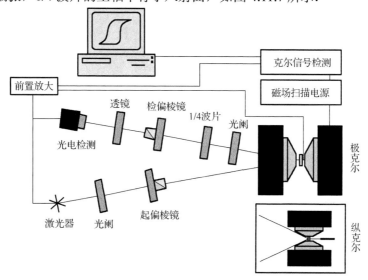

图 4.11.7　SMOKE 系统测量椭偏率的光路图

此时在一阶近似下有 $E_S / E_P = -\varepsilon_k + i\theta_k$. 通过棱镜 2 的光强为

$$I = \left| E_P \sin\delta + E_S \cos\delta \right|^2 = \left| E_P \right|^2 \left| \sin\delta - \varepsilon_k \cos\delta + i\theta_k \cos\delta \right|^2$$

因为 δ 很小，所以可以取 $\sin\delta = \delta$，$\cos\delta = 1$，得到

$$I = \left| E_P \right|^2 \left| \delta - \varepsilon_k + i\theta_k \right|^2 = \left| E_P \right|^2 (\delta^2 - 2\delta\varepsilon_k + \varepsilon_k^2 + \theta_k^2)$$

因为角度 δ 取值较小，并且 $I_0 = \left| E_P \right|^2 \delta^2$，所以

$$I \approx \left| E_P \right|^2 (\delta^2 - 2\delta\varepsilon_k) = I_0(1 - 2\varepsilon_k / \delta) \tag{4.11.9}$$

在饱和情况下 $\Delta\varepsilon_k$ 为

$$\Delta\varepsilon_k = \frac{\delta}{4} \frac{I(-M_S) - I(+M_S)}{I_0} = -\frac{\delta}{4} \frac{\Delta I}{I_0} \tag{4.11.10}$$

此时光强变化对克尔椭偏率敏感而对克尔旋转角不敏感. 因此，如果要想在大气中探测磁性薄膜的克尔椭偏率，则也需要在图 4.11.5 的光路中检偏棱镜前插入一个 1/4 波片. 如图 4.11.7 所示.

整个系统由一台计算机实现自动控制. 根据设置的参数，计算机经 D/A 卡控制磁场电源和继电器进行磁场扫描. 光强变化的数据由 A/D 卡采集，经运算后作图显示，从屏幕上直接看到磁滞回线的扫描过程，如图 4.11.7 所示.

表面磁光克尔效应具有极高的探测灵敏度. 目前表面磁光克尔效应的探测灵敏度可以达到 10^{-4} 度的量级，这是一般的磁光克尔效应的测量所不能达到的. 因此表面磁光克尔效应具有测量单原子层甚至于亚原子层磁性薄膜的灵敏度，已经被广泛地应用在磁性薄膜的研究中. 虽然表面磁光克尔效应的测量结果是克尔旋转角或者克尔椭偏率，并非直接测量磁性样品的磁化强度，但是在一阶近似的情况下，克尔旋转角或者克尔椭偏率均和磁性样品的磁化强度成正比. 所以，只需要用振动样品磁强计（VSM）等直接测量磁性样品的磁化强度的仪器对样品进行一次定标，即能获得磁性样品的磁化强度. 另外，表面磁光克尔效应实际上测量的是磁性样品的磁滞回线，因此可以获得矫顽力、磁各向异性等方面的信息.

四、实验仪器（Experimental instruments）

表面磁光克尔效应实验系统主要由电磁铁系统、光路系统、主机控制系统、光学实验平台以及计算机组成. 具体的结构及使用参见本实验后面的附录"FD-SMOKE-A 表面磁光克尔效应实验系统".

五、实验步骤（Experimental procedure）

1. 仪器连接（Instrument connection）

（1）将 SMOKE 光功率计控制主机前面板上激光器"DC3V"输出通过音频线与半导体激光器相连，将光电接收器与 SMOKE 光功率计控制主机后面板的"光路输入"相连，注意连接线一端为三通道音频插头接光电接收器，另外一端为绿、黄、黑三色标志插头与对应颜色的插座相连. 将霍尔传感器探头一端固定在电磁铁支撑架上（注意霍尔传感器的方向），另外一端与 SMOKE 光功率计控制主机后面板"磁路输入"相连，注意"磁路输入"也有四种颜色区分不同接线柱，对应接入即可. 将"磁路输出"和"光路输出"分别用五芯航空线与 SMOKE 克尔信号控制主机后面板的"磁信号"和"光信号"输入端相连.

（2）将 SMOKE 克尔信号控制主机后面板上"控制输出"和"换向输出"分别与 SMOKE 磁铁电源控制主机后面板上"控制输入"和"换向输入"用五芯航空线相连. 用九芯串口线将"串口输出"与计算机上串口输入插座相连.

（3）将 SMOKE 磁铁电源控制主机后面板上的电流输出与电磁铁相连，"20V40V"波段开关拨至"20V"（只有在需要大电流情况下才拨至"40V"）.

（4）接通三个控制主机的 220V 电源，开机预热 20min.

2. 样品放置（Placing samples）

本仪器可以测量磁性样品，如铁、钴、镍及其合金. 实验时将样品做成长条状，即易磁轴与长边方向一致. 将实验样品用双面胶固定在样品架上，并把样品架安放在磁铁固定架中心的孔内. 这样可以实现样品水平方向的转动，以及极向克尔效应和纵向克尔效应的转换. 在磁铁固定架的一端有一个手柄，当放置好样品时，可以旋紧螺丝. 这样可以固定样品架，防止加磁场时，样品位置有轻微的变化，影响克尔信号的检测.

3.　光路调整（Adjusting optical path）

（1）在入射光光路中，可以依次放置激光器、可调光阑、起偏棱镜（格兰-汤普逊棱镜），调节激光器前端的小镜头，使打在样品上的激光斑越小越好，并调节起偏棱镜使其起偏方向与水平方向一致（仪器起偏棱镜方向出厂前已经校准，参考上面标注角度），这样能使入射线偏振光为 P 光．另外，通过旋转可调光阑的转盘，使入射激光斑直径最小．

（2）在反射接收光路中，可以依次放置可调光阑、检偏棱镜、双凸透镜和光电检测装置．因为样品表面平整度的影响，所以反射光光束发散角已经远大于入射光束，调节小孔光阑，使反射光能够顺利进入检偏棱镜．在检偏棱镜后，放置一个长焦距双凸透镜，该透镜作用是使检偏棱镜出来的光会聚，以利于后面光电转换装置测量到较强的信号．光电转换装置前部是一个可调光阑，光阑后装有一个波长为 650nm 的干涉滤色片．这样可以减小外界杂散光的影响，从而提高检测灵敏度．滤色片后有硅光电池，将光信号转换成电信号并通过屏蔽线送入控制主机中．

（3）起偏棱镜和检偏棱镜同为格兰-汤普逊棱镜，机械调节结构也相同．它由角度粗调结构和螺旋测角结构组成，并且两种结构合理结合，通过转动外转盘，可以粗调棱镜偏振方向，分辨率为 1°，并且外转盘可以 360° 转动．当需要微调时，可以转动转盘侧面的螺旋测微头，这时整个转盘带动棱镜转动，实现由测微头的线位移转变为棱镜转动的角位移．因为测微头精度为 0.01mm，这样通过外转盘的定标，就可以实现角度的精密测量．通过检测，这种角度测量精度可以达到 2′ 左右，因为每个转盘有加工误差，所以具体转动测量精度须通过定标测量得到．

（4）实验时，通过调节起偏棱镜使入射光为 P 光，即偏振面平行于入射面．接着设置检偏棱镜，首先粗调转盘，使反射光与入射光正交，这时光电检测信号最小（在信号检测主机上电压表可以读出，也可用光功率计测出），然后转动螺旋测微头，设置检偏棱镜偏离消光位置 1°～2°（具体解释见原理部分）．然后调节信号 SMOKE 光功率计控制主机上的光路增益调节电势器和 SMOKE 克尔信号控制主机上"光路电平"以及"光路幅度"电势器，使输出信号幅度在 1.25V 左右．

（5）调节信号 SMOKE 光功率计控制主机上的磁路增益调节电势器和 SMOKE 克尔信号控制主机上"磁路电平"电势器，使磁路信号大小为 1.25V 左右．这样做是因为采集卡的采集信号范围是 0～2.5V，光路信号和磁路信号都调节在 1.25V 左右，软件显示正好处于界面中间．

4.　实验操作及数据处理（Experimental procedures and data processing）

（1）将 SMOKE 励磁电源控制主机上的"手动-自动"转换开关指向手动挡，调节"电流调节"电势器，选择合适的最大扫描电流．因为每种样品的矫顽力不同，所以最大扫描电流也不同，实验时可以首先大致选择，观察扫描波形，然后再细调．通过观察励磁电源主机上的电流指示，选择好合适的最大扫描电流，然后将转换开关调至"自动"挡．

（2）打开"表面磁光克尔效应实验软件"，在保证通信正常的情况下，设置好"扫描周期"（20）和"扫描次数"，进行磁滞回线的自动扫描．也可以将励磁电源主机上的"手动-自动"转换开关指向手动挡，进行手动测量，然后描点作图．

注意：①计算机中，扫描图线的横轴为扫描时间 T，纵轴为克尔信号（V），红色扫描线为光路信号，蓝色为磁路信号；磁滞回线的横坐标为励磁电流 I，纵轴为克尔信号（V）．②寻找峰值之后，两个峰值分别为正负饱和状态下的光强 $I(+M_S)$ 和 $I(-M_S)$；峰值的横坐标为 I（励磁电流），纵坐标为克尔信号光强（V）. 在利用式（4.11.8）、式（4.11.10）计算克尔旋转角和椭偏率时，公式中的 I_0 可用计算两个克尔信号值的平均值得到，而 ΔI 可用计算两个克尔信号的差值得到. 改变两次 δ，测量两次，记录相关数据，并计算出克尔旋转角. ③激光光点中心应较强，且处于各器件中心；入射光路各器件，反射光路各器件注意保持互相平行，在同一直线与高度上，这样光信号较强，效果好. ④如果扫描曲线不佳，可改变光点在材料表面上的位置重新实验，因为材料表面可能有瑕点.

（3）（选做）如果需要检测克尔椭偏率，按照图 4.11.7 的光路图，在检偏棱镜前放置 1/4 波片，并调节 1/4 波片的主轴平行于入射面，调整好光路后进行自动扫描或者手动测量，这样就可以检测克尔椭偏率随磁场变化的曲线.

六、注意事项（Attentions）

（1）激光器不可以直接入射人的眼睛，以免造成伤害.
（2）实验样品为磁性薄膜，如铁、钴、镍或者其合金.
（3）实验时应该尽量避免外界自然光的影响，如有条件，尽量在暗室内完成，以获得最好的实验效果.
（4）因为 SMOKE 检测的信号非常小，实验应该尽量避免外界振动的影响.

七、思考题（Exercises）

（1）光路调节的最大问题是什么？
（2）实验中检测的信号非常小，避免外界干扰的措施有哪些？

关键词（Key words）：

克尔效应（Kerr effect），表面磁光（surface magneto-optic），纵向克尔效应（longitudinal Kerr effect），偏转角（deflection angle），椭偏率（ellipticity），电压（voltage），磁路（magnetic circuit），光路（optical path），激光（laser），磁滞回线（magnetic hystersis loop）

参考文献

刘平安，丁菲，陈希江，等. 2006. 用表面磁光克尔效应实验系统测量铁磁性薄膜的磁滞回线. 物理实验，29(9): 3-6

杨永明，张振彬，许启明. 2009. 新型表面磁光克尔效应实验测量系统. 西安建筑科技大学学报，41(6): 876-879

附录　FD-SMOKE-A 表面磁光克尔效应实验系统
Appendix FD-SMOKE-A surface magneto-optic Kerr effect experiment system

1. 概述（Overview）

1845 年，法拉第首先发现了磁光效应，他发现当外加磁场加在玻璃样品上时，透射光的偏振面将发生旋转，随后他加磁场于金属表面上做光反射的实验，但由于金属表面并不够平整，因而实验结果不能使人信服．1877 年，克尔在观察偏振光从抛光过的电磁铁磁极反射出来时，发现了磁光克尔效应．1985 年，Moog 和 Bader 两位学者进行铁磁超薄膜的磁光克尔效应测量，成功地得到一原子层厚度磁性物质的磁滞回线，并且提出了以 SMOKE 来作为表面磁光克尔效应的缩写，用以表示应用磁光克尔效应在表面磁学上的研究．由于此方法的磁性测量灵敏度可以达到一个原子层厚度，并且仪器可以配置于超高真空系统上面工作，所以成为表面磁学的重要研究方法．

由复旦大学表面物理国家重点实验室研制的 SMOKE 系统，可以达到国际上普遍使用的方案所能达到的检测灵敏度．另外，该系统可以配置于超高真空系统中，所以不仅可以完成大气表面磁光克尔效应实验，也可以完成超高真空中的超薄膜磁性测量．经过改进和工艺化，表面磁光克尔效应实验系统由上海复旦天欣科教仪器有限公司生产．该系统操作方便、实验数据稳定可靠，是科研单位和高校近代物理实验室进行磁性薄膜特性检测、磁学特性研究的优质仪器．

2. 仪器简介（Instrument introduction）

表面磁光克尔效应实验系统主要由电磁铁系统、光路系统、主机控制系统、光学实验平台以及计算机（选配）组成．

1）电磁铁系统（Electromagnet system）

电磁铁系统主要由 CD 型电磁铁、转台、支架、样品固定座组成．其中 CD 型电磁铁由支架支撑竖直放置在转台上，转台可以每隔 90° 转动定位，同时支架中间的样品固定座也可以 90° 定位转动，这样可以在极向克尔效应和纵向克尔效应之间转换测量．

2）光路系统（The optical system）

光路系统主要由半导体激光器、可调光阑（两个）、格兰-汤普逊棱镜（两个）、会聚透镜、光电接收器、1/4 波片组成，所有光学元件均有外壳固定，并由不锈钢立柱与磁性开关底座相连．

半导体激光器输出波长 650nm，输出功率 2mW 左右，激光器头部装有调焦透镜，实验时应该调节透镜，使激光光斑打在实验样品上的光点直径最小．

可调光阑采用转盘形式，上面有直径分别为 1mm、1.5mm、2mm、2.5mm、3mm、3.5mm、4mm、4.5mm、5mm、6mm 共 10 个孔．在光电接收器前同样装有可调光阑，这样可以减小杂散光对实验的影响．

格兰-汤普逊棱镜通光孔径 8mm，转盘刻度分辨率 1°，配螺旋测微头，测微头量程 10mm，测微分辨率 0.01mm，转盘将角位移转换为线位移，经过测量，外转盘转动 10°，测微头直线移动 3.00mm，所以测微移动 0.01mm，转盘转动 2′．实验中设置消光位置偏转 2° 左右，所以测微移动约 0.60mm．

会聚透镜为组合透镜，焦距为 157mm．

光电接收器为硅光电池，前面装有可调光阑，后面通过三芯连接线与主机相连．

1/4 波片光轴方向在外壳上标注，外转盘可以 360° 转动，角度测量分辨率 1°．

3）主机控制系统（Machinery control system）

表面磁光克尔效应实验系统控制主机主要由光功率计部分、克尔信号部分和扫描电源部分组成．

光功率计部分由光功率计、光信号和磁信号前置放大器、激光器电源组成.

仪器前面板如图 4.11.8 所示.

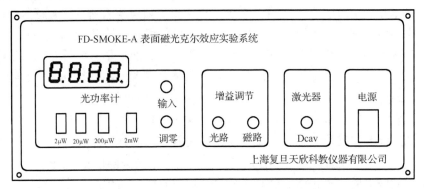

图 4.11.8　SMOKE 光功率计前面板示意图

面板中左边方框为光功率计,分为 2μW、20μW、200μW、2mW 四挡切换,表头采用三位半数字电压表. 光功率计用来测量激光器输出光功率大小,以及通过布儒斯特律来确定格兰-汤普逊棱镜的起偏方向. 中间增益调节方框内两个电势器分别调节光路和磁路信号的前置放大器放大倍数. 右边激光器方框为半导体激光器电源直流 3V 输出.

如图 4.11.9 所示,为 SMOKE 光功率计后面板示意图,最左边方框为电源插座,上部"磁路输入"将放置在磁场中的霍尔传感器输出的信号按照对应颜色接入 SMOKE 光功率计控制主机中,同样,"光路输入"将光电接收器中输出的光信号接入 SMOKE 光功率计控制主机进行前置放大. 下部"磁路输出"和"光路输出"分别用五芯航空线接入 SMOKE 克尔信号控制主机后面板中的"磁信号"和"光信号".

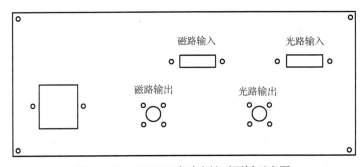

图 4.11.9　SMOKE 光功率计后面板示意图

克尔信号控制主机主要将经过前置放大的光路信号和磁路信号进行放大处理并显示出来,另外内有采集卡通过串行口将扫描信号与计算机进行通信.

SMOKE 克尔信号控制主机前面板如图 4.11.10 所示.

图 4.11.10 中,左边方框内三位半表显示克尔信号(切换时可以显示磁路信号),单位为"伏特"(V),实验中应该调节放大增益使初始信号显示在 1.25V 左右(具体原因见调节步骤). 中间方框上面一排,通过中间"光路-磁路"两波段开关可以在左边表中切换显示光路信号和磁路信号,同时对应左右两边"光路电平"和"磁路电平"电势器可以调节初始光路信号和磁路信号的电平大小(实验时要求光路信号和磁路信号都显示在 1.25V 左右). 下排中"光路幅度"电势器为光信号后级放大增益调节. 右边"光路输入"和"磁路输入"五芯航空

插座与 SMOKE 克尔信号控制主机后面板"光信号"和"磁信号"五芯航空插座具有同样作用，平时只需接入后面板即可.

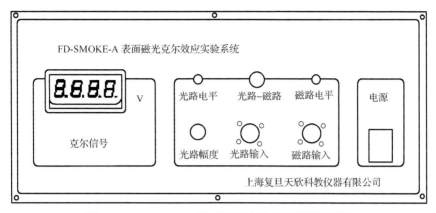

图 4.11.10　SMOKE 克尔信号控制主机前面板示意图

SMOKE 克尔信号控制主机后面板如图 4.11.11 所示.

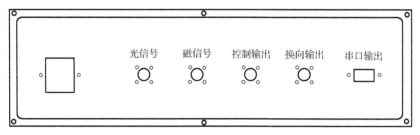

图 4.11.11　SMOKE 克尔信号控制主机后面板示意图

左边为 220V 电源插座，"光信号"和"磁信号"五芯航空插座与 SMOKE 光功率计控制主机后面板"光路输出"和"磁路输出"分别用五芯航空线相连."控制输出"和"换向输出"分别用五芯航空线与 SMOKE 磁铁电源主机后面板"控制输入"和"换向输出"相连."串口输出"通过九芯串口线与计算机相连.

磁铁电源控制主机主要提供电磁铁的扫描电源. 前面板如图 4.11.12 所示.

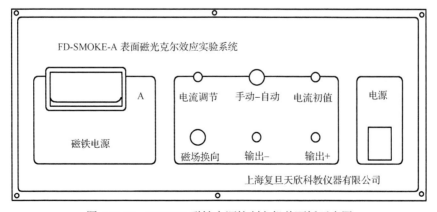

图 4.11.12　SMOKE 磁铁电源控制主机前面板示意图

图 4.11.12 中左边方框中表头显示磁场扫描电流，单位为"安培"（A），右边方框内上排

"电流调节"电势器可以调节磁铁扫描最大电流,"手动–自动"两波段开关可以左右切换选择手动扫描和计算机自动扫描."磁场换向"开关选择初始扫描时磁场的方向."输出+"和"输出–"接线柱与后面板"电流输出"两个红黑接线柱具有同等作用,实验中只接后面板的即可.

　　如图 4.11.13 所示,为 SMOKE 磁铁电源控制主机后面板示意图,最左边为 220V 交流电源插座,"电流输出"接线柱与电磁铁相连."控制输入"和"换向输入"通过五芯航空线与 SMOKE 克尔信号控制主机后面板"控制输出"和"换向输出"分别相连."20V40V"两波段开关为扫描电压上限,拨至"20V"磁铁电源最大扫描电压为"20V",此时最大扫描电流为"8A",拨至"40V"磁铁电源最大扫描电压为"40V",此时最大扫描电流为"12A".

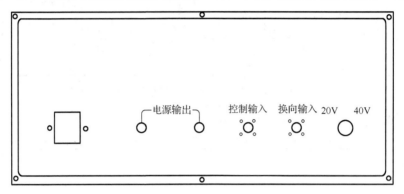

图 4.11.13　SMOKE 磁铁电源控制主机后面板示意图

4)光学实验平台(Optical experimental platform)

FD-SMOKE-A 型表面磁光克尔效应实验系统实验平台采用标准实验操作台,台面采用纯铁为基不锈钢贴面的光学平板,中间装有减震橡胶.光学元件通过磁性开关底座与台面可以自由固定.台面分为两块,尺寸为 1m×0.5m 的上面放置电磁铁,尺寸为 1m×1m 的上面放置光学元件.

第 5 章 微 波 实 验

Chapter 5 Microwave experiments

5.1 微波技术基础知识

Section 5.1 Basic knowledge of microwave technology

5.1.1 微波的基础知识（Basic knowledge of microwave technology）

1. 微波的定义（Definition of microwave）

把波长从 1m 到 0.1mm 范围内的电磁波称为微波. 微波波段对应的频率范围为 $3\times10^8\sim$ 3×10^{12}Hz. 在整个电磁波谱中，微波处于普通无线电波与红外线之间，是频率最高的无线电波，它的频带宽度比所有普通无线电波波段总和宽 10000 倍. 一般情况下，微波又可划分为分米波、厘米波、毫米波和亚毫米波四个波段. 表 5.1.1 列出微波的波长分布和波段名称.

表 5.1.1 微波的波长分布与波段名称

波段	波长	频率
分米波	1m～10cm	300MHz～3GHz
厘米波	10～1cm	3～30GHz
毫米波	1cm～1mm	30～300GHz
亚毫米波	1～0.1mm	300GHz～3THz

对于微波频段的更细致划分和命名，国内外有许多方法，表 5.1.2 是在雷达和制导技术领域划分微波段的方法及其频段代号.

表 5.1.2 雷达和制导技术领域划分微波段的方法及其频段代号

频段代号	L	S	C	X	Ku	K	Ka	Q
频率范围/GHz	1～2	2～4	4～8	8～12	12～18	18～26.5	26.5～40	33～50
频段代号	U	V	E	W	F	G	R	
频率范围/GHz	40～60	50～75	60～90	75～110	90～140	140～220	220～325	

为了充分利用微波资源，避免相互干扰，国际上对各位波段的用途有一定的规定. 例如，微波炉的磁控管的工作频率为 2.45GHz；C 波段通信卫星的下行工作频率为 3.700～4.200GHz，上行工作频率为 5.925～6.425GHz；Ku 波段通信卫星的下行工作频率为 11.7～12.2GHz，上行工作频率为 14.0～14.5GHz；蜂窝移动电话的工作频率为 450MHz，900MHz 和 1.8GHz；保密通信段频率为 40～60GHz；雷达、制导系统频率段为 75～110GHz 等.

目前，世界各国都设有专门机构，负责管理微波资源. 不同工作频率的微波系统具有不同的技术特性、生产成本和用途．一般来说，微波系统的工作频率越高，其结构尺寸就越小，生产成本也越高；微波通信系统的工作频率越高，其信息容量越大；微波雷达系统的工作频率越高，雷达信号的方向性和分辨能力就越高．另外，微波的工作频率越高，其大气传输和传输线传输的损耗就越大．

2. 微波具有的主要特点（Main characteristics of microwave）

微波在电磁波频谱中所处的位置决定了它的许多特点，如具有波长短、频率高、直线传播和量子特性等特点．概括为四个特点：①似光性；②频率高；③能穿透电离层；④量子特性．

3. 微波技术的主要应用（Main applications of microwave technology）

微波可用的频带很宽，信息容量大，还可畅通无阻地穿过电离层．因此，微波技术被广泛地应用于雷达、导航、卫星通信、遥感技术、宇航、射电天文学等尖端领域．微波量子能量为 $10^{-6} \sim 10^{-3} \mathrm{eV}$，它的量子特性为微波波谱学和量子电子学的发展提供了条件．

微波技术是研究微波信号的产生、传输、变换、发射、接收和测量的一门学科，由于微波自身所具有的基本特点，在微波段处理问题的概念与方法，与低频电路截然不同．它的基本理论是经典的电磁场理论，研究微波电路必须考虑电路中电磁场的空间分布和电磁波的传播．其方法是求解满足一定边界条件的麦克斯韦方程组，也就是说要从"电路"转到"电磁场"的概念去研究和分析．低频电路中经常测量的电压、电流和电阻概念已失去了原来的确定意义，而必须用场强 E 和 H 作为基本物理量，基本测量量则为功率、驻波、频率和特性阻抗等．

5.1.2 实验中常用到的微波器件简要介绍（Introduction of commone microwave devices）

1. 波导管

本实验所使用的波导管型号为 BJ-100，其内腔尺寸为 $a = 22.86\mathrm{mm}$，$b = 10.16\mathrm{mm}$．其主模频率范围为 $8.20 \sim 12.50\mathrm{GHz}$，截止频率为 $6.557\mathrm{GHz}$．

2. 隔离器

位于磁场中的某些铁氧体材料对于来自不同方向的电磁波有着不同的吸收，经过适当调节，可使其对微波具有单方向传播的特性（图 5.1.1）．隔离器常用于振荡器与负载之间，起隔离和单向传输作用．

3. 衰减器

把一片能吸收微波能量的吸收片垂直于矩形波导的宽边，纵向插入波导管即成（图 5.1.2），

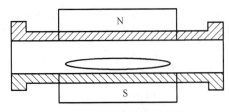

图 5.1.1　隔离器结构示意图

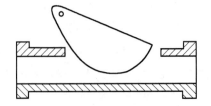

图 5.1.2　衰减器结构示意图

用以部分衰减传输功率，沿着宽边移动吸收片可改变衰减量的大小．衰减器起调节系统中微波功率以及去耦合的作用．

4. 谐振式频率计（波长表）

电磁波通过耦合孔从波导进入频率计的空腔中，当频率计的腔体失谐时，腔里的电磁场极为微弱，此时，它基本上不影响波导中波的传输．当电磁波的频率满足空腔的谐振条件时，发生谐振，反映到波导中的阻抗发生剧烈变化，相应地，通过波导中的电磁波信号强度将减弱，输出幅度将出现明显的跌落，从刻度套筒可读出输入微波谐振时的刻度，通过查表可得知输入微波谐振频率（图 5.1.3），或从刻度套筒直接读出输入微波的频率（图 5.1.4）．两种结构方式都是以活塞在腔体中位移距离来确定电磁波的频率的，不同的是，图 5.1.3 读取刻度的方法测试精度较高，通常可做到 5×10^{-4}，价格较低．而图 5.1.4 直读频率刻度，由于频率刻度套筒加工受到限制，频率读取精度较低，一般只能做到 3×10^{-3} 左右，且价格较高．

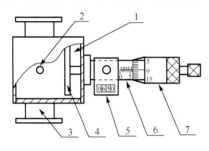

图 5.1.3 谐振式频率计结构原理图一

1-谐振腔腔体；2-耦合孔；3-矩形波导；4-可调短路活塞；
5-计数器；6-刻度；7-刻度套筒

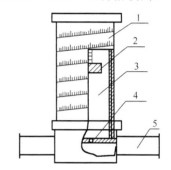

图 5.1.4 谐振式频率计结构原理图二

1-螺旋测微机构；2-可调短路活塞；3-圆柱谐振腔；
4-耦合孔；5-矩形波导

5. 驻波测量线

驻波测量线是测量微波传输系统中电场的强弱和分布的精密仪器．在波导的宽边中央开有一个狭槽，金属探针经狭槽伸入波导中．由于探针与电场平行，电场的变化在探针上感应出的电动势经过晶体检波器变成电流信号输出．

6. 晶体检波器

从波导宽壁中点耦合出两宽壁间的感应电压，经微波二极管进行检波，调节其短路活塞位置，可使检波管处于微波的波腹点，以获得最高的检波效率．

7. 匹配负载

波导中装有很好地吸收微波能量的电阻片或吸收材料，它几乎能全部吸收入射功率．

8. 环行器

环行器是使微波能量按一定顺序传输的铁氧体器件．主要结构为波导 Y 形接头，在接头中心放一铁氧体圆柱（或三角形铁氧体块），在接头外面有"U"形永磁铁，它提供恒定磁场 H_0．当能量从 1 端口输入时，只能从 2 端口输出，3 端口隔离，同样，当能量从 2 端口输入时只有 3 端口输出，1 端口无输出，以此类推即得能量传输方向为 1→2→3→1 的单向环行（图 5.1.5）．

9. 单螺调配器

插入矩形波导中的一个深度可以调节的螺钉，并沿着矩形波导宽壁中心的无辐射缝作纵向移动，通过调节探针的位置使负载与传输线达到匹配状态（图 5.1.6）. 调匹配过程的实质，就是使调配器产生一个反射波，其幅度和失配元件产生的反射波幅度相等而相位相反，从而抵消失配元件在系统中引起的反射而达到匹配.

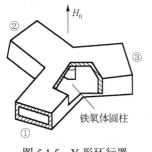

图 5.1.5　Y 形环行器

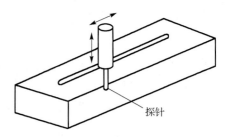

图 5.1.6　单螺调配器示意图

10. 微波源

提供所需微波信号，频率范围在 8.6～9.6GHz 内可调，工作方式有等幅、方波、外调制等，实验时根据需要加以选择.

11. 选频放大器

用于测量微弱低频信号，信号经升压、放大，选出 1kHz 附近的信号，经整流平滑后由输出级输出直流电平，由对数放大器展宽供给指示电路检测.

12. 特斯拉计（高斯计）

特斯拉计是测量磁场强度的一种仪器，用它可以测量电磁铁的电流与磁场强度的对应关系.

5.1.3　微波传播基本知识介绍（Basic knowledge of microwave propagation）

1. 电磁波的基本关系

描写电磁场的基本方程是

$$\Delta \cdot D = \rho, \quad \Delta \cdot B = 0$$
$$\Delta \times E = -\frac{\partial B}{\partial t}, \quad \Delta \times H = j + \frac{\partial D}{\partial t} \tag{5.1.1}$$

和

$$D = \partial E, \quad B = \mu H, \quad j = \gamma E \tag{5.1.2}$$

方程组（5.1.1）称为麦克斯韦方程组，方程组（5.1.2）描述了介质的性质对场的影响.

对于空气和导体的界面，由上述关系可以得到边界条件（左侧均为空气中场量）

$$E_t = 0, \quad E_n = \frac{\sigma}{\varepsilon_o}$$

$$H_t = i, \quad H_n = 0 \tag{5.1.3}$$

方程组（5.1.3）表明，在导体附近电场必须垂直于导体表面，而磁场则应平行于导体表面.

2. 矩形波导中波的传播

在微波波段，随着工作频率的升高，导线的趋肤效应和辐射效应增大，使得普通的双导线不能完全传输微波能量，而必须改用微波传输线. 常用的微波传输线有平行双线、同轴线、带状线、微带线、金属波导管及介质波导等多种形式的传输线，本实验用的是矩形波导管，波导是指能够引导电磁波沿一定方向传输能量的传输线.

根据电磁场的普遍规律——麦克斯韦方程组或由它导出的波动方程以及具体波导的边界条件，可以严格求解出只有两大类波能够在矩形波导中传播：①横电波又称为磁波，简写为 TE 波或 H 波，磁场可以有纵向和横向的分量，但电场只有横向分量；②横磁波又称为电波，简写为 TM 波或 E 波，电场可以有纵向和横向的分量，但磁场只有横向分量. 在实际应用中，一般让波导中存在一种波型，而且只传输一种波型，我们实验用的 TE_{10} 波就是矩形波导中常用的一种波型.

1）TE_{10} 型波

在一个均匀、无限长和无耗的矩形波导中，从电磁场基本方程组（5.1.1）和（5.1.2）出发，可以解得沿 z 方向传播的 TE_{10} 型波的各个场分量为

$$H_x = \mathrm{j}\frac{\beta a}{\pi}\sin\left(\frac{\pi x}{a}\right)\mathrm{e}^{\mathrm{j}(\omega t - \beta z)}, \quad H_y = 0, \quad H_z = \mathrm{j}\frac{\beta a}{\pi}\cos\left(\frac{\pi x}{a}\right)\mathrm{e}^{\mathrm{j}(\omega t - \beta z)}$$

$$E_x = 0, \quad E_y = -\mathrm{j}\frac{\omega\mu_0 a}{\pi}\sin\left(\frac{\pi x}{a}\right)\mathrm{e}^{\mathrm{j}(\omega t - \beta z)}, \quad E_z = 0 \tag{5.1.4}$$

其中，ω 为电磁波的角频率，$\omega = 2\pi f$，f 是微波频率；a 为波导截面宽边的长度；β 为微波沿传输方向的相位常数，$\beta = 2\pi / \lambda_g$，λ_g 为波导波长，$\lambda_g = \dfrac{\lambda}{\sqrt{1 - \left(\dfrac{\lambda}{2a}\right)^2}}$.

图 5.1.7 和式（5.1.4）均表明，TE_{10} 波具有如下特点：

（1）存在一个临界波长 $\lambda_c = 2a$，只有波长 $\lambda < \lambda_c$ 的电磁波才能在波导管中传播.

（2）波导波长 $\lambda_g >$ 自由空间波长 λ.

（3）电场只存在横向分量，电力线从一个导体壁出发，终止在另一个导体壁上，并且始终平行于波导的窄边.

（4）磁场既有横向分量，也有纵向分量，磁力线环绕电力线.

（5）电磁场在波导的纵方向（z）上形成行波. 在 z 方向上，E_y 和 H_x 的分布规律相同，也就是说 E_y 最大处 H_x 也最大，E_y 为零处 H_x 也为零，场的这种结构是行波的特点.

2）波导管的工作状态

如果波导终端负载是匹配的，传播到终端的电磁波的所有能量全部被吸收，这时波导中呈现的是行波. 当波导终端不匹配时，就有一部分波被反射，波导中的任何不均匀性也会产生反射，形成所谓混合波. 为描述电磁波，引入反射系数与驻波比的概念，反射系数 Γ 定义为

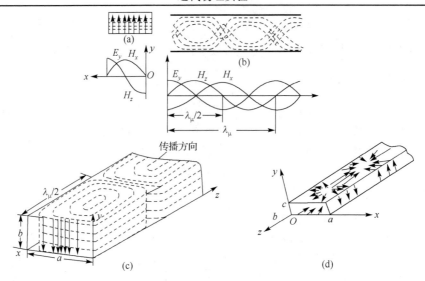

图 5.1.7　TE$_{10}$波的电磁场结构(a)～(c)及波导壁电流分布(d)

$$\Gamma = E_r / E_i = \left| \Gamma \right| e^{j\phi}$$

驻波比ρ定义为

$$\rho = \frac{E_{max}}{E_{min}}$$

其中，E_{max}和E_{min}分别为波腹和波节点电场E的大小.

不难看出：对于行波，$\rho = 1$；对于驻波，$\rho = \infty$；而当$1 < \rho < \infty$时，是混合波. 图 5.1.8 为行波、混合波和驻波的振幅分布波示意图.

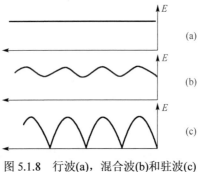

图 5.1.8　行波(a)，混合波(b)和驻波(c)

实验 5.2　微波测量系统及驻波比的测量

Experiment 5.2　Microwave measurement system and standing-wave ratio (SWR) measurement

由于微波的波长很短，传输线上的电压、电流既是时间的函数，又是位置的函数，使得电磁场的能量分布于整个微波电路而形成"分布参数"，导致微波的传输与普通无线电波完全不同. 此外，微波系统的测量参量是功率、波长和驻波参量，这也是和低频电路不同的.

一、实验目的（Experimental purpose）

（1）了解波导测量系统，熟悉基本微波元件的作用.
（2）掌握驻波测量线的正确使用和用驻波测量线校准晶体检波器特性的方法.
（3）掌握大、中、小电压驻波系数的测量原理和方法.

二、实验原理（Experimental principle）

探测微波传输系统中电磁场分布情况，测量驻波比、阻抗、调匹配等，是微波测量的重要工作，测量所用基本仪器是驻波测量线.

测量线由开槽波导、不调谐探头和滑架组成. 开槽波导中的场由不调谐探头取样，探头的移动靠滑架上的传动装置，探头的输出送到显示装置，就可以显示沿波导轴线的电磁场变化信息. 测量线外形如图 5.2.1 所示.

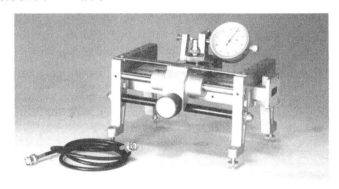

图 5.2.1 DH364A00 型 3cm 测量线外形

测量线波导是一段精密加工的开槽直波导，此槽位于波导宽边的正中央，平行于波导轴线，不切割高频电流，因此对波导内的电磁场分布影响很小，此外，槽端还有阶梯匹配段，两端法兰具有尺寸精确的定位和连接孔，从而保证开槽波导有很低的剩余驻波系数.

不调谐探头由检波二极管、吸收环、盘形电阻、弹簧、接头和外壳组成，安放在滑架的探头插孔中. 不调谐探头的输出为 BNC 接头，检波二极管经过加工改造的同轴检波管，其内导体作为探针伸入到开槽波导中，因此，探针与检波晶体之间的长度最短，从而可以不经调谐而达到电抗小、效率高、输出响应平坦的效果.

滑架是用来安装开槽波导和不调谐探头的，其结构如图 5.2.2 所示. 把不调谐探头放入滑架的探头插孔⑥中，拧紧锁紧螺钉⑩，即可把不调谐探头固紧. 探针插入波导中的深度，用户可根据情况适当调整. 出厂时，探针插入波导中的深度为 1.5mm，约为波导窄边尺寸的 15%.

在分析驻波测量线时，为了方便起见，通常把探针等效成一导纳 Y_u 与传输线并联. 如图 5.2.3 所示，其中 G_u 为探针等效电导，反映探针吸取功率的大小，B_u 为探针等效电纳，表示探针在波导中产生反射的影响. 当终端接任意阻抗时，由于 G_u 的分流作用，驻波腹点的电场强度要比真实值小，而 B_u 的存在将使驻波腹点和节点的位置发生偏移. 当测量线终端短路时，如果探针放在驻波的波节点 B 上，由于此点处的输入导纳 $y_{in} \to \infty$，故 Y_u 的影响很小，驻波节点的位置不会发生偏移. 如果探针放在驻波的波腹点，由于此点上的输入导纳 $y_{in} \to 0$，故 Y_u 对驻波腹点的影响就特别明显，探针呈容性电纳时将使驻波腹点向负载方向偏移，如图 5.2.4 所示. 所以探针引入的不均匀性，将导致场的图形畸变，使测得的驻波波腹值下降而波节点略有增高，造成测量误差. 欲使探针导纳影响变小，探针越浅越好，但这时在探针上的感应电动势也变小了. 通常我们选用的原则是在指示仪表上有足够指示下，尽量减小探针深度，一般采用的深度应小于波导高度的 10%～15%.

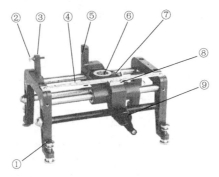

图 5.2.2　驻波测量线滑架结构外形图

①水平调整螺钉，用于调整测量线高度；②百分表止挡螺钉，细调百分表读数的起始点；③可移止挡，粗调百分表读数；④刻度尺，指示探针位置；⑤百分表插孔，插百分表用；⑥探头插孔，装不调谐探头；⑦探头座，可沿开槽线移动；⑧游标，与刻度尺配合，提高探针位置读数分辨率；⑨手柄，旋转手柄，可使探头座沿开槽线移动；⑩探头座锁紧螺钉，将不调谐探头固定于探头插孔中；⑪夹紧螺钉，安装夹紧百分表用；⑫止挡固定螺钉，将可移止挡③固定在所要求的位置上；⑬定位垫圈（图中未示出），用来控制探针插入波导中的深度

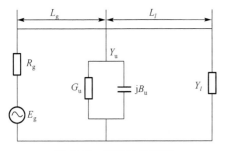

图 5.2.3　探针等效电路

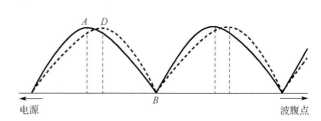

图 5.2.4　探针电纳对驻波分布图形的影响

（一）晶体检波特性校准（Calibration of crystals detection characteristics）

微波频率很高，通常用检波晶体（微波二极管）将微波信号转换成直流信号来检测. 晶体二极管是一种非线性元件，亦即检波电流 I 同场强之间不是线性关系，在一定范围内，大致有如下关系：

$$I = kE^{\alpha} \tag{5.2.1}$$

其中，k, α 是和晶体二极管工作状态有关的参量. 当微波场强较大时呈现直线律，当微波场强较小时（$P < 1\mu W$）呈现平方律. 因此，当微波功率变化较大时 α 和 k 就不是常数，且和外界条件有关，所以在精密测量中必须对晶体检波器进行校准.

校准方法：将测量线终端短路，这时沿线各点驻波的振幅与到终端的距离 l 的关系应当为

$$E = k' \left| \sin \frac{2\pi l}{\lambda_{\mathrm{g}}} \right| \tag{5.2.2}$$

上述关系中的 l 也可以以任意一个驻波节点为参考点. 将上两式联立, 并取对数得到

$$\lg I = K + A \lg \left| \sin \frac{2\pi l}{\lambda_{\text{g}}} \right| \tag{5.2.3}$$

用双对数纸作出 $\lg I - \lg \left| \sin(2\pi l / \lambda_{\text{g}}) \right|$ 曲线, 若呈现为近似一条直线, 则直线的斜率即是 α, 若不是直线, 也可以方便地由检波输出电流的大小来确定电场的相对关系.

（二）电压驻波比测量（Measurement of voltage standing wave ratio）

驻波测量是微波测量中最基本和最重要的内容之一, 通过驻波测量可以测出阻抗、波长、相位和 Q 值等其他参量. 在测量时, 通常测量电压驻波系数, 即波导中电场最大值与最小值之比, 即

$$\rho = \frac{E_{\max}}{E_{\min}} \tag{5.2.4}$$

测量驻波比的方法与仪器种类很多, 本实验着重熟悉用驻波测量线测驻波系数的几种方法.

1. 小驻波比（$1.05 < \rho < 1.5$）

这时, 驻波的最大值和最小值相差不大, 且不尖锐, 不易测准, 为了提高测量准确度, 可移动探针到几个波腹点和波节点记录数据, 然后取平均值再进行计算.

若驻波腹点和节点处电表读数分别为 $I_{\max}$, $I_{\min}$, 则电压驻波系数为

$$\rho = \frac{E_{\max 1} + E_{\max 2} + \cdots + E_{\max nE}}{E_{\min 1} + E_{\min 2} + \cdots + E_{\min n}} = \alpha \sqrt{\frac{I_{\max 1} + I_{\max 2} + \cdots + I_{\max nE}}{I_{\min 1} + I_{\min 2} + \cdots + I_{\min n}}} \tag{5.2.5}$$

2. 中驻波比（$1.5 < \rho < 6$）

此时, 只需测一个驻波波腹和一个驻波波节, 即直接读出 $I_{\max}$ 和 $I_{\min}$.

$$\rho = \frac{E_{\max}}{E_{\min}} = \alpha \sqrt{\frac{I_{\max}}{I_{\min}}} \tag{5.2.6}$$

3. 大驻波比（$\rho \geqslant 5$）

此时, 波腹振幅与波节振幅的区别很大, 因此在测量最大点和最小点电平时, 使晶体工作在不同的检波律, 故可采用等指示度法, 也就是通过测量驻波图形中波节点附近场的分布规律的间接方法（图 5.2.5）.

我们测量驻波节点的值、节点两旁等指示度的值及它们之间的距离

$$\rho = \frac{\sqrt{k^{2/\alpha} * \cos^2\left(\dfrac{\pi W}{\lambda_{\text{g}}}\right)}}{\sin\left(\dfrac{\pi W}{\lambda_{\text{g}}}\right)} \tag{5.2.7}$$

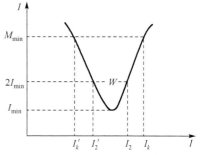

图 5.2.5　节点附近场的分布

$$k = \frac{\text{测量读数 } I}{\text{最小点读数 } I_{\min}}$$

其中，I 为驻波节点相邻两旁的等指示值；W 为等指示度之间的距离.

当 $k = 2$ 时（若 $\alpha = 2$）

$$\rho = \sqrt{1 + \frac{1}{\sin^2\left(\dfrac{\pi W}{\lambda_g}\right)}} \tag{5.2.8}$$

称为"二倍最小值"法.

当驻波比很大（$\rho \geqslant 10$）时，W 很小，有

$$\rho = \frac{\lambda_g}{\pi W} \tag{5.2.9}$$

必须指出：W 与 λ_g 的测量精度对测量结果影响很大，因此必须用高精度的探针位置指示装置（如百分表）进行读数.

三、实验内容（Experimental contents）

按图 5.2.6 连接好各元件.

（1）开启微波信号源（DH1121C 或 WY19B），选择好频率，工作方式选择"方波".

（2）将测量线探针插入适当深度，用选频放大器测量微波的大小，选择较小的微波输出功率并进行驻波测量线的调谐.

（3）用直读频率计测量微波频率，并计算微波导波长.

（4）作短路负载时的 $I\text{-}l$ 曲线，通过此曲线求出实测波导波长并与理论值进行比较.

（5）根据短路负载的 $\lg I\text{-}\lg|\sin(2\pi l / \lambda_g)|$ 曲线，求出 α.

（6）测量不同负载的驻波比（匹配负载、喇叭天线、开路及失配负载）.

（7）（选做）微波辐射的观察.

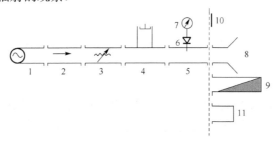

图 5.2.6　实验装置示意图

1-微波信号源；2-隔离器；3-衰减器；4-频率计；5-测量线；6-检波晶体；7-选频放大器；
8-喇叭天线；9-匹配负载；10-短路片；11-失配负载

在测量线与晶体检波器中间连接两个相对放置的喇叭天线，并拉开一段距离，将检波晶体的输出接到电流表上，用电流表测量微波的大小.

将金属板放入两个喇叭天线之间，观察终端和测量线的输出有何变化. 再将金属栅框竖着和横着分别代替金属板，观察输出又有何变化.

移动晶体检波器，使两个喇叭天线呈垂直放置，然后分别将金属板和竖放及横放的金属栅框按图 5.2.7 中所示的位置放置，再记录下你所观察到的现象.

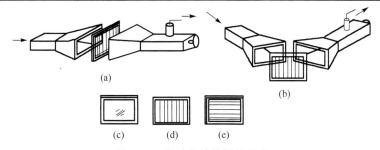

图 5.2.7 微波传输特性的观察

(a) 栅网对微波的阻挡；(b) 栅网对微波的反射；(c) 金属板；(d) 竖直栅框；(e) 水平栅框

请用你所学过的知识解释上述现象.

用晶体检波器测量微波时，为获得最高的检波效率，它都装有一可调短路活塞，调节其位置，可使检波管处于微波的波腹.改变其位置时，也应随之改变晶体检波器短路活塞位置，使检波管一直处于微波波腹的位置.

四、思考题（Exercises）

（1）开口波导的 $\rho \neq \infty$，为什么？

（2）驻波节点的位置在实验中精确测准不容易，如何比较准确地测量？

（3）如何比较准确地测出波导波长？

（4）在对测量线调谐后，进行驻波比的测量时，能否改变微波的输出功率或衰减大小？

实验 5.3 用谐振腔微扰法测量微波介质特性

Experiment 5.3 Microwave dielectric properties measurement by resonant cavity perturbation method

微波技术中广泛使用各种微波材料，其中包括电介质和铁氧体材料.微波介质材料的介电特性的测量，对于研究材料的微波特性和制作微波器件，获得材料的结构信息以促进新材料的研制，以及促进现代尖端技术（吸收材料和微波遥感）等都有重要意义.

一、实验目的（Experimental purpose）

（1）了解谐振腔的基本知识.

（2）学习用谐振腔法测量介质特性的原理和方法.

本实验是采用反射式矩形谐振腔来测量微波介质特性的.反射式谐振腔是把一段标准矩形波导管的一端加上带有耦合孔的金属板，另一端加上封闭的金属板，构成谐振腔，具有储能、选频等特性.

谐振条件：谐振腔发生谐振时，腔长必须是半个波导波长的整数倍，此时，电磁波在腔内连续反射，产生驻波.

谐振腔的有载品质因数 Q_L 由下式确定：

$$Q_L = \frac{f_0}{|f_1 - f_2|} \tag{5.3.1}$$

式中，f_0 为腔的谐振频率；f_1, f_2 分别为半功率点频率. 如图 5.3.1 所示，谐振腔的 Q 值越高，谐振曲线越窄，因此 Q 值的高低除了表示谐振腔效率的高低之外，还表示频率选择性的好坏.

如果在矩形谐振腔内插入一样品棒，样品在腔中电场作用下就会极化，并在极化的过程中产生能量损失，因此，谐振腔的谐振频率和品质因数将会变化.

电介质在交变电场下，其介电常数 ε 为复数，ε 和介电损耗正切 $\tan \delta$ 可由下列关系式表示：

$$\varepsilon = \varepsilon' - \mathrm{j}\varepsilon'', \quad \tan \delta = \frac{\varepsilon''}{\varepsilon'} \tag{5.3.2}$$

其中，ε' 和 ε'' 分别表示 ε 的实部和虚部.

选择 TE_{10n}（n 为奇数）的谐振腔，将样品置于谐振腔内微波电场最强而磁场最弱处，即 $x = a/2$，$z = l/2$ 处，且样品棒的轴向与 y 轴平行，如图 5.3.2 所示.

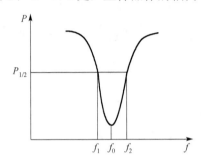

图 5.3.1　反射式谐振腔谐振曲线

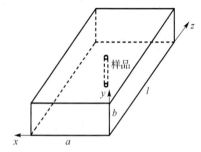

图 5.3.2　微波法 TE_{10n} 模式矩形腔示意图

假设：

（1）样品棒的横向尺寸 d（圆形的直径或正方形的边长）与棒长 h 相比小得多（一般 $d/h < 1/10$），y 方向的退磁场可以忽略.

（2）介质棒样品体积 V_S 远小于谐振腔体积 V_0，则可以认为除样品所在处的电磁场发生变化外，其余部分的电磁场保持不变，因此可以把样品看成一个微扰，则样品中的电场与外电场相等.

这样根据谐振腔的微扰理论可得下列关系式：

$$\frac{f_S - f_0}{f_0} = -2(\varepsilon' - 1)\frac{V_S}{V_0}$$

$$\Delta \frac{1}{Q_L} = 4\varepsilon'' \frac{V_S}{V_0} \tag{5.3.3}$$

式中，f_0, f_S 分别为谐振腔放入样品前后的谐振频率；$\Delta(1/Q_L)$ 为样品放入前后谐振腔的有载品质因数的倒数的变化，即

$$\Delta \left(\frac{1}{Q_L} \right) = \frac{1}{Q_{LS}} - \frac{1}{Q_{L0}} \tag{5.3.4}$$

式中，Q_{L0}, Q_{LS} 分别为放入样品前后的谐振腔有载品质因数.

二、实验仪器（Experimental instruments）

微波信号源最好要用扫源，也可用其他带有窄带扫频的信号源（推荐品种：DH1121C 型三厘米固态信号源，WY-19A 型速调管信号源）.

晶体检波器接头最好是满足平方律检波的，这时检波电流表示相对功率（$I \propto P$）.

检波指示器用来测量反射式谐振腔的输出功率，量程 0～100μA（推荐品种：DH2510 型）.

微波的频率用波长表测量刻度，通过查表确定微波信号的频率.

用晶体检波器测量微波信号时，为获得最高的检波效率，它都装有一可调短路活塞，调节其位置，可使检波管处于微波的波腹. 改变微波频率时，也应改变晶体检波器短路活塞位置，使检波管一直处于微波波腹的位置.

三、实验内容（Experimental contents）

（1）按图 5.3.3 接好各部件. 注意：反射式谐振腔前必须加上带耦合孔的耦合片，接入隔离器及环形器时要注意其方向.

（2）开启微波信号源，选择"等幅"方式，预热 30min.

（3）测量谐振腔的长度，根据公式计算它的谐振频率，一定要保证 n 为奇数.

（4）将检波晶体的输出接到电流表上，用电流表测量微波的大小，在计算的谐振频率附近微调微波频率，使谐振腔共振，用直读频率计测量共振频率.

（5）测量空腔的有载品质因数，注意：f_1，f_2 与 f_0 的差别很小，约 0.003GHz.

（6）加载样品，重新寻找其谐振频率，测量其品质因数.

（7）测量介质棒及谐振腔的体积.

（8）计算介质棒的介电常数和介电损耗角正切.

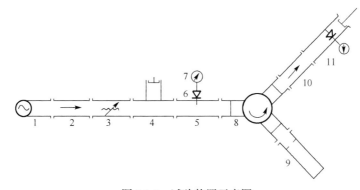

图 5.3.3　试验装置示意图

1-微波信号源；2-隔离器；3-衰减器；4-波长表；5-测量线；6-测量线晶体；7-选频放大器；

8-环形器；9-反射式谐振腔；10-隔离器；11-晶体检波器

四、思考题（Exercises）

（1）如何判断谐振腔是否谐振？

（2）本实验中，谐振腔谐振时，为什么 TE_{10n} 中的 n 必须是奇数？

（3）若用传输式谐振腔如何测量介质的介电常数，可否画出实验装置？

关键词（Key words）：

微波（microwave），波导管（waveguide tube）

第 6 章　磁共振技术

Chapter 6　Magnetic resonance technique

实 验 6.1　核 磁 共 振

Experiment 6.1　Nuclear magnetic resonance

一、引言（Introduction）

核磁共振（nuclear magnetic resonance，NMR），是指具有磁矩的原子核在恒定磁场中由电磁辐射引起的共振跃迁现象. 1939 年首次被拉比（I.I.Rabi）在高真空中的氢分子束试验中观察到，并用于测量核磁矩，他因此获得 1944 年的诺贝尔物理学奖. 1946 年，珀塞尔（E.M.Purcell）和布洛赫（F.Bloch）两个小组独立地用吸收法和感应法分别在石蜡和水这类一般状态的物质中观察到氢核（^{1}H，质子）的核磁共振，这项重大发明使他们分享了 1952 年的诺贝尔物理学奖.

作为一种技术，NMR 已经从研究原子核扩展到了很多方面，许多科学家加入研究的行列，并且多位科学家因在这方面杰出的贡献而获得诺贝尔奖，使得此项技术迅速成为在物理、化学、生物、地质、计量、医学等领域研究的强大工具，尤其是应用在医学诊断上的核磁共振成像技术（MRI），是自 X 射线发现以来医学诊断技术的重大进展. 核磁共振的相关技术仍在不断发展之中，其应用范围也在不断扩大. 从尖端科技到普通人的生活，到处都可以见到 NMR 技术的身影. 在以下的三个实验里，我们可以依次领略 NMR 的基本概念、基本现象、基本技术与技术发展.

二、实验目的（Experimental purpose）

本实验通过用最基本的核磁共振仪器操作，希望使学生能了解其基本原理和实验方法. 观察核磁共振稳态吸收现象，测量 ^{1}H 和 ^{19}F 的朗德因子 g.

三、实验原理（Experimental principle）

下面我们以氢核为主要研究对象，来介绍核磁共振的基本原理和观测方法. 氢核虽然是最简单的原子核，但同时它也是目前在核磁共振应用中最常见和最有用的核.

原子核的磁共振：

核磁共振的发生是因为原子核具有磁矩，而核磁矩又源自于原子核具有自旋运动，因而具有自旋角动量，用 $\boldsymbol{P}_I$ 表示. 磁矩是一个矢量，用符号 $\boldsymbol{\mu}$ 表示，它与角动量的关系为

$$\boldsymbol{\mu} = \gamma \boldsymbol{P}_I \quad \text{或} \quad \boldsymbol{\mu} = g_N \frac{e}{2m_P} \boldsymbol{P}_I \tag{6.1.1}$$

式中，$\gamma = g_N \dfrac{e}{2m_P}$ 称为旋磁比，是原子核的特征参数；e 为电子电荷，m_P 为质子质量；g_N 为朗德因子，随原子核种类而变.

按照量子力学，原子自旋核角动量的大小由下式决定

$$P_I = \sqrt{I(I+1)}\hbar \qquad (6.1.2)$$

式中，$\hbar = \dfrac{h}{2\pi}$，h 为普朗克常量；I 为核的自旋量子数，可取 $I = 0, \dfrac{1}{2}, 1, \dfrac{3}{2}, \cdots$.

把原子核放入外磁场 $\boldsymbol{B}$ 中，可取坐标轴 z 方向为 $\boldsymbol{B}$ 的方向. 原子核的自旋角动量在 $\boldsymbol{B}$ 方向的投影值由下式决定

$$P_B = m\hbar \qquad (6.1.3)$$

式中，m 叫磁量子数，可取 $m = I, I-1, \cdots, -(I-1), -I$，共有 $2I+1$ 个可能的取值.

核磁矩在 $\boldsymbol{B}$ 方向上的投影值为

$$\mu_B = g_N \frac{e}{2m_P} P_B = g_N \frac{e}{2m_P} m\hbar = g_N \left(\frac{e\hbar}{2m_P}\right) m$$

将它写为

$$\mu_B = g_N \mu_N m \qquad (6.1.4)$$

式中，$\mu_N = 5.050787 \times 10^{-27} \, \text{J} \cdot \text{T}^{-1}$ 称为核磁子，是核磁矩的单位.

磁矩为 $\boldsymbol{\mu}$ 的原子核在恒定磁场 $\boldsymbol{B}$ 中，它与磁场既有能量的相互作用，也有力矩的相互作用，磁场与原子核磁矩的相互作用能为

$$E = -\boldsymbol{\mu} \cdot \boldsymbol{B} = -g_N \mu_N m B \qquad (6.1.5)$$

该能级将在磁场中分裂出 $2I+1$ 个塞曼子能级. NMR 研究的原子核一般事先都处在基态能级. 本实验研究的原子核是质子，即氢原子的原子核.

氢原子核的自旋量子数 $I = \dfrac{1}{2}$，所以磁量子数 m 只能取两个值，即 $m=1/2$ 和 $m=-1/2$. 氢原子核的基态在磁场中会分裂出 2 个塞曼子能级，附加能量分别为

$$
\begin{aligned}
E_1 &= -\frac{1}{2} g_N \mu_N B \quad \left(m = \frac{1}{2}\right) \\
E_2 &= -\frac{1}{2} g_N \mu_N B \quad \left(m = -\frac{1}{2}\right)
\end{aligned}
\qquad (6.1.6)
$$

磁矩在外场方向上的投影也只能取两个值，如图 6.1.1(a)所示，与此相对应的能级如图 6.1.1(b)所示.

根据量子力学中的选择定则，只有 $\Delta m = \pm 1$ 的两个能级之间才能发生跃迁，这两个跃迁能级之间的能量差为

$$\Delta E = g_N \mu_N B \qquad (6.1.7)$$

由这个公式可知：相邻两能级之间的能量差 ΔE 与外磁场 B 的大小成正比，磁场越强则两个能级分裂也越大.

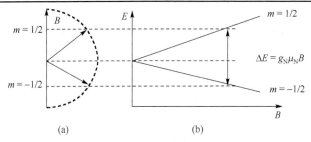

图 6.1.1 氢核能级在磁场中的分裂

在实验中若在与稳恒磁场 B_0 垂直的平面上加一个高频磁场（如射频场或微波电磁场）作用于氢核，当磁场的频率满足 $h\nu = \Delta E$ 时，就会引起原子核在上下能级之间的跃迁，这种跃迁称为共振跃迁. 即

$$h\nu_0 = g_N\mu_N B_0 \tag{6.1.8}$$

则氢核就会吸收高频电磁场的能量，由 $m = 1/2$ 的能级跃迁到 $m = -1/2$ 的能级，这就是核磁共振吸收现象. 式（6.1.8）就是核磁共振条件. 为了应用上的方便，常写成

$$\nu_0 = \left(\frac{g_N\mu_N}{h}\right)B_0, \quad \text{即} \quad \omega_0 = \gamma B_0 \tag{6.1.9}$$

式（6.1.9）表示 NMR 发生的基本条件，不管什么类型的 NMR，都要首先满足该式，它集中了 NMR 的三要素，即磁场、射频信号和原子核.

上面讲的是单个核放在外磁场中的核磁共振理论，但实验中所用的样品是大量同类核的集合. 如果处于高能级上的核数目与处于低能级上的核数目没有差别，则在高频电磁场的激发下，上、下能级上的核都要发生跃迁，并且跃迁几率是相等的，吸收能量等于辐射能量，我们就观察不到任何核磁共振信号. 只有当低能级上的原子核数目大于高能级上的核数目，吸收能量比辐射能量多时，才能观察到核磁共振信号. 在热平衡状态下，核数目在两个能级上的相对分布由玻尔兹曼因子决定：

$$\frac{N_2}{N_1} = \exp\left(-\frac{\Delta E}{kT}\right) = \exp\left(-\frac{g_N\mu_N B_0}{kT}\right) \tag{6.1.10}$$

式中，N_1 为低能级上的核数目；N_2 为高能级上的核数目；ΔE 为上、下能级间的能量差；k 为玻尔兹曼常量；T 为绝对温度. 当 $g_N\mu_N B_0 \ll kT$ 时，上式可近似写成

$$\frac{N_2}{N_1} = 1 - \frac{g_N\mu_N B_0}{kT} \tag{6.1.11}$$

该式说明，低能级上的核数目比高能级上的核数目略微多一点. 对氢核来说，如果实验温度 $T=300\text{K}$，外磁场 $B_0 = 1\text{T}$，则

$$\frac{N_2}{N_1} = 1 - 6.75 \times 10^{-6} \quad \text{或} \quad \frac{N_1 - N_2}{N_1} \approx 7 \times 10^{-6} \tag{6.1.12}$$

这说明，在室温下，每百万个低能级上的核比高能级上的核大约只多出 7 个. 这就是说，在低能级上参与核磁共振吸收的每一百万个核中只有 7 个核的核磁共振吸收未被共振辐射所抵消. 所以核磁共振信号非常微弱，检测如此微弱的信号，需要高质量的接收器.

由式（6.1.11）可以看出，温度越高，粒子差数越小，对观察核磁共振信号越不利. 外磁

场 B_0 越强，粒子差数越大，越有利于观察核磁共振信号．一般核磁共振实验要求磁场强一些，其原因就在这里．

另外，要想观察到核磁共振信号，仅磁场强些还不行，磁场在样品范围内还应高度均匀，否则磁场多么强也观察不到核磁共振信号．原因之一是，核磁共振信号由式（6.1.8）决定，如果磁场不均匀，则样品内各部分的共振频率不同．对某个频率的电磁波，将只有极少数核参与共振，结果信号被噪声所淹没，难以观察到核磁共振信号．

四、实验仪器（Experimental instruments）

核磁共振实验装置方框图如图 6.1.2 所示（本实验采用 FD-CNMR-I 型核磁共振教学仪）．它包括永久磁铁、扫场线圈及其电源、探头与样品、边限振荡器、数字频率计、示波器、高斯计等．

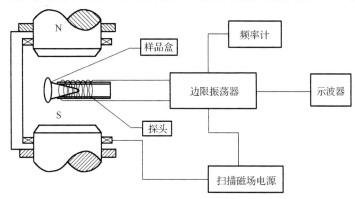

图 6.1.2　核磁共振实验装置方框图

（一）磁铁（Magnet）

磁铁的作用是产生稳恒磁场 B_0，它是核磁共振实验装置的核心，要求磁铁能够产生尽量强的、非常稳定、非常均匀的磁场．首先，强磁场有利于更好地观察核磁共振信号；其次，磁场空间分布均匀性和稳定性越好，则核磁共振实验仪的分辨率越高．核磁共振实验装置中的磁铁有三类：永久磁铁、电磁铁和超导磁铁．永久磁铁的优点是，不需要磁铁电源和冷却装置，运行费用低，而且稳定度高．电磁铁的优点是通过改变励磁电流可以在较大范围内改变磁场的大小．为了产生所需要的磁场，电磁铁需要很稳定的大功率直流电源和冷却系统，另外还要保持电磁铁温度恒定．超导磁铁最大的优点是能够产生高达十几特斯拉的强磁场，对大幅度提高核磁共振谱仪的灵敏度和分辨率极为有益，同时磁场的均匀性和稳定性也很好，是现代谱仪较理想的磁铁，但仪器使用液氮或液氢给实验带来了不便．本实验采用永磁铁，磁场强度约为 0.5T，中心区磁场均匀度高于 10^{-6}．

（二）边限振荡器和探头（Marginal oscillator and probe）

边限振荡器具有与一般振荡器不同的输出特性，其输出幅度随外界吸收能量的轻微增加而明显下降，当吸收能量大于某一阈值时即停振，因此通常被调整在振荡和不振荡的边缘状态，故称为边限振荡器．

边限振荡器既是射频场 B_1 的发射源，又作为共振信号的接收器．为了观察核磁共振吸收信号，把样品放在边限振荡器的振荡线圈中，振荡线圈放在固定磁场 B_0 中，如图 6.1.2 所示．由于边限振荡器是处于振荡与不振荡的边缘，当样品吸收的能量不同（即线圈的 Q 值发生变化）时，振荡器的振幅将有较大的变化. 当发生共振时，样品吸收增强，振荡变弱，经过二极管的倍压检波，就可以把反映振荡器振幅大小变化的共振吸收信号检测出来，进而用示波器显示. 由于采用边限振荡器，所以射频场 B_1 很弱，饱和的影响很小. 但如果电路调节得不好，偏离边限振荡器状态很远，一方面，射频场 B_1 很强，出现饱和效应，另一方面，样品中少量的能量吸收对振幅的影响很小，这时就有可能观察不到共振吸收信号. 这种把发射线圈兼做接收线圈的探测方法称为单线圈法. 包括样品在内的线圈称为探头.

（三）扫场单元（Field sweep unit）

观察核磁共振信号最好的手段是使用示波器，但是示波器只能观察交变信号，所以必须想办法使核磁共振信号交替出现. 有两种方法可以达到这一目的：一种是扫频法，即让磁场 B_0 固定，使射频场 B_1 的频率 ω 连续变化，通过共振区域，当 $\omega = \omega_0 = \gamma \cdot B_0$ 时出现共振峰；另一种方法是扫场法，即把射频场 B_1 的频率 ω 固定，而让磁场 B_0 连续变化，通过共振区域. 这两种方法是完全等效的，显示的都是共振吸收信号 ν 与频率差 $(\omega - \omega_0)$ 之间的关系曲线.

由于扫场法简单易行，确定共振频率比较准确，所以现在通常采用大调制场技术；在稳恒磁场 B_0 上叠加一个低频调制磁场 $B_m \sin \omega' t$，这个低频调制磁场就是由扫场单元（实际上是一对亥姆霍兹线圈）产生的. 那么此时样品所在区域的实际磁场为 $B_0 + B_m \sin \omega' t$. 由于调制场的幅度 B_m 很小，总磁场的方向保持不变，只是磁场的幅值按调制频率发生周期性变化（其最大值为 $B_0 + B_m$，最小值为 $B_0 - B_m$），拉莫尔进动频率 ω_0 也相应地发生周期性变化，即

$$\omega_0 = \gamma \cdot (B_0 + B_m \sin \omega' t) \tag{6.1.13}$$

这时只要射频场的角频率 ω 调在 ω_0 变化范围之内，同时调制磁场扫过共振区域，即 $B_0 - B_m \leqslant B_0 \leqslant B_0 + B_m$，则共振条件在调制场的一个周期内被满足两次，所以在示波器上观察到如图 6.1.3(b)所示的共振吸收信号. 此时若调节射频场的频率，则吸收曲线上的吸收峰将左右移动. 当这些吸收峰间距相等时，如图 6.1.3(a)所示，则说明在这个频率下的共振磁场为 B_0.

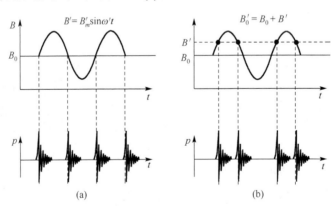

图 6.1.3　扫场法检测共振信号

值得指出的是，如果扫场速度很快，也就是通过共振点的时间比弛豫时间小得多，这时共振吸收信号的形状会发生很大的变化. 在通过共振点之后，会出现衰减振荡. 这个衰减的振荡称为"尾波"，这种尾波非常有用，因为磁场越均匀，尾波越大，所以应调节匀场线圈使尾波达到最大.

五、实验内容（Experimental contents）

（1）观察质子（^{1}H）的核磁共振吸收信号，并测量稳恒磁场强度 B_0.

实验时首先把被测的加入少量顺磁离子的水样品，装入射频振荡器本身的谐振回路线圈内，并把这个包含样品的线圈放到稳恒磁场当中．线圈放置的位置必须保证使线圈产生的射频磁场方向与稳恒磁场方向垂直．然后接通电源，使射频振荡器发生某个频率的振荡，并连续不断地加到样品线圈上．根据共振条件 $\omega = \gamma B_0$，可以固定 ω 而逐渐改变 B_0，或固定 B_0 而逐渐改变 ω，使之达到共振点．与此同时，让一小的 50Hz 正弦交流电加到磁铁的调制线圈上，并分出一路通过移相器接到示波器的水平输入轴以实现二者同步扫描，当磁场扫描到共振点时，即可在荧光屏上观察到如图 6.1.4 所示的两个形状对称的信号波形．它对应于调制磁场一个周期内发生的两次核磁共振，再细心地把波形调节到屏的中央位置上并使两峰重合，这时质子共振频率和磁场满足 $\omega = \gamma B_0$．若采用示波器内扫描，则可见到图 6.1.5 所示的等间隔共振吸收信号．

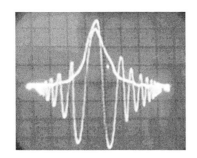 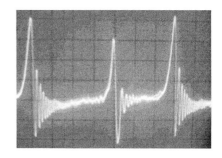

图 6.1.4　对称共振吸收信号波形　　　　图 6.1.5　等间隔共振吸收信号波形

由于质子的回磁比 γ_H 已知（$\gamma = 2.6752 \times 10^8 \mathrm{T}^{-1} \cdot \mathrm{s}^{-1}$），则只要测出与待测磁场相对应的共振频率 f_H，利用共振条件就可以计算出被测稳恒磁场的强度．

（2）用聚四氟乙烯样品，观察 ^{19}F 的核磁共振现象，测定其回磁比 γ_F、朗德因子 g_F 和核磁矩 μ_F.

保持水样品实验时的稳恒磁场强度不变，将水样品换成聚四氟乙烯样品，观察 ^{19}F 核的共振吸收现象．由于 ^{19}F 的核磁共振信号比较弱，观察时需要特别细心，应缓慢地调节射频频率，找到共振吸收信号并调节到间隔相等，测出射频频率 f_F 和磁场 B_F，即可计算出 ^{19}F 的回磁比 $\gamma_F = 2\pi f_F / B_F = \gamma_H f_F / f_H$，其中 f_F 和 f_H 分别为同一磁场下 ^{19}F 和 ^{1}H 的核磁共振频率．

由 $\mu_F = g \dfrac{\mu_N}{h} P_F$ 和 $\mu_F = \gamma_F P_F$ 可知，^{19}F 核的朗德因子为 $g = \gamma_F \hbar / \mu_N$，又因为 $P_F = \hbar I$，所以 ^{19}F 核的核磁矩为 $\mu_F = gI\mu_N$，式中 μ_N 为核磁子，I 为自旋量子数，^{19}F 的 $I = 1/2$．

（3）用 NMR 方法测量磁场．

由于总磁场是由固定分量和扫描分量组成的，固定分量一般较强，扫描分量要弱 3～4 个数量级，这两个分量都可以用 NMR 方法来测量，以便对它们的数值和特性有所了解．可以根据式（6.1.13）来寻找测量方法，要求：

（A）测量固定磁场 B_0 和扫描场的振幅 B_m，导出它们的计算公式．

（B）检验扫描场的正负振幅是否相等．

（C）测量不同扫描电压下的 B_0 和 B_m，研究它们的变化规律.

（4）研究 NMR 的共振带宽.

在已知扫描磁场振幅与扫描电压关系的基础上，研究 NMR 共振带宽. 将共振点调节到扫描场的零点位置，改变扫描电压，可以观察图 6.1.4 所示的共振信号起初上升段与随后振荡段的变化，包括幅度和水平方向的长度变化，并作出解释. 在上升段的持续时间内，扫描场的变化为 ΔB_m，对应的共振频率变化为

$$\Delta\omega = \gamma\Delta B_m$$

可以把这个频率变化近似作为共振带宽.

（5）研究顺磁离子对 NMR 信号的增强作用.

用自来水、去离子水做样品，进行 NMR 实验，观察共振信号的幅度.

往自来水中滴加 $CuSO_4$ 等具有顺磁离子的溶液，改变溶液的浓度制备不同的样品，观察共振信号的幅度.

从理论上对所观察的信号幅度的变化作出解释.

（6）数据处理.

计算间接测量量量回磁比 γ_F、朗德因子 g_F 和核磁矩 μ_F 的不确定度，并写出表示不确定度的完整表达式：$Y = (y \pm \Delta)$.

（7）（选做）放入其他样品，如三氯化铁、丙三醇、纯水、硫酸锰等. 观察信号尾波，移动探头在磁场中的空间位置，了解磁场均匀性对尾波的影响.

六、思考题（Exercises）

（1）产生核磁共振的条件是什么？

（2）核磁共振信号为什么很微弱？为了提高信号强度，应采取哪些措施？

（3）用示波器观察核磁共振信号时，为什么要扫场？示波器 x 轴采用内扫描和用扫场信号作为 x 轴外扫描，这两种情况下在示波器上显示的共振信号一样吗？

（4）在本实验中有几个磁场？它们的作用是什么？如何产生？它们有何区别？

（5）核磁共振实验间接测量量的误差主要来自于哪些方面，为什么？

关键词（Key words）

核磁共振（nuclear magnetic resonance），边限振荡器和探头（marginal oscillator），脉冲（pulse），磁矩（magnetic moment）

参考文献

吕斯华. 1991. 近代物理实验技术. 北京：高等教育出版社

裘祖文. 1989. 核磁共振波谱. 北京：科学出版社

吴思诚，王祖诠. 1986. 近代物理实验. 北京：北京大学出版社

张孔时. 1991. 物理实验教程. 北京：清华大学出版社

实验 6.2　脉冲核磁共振实验
Experiment 6.2　Pulsed nuclear magnetic resonance experiment

一、引言（Introduction）

脉冲核磁共振（pulsed NMR, PNMR）是 NMR 技术的重要发展，其思想和发现早在 NMR 发现之初就出现了. 1946 年，布洛赫就指出，在共振条件下给样品施加一个短的射频脉冲，在脉冲消失后可检测到核感应信号. 1949 年，年轻的美国物理学家汉恩（E. Hahn）用双脉冲序列作用在样品上，观察到自由感应衰减（free induction decay, FID）信号，发现了自旋回波（spin echo, SE）现象. 这一重大发现，奠定了 NMR 广泛应用的基础，但限于当时的技术条件，脉冲核磁共振早期发展非常缓慢. 直到计算机技术和傅里叶变换技术迅速发展之后，1966 年由恩斯特（R.R.Ernst）把这种思想付诸实践，发明了脉冲傅里叶变换核磁共振（PFT-NMR）技术. 把瞬态的 FID 信号转变为稳态的 NMR 波谱，建立了 PFT-NMR 波谱学，这是 NMR 领域的一次革命，导致了核磁共振技术突飞猛进的发展. 目前广泛应用于分析测试的 NMR 谱仪，医学诊断中应用的 NMR 成像技术，都是 PFT-NMR 技术取得的成果，成为现代医学诊断、化学结构分析的尖端手段，这就大大超越了 NMR 单纯用于物质磁性质研究的领域. 为此，恩斯特荣获 1991 年度诺贝尔化学奖.

本实验就是来学习 PNMR 的基本原理与实验方法，了解脉冲核磁共振技术的特点与优越性，学会用基本脉冲序列来测定液体样品的弛豫时间 T_1 和 T_2.

二、实验目的（Experimental purpose）

本实验将介绍脉冲核磁共振的基本概念和方法，通过观察核磁矩对射频脉冲的响应，加深对弛豫过程的理解，进而学会用基本脉冲序列来测定液体样品的弛豫时间 T_1 和 T_2.

三、实验原理（Experimental principle）

（一）PNMR 的波谱学分析（PNMR spectroscopy analysis）

在连续波 NMR 实验里，我们知道了 NMR 发生的条件是

$$\omega = \gamma B \tag{6.2.1}$$

这个条件对于 PNMR 也是必需的. 但是，实现的方法有重大的不同. 在连续波 NMR 中，实现共振的方法是固定射频信号的频率，采样周期性的扫描场，让式（6.2.1）周期性地满足，从而能用示波器观察 NMR. 在 PNMR 中，磁场 B_0 是固定的，而射频信号不再是连续的无穷长的波列，而是采取了脉冲波形，一种常见的波形是矩形脉冲，其形状如图 6.2.1 所示.

图 6.2.1 表示，射频信号是在 $-\tau/2 \sim \tau/2$ 这段时间内发射的，在此段时间以外不再发射，形成了一段有限长的波列. 射频波形的这一变化，使得发射信号的频谱起了重要的变化. 在连续波 NMR 中，发射信号的频谱是单一的频率，即频率计上的读数；而在 PNMR 中，信号的频谱是连续的，可以用傅里叶变换进行计算，计算公式是

$$A(\omega) = \int_{-\infty}^{\infty} a(t) e^{-i\omega t} dt \qquad (6.2.2)$$

射频信号的波列可以用复数表示为

$$a(t) = \begin{cases} a_0 e^{i\omega_0 t} & (|t| \leqslant \tau/2) \\ 0 & (|t| > \tau/2) \end{cases} \qquad (6.2.3)$$

其中，ω_0 是发射信号的圆频率；a_0 是波振幅. 将表达式（6.2.3）代入式（6.2.2），得脉冲信号的频谱为

$$A(\omega) = a_0 \tau \cdot \frac{\sin \dfrac{(\omega - \omega_0)\tau}{2}}{\dfrac{(\omega - \omega_0)\tau}{2}} \qquad (6.2.4)$$

式（6.2.4）表示的频谱具有著名的"抽样函数"的形式，其频谱图如图 6.2.2 所示，它是以 ω_0 为中心两边振荡衰减的函数，衰减得很快，主要的频率成分在主峰以内，主峰的范围为 $\omega_0 - 2\pi/\tau \sim \omega_0 + 2\pi/\tau$. 根据图 6.2.2 和共振条件（6.2.1），可以得出两点结论：

（1）只要磁场大小调整到了对应主峰内的某个频率，共振就能发生. 由于主峰内各种频率成分的幅度不同，若在不同频率共振，共振信号的幅度也将不同，对应中心频率的共振，共振信号幅度最大.

（2）因为频谱具有一定的带宽，所以即使样品内某种原子核的 γ 因子有小范围内的分布，也能够让它们都共振. 这对于化学结构分析是非常有用的，因为不同的化学环境会导致某种原子核的表观 γ 因子有微小变化，即所谓化学位移.

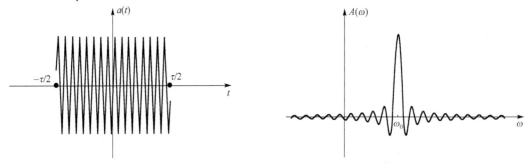

图 6.2.1　矩形射频脉冲波形　　　　　　　图 6.2.2　矩形脉冲的频谱图

需要指出的是，图 6.2.1 与图 6.2.2 是互逆的，即如果射频发射的波形包络线是图 6.2.2 的样子，则其频谱的波形就是矩形，频率严格限制在矩形内，在频谱图上没有两边振荡的部分. 这对于医学成像限定激发层的厚度是非常必要的.

（二）宏观磁化强度矢量与弛豫过程（Macro magnetization intensity vector and relaxation process）

磁共振研究的对象不可能是单个核，而是包含大量等同核的系统，将所有单个自旋核的磁矩进行矢量求和，可得到总体的磁化矢量，即宏观磁化强度矢量 $\boldsymbol{M}$ 为

$$\boldsymbol{M} = \sum_{i=0}^{N} \boldsymbol{\mu}_i \qquad (6.2.5)$$

$\boldsymbol{M}$ 是一宏观矢量，体现了原子核系统被磁化的程度，在没有外磁场的条件下，不同自旋核的磁矩取向杂乱无章，此时宏观磁化强度为零. 在外磁场作用下，其取向与外磁场 $\boldsymbol{B}_0$ 一致，每个核磁矩均绕 $\boldsymbol{B}_0$ 方向旋进，它们彼此间的相位是随机的，如图 6.2.3(a)所示. 总的宏观 $\boldsymbol{M}_0$ 与 $\boldsymbol{B}_0$ 的方向即 z 轴一致，在 x,y 方向的分量为零. 具有磁矩的核系统，在恒磁场 $\boldsymbol{B}_0$ 的作用下，受到力矩 $\boldsymbol{M} \times \boldsymbol{B}_0$，因此有

$$\frac{\mathrm{d}\boldsymbol{M}}{\mathrm{d}t} = \gamma \boldsymbol{M} \times \boldsymbol{B}_0 \tag{6.2.6}$$

若在某种因素（如射频场 $\boldsymbol{B}_1$）作用下，宏观磁化矢量 $\boldsymbol{M}$ 将偏离 z 轴，绕 $\boldsymbol{B}_0$ 作拉莫尔进动，如图 6.2.3(b)所示，进动角频率 $\omega_0 = \gamma B_0$.

当射频场 $\boldsymbol{B}_1$ 作用结束时，核系统从不平衡状态逐渐恢复到平衡状态，同时释放出光子能量，也可以把能量交给周围物质，这个过程称为弛豫过程，如图 6.2.3(c)所示.

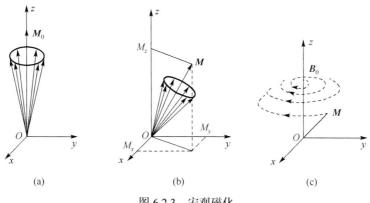

图 6.2.3　宏观磁化

从微观角度理解，弛豫过程可分为两类：一种是自旋磁矩与周围物质（晶格）相互作用使 M_z 逐渐恢复到 $\boldsymbol{M}_0$，称为自旋-晶格弛豫，也称为纵向弛豫，以弛豫时间 T_1 表示；另一种称为自旋-自旋弛豫，它导致 $\boldsymbol{M}$ 的横向分量 M_{xy} 逐渐趋于零，称为横向弛豫，以弛豫时间 T_2 表示.

（三）射频脉冲磁化矢量的作用（Effect of radio frequency pulsed magnetization vector）

设磁场的方向沿着 z 轴，在 x 方向施加线偏振的射频磁场（用线圈产生）：

$$B_x = 2B_1 \cos(\omega_0 t) \tag{6.2.7}$$

我们可以把该磁场分解为两个在 $x\text{-}O\text{-}y$ 平面内反方向旋转的圆偏振磁场，其振幅均为 B_1，如图 6.2.4 所示. 理论分析表明，只有旋转方向与核磁矩或者磁化强度旋转方向一致的圆偏振磁场才对共振有贡献，另一个旋转方向的磁场无贡献. 我们知道，平衡态下，样品的磁化强度矢量是平行于 z 轴的. 若引入一个与旋进同步的旋转坐标系 $x'y'z'$，其转轴 z' 与固定坐标系的 z 轴重合，转动角频率 ω 与射频脉冲旋转磁场的频率也相同，M 在旋转坐标系中是静止的，在射频脉冲作用前 M 处在热平衡状态，

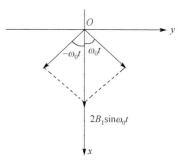

图 6.2.4　线偏振波分解成两个圆偏振波

$M = M_0$，方向与 z' 轴重合，施加射频脉冲作用后，M 绕 x' 轴向 y' 方向转过一个角度 θ，根据

方程（6.2.6），如果脉冲作用时间是 t_p，且

$$\theta = \gamma B_1 t_p \tag{6.2.8}$$

作用时间脉宽为 t_p

$$t_p \ll T_1, T_2 \tag{6.2.9}$$

θ 称为倾倒角，图 6.2.5 表示了脉宽 t_p 恰好使 $\theta = 90°$ 和 $\theta = 180°$ 两种情况，这些脉冲分别称为 90° 和 180° 脉冲．只要射频场 B_1 足够强，则 t_p 值均可做到足够小而满足式（6.2.9）的要求，这就意味着射频脉冲作用期间弛豫作用可忽略不计．

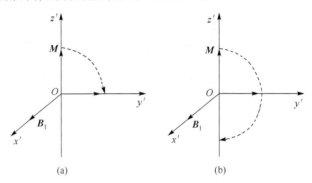

图 6.2.5　90° 射频脉冲(a)和 180° 射频脉冲(b)的作用

（四）自由感应衰减（FID）信号（Free induction decay signal）

设 $t = 0$ 时刻加上射频脉冲场 B_1，到 $t = t_p$ 时 M 绕 B_1 旋转 90° 而倾倒在 y' 轴上，这时 B_1 消失，核磁矩系统将由弛豫过程回复到热平衡状态．其中 $M_z \to M_0$ 的变化速度取决于 T_1，$M_x \to 0$ 和 $M_y \to 0$ 的衰减速度取决于 T_2，在旋转坐标系看来 M 没有进动，恢复到平衡位置的过程如图 6.2.6(a)所示，在实验室坐标系看来 M 绕 z 轴旋进按螺旋形式回到平衡位置，如图 6.2.6(b)所示．在这个弛豫过程中，若在垂直于 z 轴方向上置一个接收线圈，便可感应出一个射频信号，其频率与进动频率 ω_0 相同，其幅值按照指数规律衰减，称为自由感应衰减信号，也称为 FID 信号．经检波并滤去射频以后，观察到的 FID 信号是指数衰减的包络线，如图 6.2.6(c)所示．FID 信号与 M 在 xy 平面上横向分量的大小有关，所以 90° 脉冲的 FID 信号幅值最大，180° 脉冲的幅值为零．

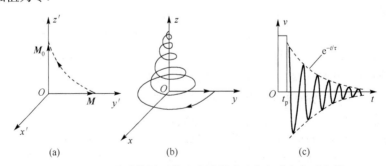

图 6.2.6　90° 脉冲作用后的弛豫过程以及自由感应衰减信号

实验中由于恒定磁场 B_0 不可能绝对均匀，样品中不同位置的核磁矩所处的外场大小有所

不同，其进动频率各有差异，实际观测到的 FID 信号是各个不同进动频率的指数衰减信号的叠加，设 T_2' 为磁场不均匀所等效的横向弛豫时间，则总的 FID 信号的衰减速度由 T_2 和 T_2' 两者决定，可以用一个称为表现横向弛豫时间的 T_2^* 来等效：

$$\frac{1}{T_2^*} = \frac{1}{T_2} + \frac{1}{T_2'} \tag{6.2.10}$$

若磁场域不均匀，则 T_2' 越小，从而 T_2^* 也越小，FID 信号衰减也越快．为了消除 T_2' 的影响，实验中常采用自旋回波的方法．

（五）自旋回波（Spin echo）

自旋回波是一种用双脉冲或多个脉冲来观察核磁共振信号的方法，现在讨论核磁矩系统对两个或多个射频脉冲的响应，在实际应用中，常用两个或多个射频脉冲组成脉冲序列，周期性地作用于核磁矩系统．例如，在 90° 射频脉冲作用后，经过 τ 时间再施加一个 180° 射频脉冲，便组成一个 90°-τ-180° 脉冲序列（同理，可根据实际需要设计其他脉冲序列）．这些脉冲序列的脉宽 t_p 和脉距 τ 应满足下列条件：

$$t_p \ll T_1, T_2, \tau \tag{6.2.11}$$

$$T_2^* < \tau < T_1, T_2 \tag{6.2.12}$$

90°-τ-180° 脉冲序列的作用结果如图 6.2.7 所示，在 90° 射频脉冲后即观察到 FID 信号；在 180° 射频脉冲后面对应于初始时刻的 2τ 处还观察到一个"回波"信号．这种回波信号是在脉冲序列作用下核自旋系统的运动引起的，故称自旋回波．

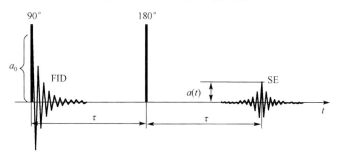

图 6.2.7　90°-τ-180° 序列的时序图

以下用图 6.2.8 来说明自旋回波的产生过程．图 6.2.8(a)表示宏观磁矩 $\boldsymbol{M}_0$ 在 90° 射频脉冲作用下绕 x' 轴倒向 y' 轴上；图 6.2.8(b)表示脉冲消失后核磁矩自由进动受到 B_0 不均匀的影响，很快散相，使部分磁矩的进动频率不同，引起磁矩的进动频率不同，磁矩相位分散并呈扇形展开．为此可把 $\boldsymbol{M}$ 看成是许多分量 $\boldsymbol{M}_i$ 之和．从旋进坐标系看来，进动频率等于 ω_0 的分量相对静止，大于 ω_0 的分量（图中以 M_1 代表）向前转动，小于 ω_0 的分量（图中以 M_2 为代表）向后转动；图 6.2.8(c)表示 180° 射频脉冲的作用使磁化强度各分量绕 z' 轴翻转 180°，并继续它们原来的转动方向；图 6.2.8(d)表示 $t = 2\tau$ 时刻各磁化强度分量刚好汇聚到 $-y'$ 轴上重聚，所以 180° 脉冲又叫再聚焦脉冲，它抵消了磁场不均匀性造成的影像．图 6.2.8(e)表示 $t > 2\tau$ 以后，用于磁化强度各矢量继续转动而又呈扇形展开．因此，在 $t = 2\tau$ 处得到如图 6.2.7 所示的自旋回波信号．

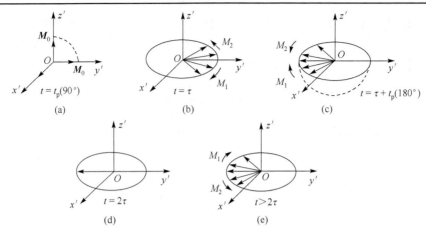

图 6.2.8 90°-τ-180°自旋回波矢量图解

由此可知，自旋回波与 FID 信号密切相关，如果不存在横向弛豫，则自旋回波幅值应与初始的 FID 信号一样，但在 2τ 时间内横向弛豫作用不能忽略，宏观磁化强度各横向分量相应减小，使得自旋回波信号幅值小于 FID 信号的初始幅值，而且脉距 τ 越大则自旋回波幅值越小．

实验中采用的脉冲序列大体可分为三类：自旋回波、反转恢复和梯度回波．其共同特点是采集回波信号代替采集自由感应衰减信号，这样做的优点是射频激发脉冲刚结束的基线不稳定，数据不便使用，而采集回波则避免了这些问题．特别是自旋回波，经过 180°重聚，不仅避免了上述问题，而且采集回波等于采集两次 FID 信号，提高了灵敏度．

（六）弛豫时间的测量（Relaxation time measurement）

核磁共振现象的发现者布洛赫从经典理论出发，提出了以他名字命名的著名方程，即布洛赫方程，在实验室坐标系中表示为

$$\frac{\mathrm{d}\boldsymbol{M}}{\mathrm{d}t} = \gamma(\boldsymbol{M} \times \boldsymbol{B}) - \frac{1}{T_2}(M_x\boldsymbol{i} + M_y\boldsymbol{j}) + \frac{1}{T_1}(M_0 - M_z)\boldsymbol{k} \tag{6.2.13}$$

式中，$\boldsymbol{M}$ 为磁化矢量；T_1、T_2 分别为纵向弛豫和横向弛豫时间．在实验室坐标系中求解出宏观磁化矢量的运动轨迹是很困难的，为了简化求解，引入了旋转坐标系．旋转坐标系与实验室坐标系的 z 轴重合，x,y 平面则以 z 为轴，以拉莫尔频率旋转．在此坐标系中，宏观磁化矢量 $\boldsymbol{M}$ 的进动被作为背景得以消除，观察到的只有射频作用和弛豫效应．在旋转坐标系下布洛赫方程有比较简单的形式

$$\frac{\mathrm{d}M_{x'y'}}{\mathrm{d}t} = -\frac{1}{T_2}M_{x'y'} \tag{6.2.14}$$

$$\frac{\mathrm{d}M_{z'}}{\mathrm{d}t} = -\frac{1}{T_1}(M_0 - M_{z'}) \tag{6.2.15}$$

为简单求解，只考虑在外磁场 B_0 中，核系统在 90°射频脉冲的激励下，且仅限于纯弛豫过程，则上述过程有初始条件：$t = 0$，$M_{z'} = 0$，$M_{x'y'} = M_0$，利用此初始条件解得微分方程，得到布洛赫方程在旋转坐标系中的解

$$M_{x'y'}(t) = M_0\mathrm{e}^{-t/T_2} \tag{6.2.16}$$

$$M_{z'}(t) = M_0(1 - e^{-t/T_1}) \tag{6.2.17}$$

在实际应用中，可设计各种各样的脉冲序列来产生 FID 信号和自旋回波，用以测量弛豫时间 T_1 和 T_2.

1. 横向弛豫时间 T_2 的测量（Measurement of transverse relaxation time T_2）

这里采用 $90°\text{-}\tau\text{-}180°$ 脉冲序列的自旋回波法. 磁化强度横向分量的弛豫过程，t 时间自回波的幅值 A 与 M_y' 成正比，即

$$A = A_0 e^{-t/T_2} \tag{6.2.18}$$

式中，$t = 2\tau$；A_0 是 $90°$ 射频脉冲刚结束时 FID 信号的幅值，与 M_0 成正比. 实验中只要改变脉距 τ，则回波的峰值就相应地改变，若依次增大 τ 测出若干个相应的回波峰值，便得指数衰减的包络线，对式（6.2.13）两边取对数，可得直线方程

$$\ln A = \ln A_0 - 2\tau / T_2 \tag{6.2.19}$$

式中，2τ 作为自变量，则直线斜率的倒数便是 T_2，由此便可求出横向弛豫时间.

如果实验装置中的脉冲程序器能够提供 Carr-Purcell 脉冲序列：$90°\text{-}\tau\text{-}180°\text{-}2\tau\text{-}180°\text{-}2\tau\text{-}180°\cdots$，即在 $90°\text{-}\tau\text{-}180°$ 脉冲序列之后，每隔 2τ 时间施加一个 $180°$ 脉冲，这时可在 $2\tau, 4\tau, 6\tau, 8\tau, \cdots$ 处观察到自旋回波，因此，只做一次实验便可同时测出许多回波的峰值，等效于用 $90°\text{-}\tau\text{-}180°$ 脉冲序列多次实验的结果.

2. 纵向弛豫时间 T_1 的测量（Measurement of longitudinal relaxation time T_1）

这里采用 $180°\text{-}\tau\text{-}90°$ 脉冲序列的反转恢复法，首先用 $180°$ 射频脉冲把磁化强度 M 从 z' 轴翻转到 $-z'$ 轴，如图 6.2.9(a)所示，这时 $M_z = -M_0$，M 没有横向分量，也就没有 FID 信号，但纵向弛豫过程会使 M_z 由 $-M_0$ 经过零值向平衡值 M_0 恢复，在恢复过程的 τ 时刻施加 $90°$ 射频脉冲，则 M 便翻转到 $-y'$ 轴上，如图 6.2.9(b)所示. 这时接收线圈将会感应得 FID 信号，该信号的幅值正比于 M_z 的大小，M_z 的变化规律可由式（6.2.15）求解，并根据 $180°$ 射频脉冲作用后的初始条件为 $t = 0$ 时，$M_z = -M_0$ 而得

$$M_z = M_0(1 - 2e^{-t/T_1}) \tag{6.2.20}$$

图 6.2.9(c)表示 $90°$ 射频脉冲作用前的瞬间，M_z 的大小与脉距 τ 的关系. 可见总可以选择到合适的 τ 值，使 $t = \tau$ 时 M_z 恰好为零，并且 $\tau = T_1 \ln 2$，故

$$T_1 = \frac{\tau}{\ln 2} \tag{6.2.21}$$

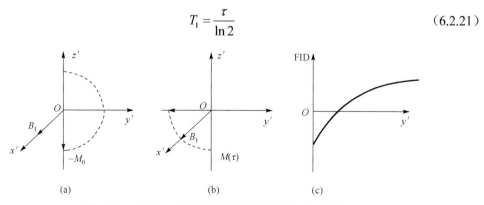

图 6.2.9　$180°\text{-}\tau\text{-}90°$ 脉冲序列的作用及其 FID 信号

这种求 T_1 的方法常称为"零法"，只要改变 τ 的大小使 FID 信号刚好等于零便可，不过，应该反复多次进行，把 τ 值测准.

由于强射频脉冲作用后 FID 信号的零值不大容易准确判断，如果脉冲程序器可提供三脉冲序列，可采用 $180°\text{-}\tau\text{-}90°\text{-}\Delta\tau\text{-}180°$ 脉冲序列来测 T_1，即 $180°\text{-}\tau\text{-}90°$ 脉冲序列之后经过短暂的 $\Delta\tau$ 时间（$\Delta\tau \ll \tau$）再施加一个 $180°$ 射频脉冲，这时在这个 $180°$ 射频脉冲后面 $\Delta\tau$ 处可观察到一个自旋回波，自旋回波的峰值与 FID 信号幅值可认为相等，只要改变 τ 的大小使自旋回波为零便可求得 T_1，这种方法也是"零法"，只不过是把观测 FID 信号为零变为观测自旋回波为零而已，这种脉冲序列的作用如图 6.2.10 所示.

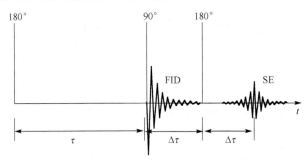

图 6.2.10　$180°\text{-}\tau\text{-}90°\text{-}\Delta\tau\text{-}180°$ 脉冲序列作用下的自旋回波

（七）化学位移（Chemical shift）

化学位移是核磁共振应用于化学上的支柱，它起源于自旋核外电子云对外磁场 B_0 产生的磁屏蔽. 原子和分子中的核不是裸露的核，它们周围都围绕着电子云. 所以原子和分子所受到的外磁场作用，除了 B_0 磁场，还有核周围电子引起的屏蔽作用. 电子也是磁性体，它的运动也受到外磁场影响，外磁场引起电子的附加运动，感应出磁场，方向与外磁场相反，大小则与外磁场成正比，所以核处实际磁场是

$$B_{核} = B_0 - \sigma B_0 = B_0(1-\sigma) \tag{6.2.22}$$

式中，σ 是屏蔽因子，它是个小量，其值小于 10^{-3}.

因此，核的化学环境不同，屏蔽常数 σ 也就不同，从而引起它们的共振频率各不相同

$$\omega_0 = \gamma(1-\sigma)B_0 \tag{6.2.23}$$

化学位移可以用频率偏移量进行测量，但是共振频率随外场 B_0 而变，这样标度显然是不方便的，实际化学位移用无量纲的 δ 表示，单位是 ppm（$1\text{ppm}=1\times10^{-6}$）.

$$\delta = \frac{\delta_R - \delta_S}{1 - \delta_S} \times 10^6 \approx (\delta_R - \delta_S) \times 10^6 \tag{6.2.24}$$

式中，δ_R，δ_S 为参照物和样品的屏蔽系数. 用 δ 表示化学位移，只取决于样品与参照物屏蔽常数之差值，或者说是考虑屏蔽效应后于无屏蔽效应时的共振频率偏移量所占的比例.

四、实验仪器（Experimental instruments）

脉冲核磁共振实验装置如图 6.2.11 所示，其组成包括电磁铁、磁场电源、探头、脉冲发生器、射频开关放大器、射频相位检波器、示波器和计算机等.

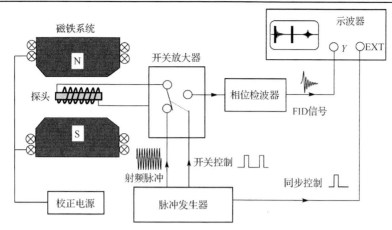

图 6.2.11　PNMR 实验装置框图

（1）电磁铁：由钕铁硼材料和轭铁组成，磁极左右各两组线圈，一组调节磁场强度，一组调节磁场均匀度.

（2）探头：由射频发射线圈组成，它既是脉冲射频场发射线圈也是观察自由旋进信号的接收线圈. 这些信号经接收机放大和检波后，再送到示波器显示出来，样品放入射频线圈内.

（3）开关放大器：开关放大器是射频切换开关. 在旋转射频场加载时将射频线圈与射频脉冲连接，此时射频脉冲与相位检波器内的放大器断开. 在观察自由旋进信号时将射频线圈与相位检波器的放大器相连. 这样可以避免大功率脉冲烧毁放大器和自由旋进信号观察困难.

（4）脉冲发生器：它是最基本的脉冲程序器，要提供双脉冲序列，可产生 90°-τ-180° 脉冲序列和 180°-τ-90° 脉冲序列，其中脉宽 t_p、脉距 τ 和脉冲周期 T 均可连续调节. 射频开关放大器受脉冲序列发生器控制，使输入探头回路不是连续的射频振荡，而是脉冲的射频振荡. 振荡器采用 DDS 技术具有高稳定度（10-8）、低相位噪声和频率、大范围（0～30MHz）、高精度（步长 0.02Hz）调节. 它提供射频基准和射频脉冲.

（5）相位检波器：相位检波器在电子学中是将高频信号转变成低频信号，因为高频信号采集困难. 在核磁共振中它的作用就是将实验室坐标系转变为旋转坐标系，才能保证每次激发时相位是一致的，从而能够得到成像所必需的相位精度.

（6）计算机：编译各种脉冲序列，将采集数据进行处理，它通过 RS232 与控制采集系统连接.

（7）本实验采用黏滞系数较大的液体作为实验样品，如甘油，对于非黏滞液体（如水或溶液），由于分子的热运动造成自扩散会影响到自旋回波幅度，计算公式要进行修正，有兴趣的读者可参阅有关专著.

五、实验内容（Experimental contents）

（一）观察自由衰减信号和自旋回波（Observation of free induction decay signal and spin echo）

（1）用第一脉冲进行观察，第一脉冲宽度由零开始调大至某值，缓慢调节恒定磁场（调节电流旋钮 I_0 至信号最大），目的都是使 FID 信号衰减最慢. 脉冲宽度变化意味着样品体系、体磁化矢量、倾倒角 θ 的变化. 设置不同的脉冲宽度产生不同的倾倒角度, 如 90°、180° 等, 观察 FID 变化, 90° 信号最大, 180° 信号为零.

(2) 根据本实验装置的射频脉冲参数值, 试调一个 90°-τ-180° 脉冲序列, 寻找自旋回波, 初步观察核磁矩对射频脉冲的响应.

(3) 利用单脉冲输出观察核磁矩对射频脉冲的响应, 当改变脉宽 t_p 值时, FID 信号幅值有何变化? 根据这个变化关系测定 90° 脉宽 t_p 等于多少(μs 作单位), 180° 脉宽 t_p 又等于多少.

(二) 自旋回波法测量横向弛豫时间 T_2 (Measurement of transverse relaxation time T_2 by spin echo method)

采用 90°-τ-180° 脉冲序列的自旋回波法进行测量. 首先调好该脉冲序列, 定性观测 FID 信号和自旋回波, 了解脉距 τ 和脉冲序列周期 T 的调节和测量. 然后移动样品在磁极间的位置, 观察磁场均匀度不同对 FID 信号和自旋回波的宽度有何影响, 并注意它们的幅值是否有变化! 基于上述观测, 便可作定量测量; 选择不同的 τ 值, 由小到大, 测出相应的幅值 A, 要求测量数据点不少于 5 个, 列出 2τ 与 A 的数据表, 用半对数纸作出直线, 再由直线的斜率求 T_2.

(三) 反转回复法测量纵向弛豫时间 T_1 (Measurement of longitudinal relaxation time T_1 by inversion recovery method)

采用 180°-τ-90° 脉冲序列的反转回复法测量. 这种方法是测量 FID 信号的零值点, 首先调好该脉冲序列, 定性观察脉距 τ 由小到大变化时 FID 信号的变化规律, 然后定量测出 FID 信号为零时所对应的 τ 值, 反复进行多次测量, 把数据代入式 (6.2.16) 便可求得 T_1.

(四) 用计算机测量二甲苯的化学位移 (Chemical shift of xylene measurement by computer)

二甲苯具有甲基和苯基, 它们具有不同的化学位移: 甲基化学位移(相对传输测试器(TMS)) 约为–1ppm, 苯基化学位移 (相对 TMS) 为–6ppm. 在主频率为 20MHz 的条件下, 它们的频率之差为 5ppm×20MHz=100Hz, 样品二甲苯经快速傅里叶变换法 (FFT) 得到谱图, 用鼠标选取得出频率之差, 并与理论值进行比较.

六、思考题 (Exercises)

(1) 瞬态 NMR 实验对射频磁场的要求与稳态 (连续波 (CW)) NMR 的有什么不同?

(2) 何谓射频脉冲? 何谓 FID 信号? 90° 射频脉冲和 180° 射频脉冲的 FID 信号幅值是怎样的? 为什么?

(3) 何谓 90°-τ-180° 脉冲序列和 180°-τ-90° 脉冲序列? 这些脉冲的参数 t_p, τ, T 等要满足什么要求? 为什么?

(4) 试述倾倒角 θ 的物理意义.

(5) 为什么自旋回波法可以消除磁场不均匀的影响?

关键词 (Key words):

弛豫时间 (relaxation time), 磁化强度 (magnetization intensity), 自由感应衰减信号 (free induction decay signal)

参考文献

林木欣. 2000. 近代物理实验教程. 北京：科学出版社

赵喜平. 2006. 磁共振成像. 北京：科学出版社

实验 6.3　电子顺磁共振实验

Experiment 6.3　Electron paramagnetic resonance experiment

一、引言（Introduction）

电子自旋的概念是 Pauli 在 1924 年首先提出的. 1925 年，S.A.Goudsmit 和 G.Uhlenbeck 用它来解释某种元素的光谱精细结构获得成功. Stern 和 Ger1aok 也以实验直接证明了电子自旋磁矩的存在.

电子自旋共振（electron spin resonance，ESR），又称电子顺磁共振（electron paramagnetic resonance, EPR）. 它是指处于恒定磁场中的电子自旋磁矩在射频电磁场作用下发生的一种磁能级间的共振跃迁现象. 这种共振跃迁现象只能发生在原子的固有磁矩不为零的顺磁材料中，称为电子顺磁共振. 1944 年由苏联的柴伏依斯基首先发现. 它与核磁共振（NMR）现象十分相似，所以 Purcell、Paund、Bloch 和 Hanson 等 1945 年提出的 NMR 实验技术后来也被用来观测 ESR 现象.

ESR 已成功地被应用于顺磁物质的研究，目前它在化学、物理、生物和医学等各方面都获得了极其广泛的应用. 例如，发现过渡族元素的离子，研究半导体中的杂质和缺陷，金属和半导体中电子交换的速度，以及导电电子的性质等.

ESR 的研究对象是具有不成对电子的物质，①具有奇数个电子的原子，如氢原子；②内电子壳层未被充满的离子，如过渡族元素的离子；③具有奇数个电子的分子，如 NO；④在反应过程中或物质因受辐射作用产生的自由基；⑤金属半导体中的未成对电子等. 通过对电子自旋共振波谱的研究，即可得到有关分子、原子或离子中未偶电子的状态及其周围环境方面的信息，从而得到有关的物理结构和化学键方面的知识.

二、实验目的（Experimental purpose）

（1）了解和掌握各个微波波导器件的功能和调节方法.

（2）了解电子自旋共振的基本原理，比较电子自旋共振与核磁共振各自的特点.

（3）观察在微波段电子自旋共振现象，测量 DPPH 样品自由基中电子的朗德因子. 理解谐振腔中 TE_{10} 波形成驻波的情况，调节样品腔长，测量不同的共振点，确定波导波长.

三、实验原理（Experimental principle）

（一）实验样品（Experimental samples）

本实验测量的标准样品为含有自由基的有机物 DPPH（Di-phenyl-picryl-Hydrazyl），称为二苯基苦酸基联氨，分子式为$(C_6H_5)_2N—NC_6H_2(NO_2)_3$，结构式如图 6.3.1 所示.

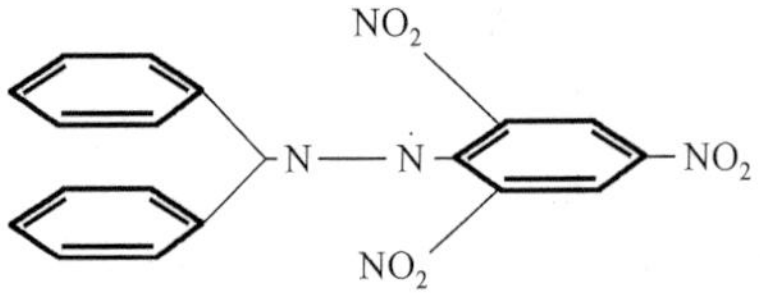

图 6.3.1 DPPH 的分子结构式

它的第二个 N 原子少了一个共价键,有一个未偶电子,或者说一个未配对的"自由电子",是一个稳定的有机自由基. 对于这种自由电子,它只有自旋角动量而没有轨道角动量,或者说它的轨道角动量完全猝灭了. 所以在实验中能够容易地观察到电子自旋共振现象. 由于 DPPH 中的"自由电子"并不是完全自由的,其 g 因子标准值为 2.0036,标准线宽为 2.7×10^{-4}T.

(二)电子自旋共振与核磁共振的比较(Comparison of nuclear magnetic resonance and electron paramagnetic resonance)

电子自旋共振和核磁共振分别研究未偶电子和磁性核塞曼能级间的共振跃迁,基本原理和实验方法上有许多共同之处,如共振与共振条件的经典处理,量子力学描述、弛豫理论及描述宏观磁化矢量的唯象布洛赫方程等.

由于玻尔磁子和核磁子之比等于质子质量和电子质量之比 1836.152710 (37)(1986 年国际推荐值),因此,在相同磁场下核塞曼能级裂距较电子塞曼能级裂距小三个数量级. 这样在通常磁场条件下 ESR 的频率范围落在了电磁波谱的微波段,所以在弱磁场的情况下,可以观察电子自旋共振现象. 根据玻尔兹曼分布规律,能级裂距大,上、下能级间粒子数的差值也大,因此 ESR 的灵敏度较 NMR 高,可以检测低至 10^{-4}mol 的样品,如半导体中微量的特殊杂质. 此外,由于电子磁矩较核磁矩大三个数量级,电子的顺磁弛豫相互作用较核弛豫相互作用强很多,纵向弛豫时间 T_1 和横向弛豫时间 T_2 一般都很短,因此除自由基外,ESR 谱线一般都较宽.

ESR 只能考察与未偶电子相关的几个原子范围内的局部结构信息,对有机化合物的分析远不如 NMR 优越,但是 ESR 能方便地用于研究固体. ESR 的最大特点,在于它是检测物质中未偶电子唯一直接的方法,只要材料中有顺磁中心,就能够进行研究. 即使样品中本来不存在未偶电子,也可以用吸附、电解、热解、高能辐射、氧化还原等化学反应和人工方法产生顺磁中心.

(三)电子自旋共振条件(Condition of electron spin resonance)

由原子物理学可知,原子中电子的轨道角动量 P_l 和自旋角动量 P_s 会引起相应的轨道磁矩 μ_l 和自旋磁矩 μ_s,而 P_l 和 P_s 的总角动量 P_j 引起相应的电子总磁矩为

$$\mu_j = -g\frac{e}{m_e}P_j \tag{6.3.1}$$

式中,m_e 为电子质量;e 为电子电荷;负号表示电子总磁矩方向与总角动量方向相反;g 是一个无量纲的常数,称为朗德因子. 按照量子理论,电子的 L-S 耦合结果,朗德因子为

$$g = 1 + \frac{J(J+1) + S(S+1) - L(L+1)}{2J(J+1)} \tag{6.3.2}$$

式中,L, S 分别为对原子角动量 J 有贡献的各电子所合成的总轨道角动量和自旋角动量量子数. 由上式可见,若原子的磁矩完全由电子自旋所贡献($L = 0, S = J$),则 $g = 2$;反之,若磁矩完全由电子的轨道磁矩所贡献($L = J, S = 0$),则 $g = 1$;若两者都有贡献,则 g 的值在 1 与 2 之间. 因此,g 与原子的具体结构有关,通过实验精确测定 g 的数值可以判断电子运动状态的影响,从而有助于了解原子的结构.

通常原子磁矩的单位用玻尔磁子 μ_B 表示，这样原子中的电子的磁矩可以写成

$$\mu_j = -g\frac{\mu_B}{\hbar}P_j = \gamma P_j \tag{6.3.3}$$

式中，γ 称为旋磁比：

$$\gamma = -g\frac{\mu_B}{\hbar} \tag{6.3.4}$$

由量子力学可知，在外磁场中角动量 P_j 和磁矩 μ_j 在空间的取向是量子化的. 在外磁场方向（z 轴）的投影

$$P_z = m\hbar \tag{6.3.5}$$

$$\mu_z = \gamma m\hbar \tag{6.3.6}$$

式中，m 为磁量子数，$m = j, j-1, \cdots, -j$.

当原子磁矩不为零的顺磁物质置于恒定外磁场 B_0 中时，其相互作用能也是不连续的，其相应的能量为

$$E = -\mu_j B_0 = -\gamma m\hbar B_0 = -mg\mu_B B_0 \tag{6.3.7}$$

不同磁量子数 m 所对应的状态上的电子具有不同的能量. 各磁能级是等距分裂的，两相邻磁能级之间的能量差为

$$\Delta E = g\mu_B B_0 = \omega_0\hbar \tag{6.3.8}$$

若在垂直于恒定外磁场 B_0 方向上加一交变电磁场，其频率满足

$$\omega\hbar = \Delta E \tag{6.3.9}$$

当 $\omega = \omega_0$ 时，电子在相邻能级间就有跃迁. 这种在交变磁场作用下，电子自旋磁矩与外磁场相互作用所产生的能级间的共振吸收（和辐射）现象，称为电子自旋共振. 式（6.3.9）即为共振条件，可以写成

$$\omega = g\frac{\mu_B}{\hbar}B_0 \tag{6.3.10}$$

或者

$$f = g\frac{\mu_B}{h}B_0 \tag{6.3.11}$$

对于样品 DPPH 来说，朗德因子参考值为 $g = 2.0036$，将 μ_B，h 和 g 值代入上式可得（这里取 $\mu_B = 5.78838263(52)\times 10^{-11}\,\text{MeV}\cdot\text{T}^{-1}$，$h = 4.1356692\times 10^{-21}\,\text{MeV}\cdot\text{s}$ ）

$$f = 2.8043B_0 \tag{6.3.12}$$

在此 B_0 的单位为高斯（$1\text{Gs}=10^{-4}\text{T}$），$f$ 的单位为兆赫兹（MHz），如果实验时用 3cm 波段的微波，频率为 9370MHz，则共振时相应的磁感应强度要求达到 3342Gs.

共振吸收的另一个必要条件是在平衡状态下，低能态 E_1 的粒子数 N_1 比高能态 E_2 的粒子数 N_2 多，这样才能够显示出宏观（总体）共振吸收，因为热平衡时粒子数分布服从玻尔兹曼分布

$$\frac{N_1}{N_2} = \exp\left(-\frac{E_2 - E_1}{kT}\right) \tag{6.3.13}$$

由式（6.3.13）可知，因为 $E_2 > E_1$，显然有 $N_1 > N_2$，即吸收跃迁（$E_1 \rightarrow E_2$）占优势，然而随着时间推移以及 $E_2 \rightarrow E_1$ 过程的充分进行，势必使 N_2 与 N_1 之差趋于减小，甚至可能反转，于是吸收效应会减少甚至停止，但实际并非如此，因为包含大量原子或离子的顺磁体系中，自旋磁矩之间随时都在相互作用而交换能量，同时自旋磁矩又与周围的其他质点（晶格）相互作用而交换能量，这使处在高能态的电子自旋有机会把它的能量传递出去而回到低能态，这个过程称为弛豫过程，正是弛豫过程的存在，才能维持着连续不断的磁共振吸收效应.

弛豫过程所需的时间称为弛豫时间 T，理论证明

$$T = \frac{1}{2T_1} + \frac{1}{T_2} \tag{6.3.14}$$

式中，T_1 称为自旋-晶格弛豫时间，也称为纵向弛豫时间；T_2 称为自旋-晶格弛豫时间，也称为横向弛豫时间.

（四）谱线宽度（Spectral line width）

与光谱线一样，ESR 谱线也有一定的宽度. 如果频宽用 $\delta \nu$ 表示，则 $\delta \nu = \delta E / h$，相应有一个能级差 ΔE 的不确定量 δE，根据测不准原理，$\tau \delta E \sim h$，τ 为能级寿命，于是有

$$\delta \nu \sim \frac{1}{\tau} \tag{6.3.15}$$

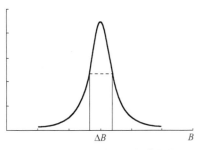

图 6.3.2　根据样品吸收谱线的半高宽计算横向弛豫时间

这就意味着粒子在上能级上的寿命的缩短将导致谱线加宽. 导致粒子能级寿命缩短的基本原因是自旋-晶格相互作用和自旋-自旋相互作用. 对于大部分自由基来说，起主要作用的是自旋-自旋相互作用. 这种相互作用包括了未偶电子与相邻原子核自旋之间以及两个分子的未偶电子之间的相互作用. 因此谱线宽度反映了粒子间相互作用的信息，是电子自旋共振谱的一个重要参数.

用移相器信号作为示波器扫描信号，可以得到如图 6.3.2 所示的图形，测定吸收峰的半高宽 ΔB（或者称谱线宽度），如果谱线为洛伦兹型，那么有

$$T_2 = \frac{2}{\gamma \Delta B} \tag{6.3.16}$$

其中，旋磁比 $\gamma = g\dfrac{\mu_B}{\hbar}$，这样即可以计算出共振样品的横向弛豫时间 T_2.

（五）微波基础知识与微波器件（Basic knowledge of microwave and microwave devices）

1. 微波及其传输（Microwave and transmission）

由于微波的波长短，频率高，它已经成为一种电磁辐射，所以传输微波就不能用一般的金属导线. 常用的微波传输器件有同轴线、波导管、带状线和微带线等，引导电磁波传播的

空心金属管称为波导管. 常见的波导管有矩形波导管和圆柱形波导管两种. 从电磁场理论知道, 在自由空间传播的电磁波是横波, 简写为 TEM 波, 理论分析表明, 在波导中只能存在下列两种电磁波: TE 波, 即横电波, 它的电场只有横向分量而磁场有纵向分量; TM 波, 即横磁波, 它的磁场只有横向分量而电场存在纵横分量, 在实际使用中, 总是把波导设计成只能传输单一波形. TE$_{10}$ 波是矩形波导中最简单和最常使用的一种波型, 也称为主波型.

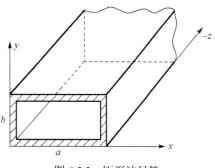

图 6.3.3　矩形波导管

一般截面为 $a \times b$ 的、均匀的、无限长的矩形波导如图 6.3.3 所示, 管壁为理想导体, 管内充以介电常数为 ε, 磁导率为 μ 的介质, 则沿 z 方向传播的 TE$_{10}$ 波的各分量为

$$E_y = E_0 \sin \frac{\pi x}{a} \mathrm{e}^{\mathrm{i}(\omega t - \beta_z)} \tag{6.3.17}$$

$$H_x = -\frac{\beta}{\omega \mu} \cdot E_0 \sin \frac{\pi \cdot x}{a} \mathrm{e}^{\mathrm{i}(\omega t - \beta z)} \tag{6.3.18}$$

$$H_z = \mathrm{i} \frac{\pi}{\omega \mu a} \cdot E_0 \cos \frac{\pi \cdot x}{a} \mathrm{e}^{\mathrm{i}(\omega t - \beta z)} \tag{6.3.19}$$

$$E_x = E_z = H_y = 0 \tag{6.3.20}$$

其中, $\omega = \beta / \sqrt{\mu \varepsilon}$ 为电磁波的角频率, $\beta = 2\pi / \lambda_\mathrm{g}$ 称为相位常数,

$$\lambda_\mathrm{g} = \frac{\lambda}{\sqrt{1 - (\lambda / \lambda_\mathrm{c})^2}} \tag{6.3.21}$$

λ_g 称为波导波长, $\lambda_\mathrm{c} = 2a$ 为截止或临界波长(对微波电子自旋共振实验系统中 $a = 22.86\mathrm{mm}$, $b = 10.16\mathrm{mm}$), $\lambda = c / f$ 为电磁波在自由空间的波长.

TE$_{10}$ 波具有下列特性:

(1) 存在一个截止波长 λ_c, 只有波长 $\lambda < \lambda_\mathrm{c}$ 的电磁波才能在波导管中传播.

(2) 波长为 λ 的电磁波在波导中传播时, 波长变为 $\lambda_\mathrm{g} < \lambda_\mathrm{c}$.

(3) 电场矢量垂直于波导宽壁(只有 E_y), 沿 x 方向两边为 0, 中间最强, 沿 y 方向是均匀的. 磁场矢量在波导宽壁的平面内(只有 H_x、H_z), TE$_{10}$ 的含义是: TE 表示电场只有横向分量, 1 表示场沿宽边方向有一个最大值, 0 表示场沿窄边方向没有变化(如 TE$_{mn}$, 表示场沿宽边和窄边分别有 m 和 n 个最大值).

实际使用时, 波导不是无限长的, 它的终端一般接有负载, 当入射电磁波没有被负载全部吸收时, 波导中就存在反射波而形成驻波, 为此引入反射系数 Γ 和驻波比 ρ 来描述这种状态.

$$\Gamma = \frac{E_\mathrm{r}}{E_\mathrm{i}} = |\Gamma| \mathrm{e}^{\mathrm{i}\varphi} \tag{6.3.22}$$

$$\rho = \frac{|E_\mathrm{max}|}{|E_\mathrm{min}|} \tag{6.3.23}$$

其中，E_r、E_i 分别是某横截面处电场反射波和电场入射波；φ 是它们之间的相位差；E_{max} 和 E_{min} 分别是波导中驻波电场最大值和最小值. ρ 和 Γ 的关系为

$$\rho = \frac{1 + |\Gamma|}{1 - |\Gamma|} \tag{6.3.24}$$

当微波功率全部被负载吸收而没有反射时，此状态称为匹配状态，此时 $|\Gamma| = 0$，$\rho = 1$，波导内是行波状态. 当终端为理想导体时，形成全反射，则 $|\Gamma| = 1$，$\rho = \infty$，称为全驻波状态. 当终端为任意负载时，有部分反射，此时为行驻波状态（混波状态）.

2. 微波器件（Microwave device）

1）固态微波信号源（Solid state microwave signal source）

教学仪器中常用的微波振荡器有两种：一种是反射式速调管振荡器；另外一种是耿氏（gunn）二极管振荡器，也称为体效应二极管振荡器，或者称为固态源.

耿氏二极管振荡器的核心是耿氏二极管. 耿氏二极管主要是基于 n 型砷化镓的导带双谷——高能谷和低能谷结构. 1963 年，耿氏在实验中观察到，在 n 型砷化镓样品的两端加上直流电压，当电压较小时样品电流随电压的增高而增大；当电压超过某一临界值 V_{th} 后，随着电压的增高电流反而减小，这种随着电场的增加电流下降的现象称为负阻效应，电压继续增大（$V > V_b$），则电流趋向于饱和，如图 6.3.4 所示，这说明 n 型砷化镓样品具有负阻特性.

砷化镓的负阻特性可以用半导体能带理论解释，如图 6.3.5 所示，砷化镓是一种多能谷材料，其中具有最低能量的主谷和能量较高的邻近子谷具有不同的性质，当电子处于主谷时有效质量 m^* 较小，则迁移率 μ 较高；当电子处于子谷时有效质量 m^* 较大，则迁移率 μ 较低. 在常温且无外加磁场时，大部分电子处于电子迁移率高而有效质量低的主谷，随着外加磁场的增大，电子平均漂移速度也增大；当外加电场大到足够使主谷的电子能量增加至 0.36eV 时，部分电子转移到子谷，在那里迁移率低而有效质量较大，其结果是随着外加电压的增大，电子的平均漂移速度反而减小.

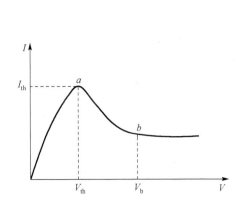

图 6.3.4 耿氏二极管的电流-电压特性

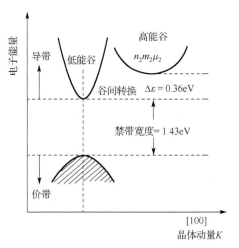

图 6.3.5 砷化镓的能带结构

图 6.3.6 所示为一耿氏二极管示意图. 在管两端加电压，当管内电场 E 略大于 E_T（E_T 为负阻效应起始电场强度）时，由于管内局部电量的不均匀涨落（通常在阴极附近），在阴极端

开始生成电荷的偶极畴，偶极畴的形成使畴内电场增大而使畴外电场下降，从而进一步使畴内的电子转入高能谷，直至畴内电子全部进入高能谷，畴不再长大．此后，偶极畴在外电场作用下以饱和漂移速度向阳极移动直至消失．而后整个电场重新上升，再次重复相同的过程，周而复始地产生畴的建立、移动和消失，构成电流的周期性振荡，形成一连串很窄的电流，这就是耿氏二极管的振荡原理．

耿氏二极管的工作频率主要由偶极畴的渡越时间决定，实际应用中，一般将耿氏二极管装在金属谐振腔中做成振荡器，通过改变腔体内的机械调谐装置可以在一定范围内改变耿氏二极管的工作频率．

2）隔离器（Isolator）

隔离器是一种不可逆的衰减器，在正方向（或者需要传输的方向上）它的衰减量很小，约 0.1dB，反方向的衰减量则很大，达到几十分贝；两个方向的衰减量之比为隔离度．若在微波源后面加隔离器，它对输出功率的衰减量很小，但对于负载反射回来的反射波衰减量很大．这样可以避免因负载变化使微波源的频率及输出功率发生变化，即在微波源和负载之间起到隔离的作用．

3）环行器（Circulator）

环行器是一种多端口定向传输电磁波的微波器件，其中使用最多的是三端口和四端口环行器．以下以三端口结型波导环行器为例来说明其特性．

由于三个分支波导交于一个微波结上，所以称为"结"型．这里分支传输线为波导，但也可以由同轴线或微带线等构成．该环行器内装有一个圆柱形铁氧体柱，为了使电磁波产生场移效应，通常在铁氧体柱上沿轴向施加恒磁场，根据场移效应原理，被磁化的铁氧体将对通过的电磁波产生场移，如图 6.3.7 所示，当电磁波由臂 1 馈入时，由于场移效应，它将向臂 2 方向偏移，同样道理由臂 2 馈入的电磁波也只向臂 3 方向偏移而不馈入臂 1，依此类推，该环行器将具有向右定向传输的特性．

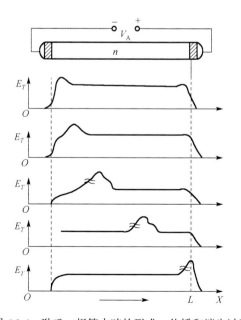

图 6.3.6　耿氏二极管中畴的形成、传播和消失过程

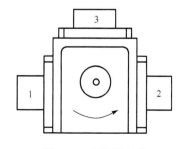

图 6.3.7　环行器结构

铁氧体环行器经常应用于微波源与微波腔体之间，特别是在反应环境十分恶劣的情况下能够保护发生电源与磁控管的安全.

4）晶体检波器（Crystal detector）

微波检波系统采用半导体点接触二极管（又称微波二极管），外壳为高频铝瓷管，如图6.3.8所示，晶体检波器就是一段波导和装在其中的微波二极管，将微波二极管插入波导宽臂中，使它对波导两宽臂间的感应电压（与该处的电场强度成正比）进行检波.

5）双T调配器（Double T tuner）

调配器是用来使它后面的微波部件调成匹配，匹配就是使微波能够完全进入而一点也不能反射回来. 微波段电子自旋共振使用的是双T调配器，其结构如图6.3.9所示.

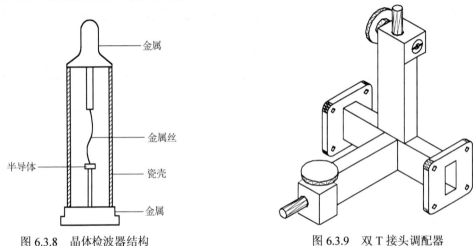

图 6.3.8　晶体检波器结构　　　　　　图 6.3.9　双T接头调配器

它是由双T接头构成的，在接头的H臂和E臂内各接有可以活动的短路活塞，改变短路活塞在臂中的位置，便可以使得系统匹配. 由于这种匹配器不妨害系统的功率传输和结构上具有某些机械的对称性，因此具有以下优点：①可以使用在高功率传输系统，尤其是在毫米波波段；②有较宽的频带；③有很宽的驻波匹配范围.

双T调配器调节方法：在驻波不太大的情况下，先调谐E臂活塞，使驻波减至最小，然后再调谐H臂活塞，就可以得到近似的匹配（驻波比 $s<1.10$），如果驻波较大，则需要反复调谐E臂和H臂活塞，才能使驻波比降低到很小的程度（驻波比 $s<1.02$）.

6）频率计（Frequency meter）

教学实验仪器中使用较多的是"吸收式"谐振频率计，谐振式频率计包含一个装有调谐柱塞的圆柱形空腔，腔外有GHz的数字读出器，空腔通过隙孔耦合到一段直波导管上，谐振式频率计的腔体通过耦合元件与待测微波信号的传输波导相连接，形成波导的分支，当频率计的腔体失谐时，腔里的电磁场极为微弱，此时它不吸收微波功率，也基本上不影响波导中波的传输，响应的系统终端输出端的信号检测器上所指示的为一恒定大小的信号输出，测量频率时，调节频率计上的调谐机构，将腔体调节至谐振，此时波导中的电磁场就有部分功率进入腔内，使得到达终端信号检测器的微波功率明显减少，只要读出对应系统输出为最小值时调谐机构上的读数，就得到所测量的微波频率.

7）扭波导（Twisted waveguide）

扭波导可以改变波导中电磁波的偏振方向（对电磁波无衰减），主要作用为便于机械安装

（因为磁铁产生磁场方向为水平方向，而磁铁产生磁场必须垂直于矩形波导的宽边，而前面的微波源、双 T 调配器以及频率计的宽边均为水平方向）.

8）矩形谐振腔（Rectangular resonant cavity）

矩形谐振腔是由一段矩形波导，一端用金属片封闭而成，封闭片上开一小孔，让微波功率进入，另一端接短路活塞，组成反射式谐振腔，腔内的电磁波形成驻波，因此谐振腔内各点电场和磁场的振幅有一定的分布，实验时被测样品放在交变磁场最大处，而稳恒磁场垂直于波导宽边（这也是前面介绍的扭波导的作用体现，因为稳恒磁场处于水平方向比较容易），这样可以保证稳恒磁场和交变磁场互相垂直.

9）短路活塞（Short circuiting piston）

短路活塞是接在传输系统终端的单臂微波元件，如图 6.3.10 所示，它接在终端，对入射微波功率几乎全部反射而不吸收，从而在传输系统中形成纯驻波状态. 它是一个可移动金属短路面的矩形波导，也可称可变短路器. 其短路面的位置可通过螺旋来调节并可直接读数. 在微波段电子自旋共振实验系统中短路活塞与矩形谐振腔组成一个可调式的矩形谐振腔.

整套微波系统安装完整后如图 6.3.11 所示，从左至右依次为微波源、隔离器、环行器（另一边有检波器）、双 T 调配器、频率计、扭波导、谐振腔、短路活塞.

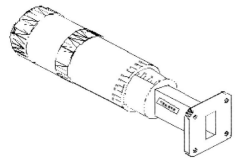 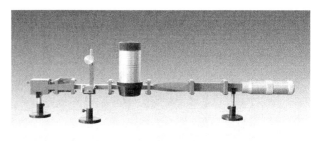

图 6.3.10　短路活塞装置图　　　　图 6.3.11　微波段电子自旋共振微波系统装置图

四、实验仪器（Experimental instruments）

微波电子自旋共振实验装置主要由四部分组成：磁铁系统、微波系统、实验主机系统以及双踪示波器.

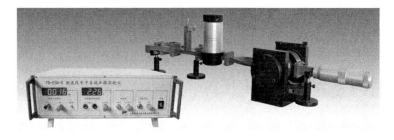

图 6.3.12　FD-ESR-C 型微波段电子自旋共振实验仪实验装置

五、实验操作及步骤（Experimental procedure）

（1）将实验主机与微波系统、电磁铁以及示波器连接，具体方法为：高斯计探头与实验主机上的五芯航空座相连，并将探头固定在谐振腔磁场空隙处（与样品位置重合或平行），用同轴线将主机"DC12V"输出与微波源相连，用两根带红黑手枪插头连接线将励磁电源与电磁铁相连，用 Q9 线将主机"扫描电源"与磁铁扫描线圈相连，用 Q9 线将检波器与示波器相连，开启实验主机和示波器的电源，预热 20min.

（2）调节主机"电磁铁励磁电源"调节电势器，改变励磁电流，观察数字式高斯计表头读数，如果随着励磁电流（表头显示为电压，因为线圈发热很小，电压与励磁电流呈线性关系）增加，高斯计读数增大，则说明励磁线圈产生磁场与永磁铁产生磁场方向一致，反之，则两者方向相反，此时只要将红黑插头交换一下即可. 调节励磁电源使共振磁场在 3300Gs 左右（因为微波频率在 9.36GHz 左右，根据共振条件，此时的共振磁场在 3338Gs 左右），亦可由小至大改变励磁电流，记录电压读数与高斯计读数，作电压-磁感应强度关系图，找出关系式，在后面的测量中可以不用高斯计，而通过拟合关系式计算得出中心磁感应强度数值.

（3）取下高斯计探头并放入样品，将扫描电源调到一较大值，调节双 T 调配器，观察示波器上信号线是否有跳动，如果有跳动说明微波系统工作，如无跳动，检查 12V 电源是否正常. 将示波器的输入通道打在直流（DC）挡上，调节双 T 调配器，使直流信号输出最大，调节短路活塞，再使直流信号输出最小，然后将示波器的输入通道打在交流（AC）5mV 或 10mV挡上，这时在示波器上应可以观察到共振信号，但此时的信号不一定为最强，可以再小范围地调节双 T 调配器和短路活塞使信号最大，如图 6.3.13(a)左图所示，此时再细调励磁电源，使信号均匀出现，如图 6.3.13(b)左图所示. 图 6.3.13 中右侧图为通过移相器观察到的吸收信号的李萨如图.

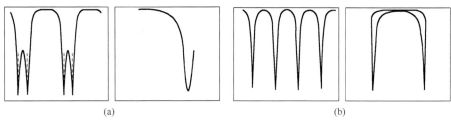

图 6.3.13　示波器观察电子自旋共振信号

（4）调节出稳定、均匀的共振吸收信号后，用前面计算得出的拟合公式计算此时的共振磁场磁感应强度 B，或者通过高斯计探头直接测量此时磁隙中心的磁感应强度 B，旋转频率计，观察示波器上的信号是否跳动，如果跳动，记下此时的微波频率 f，根据式（6.3.11），计算 DPPH 样品的 g 因子.

（5）调节短路活塞，使谐振腔的长度等于半个波导波长的整数倍 $\left(l = P\dfrac{\lambda_\mathrm{g}}{2}\right)$，谐振腔谐振，可以观测到稳定的共振信号，微波段电子自旋共振实验系统可以找出三个谐振点位置：L_1、L_2、L_3，按照式子 $\dfrac{\overline{\lambda_\mathrm{g}}}{2} = \dfrac{1}{2}\left[(L_3 - L_2) + \dfrac{1}{2}(L_3 - L_1)\right]$，计算波导波长，然后根据式（6.3.21）计算微波的波长.

（6）（选做实验）直接法测量共振吸收信号. 方法为将检波器输出信号接入万用表，由小至大改变磁场强度，记录对应的检波器输出信号幅度大小，在共振点时可以观察到输出信号幅度突然减小，描点作图可以找出共振磁场的大小，并对共振吸收信号有一个直观的认识.

（7）（选做实验）根据 DPPH 谱线宽度估算其横向弛豫时间 T_2.

六、参考表格及数据处理示例（Form and data processing for reference）（仅供参考）

1. 测量磁场与励磁电源电压的关系（Measurement of relationship between magnetic field and corresponding excitation voltage）（表 6.3.1）

作图得到图 6.3.14.

表 6.3.1　磁场与励磁电源电压

U/V	0.40	0.60	0.80	1.00	1.20	1.40	1.60	1.80
B/Gs	3305	3310	3316	3321	3326	3332	3337	3343
U/V	2.00	2.20	2.40	2.60	2.80	3.00	3.20	3.40
B/Gs	3349	3354	3360	3365	3371	3377	3382	3388
U/V	3.60	3.80	4.00	4.20	4.40	4.60	4.80	5.00
B/Gs	3393	3398	3404	3409	3414	3420	3425	3431

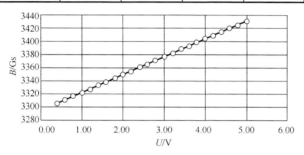

图 6.3.14　励磁电源电压与磁场磁感应强度之间的关系曲线

拟合得到 $B=27.48U+3294$. 其中励磁电压 U 的单位为 V，磁感应强度的单位为 Gs.

2. DPPH 样品 g 因子的计算（Calculation of g factor）

示波器设置 5mV 挡，扫描时间 5ms.

共振磁场 3338Gs，微波频率 9.360GHz.

根据公式 $f = g\dfrac{\mu_B}{h}B_0$，其中玻尔磁子 $\mu_B = 5.78838263 \times 10^{-11}\text{MeV} \cdot \text{T}^{-1}$，普朗克常量 $h = 4.1356692 \times 10^{-21}\text{MeV} \cdot \text{s}$，代入计算得出 $g=2.0034$，与 DPPH 样品的 g 因子理论值 2.0036 很接近.

3. 计算波导波长（Calculation of waveguide wavelength）

测量得出三个共振点为 $L_1=7.015\text{mm}$，$L_2=29.525\text{mm}$，$L_3=52.110\text{mm}$，按照式子 $\dfrac{\overline{\lambda_g}}{2} = \dfrac{1}{2}\left[(L_3 - L_2) + \dfrac{1}{2}(L_3 - L_1)\right]$，计算得出波导波长为 45.133mm.

七、注意事项（Attentions）

（1）磁极间隙在仪器出厂前已经调整好，实验时最好不要自行调节，以免偏离共振磁场过大.

（2）保护好高斯计探头，避免弯折、挤压.

（3）励磁电流要缓慢调整，同时仔细注意波形变化，才能辨认出共振吸收峰.

（4）严格按照仪器使用说明书操作.

（5）开机前须检查仪器上所有电势器是否都旋到零位，以防开机时的冲击电流将电势器损坏.

（6）由于样品是使用玻璃管封装，故在放置样品时，注意防止玻璃管破碎，轻拿轻放.

（7）实验后，要将仪器上所有电势器都旋到零位，以防下次不小心开机时的冲击电流将电势器损坏.

八、思考题（Exercises）

（1）本实验中谐振腔的作用是什么？腔长和微波频率的关系是什么？

（2）样品应位于什么位置？为什么？

（3）扫场电压的作用是什么？

关键词（Key words）：

电子自旋共振（electron spin resonance），电子顺磁共振（electron paramagnetic resonance），核磁共振（nuclear magnetic resonance），微波（microwave），谐振腔（resonant cavity），频率（frequency），能级（energy level），跃迁（transition），谱线宽度（spectral line width）

参考文献

陈贤熔. 1986. 电子自旋共振实验技术. 北京：科学出版社

戴乐山，戴道宣. 1995. 近代物理实验. 上海：复旦大学出版社

裘祖文. 1980. 电子自旋共振波谱. 北京：科学出版社

第7章 真空技术

Chapter 7　Vacuum technology

7.1　真空技术基本知识

Section 7.1　Basic knowledge of vacuum technology

"真空"来源于拉丁语"Vacuum"，原意为"虚无"，但绝对真空不可达到，也不存在，只能无限地逼近. 真空是指气体分子密度低于一个大气压的分子密度稀薄气体状态. 真空的发现始于 1643 年，托里拆利（E.Torricelli）做了有名的大气压力实验，将一端密封的长管注满水银倒放在盛有水银的槽里时，发现了水银柱顶端产生了真空，确认了真空的存在.

在真空状态下，由于气体稀薄，分子之间或分子与其他质点之间的碰撞次数减小，分子在一定时间内碰撞于表面上的次数亦相对减小，这导致其有一系列新的物化特性，诸如热传导与对流减小，氧化作用小，气体污染小，气化点降低，高真空的绝缘性能好等，这些特征使得真空特别是高真空技术已发展成为先进技术之一. 目前，在高能粒子加速器、大规模集成电路、表面科学、薄膜技术、材料工艺和空间技术等科学研究的领域中占有重要地位，被广泛应用于工业生产，尤其是在电子工业的生产中起着关键的作用.

"真空技术"作为独立的学科体系，诞生于 19 世纪末 20 世纪初. 20 世纪中期，随着电子器件、原子能、航天技术对真空条件的需求，推动了真空技术的长足进步. 1940 年以后，真空技术在核技术研究（回旋加速器、同位素分离等）、真空冶金、真空镀膜、冷冻干燥设备方面有了很大进展，如1955年机械增压泵的出现. 到1950年，真空度一般能达到 $10^{-5} \sim 10^{-4}$Pa，或许达到更低的压强但还不能测量. 1950 年 B-A 真空计的出现，为测量更低的压强开辟了道路，进入超高真空领域. 1953 年出现的离子泵能获得更低的压强，即所谓的"清洁真空"出现. 在过去的几十年间，为满足最尖端科学技术的需要，真空技术向大容量化、高真空化和高清洁化的方向发展. 20 世纪 70 年代进一步提高到宽达 20 个数量级的真空度范围，并随着某些新技术、新材料、新工艺的应用和开拓，将进一步接近理想的真空状态.

1. 真空的表征（Characterization of vacuum）

表征真空状态下气体稀薄程度的物理量称为真空度. 单位体积内的分子数越少，气体压强越低，真空度越高，习惯上采用气体压强高低来表征真空度.

在 SI 单位制中，压强单位为 牛顿·米$^{-2}$（N·m^{-2}）：

$$1 \text{ 牛顿·米}^{-2} = 1 \text{ 帕斯卡（Pascal）} \tag{7.1.1}$$

帕斯卡简称为帕（Pa），由于历史原因，物理实验中常用单位还有托（Torr）.

$$1 \text{ 标准大气压（atm）} = 1.0135 \times 10^5 \text{Pa} \tag{7.1.2}$$

$$1 \text{Torr} = 1/760 \text{atm} \tag{7.1.3}$$

$$1\text{Torr}=133.3\text{Pa} \hspace{6em} (7.1.4)$$

习惯采用的毫米汞柱（mmHg）压强单位与托近似相等（1mmHg=1.00000014Torr）. 各种单位之间的换算关系见表 7.1.1.

表 7.1.1　真空单位换算关系

	帕（Pa）	托（Torr）	微巴（μbar）	大气压（atm）	工程大气压	普西（psi）
1 帕 （1 牛顿·米$^{-2}$）	1	7.5006×10^{-3}	10	9.8692×10^{-6}	1.0197×10^{-5}	1.4503×10^{-4}
1 托 （1 毫米汞柱）	133.32	1	1.3332×10^{3}	1.3158×10^{-3}	1.3595×10^{-3}	1.9337×10^{-2}
1 微巴 （1 达因·厘米$^{-2}$）	10^{-1}	7.5006×10^{-4}	1	9.8692×10^{-7}	1.0197×10^{-6}	1.4503×10^{-5}
1 大气压	1.0133×10^{5}	760	1.0133×10^{6}	1	1.0332	14.696
1 工程大气压 （1 千克力·厘米$^{-2}$）	9.8067×10^{4}	735.56	9.8067×10^{5}	9.6784×10^{-1}	1	14.223
1 普西 （1 磅·英寸$^{-2}$）	6.8948×10^{3}	51.715	6.8948×10^{4}	6.8046×10^{-2}	7.0307×10^{-2}	1

2. 真空的划分（Vacuum division）

真空度的划分（不同程度的低气压空间的划分）与真空技术的发展历史密不可分. 根据我国所制定的国标 GB3163 的规定，真空区域大致划分如表 7.1.2 所示.

表 7.1.2　真空的分类

区域	帕（Pa）	托（Torr）
低真空	$10^{5}\sim10^{2}$	$760\sim1$
中真空	$10^{2}\sim10^{-1}$	$1\sim10^{-3}$
高真空	$10^{-1}\sim10^{-5}$	$10^{-3}\sim10^{-7}$
超高真空	$10^{-5}\sim10^{-10}$	$10^{-7}\sim10^{-12}$
极高真空	10^{-10} 以下	10^{-14} 以下

1）低真空（$10^{5}\sim10^{2}$Pa）

在低真空状态下气态空间的特性和大气差异不大，气体分子数目多，并以热运动为主，分子之间碰撞十分频繁，气体分子的平均自由程很短. 在此真空区域，使用真空技术的目的是获得压力差，而不要求改变空间的性质.

2）中真空（$10^{2}\sim10^{-1}$Pa）

此时每立方厘米内的气体分子数为 $10^{16}\sim10^{13}$ 个. 气体分子密度与大气时有很大差别，气体中的带电粒子在电场作用下，会产生气体导电现象. 这时，气体的流动也逐渐从黏稠滞留状态过渡到分子状态，这时气体分子的动力学性质明显，气体的对流现象完全消失. 在此真空区域，由于气体分子数减少，分子的平均自由程可以与容器尺寸相比拟. 并且分子之间的碰撞次数减少，分子与容器壁的碰撞次数大大增加.

3）高真空（$10^{-1}\sim10^{-5}$Pa）

此时气体分子密度更加降低，容器中分子数很少. 因此，分子在运动过程中相互间的碰撞很少，气体分子的平均自由程已大于一般真空容器的限度，绝大多数的分子与器壁相碰撞，因而在高真空状态蒸发的材料，其分子（或微粒）将按直线方向飞行. 另外，由于容器中的真空度很高，容器空间的任何物体与残余气体分子的化学作用也十分微弱．在这种状态下，气体的热传导和内摩擦已变得与压强无关．

4）超高真空（$10^{-5} \sim 10^{-10} Pa$）

此时每立方厘米的气体分子数在 10^{10} 个以下．分子间的碰撞极少，分子主要与容器壁相碰撞．超高真空的用途之一是得到纯净的气体，其二是可获得纯净的固体表面．此时气体分子在固体表面上以吸附停留为主．

5）极高真空（$10^{-10} Pa$ 以下）

此时每立方厘米的气体分子数在 10^{8} 个以下．分子间的碰撞极少，分子主要与容器壁相碰撞．极高真空的获得是一项困难的工作，但是在太空是容易得到的，极高真空可以模拟太空的环境，核聚变、大型粒子加速器、超晶格等新材料的合成需要这样的真空环境．

3．描述真空物理性质的主要物理参数（Main physical parameters of describing vacuum physical properties）

1）分子密度 n

分子密度用于表示单位体积内的平均分子数．

在真空系统中，气体近似满足理想物态方程．其数学表达式为

$$pV = \frac{M}{\mu} RT \tag{7.1.5}$$

式中，μ 为 1mol 气体的质量，称为气体的摩尔质量；R 为一常数，称为理想气体的普适常数（$R = 8.31 J \cdot mol^{-1} \cdot K^{-1}$）．

状态方程还可以有如下的形式：

$$p = nKT \tag{7.1.6}$$

其中，n 为气体的分子密度；K 亦为一物理常数，称为玻尔兹曼常量，它定义为

$$K = \frac{R}{N_0} = 1.38 \times 10^{-23} J \cdot K^{-1} \tag{7.1.7}$$

N_0 为阿伏伽德罗常量，$N_0 = 6.02 \times 10^{23} mol^{-1}$．

目前，测量高真空和超高真空的真空计，都是通过气体密度的变化进行测量，理论上很难获得真空计的测量物理量与气体密度的定量关系，而需要用试验方法在已知真空度的系统上校正后再对压强进行标度．

2）气体分子平均自由程

平均自由程是指气体分子在连续两次碰撞的间隔时间里所通过的平均距离．由于气体分子在热运动中不断地和其他分子碰撞，其中心走着曲折的轨迹．若以理想气体作为近似模型，分子间的引力忽略不计，则分子在连续两次碰撞之间所走的路程是一段近似的直线，而自由程长度是长短不一的．这是由于气体分子热运动杂乱无章的特点形成的，但它也服从统计规律，也就是说自由程的平均值和它的数值在某一范围内的概率都是一定的．大量自由程的平均值称为"平均自由程"．对同一种气体分子的平均自由程为

$$\lambda = \frac{kT}{\sqrt{2}\pi\sigma^2 p} = \frac{1}{\sqrt{2}\pi\bar{\sigma}^2 n} \tag{7.1.8}$$

其中，σ 为分子直径．由式（7.1.8）可知，气体分子的平均自由程与气体的密度 n 成反比因而它将随着气体压力的下降而增加．在气体压强低于 0.01Pa 的情况下，气体分子间的碰撞几率已很小，气体分子的碰撞主要是其与容器器壁之间的碰撞．气体在标准状态或低真空状态下，平均自由程很小，而在高真空状态下，平均自由程可达到几米到几千米，在显像管中，真空度达 10^{-6}Torr，此时平均自由程为 77m，所以阴极发射的电子可以毫无碰撞地到达屏幕．这也是电真空器件需要在很高的真空度下工作的原因．

3）单分子层形成时间

单分子层形成时间指在新鲜表面上覆盖一个分子厚度的气体层所需要的时间．一般，真空度越高，干净表面吸附一层分子的时间越长，从而可较长时间地维持一个干净的表面．单位表面积上气体分子的吸附频率 ν 与压强 p 的关系为

$$\nu = \frac{3.5 \times 10^{22}}{\sqrt{MT}} p (\text{分子} \cdot \text{cm}^{-2} \cdot \text{s}^{-1}) \tag{7.1.9}$$

式中，M 和 T 分别为气体分子的分子量（单位：g）和温度（单位：K），在高真空，如 $p = 10^{-6}$ Torr 时，对于室温下的氮气，$\nu = 4.5 \times 10^{14}$ 分子·cm^{-2}·s^{-1}，如果每次碰撞均被表面吸附，按每平方厘米单分子层可吸附 5×10^{14} 个分子计算，一个干净的表面只要一秒多就被覆盖满了一个单分子层的气体分子；若在超高真空，如 $p = 10^{-10}$ Torr 或 10^{-11} Torr，由同样的估算可知干净表面吸附单分子层的时间将达几小时到几十小时之久．所以超高真空技术经常应用于集成电路的生产工艺和科学研究等方面．

4）分子碰撞于壁面的平均吸附时间 $\overline{\tau}$

气体分子碰撞器壁表面后，大多数都会在表面停留一段时间，该时间与器壁表面组成、状态、结构以及分子种类、运动状态等因素有关．气体分子在与其他分子作用时，如获得足够大的能量，则可摆脱固体表面对它们的束缚而产生脱附．一个分子从吸附开始到脱附为止所经历的时间叫吸附时间，大量分子居留时间的平均值，叫平均吸附时间，一般用 $\overline{\tau}$ 表示．平均吸附时间可以用统计理论计算，其结果由普朗克公式确定

$$\overline{\tau} = \tau_0 \mathrm{e}^{\frac{q}{RT}} \tag{7.1.10}$$

式中，τ_0 是被吸附的气体分子在垂直于固体表面方向的振动周期；q 为吸附热．

4. 描述气体流动的主要物理参数（Main physical parameters of describing gas flow）

当真空管道两端存在着压力差时，气体就会自动地从高压处向低压处扩散，便形成了气体流动．真空中的气体流动是气体自发扩散的结果，任何真空系统都是由气源、系统构件及抽气装置组成的，气体从气源经过系统的构件向抽气口源源不断地流动，是动态真空系统的普遍特点．

1）端流

当气体的压强和流速较高时，气体的流动是惯性力在起作用，气体流线不直，也不规则，而是处在漩涡状态，即漩涡时而出现时而消失．流线则随着漩涡的出现消失而回旋曲伸．管路中每一点的压强和流速随时间而变化．气体分子的运动速度和方向与气流的平均速度和气流的方向大致相同．实验证明，管道中气体的流量与气体压强梯度的平方根成正比，即

$$Q \propto \sqrt{\frac{\mathrm{d}p}{\mathrm{d}x}} \tag{7.1.11}$$

湍流仅在气体开始运动的一瞬间才出现（排气过程中），粗抽泵在大气压附近工作时，就会形成湍流．除特别大的真空系统外，一般湍流持续时间很短，因而计算时通常不考虑这一流动状态．

2）黏滞流

黏滞流出现于气体压强较高、流速较小的情况，它的惯性力很小，气体的内摩擦力起主要作用．此时，流线呈直线状，只是在管道不规则处有少许弯曲，管道中气体的流量与压强平方的梯度成正比，即

$$Q \propto \frac{\mathrm{d}(p^2)}{\mathrm{d}x} \tag{7.1.12}$$

管壁附近的气体几乎不流动，一层气体在另一层气体上滑动，流速的最大值在管道中心，亦称层流．气体分子的平均自由程比管道截面的线性尺寸小得多．克努森数 $\dfrac{\overline{\lambda}}{d} < \dfrac{1}{100}$ 为黏滞流．

3）分子流

分子流出现于管道内压强很低，气体分子的平均自由程 $\overline{\lambda} \gg d$（管道直径）的情况下，此时气体的内摩擦力已不存在，分子间的碰撞可以忽略，气体分子与管道之间的碰撞频繁，气体分子依靠热运动，自由而独立地通过管道．通过管道的流量与压强梯度成正比，即

$$Q \propto \frac{\mathrm{d}p}{\mathrm{d}x} \tag{7.1.13}$$

克努森数 $\dfrac{\overline{\lambda}}{d} > 1$ 为分子流．

4）黏滞-分子流

介于黏滞流和分子流之间的流动状态称为黏滞-分子流，克努森数 $\dfrac{1}{100} < \dfrac{\overline{\lambda}}{d} < 1$．

5. 表征气体流动特性的基本参量（Basic parameters of gas flow characteristics）

1）气体量 G

气体量是气体的压强与其体积的乘积

$$G = pV \tag{7.1.14}$$

由气体的状态方程可知上述定义的根据．

2）流量 Q

流量指单位时间内通过给定截面的气体量，在真空技术中，常用它来表示气流的强弱．

$$G = \frac{pV}{t} \tag{7.1.15}$$

确切地讲，气体通过任一管道截面的流量在数值上等于单位时间内通过该截面的气体体积 $\dfrac{\mathrm{d}V}{\mathrm{d}t}$（或称抽速）和该截面处的压强 p 的乘积，即

$$G = p\frac{\mathrm{d}V}{\mathrm{d}t} = pS \tag{7.1.16}$$

S 称为抽速，将 $p = nKT$ 代入，得

$$G = nKT\frac{\mathrm{d}V}{\mathrm{d}t} = KT\frac{\mathrm{d}(nV)}{\mathrm{d}t} = KT\frac{\mathrm{d}N}{\mathrm{d}t} \qquad (7.1.17)$$

式中，$\dfrac{\mathrm{d}N}{\mathrm{d}t}$ 是单位时间内通过截面的总分子数.

由上式可以看出，在温度不变或变化不大的情况下，流量正比于单位时间内通过管道截面的气体分子数，因此它能够量度气流的强弱. 流量的量纲与功率的量纲相同，可以 $\mathrm{J \cdot s^{-1}}$，$\mathrm{Torr \cdot L \cdot s^{-1}}$ 表示.

3）流导 U 和流阻 W

理论和实践证明，当气体通过两边的压强为 p_1 和 p_2 的管道（或小孔）流动时，流量 Q 和压强差之间存在下列关系：压强差越大，流量 Q 就越大，用公式表示为

$$p_1 - p_2 = WQ \qquad (7.1.18)$$

式中，比例系数 W 是和气体流动状态及管道或小孔的几何形状有关的常数，称为流阻.

流阻的倒数 $\dfrac{1}{W}$ 称为流导或通导能力，用 U 表示，表示气体沿管道流动的能力.

$$U = \frac{1}{W} = \frac{Q}{p_1 - p_2} \qquad (7.1.19)$$

流动等于单位压差下的流量.

关键词（Key words）：

大气压（atmospheric pressure），高真空（high vacuum），超高真空（ultra-high vacuum），分子流（molecular flow），黏滞流（viscous flow）

实验 7.2　真空的获得与测量

Experiment 7.2　Obtain and measurement of vacuum

真空环境的获得需要使用各种各样的真空泵，由于真空度的要求不同，所涉及的压强范围从 $10^{-1}\mathrm{Pa}$ 至 $10^{-10}\mathrm{Pa}$ 甚至更低，以致不可能只用一种真空泵来达到，为了满足各种不同的要求，往往要求不同的真空泵联合使用，即用真空机组获得高真空. 测量真空度的装置称为真空计. 真空计的种类很多，根据气体产生的压强、气体的黏滞性、动量转换率、热导率、电离等原理可制成各种真空计. 由于被测量的真空度范围很广，一般采用不同类型的真空计分别进行相应范围内真空度的测量. 本实验采用机械泵和扩散泵组成的真空机组，获得 $10^{-5}\mathrm{Pa}$ 以上的高真空，采用热偶和电离真空计测量真空度.

一、实验目的（Experimental purpose）

（1）掌握高真空获得的基本原理及方法，通过高真空的获得，学习使用旋片式机械真空泵和油扩散真空泵.

（2）掌握高真空测量的基本原理及方法. 包括测量低真空的热偶计和测量高真空的电离真空计.

（3）了解真空机组的作用及特点.

二、实验原理（Experimental principle）

（一）真空获得技术（Vacuum obtain technology）

真空的获得是由真空泵来完成的．一般真空实验室经常使用的是机械泵和扩散泵，用于超高真空的是钛升华泵和低温泵．真空泵的基本原理：当泵工作后，形成压差，$p_1 > p_2$，实现了抽气（图 7.2.1）．

真空泵按其工作机理可分为排气型和吸气型两大类．排气型真空泵是利用内部的各种压缩机构，将被抽容器中的气体压缩到排气口，而将气体排出泵体之外，如机械泵、扩散泵和分子泵等．吸气型真空泵则是在封闭的真空系统中，利用各种表面（吸气剂）吸气的办法将被抽空间的气体分子长期吸着在吸气剂表面上，使被抽容器保持真空，如吸附泵、离子泵和低温泵等．

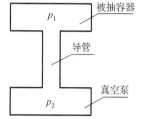

图 7.2.1   真空泵的抽气原理图

真空泵的主要性能可由下列指标衡量：

（1）极限真空度：无负载（无被抽容器）时泵入口处可达到的最低压强（最高真空度）．

（2）抽气速率：在一定的温度与压力下，单位时间内泵从被抽容器抽出气体的体积，单位 $L \cdot s^{-1}$．

（3）启动压强：泵能够开始正常工作的最高压强．

1. 机械泵（Mechanical pump）

机械泵是运用机械方法不断地改变泵内吸气空腔的容积，使被抽容器内气体的体积不断膨胀从而获得真空的泵．机械泵的种类很多，目前常用的是旋片式机械泵．旋片式机械泵的

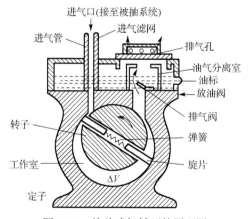

图 7.2.2   旋片式机械泵的原理图

结构如图 7.2.2 所示，它由一个定子、一个偏心转子、旋片、弹簧组成．定子为一圆柱形空腔，空腔上装着进气管和出气阀门，转子顶端保持与空腔壁相接触，转子上开有槽，槽内安放了由弹簧连接的两个刮板．当转子旋转时，两刮板的顶端始终沿着空腔的内壁滑动．为了保证机械泵的良好密封和润滑，排气阀浸在密封油里以防止大气流入泵中．油通过泵体上的缝隙、油孔及排气阀进入泵腔，使泵腔内所有的运动表面被油覆盖，形成了吸气腔与排气腔之间的密封．同时，油还充满了泵腔内的一切有害空间，以消除它们对极限真空的影响．工作时，转子沿着箭头所示方向旋转时，进气口方面容积逐渐扩大而吸入气体，同时逐渐缩小排气口方面容积将已吸入气体压缩，从排气口排出．

当机械泵对体积为 V 的容器抽气时，因泵旋转一周所抽出气体体积为泵的工作体积 ΔV，使被抽体积 V 增大了 ΔV，设抽气前 V 中压强为 p，转子旋转一周后 V 中压强为 p_1，则有

$$pV = p_1(V + \Delta V) \tag{7.2.1}$$

所以

$$p_1 = p\left(\frac{V}{V + \Delta V}\right) \tag{7.2.2}$$

同理，设转子旋转两周后，容器 V 中压强为 p_2，则

$$p_2 = p_1\left(\frac{V}{V + \Delta V}\right) = p\left(\frac{V}{V + \Delta V}\right)^2 \tag{7.2.3}$$

第 N 周后，则有

$$p_N = p\left(\frac{V}{V + \Delta V}\right)^N \tag{7.2.4}$$

若机械泵每分钟转 n 转，则经 t 分钟后，$N = nt$，容器中的压强 p_t 为

$$p_t = p\left(\frac{V}{V + \Delta V}\right)^{nt} \tag{7.2.5}$$

从上式可以看出，随着时间的延长，被抽容器中的压强逐渐减少，但实际工作中，由于机械泵油的饱和蒸气压（室温时）约为 10^{-1}Pa，以及泵的结构和泵的加工精度的限制，机械泵只能抽到一定的压强，此最低压强即为机械泵的"极限压强"，一般为 10^{-1}Pa.

机械泵的抽气速率主要取决于泵的工作体积，在抽气过程中，随着机械泵进气口处压强的降低，抽气速率也逐渐减小，当抽到系统的极限压强时，系统的漏放气与抽出气体达到动态平衡，此时抽率为零. 目前生产的机械泵多是两个泵腔串联起来的，称为双级旋片机械泵，它比单级泵具有极限真空度高和在低气压下具有较大的抽气速率等优点.

机械泵能否在大气压下启动正常工作，其极限真空度是否理想，取决于：①定子空间中两空腔间的密封性，因为其中一空间为大气压，另一空间为极限压强，密封不好将直接影响极限压强；②排气口附近有一"死角"空间，在旋片移动时它不可能趋于无限小，因此不能有足够的压力去顶开排气阀门；③泵腔内密封油有一定的蒸气压（室温时约为 10^{-1}Pa）.

2. 油扩散泵（Oil diffusion pump）

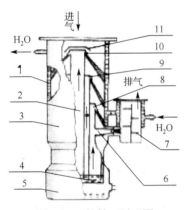

图 7.2.3　扩散泵原理图

本实验用于获得高真空的设备是金属油扩散泵，作为次级泵使用，其结构如图 7.2.3 所示. 当机械泵的极限真空度不能满足要求时，通常串联扩散泵以获得高度真空. 它主要由泵体、泵芯、加热器（电炉）（5）及前级挡板（7）组成. 泵体包括泵筒（3）、泵底（油锅）（4）、冷却水套（1）及排气管道. 泵芯是扩散泵的核心部分，包括各级蒸气导管（2）、各级喷口（6、8～10）及挡油帽（11）.

开启扩散泵（即对扩散泵油加热）之前，必须先由机械泵将其抽至 $p \leqslant 5$Pa 的预备真空. 当扩散泵油在预真空条件下被加热至 200℃ 左右时，油即沸腾，产生大量的油蒸气. 油蒸气经过导管在各级喷口处获得 $200 \sim 300\text{m·s}^{-1}$ 的高速定向射流，沿箭头所示方向喷出. 被抽气体由进气口进入泵内，因蒸气射流中被抽气体的分压几乎为零，所以被抽气体就会向蒸气射流中扩

散．又因油蒸气的分子量为空气分子的几十倍，而其定向速度又可与气体分子的热运动速度相比拟，所以被抽气体扩散并与油蒸气分子碰撞的结果是，必将被高速蒸气射流所裹挟，一齐飞向泵壁．油分子在泵壁冷凝，沿泵壁流回油锅循环使用；而气体分子被释放出来并继续向下一级扩散；如此，气体被逐级压缩到排气口处，最终被前置机械泵抽走．

扩散泵的出口耐压在 10Pa 数量级，即需要一定的预备真空条件，因而被称为次级泵（主泵）．若超过此压强极限，大量气体分子将突破末级喷口所喷出蒸气射流的阻挡层，甚至反向扩散到泵的入口端，完全破坏其正常工作条件．另外，压强过高，各级喷口的定向蒸气射流均不能形成，而且泵油也会因氧气的大量存在而迅速氧化变质．所以，一般规定扩散泵的前置真空条件为 5～7Pa，远低于其出口耐压是完全合理的．

扩散泵的抽气速率因其入口直径而异．由于高压强下蒸气射流的不稳定以及低压下气体的反向扩散，所以扩散泵只能在 10^{-2}～10^{-4}Pa 范围内保持稳定的抽速．本实验所用扩散泵的抽速为 $0.8m^3 \cdot s^{-1}$ 或 $1.5m^3 \cdot s^{-1}$．

由于气体分子及油分子反向扩散的存在，一般扩散泵极限真空限制在 10^{-6}Pa 数量级（个别可达 10^{-8}Pa 数量级）．因为金属对泵油的热裂解有催化作用，所以金属扩散泵的极限真空度不如玻璃扩散泵，一般仅为 5×10^{-5}Pa．目前，广泛采用 274# 及 275# 超高真空硅油，它们在 20℃时的饱和蒸气压很低，分别为 10^{-7}Pa 及 10^{-8}Pa 数级量，这有利于提高扩散泵的极限真空度．

（二）真空的测量（Measurement of vacuum）

对低真空到高真空的测量，通常采用复合真空计，复合真空计是由热电偶真空计和热阴极电离真空计组合而成，可测量 10^3～10^{-5}Pa 的真空度，满足真空获得和真空镀膜实验要求．

1. **热电偶真空计（Thermocouple vacuum gauge）**

热电偶真空计测量真空的依据是：低压强下，气体的导热系数与压强成正比．若固定热丝的加热电流，则导热丝（即热结点）的温度随着规管内真空度的提高而升高，热电动势也随之增大；因此，可以通过测量热偶电动势来测定被测系统的真空度．因为在较高压强（$p > 10^3$Pa）下，气体热传导与压强无关；而在很低压强（$p < 10^{-1}$Pa）下，由气体导走的热量已经很少，金属引线及热辐射导走的热量远大于气体的导热；所以热电偶真空计的测量范围被限制在 10^3～10^{-1}Pa．由于在较低压强下气体导热与压强的关系是非线性的，所以热电偶真空计属于非线性仪表．

欲在一定压强下建立起一个稳定的热端温度需要一定时间，因此，热电偶真空计存在一定的热滞后性，不易准确测定迅速变化的压强．

2. **热阴极电离真空计（Hot cathode ionization vacuum gauge）**

热阴极电离真空计也由电离规管和测量电路两部分组成，其结构原理如图 7.2.5 所示．电离规管实际上是一支三极管．灯丝 F 由电压 V_F 对其加热至 2000K 左右，发射电子；电子在栅极 G 的正电势（E_G=150～200V）的作用下被加速；由于螺旋形栅丝的间隙较大，电子在其间来回穿梭，往返振荡，最终被栅极捕获，形成一定的平均电流 I_e（发射电流）．管内气体分子受到高速电子的碰撞而电离，生成的正离子在离子收集极 C 的负电势（$E_C = -30$V）作用下，向收集极运动并被捕获，形成的正离子流 I_+ 通过 R_C 入地．这一正离子流经放大器放大后由 μA

表测量. 显然, 发射电流 (I_e) 越大, 管内气体分子越多, 离子流也越大, 即 $I_+ = kI_e p$, 其中, 比例系数 k 称为规管灵敏度. 可见, 当发射电流固定不变时, 离子流与压强成正比. 热阴极电离真空计就是根据这一关系测量真空度的.

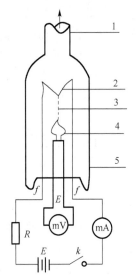

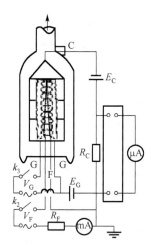

图 7.2.4　热电偶真空计原理和结构图　　　　图 7.2.5　热阴极电离真空计原理与结构示意图

当气体压强较高时, 电子与气体分子碰撞频繁, 电离效率大为降低, 钨丝发射电子的能力也大大降低, 甚至使灯丝很快氧化烧断; 因此, 其压强测量上限被限制在 10^{-1}Pa. 另外, 电子轰击栅极产生的软 X 射线照射到收集极上时, 会产生光电子发射. 这个与气体压强无关的光电流本底约 10^{-9}A; 当压强低于 10^{-5}Pa 时, 光电流本底已不能忽略. 因此, 该规管的压强测量下限又被限制在 10^{-5}Pa. 综上所述, 热阴极电离真空计的测量范围为 $10^{-1} \sim 10^{-5}$Pa.

三、实验仪器（Experimental instruments）

本实验采用高真空电阻热蒸镀法镀膜机 DM-300, 如图 7.2.6 所示. 采用机械泵和扩散泵组成真空机组, 真空室真空度可达到 10^{-4}Pa 以上. 测量系统采用复合真空计, 配两个热电偶、一个电离规, 测量不同区域和测量范围的真空度. 配有一个低真空阀门和一个高真空阀门, 控制抽气区域, 获得低和高真空. 整套的控制系统由中央控制面板完成.

图中各部件的名称及功用如下:

（1）前级机械泵用以产生扩散泵的预备真空. 要求机械泵的极限压强和抽气速率能满足扩散泵的正常工作条件和尽可能短的抽气时间.

（2）低真空管道所用的是真空橡皮管, 是一种用于真空器件之间连接的专用橡皮管, 具有较厚的管壁而且能耐一个大气压强的压力, 具有低于 0.1Pa 的动态蒸气压, 它只适用于低真空部分.

（3）低阀是用于控制机械泵抽钟罩或者抽系统的阀门, 在低阀拉出来是抽钟罩的状态（即机械泵直接对真空腔进行抽气）, 在低阀推进去是抽系统的状态（即机械泵对储气罐进行抽气）.

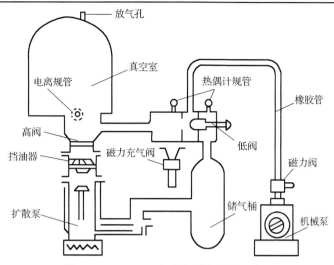

图 7.2.6　DM-300 高真空系统结构示意图

（4）储气罐装在机械泵和扩散泵之间，扩散泵的前级真空由储气罐实现.

（5）油扩散泵，作为二级抽气系统用于获得高真空，本实验采用的扩散泵极限真空度约为 10^{-4}Pa，具体工作原理如图 7.2.3 所示. 其底部是用于对泵油加热的电炉.

（6）高阀，本实验采用的是一个高真空碟阀，处在扩散泵和高真空部分中间. 它一方面可在高真空部分突然破裂时保护扩散泵油不被氧化，同时还便于分段检漏. 必须满足用具有蒸气压低于 10^{-3}Pa（在室温下情况下）的高真空脂能维持 10^{-4}Pa 与 1atm 的压差，具有较大的流导（即对气流具有较大的通导能力）等要求.

（7）热偶真空规，本实验采用的热偶规配用复合真空计中的低真空测量部分，测量范围 $10^2 \sim 10^{-1}$Pa（$10^{-1} \sim 10^{-3}$Torr）. 整套仪器有两根热偶真空规，分别测量钟罩内（V1）和储气罐内（V2）的真空度.

（8）电离真空规，本实验采用的电离真空规配用复合真空计中的高真空测量部分，测量范围 $10^{-2} \sim 10^{-6}$Pa（$10^{-4} \sim 10^{-8}$Torr）.

（9）磁力充气阀是放气阀，作为放大气入钟罩的进气口之用. 该阀与高阀是有关联的，即当高阀打开时，该阀是无法打开的；当高阀关闭时，该阀才可以打开.

四、实验任务（Experimental assignment）

（1）利用机械泵和扩散泵的二级抽气系统获得高真空.

（2）利用热偶真空计和电离真空计测量系统的真空度，记录真空室真空度与时间的关系.

五、实验步骤（Experimental procedure）

（1）仪器状态的检查：高阀是否关闭；低阀是否拉出；复合真空计面板上电离计开关是否关闭；电离计是否在 10^{-2}Pa 量程挡；总电源是否关闭.

（2）开总电源，注意电源开关尖端朝上；开机械泵，对钟罩进行抽气.

（3）打开复合真空计电源，接通热偶计，测量钟罩内的真空度.

（4）待钟罩内气压低于 10Pa 之后，接通扩散泵冷却水（缓慢打开对应编号的自来水龙头转到 45° 左右）；之后开扩散泵加热（把开关打到机械泵/扩散泵一挡），30min 之后把低阀推进去让机械泵抽储气罐.

（5）低阀推进去 10min 之后开高阀，此时扩散泵开始对钟罩进行抽气；待钟罩内真空度超过 0.1Pa 时（即 V1 满偏），把低真空转至储气罐测量；之后再开电离计.

（6）抽至电离计指针基本不动时（一般在 5×10^{-3}Pa 左右），可短时间对电离规管除气，具体操作为先关电离计灯丝，再开除气，等 5min；之后关除气，再开电离计灯丝.

（7）除气结束后把开关转至"烘烤"，烘烤电压一般已经调好，烘烤 10min，烘烤完毕，"烘烤"转至关. 烘烤刚开始时气压会上升，要特别注意电离计指针情况，及时调整量程.

（8）继续抽至极限真空度后（电离计指针基本不动，此时真空度应该优于烘烤前的真空度），在仪器使用情况上登记本次实验的真空度情况，记录电离计读数（极限真空度）.

（9）把电离计量程设成 10^{-2}Pa 挡，关"高阀"，测量结束后必须立刻关电离计.

（10）测量完毕后确保高阀和电离计是关闭的，之后关扩散泵（把开关打到机械泵一挡）.

（11）待扩散泵冷却至不烫手（大约需要 40min），将低阀拉出，关机械泵.

（12）关总电源，切断冷却水，结束.

六、数据处理（Data processing）

1. 机械泵抽低真空与时间的关系（The relationship between low vacuum and time by the mechanical pump）

表 7.2.1　机械泵抽低真空与时间的关系表格

T/s	0	10	20	30	40	50	60	70
P/Pa								
T/s	80	90	100	110	120	130	140	
P/Pa								

作出低真空与时间的变化曲线.

2. 油扩散泵抽高真空与时间的关系（The relationship between high vacuum and time by oil diffusion pump）

表 7.2.2　扩散泵抽高真空与时间的关系表格

T/s	p/Pa	T/s	p/Pa	T/s	p/Pa	T/s	p/Pa
0		50		100		150	
5		55		105		155	
10		60		110		160	
15		65		115		165	
20		70		120		170	
25		75		125		175	
30		80		130		180	
35		85		135		185	
40		90		140		190	
45		95		145		195	

续表

T/s	p/Pa	T/s	p/Pa	T/s	p/Pa	T/s	p/Pa
200		250		300		350	
205		255		305		355	
210		260		310		360	
215		265		315		365	
220		270		320		370	
225		275		325		375	
230		280		330		380	
235		285		335			
240		290		340			
245		295		345			

作出高真空与时间的变化曲线.

七、注意事项（Attentions）

（1）由流体连续性原理可知，其前置机械泵的抽速必须保证能够及时排走扩散泵所排出的气体.

（2）扩散泵工作时，冷却水必须畅通（流量 $0.2\sim0.3\mathrm{m^3 \cdot h^{-1}}$），以确保泵壁的冷凝效果.

（3）启动前，必须满足扩散泵的预真空条件：$p\leqslant7\mathrm{Pa}$.

（4）扩散泵的加热功率应适当，否则将影响其抽速及极限真空. 本实验所用扩散泵分别为 1.5kW 或 2kW.

（5）扩散泵运转过程中，如遇到漏气、停电等，应及时妥善处理，顺序为：关闭电离规管灯丝，关断高真空阀，切断加热电源，移开加热电炉及强迫风冷等.

（6）扩散泵停止工作时，必须待油冷却（$\leqslant60℃$）约半小时后方可关掉前级泵及冷却水，但仍需保持一定的真空状态.

（7）在热偶规管内，气体导热是它们与导热丝碰撞的结果，与导热丝的表面状况有关系. 因此，在实验中应保持管内清洁，一般情况下不在大气压下对热丝加热，以及尽量减少油蒸气污染等.

（8）热偶规管是对电磁场的敏感元件，测量时应避免外界电磁场的干扰，如测量过程中不使高频火花移近热偶规管等.

（9）真空度低于 $10^{-1}\mathrm{Pa}$ 时，不得开启电离规管灯丝开关！在用热偶管测量低真空时，不得随意拨弄电离计部分的其他任何旋钮及开关！以防规管灯丝氧化烧断.

（10）在不要求连续记录真空度随时间变化的场合，应注意随时关掉电离规管灯丝开关. 尤其在真空度较低时更应如此，这是因为灯丝寿命 $\tau\propto1/p$.

八、思考题（Exercises）

（1）简述机械泵和油扩散泵的工作原理.

（2）为什么测量完放气曲线后要立即关闭电离计？

（3）用热偶计测高真空、用电离计测低真空行不行？为什么？

关键词（Key words）：

极限真空（ultimate vacuum），机械泵（mechanical pump），油扩散泵（oil diffusion pump），分子泵（molecules pump），热偶真空计（thermocouple gauge），电离真空计（ionization vacuum gauge）

参考文献

何元金，马兴坤. 2003. 近代物理实验. 北京：清华大学出版社
王欲知. 2007. 真空技术. 2 版. 北京：北京大学航空航天出版社
吴思诚，王祖铨. 1986. 近代物理实验. 北京：北京大学出版社
张树林. 1988. 真空技术物理基础. 沈阳：东北工学院出版社

实验 7.3　真空蒸发镀膜实验
Experiment 7.3　Vacuum evaporation coating experiment

在真空中使固体表面（基片）上沉积一层金属、半导体或介质薄膜的工艺通常称为真空镀膜. 早在 19 世纪，英国的 Grove 和德国的 Plücker 相继在气体放电实验的辉光放电壁上观察到了溅射的金属薄膜，这就是真空镀膜的萌芽. 后于 1877 年将金属溅射用于镜子的生产；1930 年左右将它用于 Edison 唱机录音蜡主盘上的导电金属. 以后的 30 年，高真空蒸发镀膜又得到了飞速发展，这时已能在实验室中制造单层反射膜、单层减反膜和单层分光膜，并且在 1939 年由德国的 Schott 等镀制出金属的法布里-珀罗干涉滤波片，1952 年又做出了高峰值、窄宽度的全介质干涉滤波片. 真空镀膜技术历经一个多世纪的发展，目前已广泛用于电子、光学、磁学、半导体、无线电及材料科学等领域，成为一种不可缺少的新技术、新手段、新方法. 真空镀膜技术是利用物理、化学手段将固体表面涂覆一层特殊性能的薄膜，从而使固体表面具有耐磨损、耐高温、耐腐蚀、抗氧化、防辐射、导电、导磁、绝缘和装饰等许多优于固体材料本身的优越性能，达到提高产品质量、延长产品寿命、节约能源和获得显著技术经济效益的作用. 因此，真空镀膜技术被誉为最具发展前途的重要技术之一，并已在高技术产业化的发展中展现出诱人的市场前景.

一、实验目的（Experimental purpose）

（1）了解真空镀膜机的结构和使用方法.
（2）掌握真空镀膜的工艺原理及在基片上蒸镀铝薄膜的工艺过程.

二、实验原理（Experimental principle）

从镀膜系统的结构和工作机理上来说，真空镀膜技术大体上可分为"真空热蒸镀""真空离子镀"及"真空阴极溅射"三类. 真空热蒸镀是一种发展较早、应用广泛的镀膜方法. 加热方式主要有电阻加热、电子束加热、高频感应加热和激光加热等. 通常真空热蒸镀的沉积条件考虑以下六个方面.

1. 真空度（Vacuum degree）

由气体分子运动论知，处在无规则热运动中的气体分子要相互发生碰撞，任意两次连续碰撞间一个分子自由运动的平均路程称为平均自由程，用 $\bar{\lambda}$ 表示，它的大小反映了分子间碰撞的频繁程度.

$$\bar{\lambda} = \frac{kT}{\sqrt{2}\pi d^2 p} \tag{7.3.1}$$

式中，d 为分子直径；T 为环境温度（单位为 K）；P 为气体压强.

在常温下，平均自由程可近似表示为

$$\bar{\lambda} \approx \frac{5 \times 10^{-5}}{\bar{p}} \text{(m)} \tag{7.3.2}$$

式中，$\bar{p}$ 为气体平均压强（单位为 Torr）.

表 7.3.1 列出了各种真空度（气体平均压强）下的平均自由程 $\bar{\lambda}$ 及其他几个典型参量.

表 7.3.1　各种真空度下气体的典型参量（常温下）

气体平均压强 $\bar{p}$ /Torr	平均自由程 $\bar{\lambda}$ /cm	气体密度 N/cm^{-3}	碰撞速率/(cm^{-2}·s^{-1})
760	6×10^{-6}	2.7×10^{19}	3.8×10^{23}
10^{-3}	5×10^{0}	3.2×10^{13}	3.8×10^{17}
10^{-4}	5×10^{1}	3.2×10^{12}	3.8×10^{16}
10^{-5}	5×10^{2}	3.2×10^{11}	3.8×10^{15}
10^{-6}	5×10^{3}	3.2×10^{10}	3.8×10^{14}
10^{-14}	5×10^{11}	3.2×10^{2}	3.8×10^{6}

真空镀膜的基本要求是，从蒸发源出来的蒸气分子或原子到达被镀基片的距离要小于镀膜室内残余气体分子的平均自由程，这样才能保证：

（1）蒸发物材料的蒸气压很容易达到和超过残余气体，从而产生快速蒸发.

（2）蒸发物材料的蒸气分子免受残余气体或散乱蒸发分子的碰撞，直接到达基片表面. 一方面，由于蒸发分子不与残余气体分子发生反应，可得到组分确定且纯净的薄膜；另一方面，由于蒸发分子保持较大的动能，在基片上易于凝结成牢固的膜层.

（3）防止蒸发源在高温下与水汽或氧反应而断裂；同时又减少了热传导，不致造成蒸发的困难.

2. 蒸发速率、凝结速率（Evaporation rate，condensation rate）

任何物质在一定温度下，总有一些分子从凝聚态（液、固相）变成气相离开物质表面. 对于真空室内的蒸发物质，当它与真空室温度相同时，则部分气相分子因杂乱运动而返回凝聚态，经一定时间后达到平衡. 可以说，薄膜的沉积过程实际上是物质气相与凝聚态相互转化的一个复杂过程.

假设在平衡状态下，某种物质的饱和蒸气压为 p_v，则根据克拉珀龙方程，p_v 应为温度的函数，即

$$\lg p_v = A - \frac{B}{T} \tag{7.3.3}$$

式中，A、B 是与物质有关的常数.

对于各种物质材料，都有一个相应的 p_v 的值. 根据朗缪尔-杜西曼（Langmuir-Dushman）蒸发动力学原理，真空中单位面积干净表面上发射原子或分子的蒸发速率为

$$N_e = 3.513 \times 10^{22} \cdot P_v (M/T)^{\frac{1}{2}} \quad (\text{mol} \cdot \text{cm}^2 \cdot \text{s}^{-1}) \qquad (7.3.4)$$

式中，M 为蒸气粒子的分子量.

　　蒸气粒子到达被镀基片表面，一部分以一定的凝结系数结成膜，另一部分按一定的概率被基片反射重新回到气相状态. 蒸气粒子凝结成膜时，有一定的凝结速率，取决于蒸发速率、蒸发源相对于基片的位置和凝结系数.

　　一般来说，蒸发凝结速率的提高，可使膜层结构均匀紧密，机械牢固性增加，光散射减少，以及膜层纯度提高，但同时有可能造成膜的内应力增大，使膜层龟裂. 因此蒸发凝结速率应适当选择.

　　3. 被镀基片温度（Substrate temperature）

　　（1）被镀基片温度越高，吸附在其表面的剩余气体分子将越彻底排除，从而增加基片与淀积分子之间的结合力，使膜层附着力、机械强度增加，结构紧密.

　　（2）提高被镀基片的温度，可减少蒸气粒子再结晶温度与基片温度之间的差异，从而消除膜层内应力，改善膜层力学性质. 例如，在150℃时蒸镀的 MgF_2 单层增透膜具有相当好的机械牢固性.

　　（3）提高基片温度可促进凝结分子与剩余气体的化学反应，改变膜层的结晶形式和结晶常数，从而改变膜层光学性质. 如 ZrO_2 在基片温度为30℃时，折射率为1.70；而基片温度提高到130℃时，折射率可达1.88.

　　（4）在蒸镀金属时，一般采用冷基片，这样可减少大颗粒结晶引起的光反射和氧化反应引起的光吸收，提高膜层反射率.

　　4. 蒸发源材料的选择（Option of evaporation source materials）

　　选择蒸发源材料应考虑三个基本问题：

　　（1）大多数蒸发物材料的蒸发温度为1000～2000℃，所以蒸发源材料的熔点必须高于这一温度；另外还必须考虑蒸发源材料作为杂质进入薄膜的量，也就是必须了解蒸发源材料的蒸气压. 为尽可能减少蒸发源材料的蒸发分子数，蒸发物材料的蒸发温度必须小于表7.3.2中的平衡温度.

表 7.3.2　蒸发源材料的熔点及平衡温度（蒸气压为 10^{-5} Torr）

蒸发源材料	熔点/℃	平衡温度/℃
钨（Wu）	3410	2567
钽（Ta）	2996	2407
钼（Mo）	2617	1957
铂（Pt）	1772	1612

　　（2）高温时，有些蒸发源材料与蒸发物会发生反应或形成合金，造成蒸发源的断裂，应避免使用. 如高温下，钽和金易形成合金.

　　（3）蒸发物材料应尽可能与蒸发源具有"湿润性". 所谓"湿润性"与材料表面的能量有

关．在湿润的情况下，由于蒸发物材料的蒸发是从大的表面上发生的，状态比较稳定．如果是难以湿润的材料，就不能用丝状蒸发源蒸发，如银在钨丝上熔化后就会掉下来．各种蒸发物材料的蒸镀方式不一样，因而蒸发源的几何形状和尺寸不同．图 7.3.1 展示了几种蒸发源的几何形状．可以选用熔点高、蒸气压低的钨、钼、钽等材料做成丝状螺旋形、舟形等各种形状的加热器．本实验蒸镀金属 Al 膜采用丝状钨蒸发源；蒸镀 MgF_2、ZnS 介质膜采用舟状钼蒸发源．

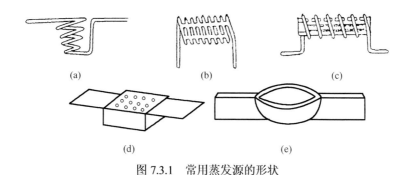

图 7.3.1 常用蒸发源的形状

5. 蒸发源的位置（Location of evaporation source materials）

薄膜厚度一般可通过调节蒸发物的数量和时间以及基片和蒸发源的相对位置来控制．令 d_0 为刚好在蒸发源正上方的基片上沉积的厚度，d 是任意位置的厚度，则点蒸发源和微小平面蒸发源相对厚度分布用下式表示：

$$\frac{d}{d_0} = \frac{1}{[1+(x/h)^2]^{3/2}} \qquad （点源） \qquad (7.3.5)$$

$$\frac{d}{d_0} = \frac{1}{[1+(x/h)^2]^2} \qquad （面源） \qquad (7.3.6)$$

d/d_0 和 x/h 的关系曲线如图 7.3.2 所示．

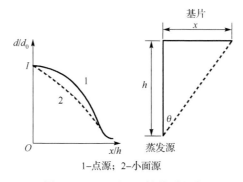

1–点源；2–小面源

图 7.3.2 d/d_0 和 x/h 的关系曲线

6. 真空热蒸镀的工艺流程（Technological process of vacuum evaporation coating）

本实验采用真空热蒸镀法蒸镀金属或介质膜，其基本工艺流程图如图 7.3.3 所示．其中离子轰击又名辉光放电,进行时,真空室内电子获得很高速度,较之带正电的气体离子更高. 在镀件周围,因电子较大的迁移率,而迅速带有负电荷,在表面负电荷吸引力作用下,正离子轰击镀件表面,并可能在其上进行能量交换. 由于能量在污染表面被释放出来,故有洁净的功能,不仅能除去吸附气体层,还可除去表面氧化物. 利用离子轰击,还可粗略估计真空度. 烘烤的作用是可以加速镀件或夹具吸附气体的迅速逸出,有利于提高真空度,还可以提高膜层结合力. 预熔的作用是除去蒸发材料中的低熔点杂质以及蒸发源和材料中的吸附气体,有利于蒸发材料的顺利蒸发.

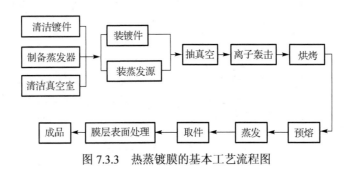

图 7.3.3　热蒸镀膜的基本工艺流程图

三、实验仪器（Experimental instruments）

高真空电阻热蒸镀法镀膜机 DM-300B 如图 7.3.4 所示. 蒸发系统结构如图 7.3.5 所示.

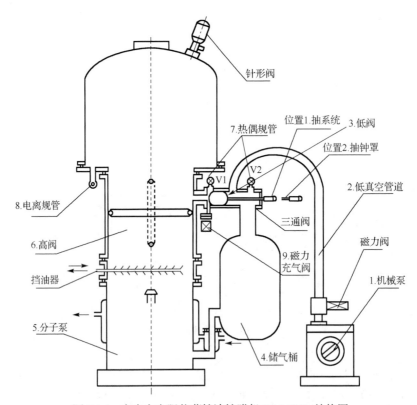

图 7.3.4　高真空电阻热蒸镀法镀膜机 DM-300B 结构图

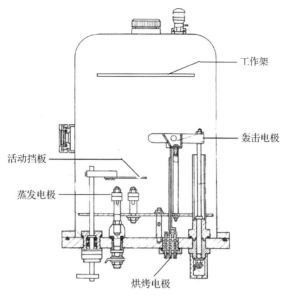

图 7.3.5　蒸发系统结构图

　　真空镀膜室的金属钟罩，采用碟形顶盖，造型美观，牢固耐用，钟罩正面、左侧面设有视窗，便于观察工作室内真空蒸发的物理现象．钟罩顶部预留 40mm 的法兰口，作为配备膜厚测量装置的引入孔．镀膜室内设有两对蒸发电极，可以选择使用，电极的选择可以通过设备正面的"电极位置变换"进行，功率的大小由电压调节实现．镀膜样品架转动通过电动机减速实现，镀膜时样品架转动速度为每分钟 30 转，以使膜层达到均匀．金属或非金属在蒸发前均要进行预熔，以便清除材质内的杂质，同时样品架上的试件需用挡板遮盖住，挡板的转动在仪器的正面前方通过拨叉来实现．

四、实验步骤和要求（Experimental procedure and requirement）

　　本实验要求在一块平面玻璃的表面镀上一层铝反射膜．

　　清洗基片和铝丝．用碱水冲洗，并用无水酒精脱水，最后用棉纱或棉纸包好，放在玻璃皿内备用．清洗钟罩内的器件，用无水酒精对观察窗等部分清洗干净，用电吹风吹真空室内的器件．

　　具体操作步骤：

　　（1）打开室内电源控制开关，即处于左下角的分电源开关．

　　（2）打开设备自身电源，即镀膜机电源开关，指示灯亮．

　　（3）材料的放置（检查压强显示器，如果灯丝指示灯亮，则按复位键将其关掉）：旋转控制面板中央选择旋钮至充气，充气结束后，充气声音消失；旋转该旋钮至钟罩升，将钟罩升起，待升至最高处后，将钟罩旋转至侧面；在钟罩内放置基片（即待镀光学元件）、蒸发材料（如待镀的铝膜），钟罩内挡板起阻挡杂质的作用，同时，对应于蒸发材料的放置位置（逆时针顺序排列），把镀膜机上蒸发电极插孔插好．

　　（4）钟罩复位：旋转钟罩至原位置，标志为钟罩侧柱上有一对齐的红线，然后旋转控制面板中央选择旋钮至钟罩降，钟罩降低时要注意控制钟罩降这一开关，防止出现钟罩卡住的现象，一旦卡住，则需要改变钟罩的方位，降至最低处后，如果和所罩部位没有中心对称，则仍需微动钟罩位置，钟罩放置好后，旋转控制面板中央选择旋钮至关.

（5）初步抽钟罩至真空：旋转控制面板右侧选择旋钮至机械泵或机械/分子泵，抽去钟罩内的部分空气，此时，镀膜机的低阀处于拉出状态（当低阀处于推进状态时，所抽为镀膜机大机箱内空气），高阀处于关闭状态；同时，若旋转控制面板右侧选择旋钮至机械/分子泵，则分子泵电源开关需打开；若抽气声音逐渐降低至可以轻易推动低阀，则初步抽气工作结束.

（6）推进低阀开关，当压强显示器上的热偶 1 显示压强（热偶 1 显示值为镀膜机大机箱内压强，热偶 2 显示值为钟罩内压强）小于 5Pa 时，启动分子泵直至分子泵示值为 450Hz 后，拉出低阀.

（7）轰击（该步骤可选做，其作用是除去待镀件的粉尘等净化表面，不一定每次都需要轰击）：调节钟罩顶端的针阀，使热偶 2 压强显示值为 6～20Pa 后，旋转控制面板左侧选择旋钮至轰击，并调节镀膜机上相应的轰击值为 125；同时旋转控制面板中央选择旋钮至工件旋转，并调节镀膜机上相应的旋转值为 40；轰击 5min 左右后，调节镀膜机上相应的轰击值为 0，旋转控制面板左侧选择旋钮至关闭，结束轰击；顺时针调节钟罩顶端的针阀，使其处于关闭状态；查看热偶 2 示数，如其小于 5Pa，则推进低阀，打开高阀.

（8）烘烤：旋转控制面板左侧选择旋钮至烘烤，并调节镀膜机上相应的烘烤值为 80（此时，如进行过轰击，则工件仍处于旋转状态，否则需要如（7）所述令工件旋转），经均匀烘烤约 10min 后，调节镀膜机上相应的烘烤值为 0，并旋转控制面板左侧选择旋钮至关闭，结束烘烤.

（9）蒸发：当热偶 2 显示值达到 2000～3000Pa 时，旋转控制面板左侧选择旋钮至蒸发，并缓慢增大镀膜机上相应的蒸发值，待铝丝融化后，再快速加大示值，最高可调至 125，调节速度可通过小窗口观察钨丝发热变红来控制，注意，该处蒸发值如果最初加大过快，则会影响镀膜效果；蒸发结束后，调节镀膜机上相应的蒸发值、旋转值为 0，并旋转控制面板左侧选择旋钮、中央选择旋钮至关闭，镀膜结束.

（10）关闭：关闭高阀，旋转控制面板中央选择旋钮至机械泵，令分子泵停止工作，频率降为闪烁的 450Hz，关闭分子泵电源，关闭机械泵.

（11）钟罩抽真空：拉出低阀，旋转控制面板右侧选择旋钮至机械泵，抽去钟罩内的部分空气，防止钟罩受潮腐蚀. 关闭真空镀膜机总开关.

（12）向真空室充气，待内外压强平衡时，升钟罩，取出镀铝的玻璃，观察膜的均匀度、亮度，评价镀膜的质量.

五、注意事项（Attentions）

（1）预习时必须认真阅读有关仪器的使用说明，要根据工作原理理解仪器操作规程中先后操作步骤的关系.

（2）实验中如遇到突然停电，要立即关掉高阀，低阀拉出，关掉真空计（防止重新来电后，电离真空计会自动开启，烧坏规管）.

（3）注意阴极电离真空计的开启时间，以免规管烧坏.

六、思考题（Exercises）

（1）进行真空镀膜为什么要求有一定的真空度？

（2）哪些方法可以监测镀膜的厚度？（可分为实时监测和实验后的监测讨论）

关键词（Key words）：

真空镀膜（vacuum coating），镀膜室（coating chamber），蒸发速率（evaporation rate），沉积速率（deposition rate），镀膜材料（coating material），蒸发材料（evaporation material），直接加热蒸发（direct heating evaporation）

参考文献

王欲知．2007．真空技术．2版．北京：北京航空航天大学出版社

杨邦朝．1994．薄膜物理与技术．成都：电子科技大学出版社

周孝安，等．1998．近代物理实验教程．武汉：武汉大学出版社

第 8 章　光纤通信技术

Chapter 8　Optical fibre communication technology

8.1　光纤通信简介

Section 8.1　Introduction of optical fibre communication

光通信是人类最早使用的通信手段之一，按所利用的光源可分为自然光源通信和人造光源通信两类，按采用的传光介质又可分为大气传输和光纤传输.

20 世纪 50 年代前后，人们开始研究光在光导纤维中的传输. 1966 年，高锟博士从理论上揭示了光纤损耗的主要原因和机理，指出造成光纤传输损耗的主要原因来自杂质对光的吸收. 1970 年，美国康宁（Corning）公司首次研制出波长为 630nm，衰减系数小于 $20\text{dB}\cdot\text{km}^{-1}$ 的阶跃折射率多模光纤. 1976 年，美国贝尔实验室采用多模光纤，以 $0.85\mu\text{m}$ 的红外 LED（发光二极管）为光源，在亚特兰大到华盛顿之间，建立了世界上第一条速率为 $45\text{Mbit}\cdot\text{s}^{-1}$ 的光纤通信线路，到 20 世纪 70 年代末，大容量的单模光纤和半导体激光器的问世，拉开了光纤通信的序幕.

1. 光纤传输系统介绍（Introduction of optical fibre transmission system）

光纤通信是以光为载波，以光纤为传输介质的一种通信方式. 光载波是由半导体光源产生的. 半导体光源的体积小，寿命长，在常温下能连续工作. 它与我们日常生活中所熟悉的光源（如白炽灯、日光灯、发光二极管等）不同，属于红外光源. 其中半导体激光器的发光功率最大，传送距离最远，因此性能最好.

光纤是由高纯度、绝缘的石英（SiO_2）材料制成的良好的通信媒介. 通过提高材料纯度和改进制造工艺，可以在长波长范围内获得很小的损耗. 光源的发光波长应与光纤的三个低损耗窗口（中心波长 λ_0 分别为 $0.85\mu\text{m}$，$1.30\mu\text{m}$ 和 $1.55\mu\text{m}$）相对应，其中 $\lambda_0 = 1.30\mu\text{m}$ 为零色散窗口，$\lambda_0 = 1.55\mu\text{m}$ 为最低损耗窗口. 下面就光纤传输系统（图 8.1.1）作一简要的介绍.

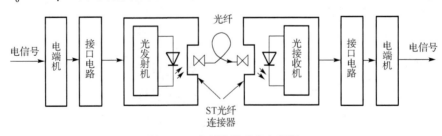

图 8.1.1　光纤传输系统方框图

由图 8.1.1 可知，光纤传输系统由电端机、输入输出接口、光发射机、光接收机和光纤传输线组成. 在光发射机之前和光接收机之后的电信号段中，光纤通信系统所用的技术和设备与电缆通信系统完全相同，所不同的是在光纤通信系统中，电缆通信中的电缆传输段由光发射机、光纤线路和光接收机组成的基本光纤传输系统所取代.

1）光发射机（Optical transmitter）

光发射机由光源、驱动电路和调制器组成. 其功能是把输入的电信号（如电话、电视或数据）转换为光信号（简称为电/光转换或 E/O 转换），并用耦合技术把光信号最大限度地注入光纤线路中. 这一功能是通过电信号对光信号的调制来实现的，目前常用的调制方式有直接调制和间接调制两种. 光发射机的核心部分是光源，目前广泛使用的光源有半导体发光二极管（LED）、半导体激光器（LD）以及谱线宽度很窄的动态单纵模分布反馈（DFB）激光器.

2）光纤线路（Optical fibre line）

光纤线路的功能是把来自光发射机的光信号，以尽可能小的畸变和衰减，传输到光接收机. 光纤线路由光纤、光纤接头和光纤连接器组成，其中光纤是主体部分. 在实际工程应用中使用的是能同时容纳许多根光纤的光缆，目前使用的石英光纤按传输模式可以分为多模光纤和单模光纤两种，其中单模光纤的传输特性比多模光纤好. 为了满足传输特性的要求，大容量、长距离光纤传输系统一般采用单模光纤和半导体激光器；而对小容量短距离系统来说，采用多模光纤和半导体发光二极管不仅可以满足系统的性能要求，也更经济实惠.

3）光接收机（Optical receiver）

光接收机的功能是把从光纤线路输出、产生畸变和衰减的微弱光信号转换为电信号（常简称为光/电转换或 O/E 转换），经放大和处理，恢复成发射前的电信号. 光接收机由光检测器、光放大器和相关电路组成，其中光检测器是核心. 目前广泛使用的光检测器有两种类型：PIN 光电二极管和雪崩光电二极管. 光接收机光/电转换的过程是通过光检测器的检测来实现的. 光接收机采用直接检测（DD）的方式完成对于接收到的光信号的解调，属于非相干解调.

4）中继器（Repeater）

在光纤中长距离传输信号会由于光纤色散、吸收等使信号衰减、变形，因此，每隔几十千米就需要中继器，将经过长距离光纤衰减和畸变的微弱光信号，进行放大、整形后再生成一定强度的光信号，继续送往前方，以保证良好的通信质量. 目前的中继器都采用光-电-光的方式，即把接收到的光信号用光电检测器变为电信号，对电信号进行整形、放大和再生，然后对光源进行调制，从而将其转换为光信号后重新发送. 目前光放大器已趋于成熟，用它可以直接对光信号进行整形、放大、再生，实现全光通信，具有很好的发展前景.

光发射机、光纤线路和光接收机，再配置适当的其他光器件，可以组成传输能力更强、功能更完善的光纤通信系统. 例如，配置波分复用器和解复用器，便可组成大容量波分复用系统，配置耦合器或光开关便可组成无源光网络等.

2. 光纤的类型（Classification of optical fiber）

光纤主要是由纤芯、包层和涂敷（保护）层构成. 纤芯的折射率比包层折射率稍高，损耗比包层低，光能量主要集中在纤芯内传输，而包层为光的传输提供反射面，起到光隔离和机械保护的作用. 光纤的种类很多，作为信息传输波导的光纤常用高纯度石英（SiO_2）制成. 从光纤的基本结构来看，目前使用的光纤主要有三种基本类型，如图 8.1.2 所示.

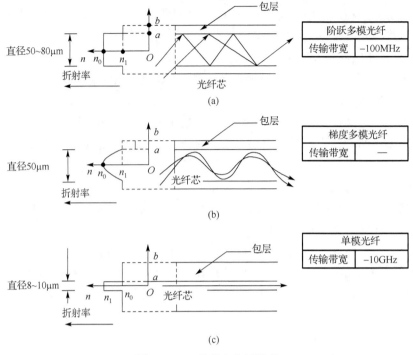

图 8.1.2　三种基本光纤类型

三种基本类型光纤各自主要特征如下.

1）阶跃型多模光纤（Step-index fiber，SIF）

阶跃型多模光纤又称为突变型多模光纤. 光线以折线形状沿纤芯中心轴方向传播，特点是信号畸变大，主要适用于小容量短距离传输系统.

2）梯度型多模光纤（Graded-index fiber，GIF）

梯度型多模光纤又称为渐变型多模光纤. 光线以正弦形状沿纤芯中心轴方向传播. 特点是信号畸变小，主要适用于中等距离传输系统.

3）单模光纤（Single-mode fiber，SMF）

光线以直线形状沿纤芯中心轴方向传播. 由于只有一个特定的模式（两个偏振态简并），所以称为单模光纤. 它的特点是信号畸变很小，可用于大容量长距离传输系统，其芯径一般小于 $10\mu m$.

相对于单模光纤而言，阶跃型光纤和梯度型光纤的芯径较大，可以容纳数百个模式同时进行传输，所以称为多模光纤. 模式的数目取决于芯径、数值孔径（接收角）、折射率分布特性和工作波长等原因. 单模光纤中仅有一个光束（模式）传输，多模光纤中有多个光束（模式）传输，如图 8.1.3 所示.

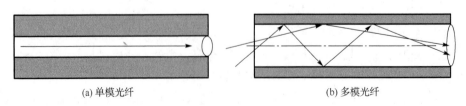

(a) 单模光纤　　　　　　　　　　　　　　　(b) 多模光纤

图 8.1.3　光纤传光特性

　　在实际应用中可根据需要，设计折射率介于 SIF 和 GIF 之间的各种准渐变型光纤. 为调整工作波长或改善色散特性，还可以在常规单模光纤的基础上，设计许多结构复杂的特种单模光纤，例如，可利用双包层结构（由于这种光纤的纤芯折射率分布为 W 形，又称为 W 型光纤）制成色散变化极小的色散平坦光纤（dispersion-flattened fiber，DFF）或色散位移光纤（dispersion-shifted fiber，DSF）；利用纤芯折射率分布呈三角形的三角芯光纤制作一种改进的色散位移光纤；利用纤芯折射率分布呈椭圆形的椭圆芯光纤的双折射特性（两个正交偏振膜的传播常数不同）制成双折射光纤或偏振保持光纤. 实际中通过对众多光纤加包层、加钢缆来做成具有高耐压、高强度的光缆，如图 8.1.4 所示.

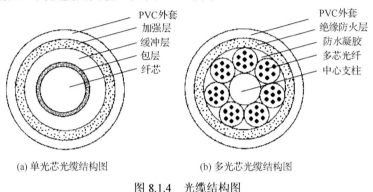

(a) 单光芯光缆结构图　　　　　　　　(b) 多光芯光缆结构图

图 8.1.4　光缆结构图

3. 光纤通信的优越性（Advantages of fibre optical communication）

　　在光纤通信系统中，光载波的频率比电磁波频率高得多，光纤又比同轴电缆或波导管的损耗要低得多，因此相对于电缆通信或微波通信而言，光纤通信具有许多独特的优点.

1）允许频带宽，传输容量大（Wide frequency band and large transmission capacity）

　　光纤通信系统的允许频带（带宽）取决于光源的调制特性、调制方式和光纤的色散特性等. 石英单模光纤在 $\lambda_0 = 1.31\mu m$ 波长处具有零色散特性，通过光纤的设计还可以把零色散波长移到 $1.55\mu m$. 在零色散窗口，单模光纤都具有几十 GHz•km 的带宽距离积. 如将低损耗和低色散区做到 $\lambda = 1.45 \sim 1.65\mu m$ 的波长范围内，则相应的带宽为 25THz，这意味着用一根这样的光纤，便可在 1s 左右的时间将人类古今中外的文字资料传送完毕. 另外，还可以采用多种复用技术来增加传输容量，最简单的方法是时分复用. 由于光纤很细（直径只有 125μm），可以容纳几百根光纤同时进行光信号的传输，从而使线路传输容量数十成百倍地增加. 就单根光纤而言，可采用波分复用（WDM）或光频分复用（OFDM）技术来有效地增加光纤通信系统的传输容量.

2）损耗小，中继距离长（Low loss and long transmission distance）

　　在 $\lambda_0 = 1.31\mu m$ 和 $\lambda_0 = 1.55\mu m$ 这两个波长，石英光纤的传输损耗分别为 $0.50dB\cdot km^{-1}$ 和 $0.20dB\cdot km^{-1}$，甚至更低. 因此，用光纤比用同轴电缆或波导管可以实现的中继距离要长得多. 在波长为 $1.55\mu m$ 的色散位移单模光纤通信系统中，若传输速率为 $2.5Gbit\cdot s^{-1}$，中继距离可达 150km；若传输速率为 $10Gbit\cdot s^{-1}$，则中继距离可达 100km；如果采用了光纤放大器和色散补偿光纤，中继距离还可增加. 传输容量大、传输误码率低、中继距离长的优点，使光纤通信系统不仅适用于长途干线网，而且适用于接入网，这也是光纤通信系统能降低每千米话路系统造价的主要原因.

3）质量轻、体积小（Low mass and small volume）

光纤的重量很轻，直径很小，即使做成光缆，在纤芯数目相同的条件下，其重量还是要比电缆轻得多，体积小得多．通信设备的重量和体积对许多领域特别是军事、航空和宇宙飞船等方面的应用，具有特别重要的意义．在飞机上用光纤代替电缆，不仅降低了通信设备的成本，而且降低了飞机的制造成本．例如，美国 A-7 飞机上，用光纤通信代替电缆通信使飞机重量减轻了 27 磅（约 12.247kg），这相当于飞机制造成本减少了 27 万美元．此外，利用光缆体积小的特点，可成功解决市话中继线地下管道拥挤的问题．

4）抗电磁干扰性能好（Immune to electromagnetic interference）

光纤由绝缘的石英材料制成，通信线路不受各种电磁场的干扰和闪电雷击的损坏．无金属光缆非常适合存在于强电磁干扰的高电压电力线路周围，并可在油田、煤矿等易燃易爆环境中使用．光纤与电力输送系统的地线组合而成的光纤架空地线（optical fiber over-head ground wire，OPGW）已在电力系统的通信中发挥出重要作用．

5）泄露小，保密性能好（Low leak and good confidentiality）

在光纤中传输的光只有很少一部分泄露出去，即使在弯曲段也无法窃听．如果没有专用工具，光纤不能被分接，因此信息在光纤中传输非常安全．由于光纤具有良好的保密性，因此它在军事、政治和经济生活中都具有重要的实用意义．

6）节约金属材料，有利于资源合理利用（Saving metal materials and rational utilization of resources）

制造同轴电缆和波导管的铜、铝、铅等金属材料，在地球上的存储量是有限的；而制造光纤的石英（SiO$_2$）在地球上是取之不尽的材料．制造 1km 的同轴电缆需要 120kg 铜和 500kg 铝；而制造 8km 光纤只需 320g 石英．所以推广光纤通信，有利于地球资源的合理实用．

总之，光纤通信不仅在技术上具有很大的优越性，而且在经济上具有巨大的竞争能力，必将在信息社会中发挥越来越重要的作用．

关键词（Key words）：

光纤通信（optical fibre communication），载波（carrier）

参考文献

韩庆文．2005．微波技术及光纤通信实验．重庆：重庆大学出版社

王子宇．2003．微波技术基础．北京：北京大学出版社

实验 8.2　音频信号光纤传输技术实验

Experiment 8.2　Audio signal optical fiber transmitting technology experiment

一、实验预习（Experimental preview）

（1）音频信号光纤传输系统由那几个部分组成？主要器件（LED、SPD 和光纤）及 LED 调制、驱动电路工作原理．

（2）LED 偏置电流和调制信号的幅度应如何选择？测量 SPD 光电流的 *I-V* 变换电路的工作原理.

二、实验目的（Experimental purpose）

（1）熟悉半导体电光/光电器件基本性能及主要特性的测试方法.
（2）了解音频信号光纤传输系统的结构及各主要部件的选配原则.
（3）掌握半导体电光和光电器件在模拟信号光纤传输系统中的应用技术.
（4）学习音频信号光纤传输系统的调试技术.

三、实验原理（Experimental principle）

1. 系统的组成（System composition）

音频信号光纤传输系统的原理图如图 8.2.1 所示. 它主要包括由 LED（光源）及其调制、驱动电路组成的光信号发送器，传输光纤和由光电转换、*I-V* 变换及功放电路组成的光信号接收器三个部分. 光源器件 LED 的发光中心波长必须在传输光纤呈现低损耗的 0.85μm、1.3μm 或 1.5μm 附近. 本实验采用中心波长 0.85μm 的 GaAs LED 作光源、峰值响应波长为 0.8～0.9μm 的硅光电二极管（SPD）作光电检测元件. 为了避免或减少谐波失真，要求整个传输系统的频带宽度能够覆盖被传信号的频谱范围. 对于音频信号，其频谱在 20Hz～20kHz 的范围内. 光导纤维对光信号具有很宽的频带，故在音频范围内，整个系统的频带宽度主要决定于发送端调制放大电路和接收端功放电路的频率特性.

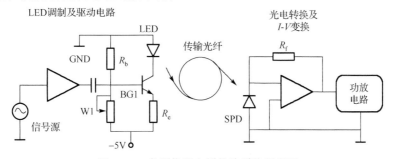

图 8.2.1　音频信号光纤传输系统原理图

2. 光纤的结构及传光原理（Structure of optical fiber and optical transmission principle）

衡量光纤信道性能好坏有两个重要指标：一是看它传输信息的距离有多远，二是看它单位时间内携带信息的容量有多大. 前者决定于光纤的损耗特性，后者决定于光纤的频率特性. 目前光纤的损耗容易做到每千米零点几分贝水平. 光纤的损耗与工作波长有关，所以在工作波长的选用上，应尽量选用低损耗的工作波长. 光纤通信最早是用短波长 0.85μm，近来发展到能用 1.3～1.55μm 范围的波长，在这一波长范围内光纤不仅损耗低，而且"色散"也小.

光纤的频率特性主要决定于光纤的模式性质. 光纤按其模式性质通常可以分成单模光纤和多模光纤. 无论单模或多模光纤，其结构均由纤芯和包层两部分组成. 纤芯的折射率较包层折射率大. 对于单模光纤，纤芯直径只有 5～10μm，在一定条件下，只允许一种电磁场形态的光波在纤芯内传播. 多模光纤的纤芯直径为 50μm 或 62.5μm，允许多种电磁场形态的光波传播. 以上两种光纤的包层直径均为 125μm. 按其折射率沿光纤截面的径向分布状况又分成阶跃型和渐变型两种光纤, 对于阶跃型光纤, 在纤芯和包层中折射率均为常数, 但纤芯折射率 n_1 略大于包层折射率 n_2. 所以对于阶跃型多模光纤, 可用几何光学的全反射理论解释它的导光原理. 在渐变型光纤中, 纤芯折射率随离开光纤轴线距离的增加而逐渐减小, 直到在纤芯-包层界面处减到某一值后, 在包层的范围内折射率保持这一值不变, 根据光射线在非均匀介质中的传播理论可知: 经光源耦合到渐变型光纤中的某些光射线, 在纤芯内是沿周期性地弯向光纤轴线的曲线传播. 本实验采用阶跃型多模光纤作为信道, 以下应用几何光学理论进一步说明阶跃型多模光纤的传光原理.

当一光束投射到光纤端面时, 其入射面包含光纤轴线的光线称为子午射线, 这类射线在光纤内部的行径是一条与光纤轴线相交、呈 "Z" 字形前进的平面折线. 若耦合到光纤内部的光射线在光纤入射端的入射面不包含光纤轴线, 称为偏射线. 偏射线在光纤内部不与光纤轴线相交, 其行径是一条空间折线. 以下我们只对子午射线的传播特性进行分析.

参看图 8.2.2, 假设光纤端面与其轴线垂直. 对于子午光射线, 根据斯涅尔定律及图 8.2.2 所示的几何关系有

$$n_0 \sin\theta_i = n_1 \sin\theta_z \qquad (8.2.1)$$

其中, $\theta_z = \dfrac{\pi}{2} - \alpha$, 所以有

$$n_0 \sin\theta_i = n_1 \cos\alpha \qquad (8.2.2)$$

其中, n_0 是光纤入射端面左侧介质的折射率. 通常, 光纤端面处在空气介质中, 故 $n_0 = 1$. 由式 (8.2.2) 可知: 如果光线在光纤端面处的入射角 θ_i 较小, 则它进入光纤内部后投射到纤芯-包层界面处的入射角 α 就会大于按下式决定的临界角 α_c:

$$\alpha_c = \arcsin(n_2 / n_1) \qquad (8.2.3)$$

在此情形下光射线在纤芯-包层界面处发生全内反射, 该射线所携带的光功率就被局限在纤芯内部而不外溢. 满足这一条件的射线称为传导射线. 随着图 8.2.2 中入射角 θ_i 的增加, α 角就会逐渐减小, 直到 $\alpha = \alpha_c$ 时, 子午射线携带的光功率均可被局限在纤芯内. 在此之后, 若继续增加 θ_i, 则 α 角就会变得小于 α_c, 这时子午射线在纤芯-包层界面处的全反射条件受到破坏, 致使光射线在纤芯-包层界面处的每次反射均有部分光功率溢出纤芯外, 光导纤维再也不能把光功率有效地约束在纤芯内部. 这类射线称为漏射线.

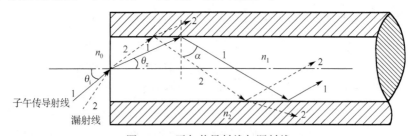

图 8.2.2　子午传导射线与漏射线

设与 $\alpha = \alpha_c$ 对应的 θ_i 为 θ_{imax}, 凡是以 θ_{imax} 为张角的锥体内入射的子午光线, 投射到光纤端面上时, 均能被光纤有效地接收而约束在纤芯内. 根据式 (8.2.2) 有

$$n_0 \sin\theta_{imax} = n_1 \cos\alpha_c$$

其中，n_0 表示光纤入射端面空气一侧的折射率，其值为 1，故

$$\sin\theta_{imax} = n_1(1-\sin^2\alpha_c)^{1/2} = (n_1^2-n_2^2)^{1/2}$$

通常把此式定义为光纤的理论数值孔径（numerical aperture），用英文字符 NA 表示，即

$$NA = \sin\theta_{imax} = (n_1^2-n_2^2)^{1/2} = n_1(2\Delta)^{1/2} \qquad (8.2.4)$$

它是一个表征光纤对子午射线捕获能力的参数，其值只与纤芯和包层的折射率 n_1 和 n_2 有关，与光纤的半径 a 无关. 在式（8.2.4）中：

$$\Delta = (n_1^2-n_2^2)/2n_1^2 \approx (n_1-n_2)/n_1$$

称为纤芯和包层之间的相对折射率差，Δ 越大，光纤的理论数值孔径 NA 越大，表明光纤对子午线捕获的能力越强，即由光源发出的光功率更易于耦合到光纤的纤芯内. 这对于作传光用途的光纤来说是有利的. 但对于通信用的光纤，数值孔径越大，模式色散也相应增加，这不利于传输容量的提高. 对于通信用得多模光纤，Δ 值一般限制在 1% 左右. 由于通信用多模光纤的纤芯折射率 n_1 是在 1.50 附近，故理论数值孔径的值在 0.21 左右.

3. 半导体发光二极管结构、工作原理、特性及驱动、调制电路（Structure, working principle, characteristics and drive, modulator circuit of semiconductor light emitting diode）

光纤通信系统中对光源器件在发光波长、电光效率、工作寿命、光谱宽度和调制性能等许多方面均有特殊要求，所以不是随便哪种光源器件都能胜任光纤通信任务. 目前在以上各个方面都能较好满足要求的光源器件主要有半导体发光二极管和半导体激光二极管，本实验采用 LED 作光源器件. 半导体发光二极管是一个如图 8.2.3 所示的 N-p-P 三层结构的半导体器件，中间层通常是由 GaAs（砷化镓）p 型半导体材料组成，称有源层，其带隙宽度较窄. 两侧分别由 GaAlAs 的 N 型和 P 型半导体材料组成. 与有源层相比，它们都具有较宽的带隙. 具有不同带隙宽度的两种半导体单晶之间的结构称为异质结. 在图 8.2.3 中，有源层与左侧的 N 层之间形成的是 p-N 异质结，而与右侧 P 层之间形成的是 p-P 异质结，故这种结构又称 N-p-P 双异质结构（简称 DH 结构）. 当给这种结构加上正向偏压时，就能使 N 层向有源层注入导电电子，这些导电电子一旦进入有源层后，因受到右边 p-P 异质结的阻挡作用不能再进入右侧的 P 层，它们只能被限制在有源层内与空穴复合. 导电电子在有源层与空穴复合过程中，其中有不少电子要释放出能量满足以下关系的光子：

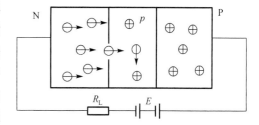

图 8.2.3　半导体发光二极管的结构及工作原理

$$h\nu = E_2 - E_1 = E_C$$

其中，h 是普朗克常量；ν 是光波的频率；E_1 是有源层内导电电子的能量；E_2 是导电电子与空穴复合后处于价键束缚状态时的能量. 两者的差值 E_C 与 DH 结构中各层材料及其组分的选取等多种因素有关，制作 LED 时只要这些材料的选取和组分的控制适当，就可使得 LED 发光中心波长与传输光纤低损耗波长一致.

LED 的正向伏安特性如图 8.2.4 所示，与普通的二极管相比，正向电压大于 1V 以后才开始导通. 在正常使用情况下，正向压降为 1.5V 左右. LED 的电光特性如图 8.2.5 所示. 为了

使传输系统的发送端能够产生一个无非线性失真、而峰-峰值又最大的光信号，使用 LED 时应先给它一个适当的偏置电流，其值等于电光特性线性部分中点对应的电流值，而调制电流的峰-峰值应尽可能大地处于电光特性的这一线性范围内.

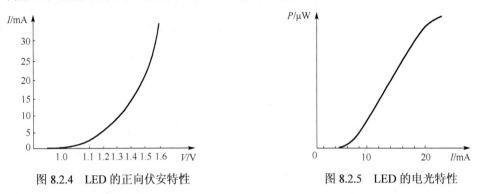

图 8.2.4　LED 的正向伏安特性　　　　　　　图 8.2.5　LED 的电光特性

发送端 LED 的驱动和调制电路如图 8.2.6 所示，以 BG1 为主构成的电路是 LED 的驱动电路，调节这一电路中的 W2 可使 LED 的偏置电流在 0～50mA 的范围内变化. 音频信号由 IC1 构成的音频放大电路放大后，经电容器 C_4 耦合到 BG1 基极对 LED 的工作电流进行调制，从而使 LED 发送出光强随音频信号变化的光信号，并经光导纤维把这一信号传送到接收端.

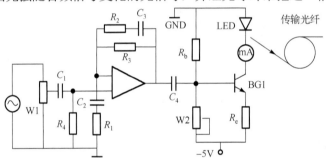

图 8.2.6　LED 的驱动和调制电路

根据理想运放电路开环电压增益大、同相和反相输入端输入阻抗高和虚地等三个基本性质，可以推导出图 8.2.6 所示音频放大电路的闭环增益为

$$G(\mathrm{j}\omega) = V_0 / V_\mathrm{i} = 1 + Z_2 / Z_1 \tag{8.2.5}$$

其中，Z_2、Z_1 分别为放大器反馈阻抗和反相输入端的接地阻抗. 只要 C_3 选得足够小，C_2 选得足够大，则在要求带宽的中频范围内，C_3 的阻抗很大，它所在支路可视为开路，而 C_2 的阻抗很小，它可视为短路. 在此情况下，放大电路的闭环增益 $G(\mathrm{j}\omega) = 1 + R_3 / R_1$. C_3 的大小决定了高频端的截止频率 f_2，而 C_2 的值决定着低频端的截止频率 f_1. 故该电路中的 R_1、R_2、R_3 和 C_2、C_3 是决定音频放大电路增益和带宽的几个重要参数.

4. 半导体光电二极管的结构、工作原理及特性（Structure, working principle and characteristics of photodiode）

半导体光电二极管与普通的半导体二极管一样，都具体一个 pn 结，光电二极管在外形结构方面有它自身的特点，这主要表现在光电二极管的管壳上有一个能让光射入其光敏区的窗口. 此外，与普通二极管不同，它经常工作在反向偏置电压状态（图 8.2.7(a)）或无偏压状态

（图 8.2.7(b)）（注：光电二极管的偏置电压是指无光照时二极管两端所承受的电压）. 在反压工作状态下 pn 结的空间电荷区的势垒增高、宽度加大、结电阻增加、结电容减小，所有这些均有利于提高光电二极管的高频响应性能. 无光照时，反向偏置的 pn 结只有很小的反向漏电流，称为暗电流. 当有光子能量大于 pn 结半导体材料的带隙宽度 E_g 的光波照射到光电二极管的光敏区时，pn 结各区域中的价电子吸收光子能量后，将挣脱价键的束缚而成为自由电子，与此同时也产生一个自由空穴. 这些由光照产生的自由电子-空穴对，统称为光生载流子. 在远离空间电荷区（亦称耗尽区）的 P 区和 N 区内，电场强度很弱，光生载流子只有扩散运动，它们在扩散的途中因复合而消失掉，故不能形成光电流. 形成光电流主要靠空间电荷区的光生载流子，因为在空间电荷区内电场很强，在此强电场作用下，光生自由电子-空穴对将以很高的速度分别向 N 区和 P 区运动，并很快越过这些区域到达电极，沿外电路闭合形成光电流. 光电流的方向是从二极管的负极流向它的正极，并且在无偏压的情况下与入射的光功率成正比. 在光电二极管的 pn 结中，增加空间电荷区的宽度对提高光电转换效率有着密切关系. 为此目的，若在 pn 结的 p 区和 n 区之间再加一层杂质浓度很低以致可近似为本征半导体（用 i 表示）的 i 层，就形成了具有 p-i-n 三层结构的半导体光电二极管，简称 PIN 光电二极管，PIN 光电二极管的 pn 结除具有较宽空间电荷区外，还具有很大的结电阻和很小的结电容，这些特点使 PIN 管在光电转换效率和高频响应特性方面与普通光电二极管相比均得到了很大改善.

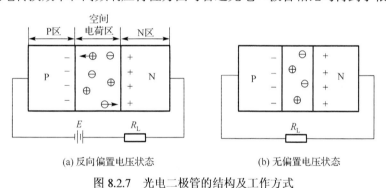

(a) 反向偏置电压状态　　　　　　　　(b) 无偏置电压状态

图 8.2.7　光电二极管的结构及工作方式

根据文献（吕斯骅等，1991），光电二极管的伏安特性可用下式表示：

$$I = I_0[1 - \exp(qV / kT)] + I_L \tag{8.2.6}$$

其中，I_0 是无光照的反向饱和电流；V 是二极管的端电压；q 是电子电荷；k 是玻尔兹曼常量；T 是结温，单位为 K；I_L 是无偏压状态下光照时的短路电流，它与光照时的光功率成正比. 式（8.2.6）中的 I_0 和 I_L 均是反向电流，即从光电二极管负极流向正极的电流. 根据式（8.2.6），光电二极管的伏安特性曲线如图 8.2.8 所示，对应图 8.2.7(a)所示的反压工作状态，光电二极管的工作点由负载线与第三象限的伏安特性曲线交点确定. 由图 8.2.8 可看出：

（1）光电二极管即使在无偏压的工作状态下，也有反向电流流过，这与普通二极管只具有单向导电性相比有着本质的差别.

（2）反压工作状态下，在外加电压 V 和负载电阻 R_L 的很大变化范围内，光电流与入照光功率均具有较好的线性关系；无偏压负载工作状态下，只有 R_L 较小时光电流才与入射光功率成正比，R_L 增大时，光电流与光功率成非线性关系；无偏压短路状态下，短路电流与入射光功率具有很好的线性关系，这一关系称为光电二极管的光电特性，光电特性在 I-P 坐标系中的斜率

$$R \equiv \Delta I / \Delta P (\mu A \cdot \mu W^{-1}) \tag{8.2.7}$$

定义为光电二极管的响应度，它是表征光电二极管光电转换效率的重要参数.

（3）在光电二极管处于开路状态情况下，光照产生的光生载流子不能形成闭合光电流，它们只能在 pn 结空间电荷区的内电场作用下，分别堆积在 pn 结空间电荷区两侧的 N 层和 P 层内，产生外电场，此时光电二极管表现出具有一定的开路电压. 不同光照情况下的开路电压如图 8.2.8 所示：伏安特性曲线与横坐标轴交点所对应的电压值. 由图 8.2.8 可见，光电二极管开路电压与入照光功率也是成非线性关系.

（4）反压状态下的光电二极管，由于在很大的范围内光电流与偏压和负载电阻几乎无关，故入射光功率一定时可视为恒流源；而在无偏压负载工作状态下光电二极管的光电流随负载电阻变化很大，此时它不具有恒流性质，只起光电池作用.

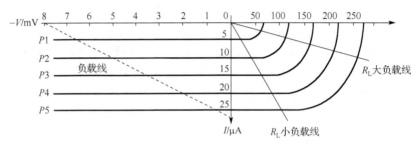

图 8.2.8　光电二极管的伏安特性曲线及工作点的确定

光电二极管的响应度 R 值与入射光的波长有关. 本实验中采用的硅光电二极管，其光谱响应波长在 0.4～1.1μm、峰值响应波长在 0.8～0.9μm 范围内. 在峰值响应波长下，响应度 R 的典型值在 0.25～0.5μA·W^{-1} 的范围内.

四、实验装置（Experimental instruments）

本实验所用仪器由音频信号光纤传输实验仪、示波器和数字万用表组成. 其中音频信号光纤传输实验仪采用四川大学研制的 YOF-C 型，它由主机、光功率计和光纤信道三部分组成. 主机前面板布局如图 8.2.9 所示，其中：D1-直流电流表；D2-直流电压表；K1-电源开关；K3-电压表切换开关；C5-正弦信号输出插孔；C1-调制信号输入插孔；W1-输入衰减调节电势

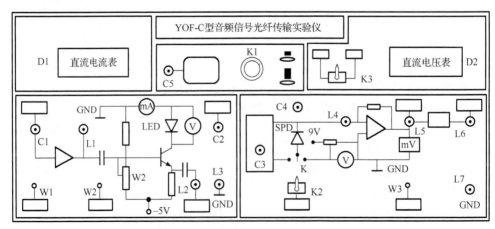

图 8.2.9　YOF-C 型音频信号光纤传输实验仪主机前面板布局图

器；W2-LED 偏流调节电势器；L2-LED 电流波形监测孔；C2-LED 插孔；C4-SPD 插孔；C3-光功率计插孔；K2-SPD 切换开关；W3-SPD 反压调节电势器；L5-*I-V* 变换输出电压测试孔；L7-地；L6-功放输出.

五、实验内容（Experimental content）

1. LED 伏安特性及电光特性的测定

（1）LED 伏安特性.

首先按以下方式把光纤信道和光功率计接入实验系统：

（A）把两头带单声道插头的电缆线，一头插入主机前面板的"LED 插孔"C2，另一头插入光纤绕线盘上的 LED 插孔内.

（B）把 SPD 带光敏面的一头插入光纤绕线盘上的光纤出光口，引出 SPD 正负极的电缆插头插入主机前面板的"SPD 插孔"C4.

（C）把两头带单声道插头的电缆线，一头插入主机前面板的"光功率计插孔"C3，另一头插入光功率计面板上的"光电探头"插孔.

（2）主机前面板上 SPD 的"切换开关"K2 和电压表切换开关 K3 均置于左侧. 这样就使 SPD 作为光功率的光电探头使用，直流电压表就并接在 LED 两端，作测量 LED 的端电压使用. 调节图 8.2.9 中的 W2，使指示 LED 工作电流的直流毫安表 D1 从零开始慢慢增加. 当 D1 有不为零的指示出现时，就表示 LED 开始导通. 继续调节 W2，使 D2 读数增加. 从 1.1V 开始，每增加 50mV 读取和记录一次 D1 读数，直到 D1 的读数到 50mA. 以 D2 的读数为自变数，D1 的读数为因变数，绘制 LED 的伏安特性曲线.

（3）LED 电光特性.

保持以上连线不变. 调节 W2 使 D1 的读数为零. 在此情况下光功率计的指示应为零，若不为零，调节光功率计的"调零电势器"使之为零. 然后继续调节 W2 使 D1 的指示从零开始增加，每增加 5mA 读取和记录一次光功率计的读数，直到 D1 的指示超过 50mA. 以 LED 的电流为自变数，光功率为因变数，绘制 LED 的电光特性，并确定出其线性度较好的线段.

2. SPD 反向伏安特性及光电特性的测定

在以上连接不变的基础上，为了测量 *I-V* 变换电路输出电压，需把数字万用表（直流电压 2V 挡）接入主机前面板的 L5 和 L7 插孔. 前面板上开关 K2 和 K3 应打在右侧. 这样就使 SPD 作为 *I-V* 变换电路的光电探头，电压表 D2 作为测量 SPD 反向电压的电压表接入实验系统.

（1）测量原理.

按以上方式连接好的实验系统，与图 8.2.10 的原理图对应. 在图 8.2.10 中，由 IC1 构成的电路是一个电流-电压变换电路，它的作用是把流过光电二极管的光电流 I 转换成由 IC1 c 点输出的电压 V_0，V_0 与光电流成正比. 整个测试电路的工作原理依据如下：由于 IC1 的反相输入端具有很大的输入阻抗，光电二极管受光照时产生的光电流 I 几乎全部流过 R_f 并在其上产生电压降 $V_{cb} = R_f I$. 另外，又因 IC1 具有很高的开环电压增益，反相输入端具有与同相输入端相同的地电势，故 IC1 的输出电压

$$V_0 = IR_f \qquad\qquad (8.2.8)$$

已知 R_f 后，就可根据上式由 V_0 计算出相应的光电流 I.

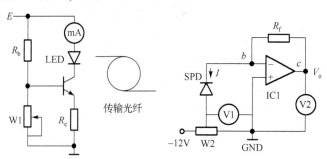

图 8.2.10　光电二极管反向伏安特性的测定

（2）测量（图 8.2.9）.

（A）调好光功率计零点后，在 SPD 零光照情形下，调节反压调节电势器 W3，使 D2 的读数从零开始增加，每增加 1V 读取和记录一次数字万用表的读数，直到 D2 的读数为 10V.

（B）在以上连接不变的基础上，把 K2 置于左边，调节 W2 分别使光功率计指示为 5μW，10μW，15μW，20μW 和 25μW. 光功率计读数每改变一次，就把主机前面板上"SPD 切换"开关 K2 倒向右侧一次，重复一次（A）项测定. 为了完成 SPD 在以上不同光照下的反向伏安特性曲线的测定，开关 K2 需左、右来回切换 5 次.

（C）在断电情况下，用数字万用表的电阻挡测量主机 L4，L5 插孔间的电阻 R_f 的阻值.

（D）以光功率计的读数（包括 $P=0$）为参数，SPD 反压为自变数，SPD 光电流 I_0（I_0=数字万用表电压读数/R_f）为因变数，根据实验数据绘制不同光照下 SPD 的反向伏安特性曲线和零偏压情况下 SPD 的光电特性曲线，并计算 SPD 的响应度值.

3. LED 偏置电流的选择和无非线性畸变最大光信号的测定

由于 LED 的伏安特性及电光特性曲线均存在着非线性区域，所以对于 LED 的不同偏置状态，能够获得的无非线性畸变的最大光信号的幅度（或峰-峰值）也是具有不同值. 在设计音频信号光纤传输系统时，应把 LED 的偏置电流选择为电光特性线性范围最宽线段的中点所对应的电流值.

测定最大光信号幅度的实验方法如下：用本实验仪提供的音频信号源（频率为 1kHz 左右）作调制信号、示波器的输入接至 I-V 变换电路的输出端，在 LED 电流最佳偏置情况下，从零开始，逐渐增加调制信号源的输出幅度，直到接至 I-V 变换电路输出端的数字万用表的读数有明显变化[①]，记录下此时示波器上显示的音频信号的峰-峰值（mV）. 根据 I-V 变换电路中的 R_f 值和 SPD 的响应度 R 值，便可算出最大光信号的峰-峰值（μW）.

4. 接收端允许的最小光信号幅值的测定

把语音信号接入 LED 的调制输入插孔、小音箱接入接收端功放输出插孔，在保持实验系统以上连接不变的情况下，首先把 LED 的偏置电流调为 5mA，然后从零开始逐渐加大语音信号的输出幅度，直到图 8.2.10 中接到 I-V 变换电路输出端和"地"端的数字万用表的读数有变化，考察接收端的音响效果，能否清晰辨别出被传的音频信号. 若能，继续减小 LED 的偏置电流重复以上实验，直至不能清晰辨别出接收信号. 记下在这一状态之前对应的 LED 的偏置

---

① 若数字万用表 V2 的指示相对于无调制信号状态有明显的变化，意味着有什么情况发生？

电流 I_{min} 值，并由 LED 电光特性曲线确定出 $0\sim2I_{min}$ 对应的光功率的变化量 ΔP_{min}. 因接收端允许的最小光信号的峰–峰值不会大于 ΔP_{min}，故 ΔP_{min} 可以作为本实验系统接收端允许的最小光信号的峰–峰值.

5.　语言信号的传输

在 LED 偏置电流和调制信号幅度不同的情况下，考察音频信号光纤传输系统的音响效果.

六、思考题（Exercises）

（1）利用 SPD、*I-V* 变换电路和数字毫伏表，设计一光功率计.

（2）如何测定图 8.2.8 中所示 SPD 第四象限的正向伏安特性曲线？

（3）若传输光纤对于 LED 中心发光波长的损耗系数[①] $\alpha\le1dB$，根据实验数据估算本实验系统的传输距离还能传多远？

关键词（Key words）：

音频信号（audio signal），光纤传输（optical fiber transmitting）

参考文献

吕斯骅, 朱印康. 1991. 近代物理实验技术（1）. 北京: 高等教育出版社
朱世国, 付克祥. 1992. 纤维光学——原理及实验研究. 成都: 四川大学出版社

实验 8.3　数字信号光纤传输技术实验

Experiment 8.3　Digital signals optical fiber transmitting technology experiment

一、实验预习（Experimental preview）

（1）数字信号光纤传输系统的基本结构及工作过程.

（2）衡量数字通信系统有哪两个指标？数字通信系统中误码是怎样产生的？

（3）实验系统数字信号光电/电光转换电路的工作原理.

二、实验目的（Experimental purpose）

（1）了解数字信号光纤通信技术的基本原理.

（2）掌握数字信号光纤通信技术实验系统的检测及调试技术.

三、实验原理（Experimental principle）

1.　数字信号光纤通信的基本原理（Basic principle digital signals optical fiber communication）

数字信号光纤通信的基本原理如图 8.3.1 所示（图中仅画出一个方向的信道）. 工作的基

[①] 光纤损耗系数 α 的定义为 $\alpha=10\lg(P_{in}/P_{out})/L$ $(dB\cdot km^{-1})$，其中 P_{in} 为光纤输入光功率，P_{out} 为光纤输出光功率，L 为光纤长度（m）.

本过程如下：语音信号经模/数转换成 8 位二进制数码送至信号发送电路，加上起始位（低电平）和终止位（高电平）后，在发时钟 TxC 的作用下以串行方式从数据发送电路输出．此时输出的数码称为数据码，其码元结构是随机的．为了克服这些随机数据码出现长 0 或长 1 码元时，接收端数字信号的时钟信息下降给时钟提取带来的困难，在对数据码进行电光转换之前还需按一定规则进行编码，使传送至接收端的数字信号中的长 1 或长 0 码元个数在规定数目内．由编码电路输出的信号称为线路码信号．线路码数字信号在接收端经过光电转换后形成的数字电信号一方面送到解码电路进行解码，与此同时也被送至一个高 Q 值的 RLC 谐振选频电路进行时钟提取．RLC 谐振选频电路的谐振频率设计在线路码的时钟频率处．由时钟提取电路输出的时钟信号作为收时钟 RxC，其作用有两个：①为解码电路对接收端的线路码进行解码时提供时钟信号；②为数字信号接收电路对由解码电路输出的再生数据码进行码值判别时提供时钟信号．接收端收到的最终数字信号，经过数/模转换恢复成原来的语音信号．

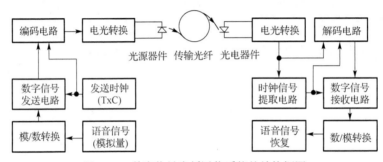

图 8.3.1　数字信号光纤通信系统的结构框图

在单极性不归零码的数字信号表示中，用高电平表示 1 码元，低电平表示 0 码元．码元持续时间（亦称码元宽度）与发时钟 TxC 的周期相同．为了增大通信系统的传输容量，就要求提高收、发时钟的频率．发时钟频率越高码元宽度越窄．

由于光纤信道的带宽有限，数字信号经过光纤信道传输到接收端后，其码元宽度要加宽．加宽程度由光纤信道的频率特性和传输距离决定．单模光纤频带宽，多模光纤频带窄．因为按光波导理论（朱世国等，1992）分析：光纤是一种圆柱形介质波导，光在其中传播时实际上是一群满足麦克斯韦方程和纤芯-包层界面处边界条件的电磁波，每个这样的电磁波称为一个模式．光纤中允许存在的模式的数量与纤芯半径和数字孔径有关．纤芯半径和数字孔径越大，光纤中参与光信号传输的模式也越多，这种光纤称为多模光纤（芯径 50μm 或 62.5μm）．多模光纤中每个模式沿光纤轴线方向的传播速度都不相同．因此，在光纤信道的输入端同时激励起多个模式时，每个模式携带的光功率到达光纤信道终点的时间也不一样，从而引起了数字信号码元的加宽．码元加宽程度显然与模式的数量有关．由多模传输引起的码元加宽称为模式色散．当光纤纤芯半径减小到一定程度时，光纤中只允许存在一种模式（基模）参与光信号的传输．这种光纤称为单模光纤（芯径 5～10μm）．单模光纤中虽然无模式色散存在，但是由于光源器件的发光光谱不是单一谱线、光纤的材料色散和波导效应等原因，光信号在单模光纤中传输时仍然要引起码元加宽．这些因素产生的码元加宽称为材料色散和波导色散．材料色散和波导色散比起模式色散要小很多．

当码元加宽程度超过一定范围时，就会在码值判别时产生误码．通信系统的传输率越高，码元宽度越窄，允许码元加宽的程度也就越小. 所以，多模光纤只适用于传输率不高的局域数字通信系统. 在远距离、大容量的高速数字通信系统中光纤信道必须采用单模光纤.

长距离、高速数字信号光纤通信系统中常用的光源器件是发光波长为 1.3μm 和 1.5μm 的半导体激光器. 在传输速率不高的数字信号光纤通信系统中也可采用发光中心波长为 0.86μm 的半导体发光二极管. 光电探测器件，主要有 PIN 光电二极管和雪崩光电二极管. 有关光纤通信中采用的上述电光和光电器件的结构、工作原理及性能的详细论述见参考文献（张德琨等，1992）.

为了使非通信专业的理工科学生在近代物理实验中学习到有关数字信号光纤通信的基本原理，我们在本实验中着重于对光信号的发送、接收和再生；数字信号的并串/串并转换；模拟信号的 AD/DA 转换以及误码现象和原因等问题加以论述. 有关编码、时钟提取和解码问题先不作为本实验的基本要求. 有必要时，做完这一实验后，可作为设计性实验对这些问题进行深入研究.

2. 实验系统的硬件结构及工作原理（Structure and working principle of experimental system）

1）实验系统的硬件结构

实验系统的结构如图 8.3.2 所示. 其中，光信号发送部分采用中心波长为 0.86μm 的 LED 作光源器件. 传输光纤采用多模光纤. 光信号接收部分采用 SPD 作光电检测元件. 计算机通过 RS-232 串口控制单片机. 单片机再去控制模/数转换电路 ADC0809、数/模转换电路 DAC0832 和数字信号并串/串并转换电路 8251，实现模/数、数/模转换和数字信号的并串/串并转换. 以上器件和集成电路工作原理及性能的详细说明见文献. 图 8.3.2 中的单片机、ADC0809、DAC0832 及 8251 等部分是集中在实验系统的电端机内，而 LED 的调制和驱动电路、SPD 的光电转换部分是集中在实验系统的光端机内.

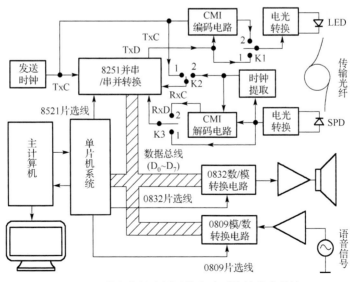

图 8.3.2 数字信号光纤通信实验系统的基本结构

2）工作过程

实验系统传输的数字信号可以是 ASCII 字符的二进制代码，也可是语音信号经 ADC0809

集成芯片进行 A/D 转换后的数字信号. 在实验内容基本要求阶段（避开编、译码和收时钟提取问题，此时图 8.3.2 中的开关 K1、K2 和 K3 均应打在"1"位），实验系统的工作过程如下：

（1）传输 ASCII 字符时，ASCII 字符的二进制代码由计算机提供，经 RS-232 串口送至电端机，经电端机内的 8251 数据发送端（TxD）送至光端机 LED 调制电路输入端，进行数字信号的电光变换. 从 LED 发出的数字式光信号，经传输光纤、SPD 和再生电路变换成数字式电信号送至电端机内的 8251 数据接收端 RxD，经码值判别后再由 RS-232 串口送回计算机，并在计算机屏幕上显示出相应的字符.

（2）传输语音信号时，语音信号放大后送至电端机内 ADC0809 模拟信号输入端进行 A/D 转换，所形成的数字信号经 8251 并串转换后由其数据发送端 TxD 送至光端机对 LED 进行调制. 然后经过 ASCII 字符同样的传输过程在实验系统接收端形成的数字信号再送至电端机，进行 D/A 转换. 由此生成的模拟信号经滤波、放大后再由音箱输出.

以上过程均在程序控制下由计算机和电端机中的单片机完成.

3）数字信号的发送和电光转换

在 8251 芯片设定为异步传输工作方式并且波特率因子等于 1 的情形下，电端机发送端所发送的数据码是由起始位（S）、数据位（$D_0 \sim D_7$）和终止位（E）等共 10 位码元组成. 第一位是起始位，紧接着是从 D_0 到 D_7 的 8 位数据，最后一位是终止位. 每位码元起始时刻与发送时钟 TxC 的下降沿对应，码元持续时间与发送时钟 TxC 的周期相等. 对数字信号进行电光转换的 LED 驱动和调制电路如图 8.3.3 所示. 由于电端机内的 8251 集成电路的数据发送端 TxD 在传输系统处于空闲状态时始终是高电平，为了延长 LED 的使用寿命，对应这一状态应使 LED 无电流流过. 为此，在其驱动调制电路输入端设置了一个由 IC1 组成的反相器. 因此，LED 发光对应电信号的 0 码，无光则对应电信号的 1 码. 图 8.3.3 中 W1 是调节 LED 工作电流的电势器.

4）数字信号的光电转换及再生调节

由传输光纤输出的数字光信号在接收端经过 SPD 和再生调节电路变换成数字电信号，再送至电端机内 8251 集成电路的数据接收端 RxD 进行码值判别. 图 8.3.4 是数字信号光电转换及再生调节电路的原理图，其工作原理如下：当传输系统处于空闲状态时，传输光纤中无光，SPD 无光电流流过，这时只要 R_c 和 R_{b2} 的阻值适当，晶体管 BG2 就有足够大的基极电流 I_b 注入，使 BG2 处于深度饱和状态，因此它的集-射极之间的电压 V_{ce} 极低，即使经过后面放大也能使反相器 IC2 的输出电压维持在高电平状态，以满足实验系统数据接收端 RxD 在空闲状态时也应为高电平的要求. 当传输 0 码元时，发送端的 LED 发光，光电二极管有光电流 I_3 流过，它是从 SPD 的负极流向正极，这对 BG2 的基极电流具拉电流作用，能使 BG2 的基极电流 I_b 减小. 由于 SPD 结电容、其出脚接线的线间电容以及 BG2 基-射极间杂散电容的存在（在图 8.3.4 中用 C_a 表示以上三种电容的总效应），BG2 基极电流的这一减小不是突变的，而是按某一时间常数的指数规律变化. 随着 BG2 基极电流的减小，BG2 逐渐脱离深饱和状态，向浅饱和状态和放大区过渡，其集-射极电压 V_{ce} 也开始按指数规律逐渐上升. 由于后面的放大器放大倍数很高，V_{ce} 还未上升到其渐近值时，放大器输出电压就到达了能使反相器 IC2 状态翻转的电压值，这时 IC2 输出端为低电平. 在下一个 1 码元到来时，接收端的 SPD 无光电流，BG2 的基极电流 I_b 又按指数规律逐渐增加，因而使 BG2 原本按指数规律上升的 V_{ce} 在达到某一值时就停止上升，并在此后又按指数规律下降. V_{ce} 下降到某一值后，IC2 的输出由低电平翻转成高电平. 调节图 8.3.3 中 W1 或图 8.3.4 中 W2, 使 LED 的工作电流与 SPD 无光照射时 BG2 饱和深度之间适当地配匹, 即使在被传输的数据码中 1 码元和 0 码元随机组合的情况下, 也能使接收端所接收到的数字信号在码元结构和码元宽度方面与发送的数字信号一致.

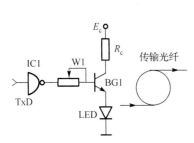
图 8.3.3　LED 的驱动和调制电路

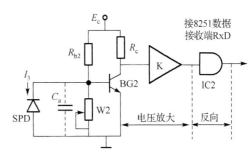
图 8.3.4　数字信号的光电转换及再生调节电路原理图

5) 数字信号的码值判决和误码

数字信号传输到接收端 8251 的 RxD 端后还不能算信号传输过程的结束. 此后, 尚需在收时钟 RxC 上升沿时刻对再生信号每位码元的码值进行 "0" "1" 判别. 在 8251 芯片设定为异步传输工作方式时, 码值判别过程如下: 8251 内部有一时钟和计数系统, 它随时检测着数据接收端 RxD 的电平状态, 一旦检测到 RxD 的电平为低电平, 接收端得知被传数据的起始位已到的信息. 此后开始计时, 计时到半个码元宽度时再次对 RxD 端的电平状态进行检测, 若仍为低电平, 表明先前检测到的低电平状态确实是被传数据的起始位, 而不是噪声干扰. 确认了传数据起始位的确到来之后, 从确认时刻开始, 每隔一个收时钟 RxC 周期对 RxD 端的电平状态进行一次检测, 若检测到为高电平, 赋予的码值为 "1", 反之为 "0". 若判别结果所形成的二进制代码与发送数据的代码一致, 表明码值判别结果正确. 根据正确判别结果的二进制代码从计算机字符库内调出的字符就会与发送字符一致; 若判别结果所形成的二进制代码与发送字符代码不一致, 计算机屏幕上显示的字符就与发送字符不一样, 这表明实验系统在信号传输过程中有误码产生.

在本实验系统中误码原因有以下两种:

(1) 送到 8251 数据接收端 RxD 信号的码元宽度还未调节到再生状态 (与 TxC 相比过宽或过窄).

(2) 在以上实验过程中收时钟 RxC 不是从时钟提取电路获得, 而是与发时钟 TxC 采用同一时钟. 在此情况下, 由于再生信号的波形相对于发送信号的波形具有一定延迟, 当这一延迟超过一定范围时, 即使接收端数字信号的码元宽度调节到了 TxC 相等的再生状态, 在码值判别时也要发生错误. 以上延迟既包含了信号在传输过程中光路上的延迟, 也包含了电路上的延迟. 在实验系统所提供的光纤长度情况下, 电路延迟是主要的. 而电路延迟又与再生调节电路中晶体管 BG2 的饱和深度有关. BG2 的饱和深度不同, 为使接收端的数字信号达到再生状态, 所要求 SPD 的光电流也不同. BG2 的饱和深度越深, 要求 SPD 提供的光电流也越大. 所以, 若在接收端虽有再生波形但仍有误码现象出现的情况下, 适当调节图 8.3.3 中 W1 使 LED 导通时工作电流为另一值后, 再调节图 8.3.4 中 W2 可使再生波形的以上延迟达到无误码的状态.

四、实验装置（Experimental instruments）

　　本实验所用仪器由数字信号光纤通信实验仪和示波器组成. 其中数字信号光纤通信实验仪采用四川大学研制的 DOF-D 型仪器，它由光端机、电端机和光纤信道三部分组成. 光端机和电端机前、后面板的布局如图 8.3.5 和图 8.3.6 所示.

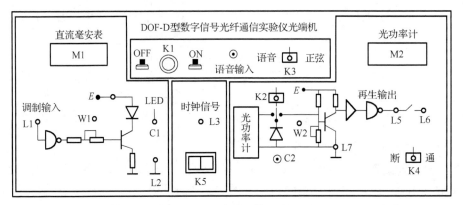

K1-电源开关; L3-时钟信号输出; L1-LED调制信号输入; L2-GND; W1-LED电流调节;
C1-LED插孔; C2-SPD插孔; K2-SPD切换开关; W2-信号再生调节; L5-信号再生输出;
L6-电端机8251数据接收端RxD; M1-直流毫安表; M2-光功率计; K3-模拟信号切换开关;
K5-时钟信号切换开关

(a) 光端机前面板的布局

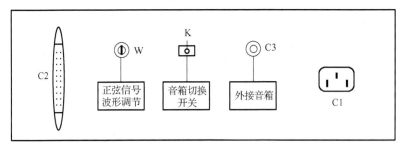

C1-电源插座; C2-与电端机连接的20线电缆插座; C3-外接音箱插孔;
K-音箱切换开关; W-正弦信号波形调节电位器

(b) 光端机后面板布局

图 8.3.5　数字信号光纤通信实验仪光端机前、后面板的布局

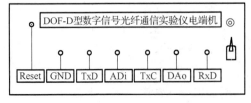

(a) 电端机前面板的布局

(b) 电端机后面板的布局

图 8.3.6　数字信号光纤通信实验仪电端机前、后面板的布局

五、实验内容（Experimental content）

1. 传输系统发送时钟 TxC 周期的测定

把双迹示波器扫描时间分度值选为 2μs 后，用示波器 CH1 通道测量并记录电端机前面板 "TxC" 插孔输出的发时钟信号的周期.

2. 时钟信号的电光/光电转换及再生调节

按 DOF-D 型数字信号光纤通信实验仪使用说明书，把光纤信道、LED 和 SPD 接入光端机. 调节 LED 在时钟信号调制状态下的平均工作电流为适当值（如 20mA）并保持这一工作电流不变. 用示波器观察光端机接收端光电转换和再生电路输出端是否有时钟信号的波形出现. 若无，并且示波器上显示出一条代表低电平的直线，就需沿顺时针方向缓慢调节光端机仪器前面板的再生调节电势器 W2，直到示波器出现占空比为 50% 的时钟信号；若示波器显示出一条代表高电平的直线，就需沿反时针方向缓慢调节 W2，直到时钟信号的波形出现. 有以上现象，表明光端机工作正常.

3. ASCII 字符代码的光纤传输

1）数字信号发送功能的检测

在按图 8.3.7 连接好实验系统并把光纤信道、LED 和 SPD 接入光端机后，启动计算机、运行配套软件. 按计算机屏幕上出现的界面提示，首先进行串口号（COM1 或 COM2）和 "数字传输" 工作方式的选择. 待计算机屏幕上出现图 8.3.8 所示界面时，把光标移至 "请输入十进制数" 的窗口中，从键盘输入想要传输的 ASCII 字符的十进制数代码（例如，字符 U、Z 和 7 等，它们相应的十进制数代码分别为 85、90 和 55 等），再点击 "发送" 按钮，界面的 "本地回显" 栏将显示出该代码的 ASCII 字符. 用双迹示波器 CH1 通道观察电端机前面板 TxD 端是否有与此 ASCII 字符二进制代码一致的数字信号波形出现. 若有，表示实验系统的发送功能正常. 若示波器上观察不到这一波形，按电端机的 "Reset" 复位按钮，用以上方式重新发送.

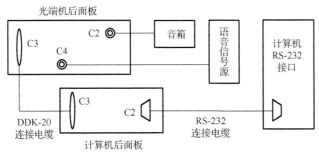

图 8.3.7　实验系统的连接

2）数字信号的电光/光电转换及再生调节

在以上连线不变的基础上，再用导线把电端机的数据发送端 TxD 和 "地" 端分别与光端机的调制输入端和 "地" 端连在一起. 然后再把双迹示波器 CH2 通道接至光端机前面板的 "再生输出" 插孔 L5. 按 1）所述，发送十进制代码 "85" 的 ASCII 字符 "U". 该字符发送成功后，调节光端机前面板 W1 电势器使 LED 的平均工作电流为 2mA 左右．然后保持 W1 的这一调节位置不变，按实验内容 2．所述，调节 W2 电势器，直到示波器 CH2 通道出现码元宽度和数码结构均与 CH1 通道一样的再生波形．

3）码值判别、误码及实验系统无误码状态的调节

完成了上一步调节之后，虽然光电转换和再生调节电路输出信号的码元结构和码元宽度均与发送信号 TxD 的波形一样，但数字信号传输过程还不能算结束．在此之后还必须把再生信号送至电端机内的 8251 的数据接收端 RxD，在收时钟 RxC 的上升沿时刻进行码值判别．为此，需把光端机前面板的开关 K4 打在"通"的位置，并观察计算机屏幕上"接收"栏内出现的字符是否与"本地回显"栏内的字符相同．若两者一致（图 8.3.8），表明系统无误码传输，否则码值判别有误．

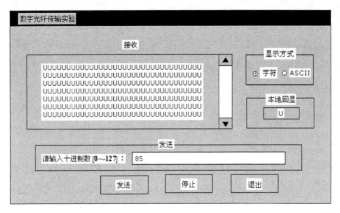

图 8.3.8

调节光端机前面板上的"W2 调节"电势器，使接收端再生信号 1 码元的宽度为不同值，并观察计算机屏幕上"接收"栏内显示的误码状况．最终把再生信号的 1 码元宽度调节到与发时钟周期 TxC 相等的无误码传输状态．如果再生信号的 1 码元宽度已等于 TxC 时仍然有误码现象出现，此时就应适当调节光端机前面板 W1 电势器，使 LED 导通时工作电流为另一值后，再调节 W2 就可使实验系统达到无误码传输状态．

实验系统对于字符"U"的传输调节到无误码传输状态后，按以上步骤操作发送其他不同的 ASCII 字符，并从示波器和计算机的屏幕上监测字符传输过程的码元结构和误码情况．若对于某个字符的传输有误码出现，还需按以上方式继续调节实验系统，直到传输任意字符时均无误码产生．

4．语音信号的光纤传输及模/数转换采样周期的测定

点击图 8.3.8 所示界面中的"退出"按钮，待计算机屏幕再次回到工作方式选择界面时，选择"语音传输"工作方式．在此情况下，由于每次传输的数字信号代码不一样，故在示波器上看不到稳定波形．但每次传输的数字信号起始位都是低电平，所以调节示波器的同步旋钮可清楚观察到起始位在荧光屏上的位置．两个相邻起始位间隔的时间就是实验系统模/数转换过程的采样周期，该周期的倒数就是采样频率．根据采样定理：采样频率大于或等于模拟信号频谱的最高频率两倍时，在以后的数/模转换中被采的信号才能得到恢复．因语音信号的频率在 300～3400Hz 范围内，故采样频率应大于 7000 次/秒，通信部门规定为 8000 次/秒．

切换光端机前面板的发时钟选择开关,在两个不同时钟频率下进行语音信号的传输实验. 在这两种情况下,用示波器观测模/数转换的采样周期、计算相应的采样频率、用采样定理评估实验系统传输语音信号的性能.

5. 数字信号的编码、解码和时钟提取(设计性选做实验)

编码的方式很多,本实验系统的编码码型采用 CMI 码,CMI 是 coded mark inversion(传号反转码)的缩写. 其变换规则是:用 01 代表数据码的 0,用 00 或 11 代表数据码的 1,若一个数据码 1 已用 00 表示,则下一个数据码 1 必须用 11 表示,也即表示数据码 1 的线路码在 00 和 11 之间交替反转. CMI 线路码长 0 和长 1 码元数目最多不超过 3 个,这对接收端的时钟提取十分有利. 按 CMI 线路码的编码规则,数据码的一个码元变成了线路两个码元. 在不降低通信速率的情况下就要求发送 CMI 线路码的时钟频率提高 1 倍,或在沿用数据码发时钟的情况下 CMI 线路码的码元宽度应减小一半. 实现 CMI 码变换规则的电路如图 8.3.9 所示. 用这一电路进行编码生成的 CMI 线路码的码元宽度相对于数据码的码元宽度减小了一半. 因此其频谱中就含有等于发时钟频率 2 倍的谱线. 接收端的 CMI 解码电路如图 8.3.10 所示,其变换规则与 CMI 码编码电路相反.

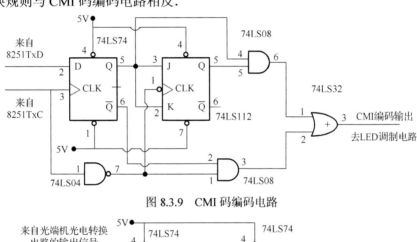

图 8.3.9　CMI 码编码电路

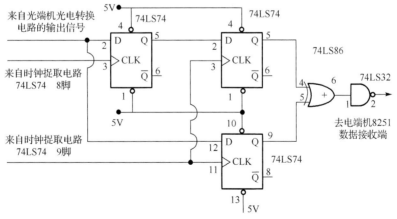

图 8.3.10　CMI 码解码电路

接收端对 CMI 码进行解码和对解码后的数字信号进行码值判别时,需要与发时钟 TxC 同频率、同相位的时钟信号. 这一时钟信号是从接收端的再生 CMI 线路码中提取. 按图 8.3.11 所示的电路结构设计一个时钟提取电路. 设计任务与步骤:

（1）首先测定实验系统发时钟的频率 f_{TxC}.

（2）选择和计算图 8.3.11 中 RLC 谐振电路的参数：谐振频率 $f_0 = 2f_{TxC}$.

（3）音频信号源作输入信号，用示波器观测 RLC 谐振电路的选频特性，需要时适当改变电路参数，使 RLC 谐振电路的选频特性满足设计要求.

（4）按图 8.3.2 中的所有开关均打在 2 位的连接方式，把设计好的 RLC 谐振电路接入实验系统后，依照本实验第一阶段要求的内容重新实验.

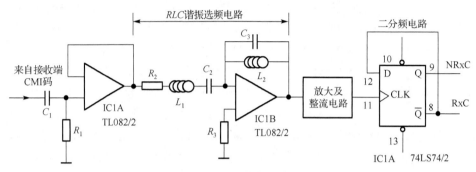

图 8.3.11　时钟提取电路

六、思考题（Exercises）

（1）语音信号数字光纤通信经历哪些过程？

（2）数字信号的码元宽度与什么因素有关？

（3）数字光信号经光纤信道传输后码元宽度为什么要变宽？

（4）如果利用一条光纤信道分时传输 32（或更多）路模拟语音信号，在对语音信号以每秒 8000 次采样进行 8 位模/数转换的情况下，光纤数字通信系统的发时钟的频率 f_{TxC} 至少应等于多少？

（5）为什么在数字信号发送端进行数据发送之前要进行编码？

（6）在接收端由时钟提取电路输出的时钟信号有哪些作用？

（7）图 8.3.11 中 RLC 谐振选频电路依据的工作原理是什么？

关键词（Key words）：

数字信号（digital signals），光纤传输（optical fiber transmitting）

参考文献

高传善，等. 1989. 接口与通信. 上海：复旦大学出版社

张德琨，等. 1992. 光纤通信原理. 重庆：重庆大学出版社

朱世国，付克祥. 1992. 纤维光学——原理及实验研究. 成都：四川大学出版社

第 9 章　微弱信号检测技术及显微观测技术

Chapter 9　Weak signal detecting technique and micro-observation technology

实验 9.1　锁相放大器原理及应用实验

Experiment 9.1　Principle and application of lock-in amplifier experiment

一、引言（Introduction）

　　锁相放大器（lock-in amplifier，LIA）又称锁定放大器，是一种基于互相关接收理论的弱信号检测设备，它利用与被测信号有相同频率和相位关系的参考信号作为比较基准，只对被测信号本身和那些与参考信号同频（或者倍频）、同相的噪声分量有响应. 它的核心部件是一个相敏检波器，通过其实现相敏检测并大大压缩等效噪声带宽，从而有效地抑制噪声，并检测出周期信号的幅值和相位. 因此，可以说锁定放大器是一种具有窄带滤波能力的放大器，它可以检测出噪声比信号大数千倍以上的微弱光电信号. 被广泛地应用到物理、化学、生物医药、天文、通信、金属实验和探测、电子技术等领域的研究工作中.

二、实验目的（Experimental purpose）

　　（1）理解锁相放大器的基本结构和工作原理.
　　（2）学会和掌握锁相放大器进行测量的基本方法.
　　（3）利用锁相放大器和斩波器搭建微弱光谱信号测量实验装置.

三、实验原理（Experimental principle）

　　锁相放大器检测弱信号基于信息和随机过程理论得出的相关接收技术. 根据信号具有周期性特征而噪声具有随机性特征这种差别，运用相关运算电路后，电路输出的信号、噪声功率比就能得到提高，从而把深埋在噪声中的信号发掘出来. 因此，锁定放大器实质是一种互相关接收检测仪器.

　　我们测量微弱的直流或缓变信号会受到 $1/f$ 噪声和直流放大器漂移等影响，测量信噪比很低. 通过使用调制器或斩波器将其变换成交流信号后，再进行放大处理提高信噪比. 后利用相敏检测器实现信号解调过程，可以同时利用频率 ω 和相位 θ 进行检测，噪声和信号既同频又同相的概率很低，因此可以大大提高信噪比. 用很窄的低通滤波器来抑制宽带噪声，可以得到稳定的被测信号. 可以说，相敏检测器（PSD）是锁相放大器的核心部件.

　　锁相放大器的基本组成如图 9.1.1 所示. 其电路原理框图如图 9.1.2 所示.

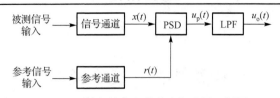

图 9.1.1 锁相放大器的基本组成原理框图

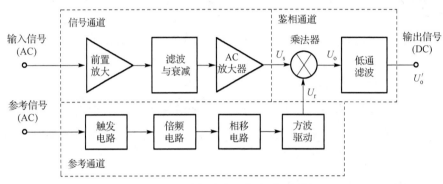

图 9.1.2 锁相放大器电路原理框图

下面仅以模拟乘法 PSD 为例说明锁相放大器的信号检测过程.

设接收系统的输入信号 $f(t)$ 是真实的周期性信号 $S_1(t)$ 和噪声 $N(t)$ 的混合物, 即 $f_1(t) = S_1(t) + N(t)$. 在接收系统中自己产生一个重复频率与信号相同的、但是不含噪声的参考信号 $r(t)$, 与输入信号一起进行互相关运算.

其数学关系是

输入信号:
$$f_1(t) = S_1(t) + N(t) = V_s \cos(\omega t + \theta) + N(t) \tag{9.1.1}$$

参考信号:
$$r(t) = S_2(t) = V_r \cos(\omega t) \tag{9.1.2}$$

PSD 输出为输入信号和参考信号的乘积:
$$U_p(t) = f_1(t)r(t) = 0.5 V_r V_s \cos(\theta) + 0.5 V_r V_s \cos(2\omega t + \theta) + N(t)\cos(\omega t) \tag{9.1.3}$$

上面的结果中, 第 1 项为直流项, 第 2 项为交流项, 噪声的频谱较宽, 但只有和信号同频分量才可能产生直流项, 比例非常少. 通过一个很窄带宽的低通滤波器后, 只剩下直流成分.
$$U_0(t) = 0.5 V_r V_s \cos(\theta) \tag{9.1.4}$$

调节参考信号和被测信号相位, 使输出达到最大, 即
$$\theta = 0, \quad U_0(t) = 0.5 V_r V_s \tag{9.1.5}$$

参考信号相位已知, 就可以测出被测信号的幅度, 完成信号测量.

四、实验仪器 (Experimental instruments)

(1) SR830 锁相放大器 (前面板如图 9.1.3 所示).

(2) SR540 斩波器及控制器 (前面板如图 9.1.4 所示).

(3) 直流电源.

(4) JY550 分光光度计 (带日本滨松 R928 光电倍增管 (PMT) 探测器).

(5) 计算机.

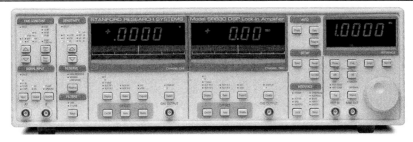

图 9.1.3 SR830 锁相放大器前面板图

图 9.1.4 SR540 斩波器及控制器前面板图

五、实验内容与要求（Experimental contents and requirement）

利用锁相放大器、斩波器、光谱仪实现微弱光谱信号测量. 连接原理图如图 9.1.5 所示. 斩波器调制盘可能存在的形式如图 9.1.6 所示.

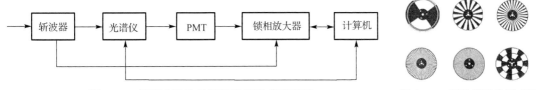

图 9.1.5 微弱光谱信号测量系统组成原理图　　　　图 9.1.6 斩波器轮盘形式图

斩波器将缓变光信号调制成特定频率的方波信号，同时将方波的同步信号输出给锁相放大器，作为其参考输入信号. 计算机通过接口控制单色仪的光栅转动改变波长，同时接收锁相放大器输出该波长下的数字量幅度信号，完成光谱图的绘制和数据存档.

六、实验步骤（Experimental procedure）

（1）利用直流电源点亮发光二极管，作为待测信号，通过调节电流改变信号强度，将其放置于单色仪入口狭缝处.

（2）斩波器通过调整结构置于光谱仪入射狭缝前面，并尽量让狭缝长轴方向穿过斩波器轴心（沿径向）. 调整斩波器控制器的调制频率，一般可以设定为 113kHz，避免市电 50Hz 及其谐波分量的干扰.

（3）探测器输出信号通过同轴电缆连接到 SR830 锁相放大器输入信号端，斩波器同步信号输出连接到 SR830 的同步信号输入端（REF IN）. SR830 数字量输出及采样控制通过 RS232 接口利用计算机完成. 检查连线是否正确.

（4）设置锁相放大器参数：

（A）设置输入通道为 A/I 通道，耦合方式（coupling）为 DC.

（B）灵敏度先设定为 mV, μA 挡，根据采集数据曲线再重新调整，也可以设定为 AutoGain 模式，仪器自动设定为合适的增益．时间常数设定为 30s.

（C）触发方式（Trig）设定为正边沿（POS EDGE）.

（D）开启远程控制模式 REMOTE（LOCAL 按钮），让计算机对其控制获取采集数据.

（E）启动计算机中的光谱采集软件，设置单色仪狭缝类型、光栅类型、PMT 电压值、锁相放大器时间常数、电流放大倍数等参数．设定光谱采集相关的参数，如步进波长、始末波长.

（F）启动采集，完成谱图绘制（软件自动完成），保存成文本文档.

七、数据处理（Data processing）

将保存的文本文档数据导入到 ORIGIN 软件中进行处理，画图，完成多条曲线的绘制.

关键词（Key words）：

相关检测（correlated detection），锁相放大器（lock-in amplifier），斩波器（chopper）

实验 9.2　单光子计数实验

Experiment 9.2　Single photon counting experiment

一、引言（Introduction）

现代光测量技术已步入极微弱发光分析时代．在诸如生物微弱发光分析、化学发光分析、发光免疫分析等领域中，辐射光强度极其微弱，要求对所辐射的光子数进行计数检测．对于一个具有一定光强的光源，若用光电倍增管接收它的光强，如果光源的输出功率极其微弱，相当于每秒钟光源在光电倍增管接收方向发射数百个光子的程度，那么光电倍增管输出就呈现一系列分立的尖脉冲，脉冲的平均速率与光强成正比，在一定的时间内对光脉冲计数，便可检测到光子流的强度，这种测量光强的方法称为光子计数.

二、实验目的（Experimental purpose）

（1）介绍这种微弱光的检测技术；了解 GSZF-2B 实验系统的构成原理.

（2）了解光子计数的基本原理、基本实验技术和弱光检测中的一些主要问题.

（3）了解微弱光的概率分布规律.

三、实验原理（Experimental principle）

（一）光子（Photon）

光是由光子组成的光子流，光子是静止质量为零、有一定能量的粒子．与一定的频率 ν 相对应，一个光子的能量 E_p 可由下式决定：

$$E_{\mathrm{p}} = h\nu = hc / \lambda \qquad (9.2.1)$$

式中，c 是真空中的光速，$c = 3 \times 10^{8} \mathrm{m \cdot s^{-1}}$；$h = 6.6 \times 10^{34} \mathrm{J \cdot s}$ 是普朗克常量．光流强度常用光功率 P 表示，单位为 W．单色光的光功率与光子流量 R（单位时间内通过某一截面的光子数目）的关系为

$$P = R \cdot E_{\mathrm{p}} \qquad (9.2.2)$$

所以，只要能测得光子的流量 R，就能得到光流强度．如果每秒接收到 $R = 10^{4}$ 个光子数，对应的光功率为 $P = P \cdot E_{\mathrm{p}} = 10^{4} \times 3.96 \times 10^{-19} = 3.96 \times 10^{-15} (\mathrm{W})$．

（二）测量弱光时光电倍增管输出信号的特征（Measurement of output signal characterization of photomultiplier at low light level）

在可见光的探测中，通常利用光子的量子特性，选用光电倍增管作探测器件．光电倍增管从紫外到近红外都有很高的灵敏度和增益．当用于非弱光测量时，通常是测量阳极对地的阳极电流（图 9.2.1(a)），或测量阳极电阻 R_{L} 上的电压（图 9.2.1(b)），测得的信号电压（或电流）为连续信号；然而在弱光条件下，阳极回路上形成的是一个个离散的尖脉冲．为此，我们必须研究在弱光条件下光电倍增管的输出信号特征．

弱光信号照射到光阴极上时，每个入射的光子以一定的概率（即量子效率）使光阴极发射一个光电子．这个光电子经倍增系统的倍增，在阳极回路中形成一个电流脉冲，即在负载电阻 R_{L} 上建立一个电压脉冲，这个脉冲称为"单光电子脉冲"，如图 9.2.2 所示．脉冲的宽度 t_{w} 取决于光电倍增管的时间特性和阳极回路的时间常数 $R_{\mathrm{L}}C_{0}$，其中 C_{0} 为阳极回路的分布电容和放大器的输入电容之和．性能良好的光电倍增管有较小的渡越时间分散，即从光阴极发射的电子与经倍增极倍增后的电子到达阳极的时间差较小．若设法使时间常数较小，则单光电子脉冲宽度 t_{w} 减小到 10～30ns．如果入射光很弱，入射的光子流是一个一个离散地入射到光阴极上，则在阳极回路上得到一系列分立的脉冲信号．

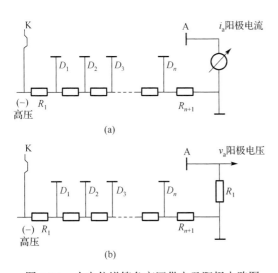

图 9.2.1　光电倍增管负高压供电及阳极电路图

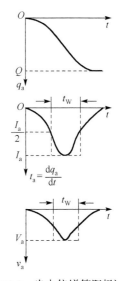

图 9.2.2　光电倍增管阳极波形

图 9.2.3 是用 TDS 3032B 示波器观察到的光电倍增管弱光输出信号经过放大器后的波

形. 当入射光功率 $P_i \approx 10^{-11}$ W 时, 光电子信号是一直流电平并叠加有闪烁噪声 (图 9.2.3(a)); 当 $P_i \approx 10^{-12}$ W 时, 直流电平减小, 脉冲重叠减小, 但仍存在基线起伏 (图 9.2.3(b)); 当光强继续下降到 $P_i \approx 10^{-13}$ W 时, 基线开始稳定, 重叠脉冲极少 (图 9.2.3(c)); 当 $P_i \approx 10^{-14}$ W 时, 脉冲无重叠, 基线趋于零 (图 9.2.3(d)). 由图可知, 当光强下降为 10^{-14} W 量级时, 在 1ms 的时间内只有极少几个脉冲, 也就是说, 虽然光信号是持续照射的, 但光电倍增管输出的光电信号却是分立的尖脉冲. 这些脉冲的平均计数率与光子的流量成正比.

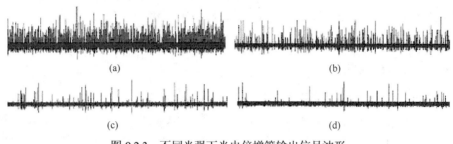

图 9.2.3   不同光强下光电倍增管输出信号波形

图 9.2.4 为光电倍增管阳极回路输出脉冲计数率 ΔR 随脉冲幅度大小的分布. 曲线表示脉冲幅度在 $V \sim (V+\Delta V)$ 的脉冲计数率 ΔR 与脉冲幅度 V 的关系, 它与曲线 $(\Delta R/\Delta V)$ -V 有相同的形式. 因此在 ΔV 取值很小时, 这种幅度分布曲线称为脉冲幅度分布的微分曲线. 形成这种分布的原因有以下几点:

（1）除光电子脉冲外, 还有各倍增极的热发射电子在阳极回路形成的热发射噪声脉冲. 热电子受倍增的次数比光电子少, 因此它们在阳极上形成的脉冲大部分幅度较低.

（2）光阴极的热发射电子形成的阳极输出脉冲.

（3）各倍增极的倍增系数有一定的统计分布（大体上遵从泊松分布）.

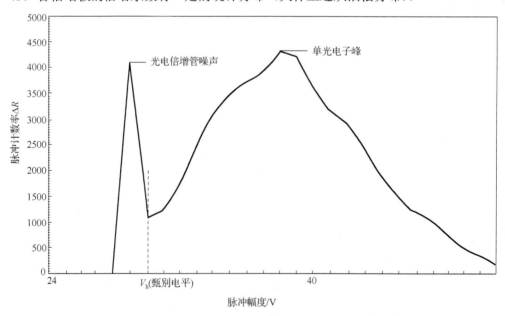

图 9.2.4   光电倍增管输出脉冲幅度分布的微分曲线

因此, 噪声脉冲及光电子脉冲的幅度也有一个分布, 在图 9.2.4 中, 脉冲幅度较小的主要是热发射噪声信号,而光阴极发射的电子(包括热发射电子和光电子)形成的脉冲,它的幅度大部分集中在横坐标的中部,出现"单光电子峰". 如果用脉冲幅度甄别器把幅度高于 V_h 的脉冲鉴别输出,就能实现单光子计数.

(三)光子计数器的组成(Composition of photon counter)

光子计数器的原理方框图如图 9.2.5 所示.

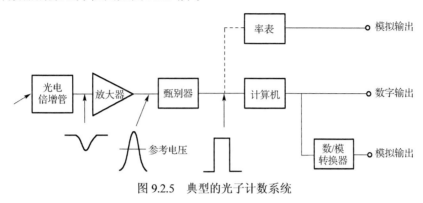

图 9.2.5 典型的光子计数系统

1. 光电倍增管

光电倍增管性能的好坏直接关系到光子计数器能否正常工作. 对光子计数器中所用的光电倍增管的主要要求有:光谱响应适合于所用的工作波段;暗电流要小(它决定管子的探测灵敏度);响应速度快、后续脉冲效应小及光阴极稳定性高. 为了提高弱光测量的信噪比,在管子选定之后,还要采取一些措施:

(1)光电倍增管的电磁噪声屏蔽. 电磁噪声对光子计数是非常严重的干扰,因此,作光子计数用的光电倍增管都要加以屏蔽,最好是在金属外套内衬以坡莫合金.

(2)光电倍增管的供电. 通常的光电技术中,光电倍增管采用负高压供电,即光阴极对地接负高压,外套接地. 阳极输出端可直接接到放大器的输入端. 这种供电方式,光阴极及各倍增极(特别是第一、第二倍增极)与外套之间有电势差存在,漏电流能使玻璃管壁产生荧光,阴极也可能发生场致辐射,造成虚假计数,这对光子计数来讲是相当大的噪声. 为了防止这种噪声的发生,必须在管壁与外套之间放置一金属屏蔽层,金属屏蔽层通过一个电阻接到光阴极上,使光阴极与屏蔽层等电势;另一种方法是改为正高压供电,即阳极接正高压,阴极和外套接地,但输出端需要加一个隔直流、耐高压、低噪声的电容,如图 9.2.6 所示.

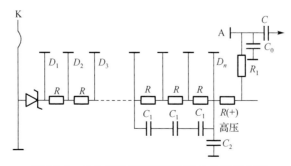

图 9.2.6 光电倍增管的正高压供电及阳极电路

（3）热噪声的去除．为了获得较高的稳定性，降低暗计数率，常采用制冷技术降低光电倍增管的工作温度．当然，最好选用具有小面积光阴极的光电倍增管，如果采用大面积阴极的光电倍增管，则需采用磁散焦技术．

2. 放大器

放大器的功能是把光电倍增管阳极回路输出的光电子脉冲和其他的噪声脉冲线性放大，因而放大器的设计要有利于光电子脉冲的形成和传输．对放大器的主要要求有：有一定的增益；上升时间 $t_r \leqslant 3\mathrm{ns}$，即放大器的通频带宽达 100MHz；有较宽的线性动态范围及噪声系数要低．

放大器的增益可按如下数据估算：光电倍增管阳极回路输出的单光电子脉冲的高度为 V_a（图 9.2.2），单个光电子的电量 $e = 1.6 \times 10^{-19}\mathrm{C}$，光电倍增管的增益 $G = 10^6$，光电倍增管输出的光电子脉冲宽度 $t_w = 10 \sim 20\mathrm{ns}$ 量级．按 10ns 脉冲计算，阳极电流脉冲幅度

$$I_a \approx 1.6 \times 10^{-5}\mathrm{A} = 16\mu\mathrm{A}$$

设阳极负载电阻 $R_L = 50\Omega$，分布电容 $C = 20\mathrm{pF}$，则输出脉冲电压波形不会畸变，其峰值为

$$V_a = I_a R_L \approx 8.0 \times 10^{-4}\mathrm{V} = 0.8\mathrm{mV}$$

当然，实际上由于各倍增极的倍增系数遵从泊松分布的统计规律，输出脉冲的高度也遵从泊松分布，如图 9.2.7 所示，上述计算值只是一个光子引起的平均脉冲峰值的期望值．一般的脉冲高度甄别器的甄别电平在几十毫伏到几伏内连续可调，所以要求放大器的增益大于 100 倍即可．放大器与光电倍增管的连线应尽量短，以减小分布电容，有利于光电脉冲的形成与传输．

3. 脉冲高度甄别器

脉冲高度甄别器的功能是鉴别输出光电子脉冲，弃除了光电倍增管的热发射噪声脉冲．在甄别器内设有一个连续可调的参考电压——甄别电平 V_h．

如图 9.2.8 所示，当输出脉冲高度高于甄别电平 V_h 时，甄别器就输出一个标准脉冲；当输入脉冲高度低于 V_h 时，甄别器无输出．如果把甄别电平选在与图 9.2.8 中谷点对应的脉冲高度 V_h 上，这就弃除了大量的噪声脉冲，因对光电子脉冲影响较小，从而大大提高了信噪比．V_h 称为最佳甄别（阈值）电平．

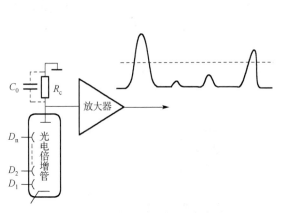

图 9.2.7　放大器的输出脉冲

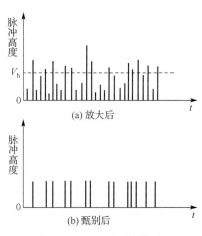

图 9.2.8　甄别器的作用

对甄别器的要求：甄别电平稳定，以减小长时间计数的计数误差；灵敏度（可甄别的最小脉冲幅度）较高，这样可降低放大器的增益要求；要有尽可能小的时间滞后，以使数据收集时间较短；死时间小、建立时间短、脉冲对分辨率 ≤ 10ns，以保证一个个脉冲信号能被分辨开来，不致因重叠造成漏计.

需要注意的是：当用单电平的脉冲高度甄别器鉴别输出时，对应某一电平值 V，得到的是脉冲幅度大于或等于 V 的脉冲总计数率，因而只能得到积分曲线（图 9.2.9），其斜率最小值对应的 V 就是最佳甄别（阈值）电平 V_h，在高于最佳甄别电平 V_h 的曲线斜率最大处的电平 V 对应单光电子峰.

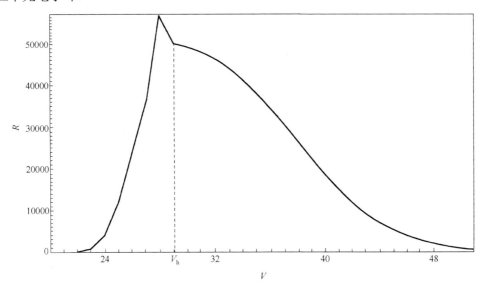

图 9.2.9　光电倍增管脉冲高度分布——积分曲线

4. 计数器（定标器）

计数器的主要功能是在规定的测量时间间隔内，把甄别器输出的标准脉冲累计和显示. 为满足高速计数率及尽量减小测量误差的需要，要求计数器的计数速率达到 100MHz. 但由于光子计数器常用于弱光测量，其信号计数率极低，故选用计数速率低于 10MHz 的定标器也可以满足要求.

（四）光子计数器的误差及信噪比（Error of photon counter and signal-to-noise ratio）

测量弱光信号最关心的是探测信噪比（能测到的信号与测量中各种噪声的比）. 因此，必须分析光子计数系统中各种噪声的来源.

1. 泊松统计噪声

用光电倍增管探测热光源发射的光子，相邻的光子打到光阴极上的时间间隔是随机的，对于大量粒子的统计结果服从泊松分布，即在探测到上一个光子后的时间间隔 t 内，探测到 n 个光子的概率 $P_{(n,t)}$ 为

$$P_{(n,t)} = \frac{(\eta R t)^n \mathrm{e}^{-\eta R t}}{n!} = \frac{\bar{N}^n \mathrm{e}^{-\bar{N}}}{n!} \tag{9.2.3}$$

式中，η 是光电倍增管的量子计数效率；R 是光子平均流量（光子数·s^{-1}）；$\overline{N} = \eta R t$，是在时间间隔 t 内光电倍增管的光阴极发射的光电子平均数. 由于这种统计特性，测量到的信号计数中就有一定的不确定度，通常用均方根偏差 σ 来表示，计算得出 $\sigma = \sqrt{\overline{N}} = \sqrt{\eta R t}$. 这种不确定度是一种噪声，称统计噪声. 所以，统计噪声使得测量信号中固有的信噪比 SNR 为

$$\text{SNR} = \frac{\overline{N}}{\sqrt{\overline{N}}} = \sqrt{\overline{N}} = \sqrt{\eta R t} \tag{9.2.4}$$

可见，测量结果的信噪比 SNR 正比于测量时间间隔 t 的平方根.

2. 暗计数

实际上，光电倍增管的光阴极和各倍增极还有热电子发射，即在没有入射光时，还有暗计数（亦称背景计数）. 虽然可以用降低管子的工作温度、选用小面积光阴极以及选择最佳的甄别电平等使暗计数率 R_d 降到最小，但相对于极微弱的光信号，仍是一个不可忽视的噪声来源.

假如以 R_d 表示光电倍增管无光照时测得的暗计数率，则在测量光信号时，按上述结果，信号中的噪声成分将增加到 $(\eta R t + R_d t)^{1/2}$，信噪比 SNR 降为

$$\text{SNR} = \eta R t / (\eta R t + R_d t)^{1/2} = \eta R (t)^{1/2} / (\eta R + R_d)^{1/2} \tag{9.2.5}$$

这里假设倍增极的噪声和放大器的噪声已经被甄别器弃除了. 对于具有高增益的第一倍增极的光电倍增管，这种近似是可取的.

3. 累积信噪比

当用扣除背景计数或同步数字检测工作方式时，在两个相同的时间间隔 t 内，分别测量背景计数（包括暗计数和杂散光计数）N_d 和信号与背景的总计数 N_t. 设信号计数为 N_p，则

$$N_p = N_t - N_d = \eta R t, \quad N_d = R_d t$$

按照误差理论，测量结果的信号计数 N_p 中的总噪声应为

$$(N_t + N_d)^{1/2} = (\eta R t + 2 R_d t)^{1/2}$$

测量结果的信噪比：

$$\begin{aligned} \text{SNR} &= N_p / (N_t + N_d)^{1/2} = (N_t - N_d) / (N_t + N_d)^{1/2} \\ &= \eta R (t)^{1/2} / (\eta R + 2 R_d)^{1/2} \end{aligned} \tag{9.2.6}$$

当信号计数 N_p 远小于背景计数 N_d 时，测量结果的信噪比可能小于 1，此时测量结果无意义，当 SNR=1 时，对应的接收信号功率 $P_{0\min}$ 即为仪器的探测灵敏度.

由以上的噪声分析可见，光子计数器测量结果的信噪比 SNR 与测量时间间隔的平方根（$t^{1/2}$）成正比. 因此在弱光测量中，为了获得一定的信噪比，可增加测量时间间隔 t，这也是光子计数能获得很高的检测灵敏度的原因.

4. 脉冲堆积效应

光电倍增管具有一定的分辨时间 t_R，如图 9.2.10 所示. 当在分辨时间 t_R 内相继有两个或两个以上的光子入射到光阴极时（假定量子效率为 1），由于它们的时间间隔小于 t_R，光电倍

增管只能输出一个脉冲，因此，光电子脉冲的输出计数率比单位时间入射到光阴极上的光子数要少；另一方面，电子学系统（主要是甄别器）有一定的死时间 t_d，在 t_d 内输入脉冲时，甄别器输出计数率也要受到损失．以上现象统称为脉冲堆积效应．脉冲堆积效应造成的输出脉冲计数率误差，可以用下面的方法进行估算．

对光电倍增管，由式（9.2.3）可知，在 t_R 时间内不出现光子的概率为

$$P_{(0, t_R)} = \exp(-R_i t_R) \tag{9.2.7}$$

式中，R_i 为入射光子使光阴极单位时间内发射的光电子数，$R_i = \eta R_0$，在 t_R 内出现光子的概率为 $1 - \exp(-R_i t_R)$．若由于脉冲堆积，单位时间内输出的光电子脉冲数为 R_p，则

$$R_i - R_p = R_i[1 - \exp(-R_i t_R)]$$

所以

$$R_p = R_i \exp(R_i t_R) \tag{9.2.8}$$

由图 9.2.11 可见，R_p 随入射光子流量 R（即 R_i）增大而增大．当 $R_i t_R = 1$ 时，R_p 出现最大值，以后 R_p 随 R_i 增加而下降，一直可以下降到零．这就是说，当入射光强增加到一定数值时，光电倍增管的输出信号中的脉冲成分趋于零．此时就可以利用直流测量的方法来检测光信号．

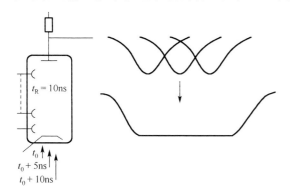

图 9.2.10　光电倍增管的脉冲堆积效应

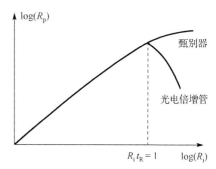

图 9.2.11　光电倍增管和甄别器的输出
计数率与输入计数率关系

对于甄别器（对定标器也适用），如果不考虑光电倍增管的脉冲堆积效应，在测量时间 t 内输出脉冲信号的总计数 $N = R_p \cdot t$，总的"死"时间 $= N_p t_d = R_p \cdot t \cdot t_d$．因此，总的"活"时间 $= t - R_p \cdot t \cdot t_d$．所以接收到的总的脉冲计数

$$N_p = R_p \cdot t = R_i(t - R_p \cdot t \cdot t_d)$$

甄别器的死时间 t_d 造成的脉冲堆积，使输出脉冲计数率下降为

$$R_p = R_i / (1 + R_i t_d) \tag{9.2.9}$$

式中，R_i 为假定死时间为零时，甄别器应该输出的脉冲计数率．由图 9.2.11 看出，当 $R_i t_d \geqslant 1$ 时，R_p 趋向饱和状态，即 R_p 不再随 R 增加而有明显变化．

由式（9.2.8）和式（9.2.9）可以分别计算出上述两种脉冲堆积效应造成的输出计数率的相对误差：

光电倍增管分辨时间 t_R 造成的误差为

$$\xi_{\text{PMT}} = 1 - \exp(R_i t_R) \tag{9.2.10}$$

甄别器死时间 t_d 造成的误差为

$$\xi_{\text{DIS}} R_i t_d / (1 + R_i t_d) \tag{9.2.11}$$

当计数率较小时，有

$$R_i t_R \leqslant 1, \quad R_i t_d \leqslant 1$$

则

$$\xi_{\text{PMT}} \approx R_i t_R \tag{9.2.12}$$

$$\xi_{\text{DIS}} = R_i t_d \tag{9.2.13}$$

当计数率较小并使用快速光电倍增管时，脉冲堆积效应引起的误差 ξ 主要取决于甄别器，即

$$\xi = \xi_{\text{DIS}} = R_i t_d = \eta R t_d \tag{9.2.14}$$

一般认为，计数误差 ξ 小于 1%的工作状态就称为单光子计数状态，处在这种状态下的系统就称为单光子计数系统.

对于由高速的甄别器和计数器组成的光子计数系统，极限光子流量近似为 10^9s^{-1}（光功率 $\leqslant$ 1nW）. 由于脉冲堆积效应，光子计数器不能测量含有多个光子的超短脉冲光的强度.

四、实验内容（Experimental contents）

1. 观察不同入射光强光电倍增管的输出波形分布，推算出相应的光功率

（1）开启 GSZF-2B 单光子计数实验仪"电源"，光电倍增管预热 20～30min.

（2）开启"功率测量"在μW 量程进行严格调零；开启"光源指示"，电流调到 3～4mA，读出"功率测量"指示的 P 值.

（3）开启计算机，进入"单光子计数"软件，给光电倍增管提供工作电压，探测器开始工作.

（4）开启示波器，输入阻抗设置 50Ω，调节"触发电平"处于扫描最灵敏状态.

（5）打开仪器箱体，在窄带滤光片前按照衰减片的透过率由大到小的顺序依次添加片子. 同时一并观察示波器上光电倍增管的输出信号，图形应该是由连续谱到离散分立的尖脉冲，和图 9.2.2 相同. 注意：每次开启仪器箱体添、减衰减片之后，要轻轻盖好还原，以免受到背景光的干扰.

（6）示波器与计算机相连. 进入通信模块 3GV 软件，由菜单提示采集不同光强的四帧图形，自己建立一个文档，再由式（9.2.1）推算光功率 P_i.

2. 用示波器观察光电倍增管阳极输出和甄别器输出的脉冲特征，并作比较

（1）选择入射光强使光电倍增管输出为离散的单一尖脉冲（$P \approx 10^{-13} \sim 10^{-14} \text{W}$）；固定光电倍增管的工作电压；不加制冷处于常温状态；甄别阈值电平置于给定的适当位置.

（2）分别将放大器"检测 2"和甄别器"检测 1"的输出信号送至示波器的输入端，观察并记录两种信号波形和高度分布特征. 如同步骤 1. （6）输入计算机，下拉文件菜单"打印"或在主工具栏"打印"，在"打印设置"取"只打印图像". 编辑打印图形.

3. 测量光电倍增管输出脉冲幅度分布的积分和微分曲线,确定测量弱光时的最佳阈值(甄别)电平 V_h

（1）参照步骤 2.（1）选择光电倍增管输出的光电信号是分立尖脉冲的条件,运行"单光子计数"软件. 在模式栏选择"阈值方式";采样参数栏中的"高压"是指光电倍增管的工作电压,1～8 挡分别对应 620～1320V,由高到低每挡 10% 递减.

（2）在工具栏点击"开始"获得积分曲线. 视图形的分布调整数值范围栏的"起始点"和"终止点","终止点"一般设在 30～60 挡左右（10mV/挡）;再适当地调整光电倍增管的高压挡次（6～8 挡范围）和微调入射光强,让积分曲线图形为最佳（图 9.2.9）. 其斜率最小值处就是阈值电平 V_h.

（3）在菜单栏点击"数据/图形处理"选择"微分",再选择与积分曲线不同的"目的寄存器"运行,就会得到与积分曲线色彩不同的微分曲线（图 9.2.4）. 其电平最低谷与积分曲线的最小斜率处相对应,由微分曲线更准确地读出 V_h.

（4）点击"信息",输入每个"寄存器"对应的曲线名称、实验学生姓名,打印附报告.

4. 单光子计数

（1）由模式栏选择"时间方式",在采样参数栏的"阈值"输入步骤 3. 获取的 V_h 值,数值范围的"终止点"不用设置太大,100～1000 即可,在工具栏点击"开始",单光子计数. 将数值范围的"最大值"设置到单光子数率线在显示区中间为宜.

（2）此时,如果光源强度 P_1 不变,光子计数率 R_p 基本是一直线;倘若调节光功率 P_1 的高、低,光子计数率也随之高、低而变化. 这说明:一旦确立阈值甄别电平、测量时间间隔相同,P_1 与 R_p 成正比. 记录实验所得最高或最低的光子计数率并推算 P_i 值.

（3）由式（9.2.1）计算出相应的接收光功率 P_0.

五、注意事项（Attentions）

（1）入射光源强度要保持稳定.

（2）光电倍增管要防止入射强光,光阑筒前至少有窄带滤光片和一个衰减片.

（3）光电倍增管必须经过长时间工作才能趋于稳定. 因此,开机后需要经过充分的预热时间,至少 20～30min,才能进行实验.

（4）仪器箱体的开、关动作要轻,轻开轻关地还原,以便尽量减少背景光干扰.

（5）半导体制冷装置开机前,一定要先通水,然后再开启制冷电源. 如果遇到停水,立即关闭制冷电源,否则将发生严重事故.

六、实验报告要求（Requirement of experiment report）

（1）简述单光子计数原理和实验方法.

（2）附光电倍增管在不同入射光强的分布图形（打印）并计算出相应的 P_i 值;放大后和甄别后的输出波形图形（打印）.

（3）附实验得到的积分、微分曲线图形（打印）和由此得出的阈值电平 V_h 值.

（4）记录"域值"在 V_h 时的光子计数率 R_p;改变 P_1 得到的最高或最低的光子数率 R_p 及计算出相应的 P_i;计算出接收光功率 P_0 与 P_i 比较,分析原因.

关键词（Key words）：

光子（photon），信噪比（signal-to-noise ratio），光电倍增管（photomultiplier tube），光子计数器（composition of photon），放大器（amplifier）

参考文献

江月松. 2000. 光电技术与实验. 北京：北京理工大学出版社

吴思成，王祖铨. 1986. 近代物理实验. 北京：北京大学出版社

武兴建，吴金宏. 2001. 光电倍增管原理、特性与应用. 国外电子元器件，8

实验 9.3　扫描隧道显微镜（STM）

Experiment 9.3　Scanning tunneling microscope (STM)

1982 年，IBM 瑞士苏黎世实验室的葛·宾尼（Gerd Binning）博士和海·罗雷尔（Heinrich Rohrer）博士研制成功了世界第一台新型表面分析仪器——扫描隧道显微镜（scanning tunneling microscope，STM），它的出现使人类第一次能够实时地观察单个原子在物质表面的排列状态和与表面电子行为有关的物理化学性质，在表面科学、材料科学、生命科学等领域的研究中有着重大的意义和广泛的应用前景，被国际科学界公认为 20 世纪 80 年代世界十大科技成就之一，为表彰 STM 的发明者们对科学研究的杰出贡献，1986 年宾尼和罗雷尔被授予诺贝尔物理学奖.

与其他表面分析技术相比，STM 具有如下的独特优点：

（1）具有原子级高分辨率，STM 在平行和垂直于样品表面方向的分辨率分别可达 0.1nm 和 0.01nm，即可以分辨出单个原子.

（2）可实时地得到在实空间中表面的三维图像.

（3）可以观察单个原子层的局部表面结构，因而可直接观察到表面缺陷、表面重构、表面吸附体的形态和位置.

（4）可在真空、大气、常温等不同环境下工作，甚至可将样品浸在水和其他溶液中，不需要特别的制样技术，且探测过程对样品无损伤. 这些特点特别适用于研究生物样品和在不同实验条件下对样品表面的评价，例如，对于多相催化机理、超导机制、电化学反应过程中电极表面变化的监测等.

（5）配合扫描隧道谱（STS）可以得到有关表面电子结构的信息，如表面不同层次的态密度、表面电子阱、电荷密度波、表面势垒的变化和能隙结构等.

（6）利用 STM 针尖，可实现对原子和分子的移动和操纵，为纳米科技的全面发展奠定了基础.

STM 也存在因本身的工作方式所造成的局限性. STM 所观察的样品必须具有一定的导电性，因此它只能直接观察导体和半导体的表面结构，对于非导电材料，必须在其表面覆盖一层导电膜，但导电膜的粒度和均匀性等问题会限制图像对真实表面的分辨率，然而有许多感兴趣的研究对象是不导电的，这就限制了 STM 的应用. 另外，即使对于导电样品，STM 观

察到的是对应于表面费米能级处的态密度，如果样品表面原子种类不同，或样品表面吸附有原子、分子，即当样品表面存在非单一电子态时，STM 得到的并不是真实的表面形貌，而是表面形貌和表面电子性质的综合结果.

一、实验目的（Experimental Purpose）

（1）学习和了解扫描隧道显微镜的原理和结构.
（2）观测和验证量子力学中的隧道效应.
（3）学习掌握扫描隧道显微镜的操作和调试过程，并以之来观察样品的表面形貌.
（4）学习用计算机软件处理原始数据图像.

二、实验原理（Experimental Principle）

1. 隧道电流（Tunnel current）

扫描隧道显微镜的基本原理是利用量子理论中的隧道效应，如图 9.3.1 所示. 对于经典物理学来说，当一粒子的动能 E 低于前方势垒的高度 V_0 时，它不可能越过此势垒，即透射系数等于零，粒子将完全被弹回，而按照量子力学的计算，在一般情况下，其透射系数不等于零，也就是说粒子可以穿过比它的能量更高的势垒，这个现象称为隧道效应. 它是由粒子的波动性引起的，只有在一定的条件下，这种效应才会显著，经计算，透射系数为

$$T = \frac{16E(V_0 - E)}{V_0^2} \exp\left[-\frac{2a}{h} \sqrt{2m(V_0 - E)} \right] \tag{9.3.1}$$

由式中可见，T 与势垒宽度 a、能量差（$V_0 - E$）以及粒子的质量 m 有着很敏感的依赖关系，随着 a 的增加，T 将指数衰减，因此在宏观实验中，很难观察到粒子隧穿势垒的现象.

扫描隧道显微镜是将原子线度的极细探针和被研究物质的表面作为两个电极，当样品与针尖的距离非常接近时（通常小于 1nm），在外加电场的作用下，电子会穿过两个电极之间的势垒流向另一电极. 隧道电流 I 是针尖的电子波与样品的电子波函数重叠的量度，与针尖和样品之间距离 S 和平均功函数 ϕ 有关：

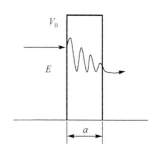

图 9.3.1 量子力学中的隧道效应

$$I \propto V_b \exp(-A^{\sqrt{\phi}} S) \tag{9.3.2}$$

式中，V_b 是加在针尖和样品之间的偏置电压；ϕ 为平均功函数，$\phi = (\phi_1 + \phi_2) / 2$，$\phi_1$ 和 ϕ_2 分别为针尖和样品的功函数；A 为常数，在真空条件下约等于 1. 扫描探针一般采用直径小于 1mm 的细金属丝，如钨丝、铂-铱丝等；被观测样品应具有一定导电性才可以产生隧道电流.

由式（9.3.2）可知，隧道电流强度对针尖和样品之间的距离有着指数的依赖关系，当距离 S 减小 0.1nm 时，隧道电流即增加约一个数量级. 因此，根据隧道电流的变化，我们可以得到样品表面微小的高低起伏变化的信息，如果同时对 x、y 方向进行扫描，就可以直接得到三维的样品表面形貌图.

2. STM 工作模式（Operating mode of STM）

1）恒流模式（Constant current mode）

如图 9.3.2(a)所示，x、y 方向起着扫描的作用，保持隧道电流恒定，而 z 方向有一反馈系统，当样品表面凸起时，针尖就会向后退，以保持隧道电流的值不变；反之，当样品表面凹进时，反馈系统将使得针尖向前移动，计算机将记录针尖上下移动的轨迹. 由于该模式对于样品与针尖较安全，所以实验教学中一般采用恒流模式.

2）恒高模式（Constant height mode）

如图 9.3.2(b)所示，针尖的 x、y 方向仍起着扫描的作用，而 z 方向则保持水平高度不变，由于隧道电流随距离有着明显的变化，在扫描过程中只要记录电流变化的曲线，则由此就可给出样品表面形貌变化.

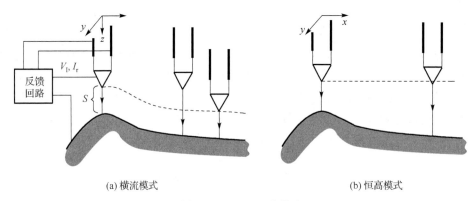

(a) 横流模式　　　　　　　　　　　(b) 恒高模式

图 9.3.2　STM 工作模式

三、实验仪器（Experimental instruments）

AJ-I 型扫描隧道显微镜，铂-铱金属探针，光栅样品，高序石墨样品（HOPG）等. 其中 STM 仪器的基本装置如图 9.3.3 所示，它的主要组成系统是机械系统、样品台、减震系统、

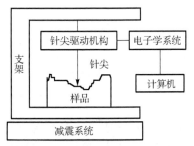

图 9.3.3　STM 仪器基本装置

电控制系统、计算机. 扫描隧道显微镜是可对原子数量级表面形貌进行直接观察与测量的高精度、高科技的现代仪器，所以实验仪器的整体装置、减震系统、针尖的制备等都有一些较高或特殊的要求.

1. 机械系统（Mechanical system）

包括样品与针尖的装置及控制样品与针尖的压电陶瓷等. 装置中针尖和样品分别作为两个电极. 隧道探针一般采用直径小于 1mm 的细金属丝，如钨丝、铂-铱丝等. 隧道针尖是 STM 技术中主要的技术问题之一，针尖的大小、形状和化学同一性不仅影响着图像的分辨率和图像的形状，而且也影响着测定的电子态. 针尖的宏观结构应使得针尖具有高的弯曲频率，从而减小相位滞后，提高采集速度. 如果针尖的最前端只有一个稳定的原子而不是有多重针尖，那么隧道电流就会很稳定，而且能够获得原子级分辨率的图像. 针尖的化学程度高，就不会涉及系列势垒. 例如，针尖表面如有氧化层，则其电阻可能会高于隧道间隙的阻值，从而导致在针尖和样品间产生隧道电流之前，二者就发生碰撞．钨丝作针尖能够满足 STM 仪器刚性的要求，因而被广泛地应用．但由于钨丝针尖容易形成表面氧化物，不能被重复与长期使用．与钨丝相比，铂材料较软，但不易被氧化，在铂中加入少量铱，形成的铂-铱合金丝，既保留了不易被氧化的特性，还增强了刚性．当然，其成本比钨丝显然要高得多．目前制备针尖的方法主要有电化学腐蚀法与机械成型法．一般对铂-铱合金丝采用机械成型法，也称剪切法；而对钨丝则需电化学腐蚀法．铂-铱合金丝可较长时间使用；钨丝在真空中可使用较长时间，但暴露在空气中，容易被氧化．针尖的制备是技术性十分强的工作，需要非常认真、耐心、细致，并多次实践，才能较好地掌握．

被观测样品应具有一定的导电性才能产生隧道电流．在选择样品前，可对不同材料的表面结构有一初步了解．不同的 STM 教学仪器可有不同的扫描范围，应根据仪器的情况选择样品．

2.　STM 减震系统（Damping system of STM）

由于 STM 工作时的针尖与样品间距一般小于 1nm，同时由式（9.3.2）可见，隧道电流与隧道间距成指数关系，因此任何微小的振动，如由说话的声音和人的走动所引起的振动，都会对仪器的稳定性产生影响．许多样品，特别是金属样品，在 STM 的恒电流模式中，观察到的表面起伏通常为 0.01nm．因此，STM 仪器应具有良好的减震效果，一般由振动引起的隧道间距变化必须小于 0.001nm．建筑物一般在 10～100Hz 频率摆动，当在实验室附近的机器工作时，可能激发这些振动．通风管道、变压器和马达所引起的振动在 6～65Hz，房屋骨架、墙壁和地板一般在 15～25Hz 易产生与剪切和弯曲有关的振动．实验室工作人员所产生的振动（如在地板上的行走）频率在 1～3Hz．因此，STM 减震系统的设计应主要考虑 1～100Hz 的振动．隔绝振动的方法主要靠提高仪器的固有振动频率和使用振动阻尼系统．目前常用的主要减震系统常采用合成橡胶缓冲垫、弹簧悬挂以及磁性涡流阻尼等三种减震措施．教学扫描隧道显微镜的底座常采用金属板和橡胶垫叠加的方式．对探测部分（隧道探针和样品）采用悬吊的方式．为防止空气扰动也有将探测部分放在一罩内，探测区间抽真空后进行扫描测量．

3.　电控制系统（Electric control system）

实验进行时探针或样品在 x、y 方向扫描与 z 方向运动都是由压电陶瓷控制．其电压系数优于 $5nm \cdot V^{-1}$．也就是说，分别在 x、y、z 三个压电陶瓷上加上不同电压值，可控制 x、y 方向的扫描范围，以及 z 方向的前进与后退．电控制系统主要是由压电信号控制探测部分的 x、y、z 三个方向的压电陶瓷．压电信号使压电陶瓷发生形变，让探针 x、y、z 方向进行扫描或移动．在 z 方向有一步进电机，调节该步进电机的转动及转动方向，可控制探针前进与后退，调节探针到达隧道区，所以该电机另具有一套电反馈系统，其精度应很高，它可以根据实验设置好的隧道电流值，进行探测并反馈控制探针上下移动，保证隧道电流值不变（恒流模式）．

4.　计算机系统（Computer system）

由电控制系统仪器信号转换与计算机功能配合，往往使实验调节、控制、观察与数据处理都得到了优化与提升．打开与扫描隧道显微镜电控制系统相连接的计算机，一般都有一个与本实验内容相关的实验软件．实验软件的形式与应用方法各教学仪器不完全相同，具体使用可参考有关资料，但基本上有这样几项内容：

（1）实验参数设置，隧道电流，针尖与样品间偏压，x、y 扫描范围，扫描速度等．有的实验仪器通过计算机可达到实控制，而有的实验仪器由计算机设置的是"虚设"，而"虚设"的参数仅对数据处理有效，实际工作参数设置还需由电控制仪器的旋钮完成.

（2）初逼近与实扫描：实验参数设置好后，在对样品进行实际扫描前，需让针尖接近样品，初逼近使针尖与样品间达到设置的隧道电流值间距. 然后进行自动扫描. 这些工作都可由计算机操作完成，同时在计算机屏幕上实时同步地显示出扫描过程图像.

（3）由计算机可对扫描图像进行处理、计算、打印.

四、实验内容（Experimental contents）

（1）准备和安装样品、针尖. 用剪切法将一段长约 2cm 的铂-铱合金丝放在丙酮中洗净，取出后用经丙酮洗净的剪刀对准合金丝一端几毫米处斜方向一剪一拉，拉时速度要快. 再将剪拉好的针尖放入丙酮中洗几下（剪好后千万不要碰到针尖）. 将剪好的探针另一端略弯曲后，插入扫描隧道显微镜头部的金属管中固定，露出头部约 5mm.

制备好的针尖在安装前，可先放在显微镜下观察其形状，好的 STM 针尖应该是一个凸起的很小的且边缘清晰的尖端，而长而尖的针尖在实验中容易振动和不稳定. 但这一观察过程很容易损伤针尖，所以可量力而行.

在针尖安装前，需先将样品放在样品台上，应保证良好的电接触，将下部的两个螺旋测微头向上旋起，然后把头部轻轻放在支架上，并注意样品位置与针尖位置要对应且要确保针尖和样品间有一定的距离（使针尖初始位置不要离样品太远，以免实验中花费太多时间在自动逼近上，如初始间距大于自动逼近范围，则实验无法进行，也不要太近，容易造成针尖损伤），头部的两端用弹簧扣住，小心地细调螺旋测微头和手动控制电机，使针尖向样品逼近，用放大镜观察，在针尖和样品相距 0.5~1mm 处停住.

（2）打开计算机相关软件与电控制仪器，可对实验系统参数（隧道电流、偏置电压、扫描范围、扫描起点、反馈回路的增益等）进行初步设置. 如一切都正常，就由计算机控制针尖对样品初逼近工作. 根据设置的隧道电流值，达到初逼近状态时，计算机软件都会有相应的提示信号. 注意：虽然操作者可以任意选择隧道电流、偏压、调节反馈回路的增益和时间常数等，但要得到理想的图形和数据，所有这些参数的设置与调节必须基于样品的电子态、图形特征、视场大小及所要得到的分辨率来综合确定. 所以实验过程应根据实际扫描图形情况，进行分析后，不断改变各参数，以期得到最佳图像.

（3）实验典型样品扫描.

光栅样品扫描：光栅表面图形线条相对较大，用显微镜一般也可观察，在 STM 扫描范围允许情况下如先将一个光栅作样品，进行试扫描，难度将减小. 对扫描好的光栅图像进行数据处理，与已知光栅常数比较，可对计算机扫描图像标尺定标校正.

高序石墨原子（HOPG）：在上面试验的基础上，可进一步扫描石墨表面的碳原子. 如一石墨样品使用时间已长，可用一段透明胶均匀地按在石墨表面上，小心地将其剥离，露出新鲜石墨表面. 在扫描过程中应逐渐减小扫描面积，并注意避开由于解理所带来的原子台阶. 扫描约需 20min，待其表面达到新的热平衡后，才可以得到比较理想的石墨原子排列图像.

实验结束后，一定要将针尖退回."马达控制"用"自动退"，然后关掉马达和控制箱（样品与针尖不用取下）.

（4）图像处理.

利用 STM 离线分析软件进行图像处理，该软件可提供图像浏览、缩放、线三维、表面三维等多种显示功能；提供斜面校正、平滑、卷积滤波、FFT、边缘增强、反转、二维行平均等图像处理手段；可对图像进行粗糙度、模糊度、剖面线分析及距离和高度定标.

关键词（Key words）：

扫描隧道显微镜（scanning tunneling microscope），恒流模式（constant current mode），恒高模式（constant height mode），机械系统（mechanical system），减震系统（damping system），电控制系统（electric control systems）

附录　AJ-Ia 型扫描隧道显微镜操作指南（高序石墨扫描操作）

（1）使用前先检查连线是否连接正确（机座与控制箱，计算机与控制箱、电源）.

（2）先启动计算机，等计算机进入 Windows XP 界面后再打开控制箱电源开关，然后打开桌面上 AJ-Ⅰ 扫描隧道显微镜的控制软件，软件打开后首先对显微镜进行校正（显微镜>校正>初始化），选定通道零，然后点击"应用"，最后确定. 打开如下图框：高度图像（H）、马达控制（A），再点击一次马达控制（A）的"单步进".

（3）剪针尖：首先将内酮溶液对针、镊子和剪刀进行清洁，稍等片刻让针、镊子和剪刀完全干燥. 下面开始剪针尖：将镊子夹紧针一端，另一端则为我们要剪的针尖，慢慢转动剪刀使剪刀和针成一定角度（30°～45°）快速剪下，同时拌有冲力（冲力方向与剪刀和针成的角度一致），然后以强光为背光对针尖进行肉眼观察（建议观察者视力较好），看是否有比较尖锐的针尖. 若无，请重复此项操作；若有，操作继续.

（4）安装针尖：小心地将针尖插入探头的针槽内（切勿插反），插入时保证针与针槽内壁有较强摩擦力，以确保针的稳固. 然后将样品平稳地放到扫描管的扫描平台上.

（5）进针：机座上有三个高度调节旋钮，前置的两个为手动调节旋钮，后一个为马达驱动控制旋钮，先手动调节前置旋钮，顺时针为进针，逆时针为退针，调节时先在石墨平面上找到镜像小红灯，同时调节视点，在镜像小红灯平面上找到实际针尖的镜像针尖，调节实际针尖和镜像针尖的距离. 调节至实际针尖与镜像针尖的距离无法预知再调节下去是否撞针时，采用自动进针.（调节时看 z 高度显示（T）中的红线是否有撞针现象，红线到达顶部即为撞针，一般情况下针尖报废，如针未报废，重复上两步操作.）点击马达高级控制面板（A）中的"连续进"并密切注意观察进针情况，待"已进入隧道区马达停止连续进"的提示框出现后，再点击提示框的"确定"，然后进行单步进操作. 用鼠标点击马达高级控制面板（A）中的"单步进"，调节红线于中间位置时停止，进针结束，并关闭马达高级控制面板（A）图框.

（6）针尖检验：打开"I_z 曲线 z"图，观察图像中的电流衰减情况，图像中曲线越陡峭说明针尖越好；反之，针尖不好！

（7）扫描：

（A）首先对高序石墨进行"阶梯扫描".

将扫描控制面板中的"扫描范围"参数设置为最大，再将"显示范围"参数设置为 10nm（一般 5～20nm），其他参数无须设定，保持默认值，然后进行阶梯扫描. 若得到较好的石墨阶梯（只需完整一幅），阶梯扫描结束.

（B）悬挂防震.

扫描出质量较好的阶梯后，用鼠标点击高级马达控制面板中的"连续退"，退到 500 步左右停止（主要是保护针尖，在悬挂的过程中防止针尖和样品的接触，对针尖和样品都是一种保护）. 先将探头防尖盖与机座耦合连接起来（轻、慢），再将弹簧悬挂环和探头防尖盖的扣环连接，连接后不要马上松手，平稳托住机座底部，手慢慢离开机座，再将防尖箱封闭. 悬挂防震操作结束.

（C）扫描区域的选择.

在阶梯扫描中注意高度曲线和高度图像的变化，在高度图像中颜色的深浅变化代表样品表面凹凸变化（颜色越亮样品表面就越突出，颜色越浅表面就越下凹）. 高度曲线的变化已经很直观地反映样品的平整度状况，再结合高度曲线和高度图像进行操作，选定一片较为平整的区域为扫描区域（最好选择靠近中间的区域）.

（D）高序石墨的"原子扫描".

扫描区域选定后，进行参数调节（若针尖和噪声环境较好，参数的调节则显得尤为重要），先将扫描范围设置为 10nm，再将显示范围设置为 0.5nm，扫描速率设置为 5Hz，比例增益和积分增益分别设置为 6 和 10（一般在 10 左右），设置点设置为 1nA（最大不要超过 10nA，最小不要小于 0.05 nA）观察时有较为细密的原子形貌图出现（一般在针尖状态和噪声环境较好的情况下都会看到），看到细密的原子形貌图后将显示范围设置为 0.25nm（在 0.3～0.05nm 均能见到原子，具体由扫描管的最大范围而定，正比于扫描管的最大扫描范围），再将扫描范围设置为 5nm 左右，观察是否有较为清晰的原子形貌图出现. 若有，调节比例增益、积分增益和设置点的参数，或许有更为清晰的原子形貌图出现. 若无较为清晰的原子形貌图出现，调节扫描速率和旋转角度（一般此时调节扫描速率和旋转角度都可以出现较为清晰的原子形貌图），旋转角度调节时先以 15° 一个阶梯进行角度旋转的粗调，然后再进行 1° 一个阶梯的微调，注意图像的变化. 并注意扫描范围的变化，一般在改变旋转角度变化时显示范围会相应变化（此时调节扫描范围，保持扫描范围的恒定）. 调节扫描速率（一般在 4～21Hz 内变化）的变化. 重复上述操作一定能得到清晰的原子形貌图.（注：在改变扫描范围、显示范围、设置点、比例增益、积分增益和扫描速率时，一般是逐一改变并结合图像的变化，再来改变相关参数；显示中心和偏压不作调节；x 偏移和 y 偏移由扫描区域选择时确定.）

（8）实验结束：先用鼠标点击高级马达控制面板中的"连续退"，退到 1000 步左右停止. 将扫描控制软件关闭，关掉控制箱电源！（注：此操作说明主要针对高序石墨扫描，而光栅扫描操作相对简单，只需改变如下参数：显示范围设定为 200nm（一般 30～300nm），扫描范围设定为最大扫描范围.）

实验 9.4　双光栅微弱振动测量仪

Experiment 9.4　Double grating weak vibration measuring instrument

一、实验目的（Experimental purpose）

双光栅微弱振动测量仪在力学实验项目中用作音叉振动分析、微振幅（位移）测量和光拍研究等.

（1）熟悉一种利用光的多普勒频移形成光拍的原理，精确测量微弱振动位移的方法.

（2）作出外力驱动音叉时的谐振曲线.

二、实验仪器（Experimental instruments）

双光栅微弱振动测量仪面板结构如图 9.4.1 所示.

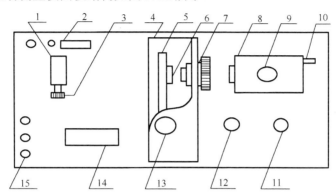

图 9.4.1　双光栅微弱振动测量仪面板结构图

1-光电池座，在顶部有光电池盒，盒前有一小孔光阑；2-电源开关；3-光电池升降手轮；4-音叉座；5-音叉；6-粘于音叉上的光栅（动光栅）；7-静光栅架；8-半导体激光器；9-锁紧手轮；10-激光器输出功率调节；11-信号发生器输出功率调节；12-信号发生器频率调节；13-驱动音叉用耳机；14-频率显示窗口；15-三个输出信号插口，Y1 为拍频信号，Y2 为音叉驱动信号，X 为示波器提供"外触发"扫描信号，可使示波器上的波形稳定

可以看到，实验所需的激光源、信号发生器、频率计等已集成于一只仪器箱内，只需外配一台普通的双踪或单踪示波器即可.

三、技术指标（Technical index）

测量精度：5μm，分辨率 1μm

激光器：$\lambda = 635$nm，0～3mW

信号发生器：100～1000Hz，0.1Hz 微调，0～500mW 输出

频率计：1～（999.9±0.1）Hz

音叉：谐振频率 500Hz

四、实验原理（Experimental principle）

1. 相位光栅的多普勒频移（Doppler frequency shift of phase grating）

当激光平面波垂直入射到相位光栅时，由于相位光栅上不同的光密和光疏介质部分对光波的相位延迟作用，入射的平面波变成出射时的摺曲波阵面，如图 9.4.2 所示，由于衍射干涉作用，在远场，我们可以用大家熟知的光栅方程即式（9.4.1）来表示：

$$d\sin\theta = n\lambda \tag{9.4.1}$$

式中，d 为光栅常数；θ 为衍射角；λ 为光波波长.

然而，如果由于光栅在 y 方向以速度 v 移动着，则出射波阵面也以速度 v 在 y 方向移动. 从而在不同时刻，对应于同一级的衍射光线，它的波阵面上的出发点，在 y 方向也有一个 vt 的位移量，如图 9.4.3 所示.

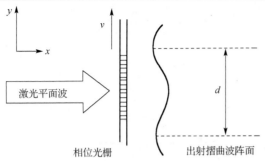

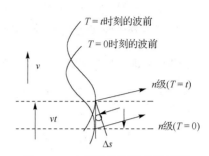

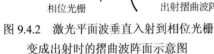

图 9.4.2　激光平面波垂直入射到相位光栅
变成出射时的摺曲波阵面示意图

图 9.4.3　出射波阵面的位移量图

这个位移量相应于光波相位的变化量为 $\Delta\phi(t)$：

$$\Delta\phi(t) = \frac{2\pi}{\lambda} \cdot \Delta s = \frac{2\pi}{\lambda} vt \sin\theta \tag{9.4.2}$$

将式（9.4.1）代入式（9.4.2）：

$$\Delta\phi(t) = \frac{2\pi}{\lambda} vt \frac{n\lambda}{d} = n2\pi \frac{v}{d} t = n\omega_d t \tag{9.4.3}$$

式中，$\omega_d = 2\pi \dfrac{v}{d}$.

现把光波写成如下形式：

$$E = E_0 \exp\{i[\omega_0 t + \Delta\phi(t)]\} = E_0 \exp[i(\omega_0 + n\omega_d)t] \tag{9.4.4}$$

显然可见，移动的相位光栅的 n 级衍射光波，相对于静止的相光位栅有一个大小为 ω_a 的多普勒频率，如图 9.4.4 所示.

$$\omega_a = \omega_0 + n\omega_d \tag{9.4.5}$$

2. 光拍的获得与检测（Obtain and measurement of photo-beat）

光频率甚高，为了要从光频 ω_0 中检测出多普勒移量，必须采用"拍"的方法. 即要把已频移的和未频移的光束互相平行叠加，以形成光拍. 本实验形成光拍的方法是采用两片完全相同的光栅平行紧贴，一片 B 静止，另一片 A 相对移动. 激光通过双光栅后所形成的衍射光，即为两种以上光束的平行叠加. 如图 9.4.5 所示，光栅 A 按速度 v_A 移动，起频移作用，而光栅 B 静止不动，只起衍射作用.

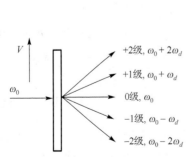

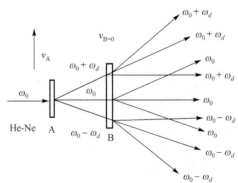

图 9.4.4　相位光栅的多普勒频移图

图 9.4.5　两片完全相同的光栅平行紧贴形成光拍的示意图

故通过双光栅后出射的衍射光包含了两种以上不同频率而又平行的光束，由于双光栅紧贴，激光束有一定宽度，故该光束能平行叠加，这样直接而又简单地形成了光拍. 当此光拍信号进入光电检测器时，由于检测器的平方律检波性质，其输出光电流可由下述关系求得：

光束 1：　$E_1 = E_{10} \cos(\omega_0 t + \varphi_1)$

光束 2：　$E_2 = E_{20} \cos[(\omega_0 + \omega_d)t + \varphi_2]$ （取 $n=1$）

光电流：

$$
\begin{aligned}
I = \xi(E_1 + E_2)^2 = \xi \big\{ & E_{10}^2 \cos^2(\omega_0 t + \varphi_1) + E_{20}^2 \cos^2(\omega_0 + \omega_d)t + \varphi_2 \\
& + E_{10}E_{20} \cos[(\omega_0 + \omega_d - \omega_0)t + (\varphi_2 - \varphi_1)] \\
& + E_{10}E_{20} \cos[(\omega_0 + \omega_0 + \omega_d)t + (\varphi_2 + \varphi_1)] \big\}
\end{aligned}
\tag{9.4.6}
$$

式中，ξ 为光电转换常数.

因光波频率 ω_0 甚高，不能为光电检测器反映，所以光电检测器只能反映式（9.4.6）中第三项拍频信号：

$$
i_s = \xi\{ E_{10}E_{20} \cos[\omega_d t + (\varphi_2 - \varphi_1)] \}
$$

光电检测器能测到的光拍信号的频率为拍频

$$
F_{拍} = \frac{\omega_d}{2\pi} = \frac{v_A}{d} = v_A n_\theta
\tag{9.4.7}
$$

其中，$n_\theta = \dfrac{1}{d}$ 为光栅密度，本实验 $n_\theta = 100$ 条 / mm .

3. 微弱振动位移量的检测（Measurement of weak vibration displacement）

从式（9.4.7）可知，$F_{拍}$ 与光频率 ω_0 无关，且当光栅密度 n_θ 为常数时，只正比于光栅移动速度 v_A，如果把光栅粘在音叉上，则 v_A 是周期性变化的. 所以光拍信号频率 $F_{拍}$ 也是随时间而变化的，微弱振动的位移振幅为

$$
A = \frac{1}{2} \int_0^{\frac{T}{2}} v(t)\mathrm{d}t = \frac{1}{2} \int_0^{\frac{T}{2}} \frac{F_{拍}(t)}{n_9} \mathrm{d}t = \frac{1}{2n_e} \int_0^{\frac{T}{2}} F_{拍}(t)\mathrm{d}t
$$

式中，T 为音叉振动周期；$\displaystyle\int_0^{\frac{T}{2}} F_{拍}(t)\mathrm{d}t$ 可直接在示波器的荧光屏上计算波形数而得到，因为 $\displaystyle\int_0^{\frac{T}{2}} F_{拍}(t)\mathrm{d}t$ 表示 $T/2$ 内的波的个数，其不足一个完整波形的首数及尾数，需在波群的两端，可按反正弦函数折算为波形的分数部分，即

$$
波形数 = 整数波形数 + \frac{\arcsin a}{360°} + \frac{\arcsin b}{360°}
$$

其中，a, b 为波群的首尾幅度和该处完整波形的振幅之比（波群指 $T/2$ 内的波形，分数波形数包括满 1/2 个波形为 0.5，满 1/4 个波形为 0.25）.

五、实验步骤（Experimental procedure）

1. 连接

将双踪示波器的 Y1、Y2、X 外触发输入端接至双光栅微弱振动测量仪的 Y1、Y2（音叉

激振信号，使用单踪示波器时此信号空置)、X（音叉激振驱动信号整形成方波，作示波器"外触发"信号）的输出插座上，示波器的触发方式置于"外触发"；Y1 的 V/格置于 0.1～0.5V/格；"时基"置于 0.2ms/格；开启各自的电源.双踪示波器显示的拍频波和音叉驱动波如图 9.4.6 所示.若使用单踪示波器，显示的拍频图如图 9.4.7 所示.

2. 操作

几何光路调整：

小心取下"静光栅架"（不可擦伤光栅），微调半导体激光器的左右、俯昂调节手轮，让光束从安装静止光栅架的孔中心通过.调节光电池架手轮，让某一级衍射光正好落入光电池前的小孔内.锁紧激光器.

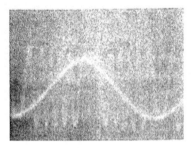 

图 9.4.6 双踪示波器显示的拍频波和音叉驱动波图   图 9.4.7   单踪示波器显示的拍频图

（1）双光栅调整.

小心地装上"静光栅架"，静光栅尽可能与动光栅接近（不可相碰！）.将一屏放于光电池架处，慢慢转动光栅架，务必仔细观察调节，使得两个光束尽可能重合.去掉观察屏，轻轻敲击音叉，在示波器上应看到拍频波.注意：如看不到拍频波，激光器的功率减小一些试试.在半导体激光器的电源进线处有一只电势器，转动电势器即可调节激光器的功率.过大的激光器功率照射在光电池上将使光电池"饱和"而无信号输出.

（2）音叉谐振调节.

先将"功率"旋钮置于 6～7 点钟附近，调节"频率"旋钮（500Hz 附近），使音叉谐振.调节时用手轻轻地按音叉顶部，找出调节方向.如音叉谐振太强烈，将"功率"旋钮向小钟点方向转动，使在示波器上看到的 $T/2$ 内光拍的波数为 10～20 个较合适.

（3）波形调节.

光路粗调完成后，就可以看到一些拍频波，但欲获得光滑细腻的波形，还须作些仔细的反复调节.稍稍松开固定静光栅架的手轮，试着微微转动光栅架，改善动光栅衍射光斑与静光栅衍射光斑的重合度，看看波形是否改善；在两光栅产生的衍射光斑重合区域中，不是每一点都能产生拍频波，所以光斑正中心对准光电池上的小孔时，并不一定都能产生好的波形，有时光斑的边缘即能产生好的波形，可以微调光电池架或激光器的 X-Y 微调手轮，改变一下光斑在光电池上的位置，看看波形是否改善.

（4）测出外力驱动音叉时的谐振曲线.

固定"功率"旋钮位置，小心调节"频率"旋钮，作出音叉的频率-振幅曲线.

（5）改变音叉的有效质量，研究谐振曲线的变化趋势，并说明原因.（改变质量可用橡皮泥或在音叉上吸一小块磁铁.注意，此时信号输出功率不能变.）

六、思考题（Exercises）

（1）如何判断动光栅与静光栅的刻痕已平行？

（2）作外力驱动音叉谐振曲线时，为什么要固定信号功率？

（3）本实验测量方法有何优点？测量微振动位移的灵敏度是多少？

关键词（Key words）：

双光栅微弱振动（double grating weak vibration），相位光栅的多普勒频移（Doppler frequency shift of phase grating），光拍的获得与检测（obtain and measurement of photo-beat），微弱振动位移量的检测（measurement of weak vibration displacement）

参考文献

杨选民，冯壁华，等. 1998. 普通物理实验讲义——激光双光栅法测微小位移. 南京大学

易明，等. 1985. 几种位相光栅机械移动的效应和理论. 南京大学学报（自然科学），21(3): 259-270.

附　录

Appendix

Ⅰ　中华人民共和国法定计量单位

Ⅰ　China statutory measurement units

中国的法定计量单位（以下简称法定单位）包括：

（1）国际单位制的基本单位（见表1）；

（2）国际单位制的辅助单位（见表2）；

（3）国际单位制中具有专门名称的导出单位（见表3）；

（4）国家选定的非国际单位制单位（见表4）；

（5）由以上单位构成的组合形式的单位；

（6）由词头和以上单位所构成的十进倍数和分数单位的词头（见表5）.

法定单位的定义、使用方法等，由国家质量技术监督检验检疫总局另行规定.

表1　国际单位制的基本单位

Table 1　Basic units of international system of units

量的名称	单位名称	单位符号
长度	米	m
质量	千克（公斤）	kg
时间	秒	s
电流	安[培]	A
热力学温度	开[尔文]	K
物质的量	摩[尔]	mol
发光强度	坎[德拉]	cd

表2　国际单位制的辅助单位

Table 2　Auxiliary units of international system of units

量的名称	单位名称	单位符号
平面角	弧度	rad
立体角	球面度	sr

表3　国际单位制中具有专门名称的导出单位

Table 3　The derived units with nomenclatures in the international system of units

量的名称	单位名称	单位符号	其他表示示例
频率	赫[兹]	Hz	s^{-1}
力；重力	牛[顿]	N	$kg \cdot m \cdot s^{-2}$
压力，压强；应力	帕[斯卡]	Pa	$N \cdot m^{-2}$

续表

量的名称	单位名称	单位符号	其他表示示例
能量；功；热	焦[耳]	J	N·m
功率；辐射通量	瓦[特]	W	J·s^{-1}
电荷量	库[仑]	C	A·s
电势；电压；电动势	伏[特]	V	W·A^{-1}
电容	法[拉]	F	C·V^{-1}
电阻	欧[姆]	Ω	V·A^{-1}
电导	西[门子]	S	A·V^{-1}
磁通量	韦[伯]	Wb	V·s
磁通量密度，磁感应强度	特[斯拉]	T	Wb·m^{-2}
电感	亨[利]	H	Wb·A^{-1}
摄氏温度	摄氏度	℃	
光通量	流[明]	lm	cd·sr
光照度	勒[克斯]	Lx	lm·m^{-2}
放射性活度	贝可[勒尔]	Bq	s^{-1}
吸收剂量	戈[瑞]	Gy	J·kg^{-1}
剂量当量	希[沃特]	Sv	J·kg^{-1}

表 4　国家选定的非国际单位制单位

Table 4　The units beyond the international system of units

量的名称	单位名称	单位符号	换算关系和说明
时间	分	min	1min=60s
	[小]时	h	1h=60min=3600s
	天（日）	d	1d=24h=86400s
平面角	[角]秒	(″)	$1″=(\pi/648000)$rad （π为圆周率）
	[角]分	(′)	$1′=60″=(\pi/10800)$rad
	度	(°)	$1°=60′=(\pi/180)$rad
旋转速度	每分转	r·min^{-1}	1r·min^{-1}=(1/60)s^{-1}
长度	海里	n mile	1n mile=1852m （只用于航程）
速度	节	kn	1kn=1n mile·h^{-1}=(1852/3600)m·s^{-1} （只用于航行）
质量	吨	t	1t=10^{3}kg
	原子质量单位	u	1u≈1.6605655×10^{-27}kg
体积	升	L, (l)	1L=1dm^3=10^{-3}m^3
能	电子伏	eV	1eV≈1.6021892×10^{-19}J
级差	分贝	dB	
线密度	特[克斯]	tex	1tex=1g·km^{-1}

表 5　用于构成十进倍数和分数单位的词头

Table 5　Abbreviations of decimal multiples and sub-multiple of units

所表示的因数	词头名称	词头符号
10^{18}	艾[可萨]	E
10^{15}	拍[它]	P
10^{12}	太[拉]	T
10^9	吉[咖]	G

所表示的因数	词头名称	词头符号
10^6	兆	M
10^3	千	k
10^2	百	h
10^1	十	da
10^{-1}	分	d
10^{-2}	厘	c
10^{-3}	毫	m
10^{-6}	微	μ
10^{-9}	纳[诺]	n
10^{-12}	皮[可]	p
10^{-15}	飞[母托]	f
10^{-18}	阿[托]	a

注：（1）周、月、年（年的符号为 a）为一般常用时间单位.

（2）[ ]内的字，是在不致混淆的情况下，可以省略的字.

（3）( )内的字为前者的同义语.

（4）角度单位度、分、秒的符号不处于数字后时，用括弧.

（5）升的符号中，小写字母 l 为备用符号.

（6）r 为"转"的符号.

（7）人民生活和贸易中，质量习惯称为重量.

（8）公里为千米的俗称，符号为 km.

（9）10^4 称为万，10^8 称为亿，10^{12} 称万亿，这类数词的使用不受词头名称的影响，但不应与词头混淆.

II 国际单位制基本单位

II Base units in international system of units

国际单位制基本单位定义见表 6.

表 6 国际单位制基本单位定义一览表

Table 6 Definition of basic units in the international system of units

单位	定　义
米（m）	米等于氪-86 原子的 $2p_{10}$ 和 $5d_5$ 能级之间跃迁所对应的辐射在真空中的 1650763.73 个波长的长度
千克（kg）	千克是质量的单位，等于国际千克原器的质量
秒（s）	秒是铯-133 原子基态的两个超精细能级之间跃迁所对应的辐射的 9192631770 个周期的持续时间
安培（A）	安培是一恒定电流，若保持在处于真空中相距 1 米的两无限长而圆截面可忽略的平行直导线内，则此两导线之间产生的力在每米长度上等于 2×10^{-7} 牛顿
开尔文（K）	热力学温度单位开尔文是水的三相点热力学温度的 1/273.16
摩尔（mol）	（1）摩尔是一系统物质的量，该系统中所包含的基本单元素与 0.012 千克碳-12 的原子数目相等 （2）在使用摩尔时应指明基本单元，它可以是原子、分子、离子、电子及其他粒子，或是这些粒子的特定组合
坎德拉（cd）	坎德拉是发射出频率为 540×10^{12} 赫兹单色辐射的光源在给定方向上的发光强度，而且在此方向上的辐射强度为 1/683 瓦特每球面度

III　常用物理基本常数

III　The common physical constants

常用物理基本常数见表 7.

表 7　常用物理基本常数表

Table 7　The common physical constants

物理常数	符号	最佳实验值	供计算用值
真空中光速	c	$299792458 \pm 1.2 \mathrm{m \cdot s^{-1}}$	$3.00 \times 10^8 \mathrm{m \cdot s^{-1}}$
引力常数	G_0	$(6.6720 \pm 0.0041) \times 10^{-11} \mathrm{m^3 \cdot s^{-2}}$	$6.67 \times 10^{-11} \mathrm{m^3 \cdot s^{-2}}$
阿伏伽德罗（Avogadro）常量	N_0	$(6.022045 \pm 0.000031) \times 10^{23} \mathrm{mol^{-1}}$	$6.02 \times 10^{23} \mathrm{mol^{-1}}$
普适气体常量	R	$(8.31441 \pm 0.00026) \mathrm{J \cdot mol^{-1} \cdot K^{-1}}$	$8.31 \mathrm{J \cdot mol^{-1} \cdot K^{-1}}$
玻尔兹曼（Boltzmann）常量	k	$(1.380662 \pm 0.000041) \times 10^{-23} \mathrm{J \cdot K^{-1}}$	$1.38 \times 10^{-23} \mathrm{J \cdot K^{-1}}$
理想气体摩尔体积	V_m	$(22.41383 \pm 0.00070) \times 10^{-3}$	$22.4 \times 10^{-3} \mathrm{m^3 \cdot mol^{-1}}$
基本电荷（元电荷）	e	$(1.6021892 \pm 0.0000046) \times 10^{-19} \mathrm{C}$	$1.602 \times 10^{-19} \mathrm{C}$
原子质量单位	u	$(1.6605655 \pm 0.0000086) \times 10^{-27} \mathrm{kg}$	$1.66 \times 10^{-27} \mathrm{kg}$
电子静止质量	m_e	$(9.109534 \pm 0.000047) \times 10^{-31} \mathrm{kg}$	$9.11 \times 10^{-31} \mathrm{kg}$
电子荷质比	e/m_e	$(1.7588047 \pm 0.0000049) \times 10^{-11} \mathrm{C \cdot kg^{-2}}$	$1.76 \times 10^{-11} \mathrm{C \cdot kg^{-2}}$
质子静止质量	m_p	$(1.6726485 \pm 0.0000086) \times 10^{-27} \mathrm{kg}$	$1.673 \times 10^{-27} \mathrm{kg}$
中子静止质量	m_n	$(1.6749543 \pm 0.0000086) \times 10^{-27} \mathrm{kg}$	$1.675 \times 10^{-27} \mathrm{kg}$
法拉第常数	F	$(9.648456 \pm 0.000027) \mathrm{C \cdot mol^{-1}}$	$96500 \mathrm{C \cdot mol^{-1}}$
真空电容率	ε_0	$(8.854187818 \pm 0.000000071) \times 10^{-12} \mathrm{F \cdot m^{-2}}$	$8.85 \times 10^{-12} \mathrm{F \cdot m^{-2}}$
真空磁导率	μ_0	$12.5663706144 \times 10^{-7} \mathrm{H \cdot m^{-1}}$	$4\pi \mathrm{H \cdot m^{-1}}$
电子磁矩	μ_e	$(9.284832 \pm 0.000036) \times 10^{-24} \mathrm{J \cdot T^{-1}}$	$9.28 \times 10^{-24} \mathrm{J \cdot T^{-1}}$
质子磁矩	μ_p	$(1.4106171 \pm 0.0000055) \times 10^{-23} \mathrm{J \cdot T^{-1}}$	$1.41 \times 10^{-23} \mathrm{J \cdot T^{-1}}$
玻尔（Bohr）半径	α_0	$(5.2917706 \pm 0.0000044) \times 10^{-11} \mathrm{m}$	$5.29 \times 10^{-11} \mathrm{m}$
玻尔（Bohr）磁子	μ_B	$(9.274078 \pm 0.000036) \times 10^{-24} \mathrm{J \cdot T^{-1}}$	$9.27 \times 10^{-24} \mathrm{J \cdot T^{-1}}$
核磁子	μ_N	$(5.059824 \pm 0.000020) \times 10^{-27} \mathrm{J \cdot T^{-1}}$	$5.05 \times 10^{-27} \mathrm{J \cdot T^{-1}}$
普朗克（Planck）常量	h	$(6.626176 \pm 0.000036) \times 10^{-34} \mathrm{J \cdot s}$	$6.63 \times 10^{-34} \mathrm{J \cdot s}$
精细结构常数	a	$7.2973506(60) \times 10^{-3}$	
里德伯（Rydberg）常量	R	$1.097373177(83) \times 10^7 \mathrm{m^{-1}}$	
电子康普顿（Compton）波长		$2.4263089(40) \times 10^{-12} \mathrm{m}$	
质子康普顿（Compton）波长		$1.3214099(22) \times 10^{-15} \mathrm{m}$	
质子电子质量比	m_p/m_e	1836.1515	